中文版 **CorelDRAW X7**

完全自学教程

实例培训教材版

时代印象 编著

人民邮电出版社
北 京

图书在版编目（CIP）数据

中文版CorelDRAW X7完全自学教程 ：实例培训教材
版 / 时代印象编著. -- 北京 ： 人民邮电出版社，
2020.12
　ISBN 978-7-115-52204-7

　Ⅰ. ①中… Ⅱ. ①时… Ⅲ. ①图形软件－教材 Ⅳ.
①TP391.413

中国版本图书馆CIP数据核字(2020)第120339号

内 容 提 要

　　这是一本全面介绍 CorelDRAW X7 基本功能及实际运用的书。本书主要针对零基础读者编写，是入门级读者快速、全面掌握 CorelDRAW X7 的应备参考书。

　　本书共分为 19 章，每章介绍一个技术板块，从 CorelDRAW X7 的基本操作入手，结合 197 个有针对性的实例和 16 个商业实例，全面、深入地阐述 CorelDRAW X7 的矢量绘图、文本编排、标志设计、字体设计、插画设计等方面的技术，并展示了如何运用 CorelDRAW X7 制作精美的设计作品。通过丰富的实例练习，读者可以轻松而有效地掌握软件技术。

　　本书讲解模式新颖，符合读者学习新知识的思维习惯。本书附带学习资源，内容包括本书所有案例的素材文件、实例文件和在线教学视频，以及 PPT 教学课件和附赠资源，读者可以在线获取这些资源，具体方法请参看本书前言。

　　本书非常适合作为初、中级读者的入门及提高参考书，尤其适用于零基础读者。

◆ 编　　著　　时代印象
　　责任编辑　　张丹丹
　　责任印制　　马振武

◆ 人民邮电出版社出版发行　　北京市丰台区成寿寺路 11 号
　　邮编　100164　　电子邮件　315@ptpress.com.cn
　　网址　https://www.ptpress.com.cn
　　北京市艺辉印刷有限公司印刷

◆ 开本：880×1092　1/16
　　印张：23.75
　　字数：869 千字　　　　　　　　　　2020 年 12 月第 1 版
　　印数：1 – 1 800 册　　　　　　　2020 年 12 月北京第 1 次印刷

定价：79.80 元
读者服务热线：(010)81055410　印装质量热线：(010)81055316
反盗版热线：(010)81055315
广告经营许可证：京东市监广登字 20170147 号

前言

  Corel 公司的 CorelDRAW X7 是一款优秀的矢量绘图软件。CorelDRAW 强大的功能使其从诞生开始就深受设计师的喜爱。CorelDRAW 强大的功能体现在矢量绘图、标志设计、版式设计及字体设计等方面，这也使其在平面设计、商业插画、VI 设计和海报设计等领域中占据重要地位，成为全球受欢迎的矢量绘图软件之一。

  本书是初学者自学中文版 CorelDRAW X7 的经典图书。全书从实用角度出发，全面、系统地讲解了中文版 CorelDRAW X7 的所有应用功能，基本涵盖了中文版 CorelDRAW X7 的基础应用与商业运用。本书精心安排了 197 个非常具有针对性的实例和 16 个商业实例，可以帮助读者轻松掌握软件的具体应用方法和使用技巧。

本书的结构与内容

  全书共 19 章，从 CorelDRAW 安装与启动软件开始讲起，先介绍了软件的界面和基本操作方法，然后讲解了软件的功能，包括 CorelDRAW X7 的基本操作、工作界面的基本操作，接着详细讲解了绘图工具的使用方法、形状修饰操作、轮廓线运用方法、文本编辑和表格设置，再到位图操作和图像效果等高级功能，内容涉及各种实用设计，包括绘图技术、文本编排、Logo 设计、名片设计、字体设计、服装设计、封面设计和海报设计等。最后 4 章针对常用设计领域，安排了综合性、商业性的实例，包括 Logo 与 VI 设计、产品与包装设计和卡通与矢量绘图等。

本书的版面结构说明

  为了达到让读者轻松自学，以及深入了解软件功能的目的，本书专门设计了"实战""提示""技术专题""疑难问答""知识链接""商业实例"等项目。

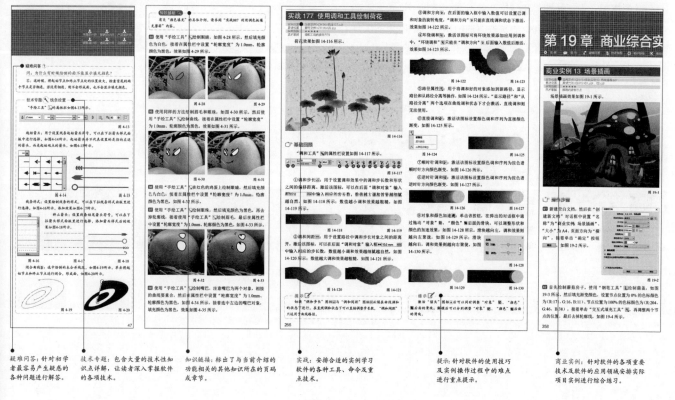

疑难问答：针对初学者最容易产生疑惑的各种问题进行解答。

技术专题：包含大量的技术性知识点详解，让读者深入掌握软件的各项技术。

知识链接：标出了与当前介绍的功能相关的其他知识所在的页码或章节。

实战：安排合适的实例学习软件的各种工具、命令及重点技术。

提示：针对软件的使用技巧及实例操作过程中的难点进行重点提示。

商业实例：针对软件的各项重要技术及软件的应用领域安排实际项目实例进行综合练习。

● 55个稀有笔触

为了方便读者在实际工作中能更加灵活地绘图，我们在学习资源包中附赠了55个CMX格式的稀有笔触。使用"艺术笔工具"配合这些笔触可以快速绘制出需要的形状。这些笔触具有很高的灵活性和可编辑性，是矢量绘图和效果运用中不可缺少的元素。

资源位置：学习资源>附赠资源>附赠笔触。

使用说明：单击工具箱中的"艺术笔工具"，然后在属性栏上单击"预览"按钮打开"预览文件夹"对话框，接着找到"附赠笔触"文件夹，单击"确定"按钮导入软件中。

● 40个矢量花纹素材

一幅成功的作品，不仅要有引人注目的主题元素，还要有合适的搭配元素，如背景和装饰花纹，我们不仅赠送了读者40个背景素材，还赠送了40个非常稀有的CDR格式的欧美花纹素材，这些素材不仅可以用于合成背景，还可以用于前景装饰。

资源位置：学习资源>附赠资源>附赠素材>矢量花纹。

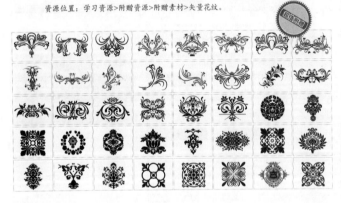

● 40个绚丽背景素材

为了使读者在创作作品时更加节省时间，我们附赠了40个CDR格式的绚丽矢量背景素材，读者可以直接导入这些背景素材进行编辑使用。

资源位置：学习资源>附赠资源>附赠素材>背景素材。

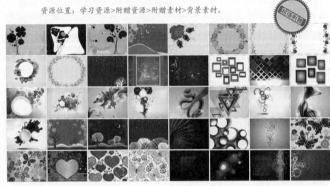

● 35个图案素材

在制作海报招贴或卡通插画的背景时，通常需要用到一些矢量插画素材和图案素材，因此我们赠送了读者35个CDR格式的这类素材，读者可以直接导入这些素材进行编辑使用。

资源位置：学习资源>附赠资源>附赠素材>图案素材。

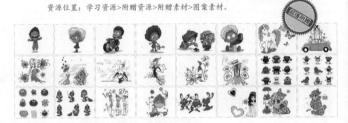

● 50个贴图素材

在工业产品设计和服饰设计中，通常需要为绘制的产品添加材质，因此我们特别赠送了读者50个JPG格式的高清位图素材，读者可以直接导入这些材质贴图素材进行编辑使用。

资源位置：学习资源>附赠资源>附赠素材>贴图素材。

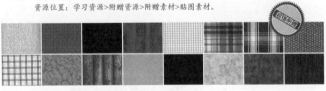

实战195个、商业实例16个

总大小 2.3 GB

总时长 765 分钟

其他说明

　　本书所有的学习资源文件均可在线获取，扫描"资源获取"二维码，关注"数艺设"的微信公众号，即可得到资源文件获取方式。如需资源获取技术支持，请致函 szys@ptpress.com.cn。在学习的过程中，如果遇到问题，欢迎您与我们交流，客服邮箱：press@iread360.com。

资源获取

编者

2020 年 5 月

目录

实战 001 安装与卸载软件

实例位置	无
素材位置	无
实用指数	★★★★★
技术掌握	安装与卸载软件

☞ 操作步骤

01 根据当前计算机的配置（32 位版本或 64 位版本）来选择合适的软件版本，如果操作系统的版本是 32 位，就选用相应的 32 位版本的软件进行安装，本书使用 64 位版本进行安装讲解。单击安装程序进入安装对话框，等待程序初始化，如图 1-1 所示。

02 等待初始化完毕以后，进入到用户许可协议界面，然后勾选"我接受该许可证协议中的条款"复选框，接着单击"下一步"按钮 下一步 (N)，如图 1-2 所示。

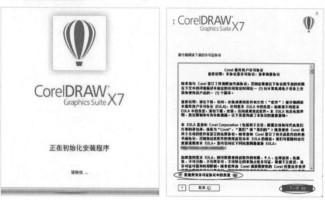

图 1-1   图 1-2

03 接受许可协议后，会进入产品注册界面。"用户名"选项可以不用更改；如果已经购买了 CorelDRAW X7 的正式产品，可以勾选"我有一个序列号或订阅代码"选项，然后手动输入序列号；如果没有序列号或订阅代码，可以选择"我没有序列号，想试用该产品"选项。选择完相应的选项以后，单击"下一步"按钮 下一步 (N)，如图 1-3 所示。

> 提示 📝
>
> 注意，如果选择"我没有序列号，想试用该产品"选项，只能对 CorelDRAW X7 试用 30 天，30 天以后软件会提醒用户进行注册。

图 1-3

04 进入安装界面以后，可以选择的安装方式有两种，即"典型安装"和"自定义安装"（这里推荐使用"自定义安装"方式），如图 1-4 所示。在弹出的界面中勾选想要安装的插件，然后单击"下一步"按钮 下一步 (N)，如图 1-5 所示。

图 1-4   图 1-5

> 提示 📝
>
> 注意，所选择的安装盘必须要有足够的空间，否则安装将会自动终止。

05 选择好安装方式以后，在弹出的界面中根据自己的需要更改软件安装的路径，如图 1-6 所示。然后单击"立即安装"按钮 立即安装 (I)，软件会自动进行安装。安装完成后单击"完成"按钮 完成 (F) 退出安装界面，如图 1-7 所示。

图 1-6　　　　　　　　　　　图 1-7

06 单击桌面上的快捷图标，启用 CorelDRAW X7，启动界面如图 1-8 所示。

图 1-8

疑难问答 ⑦

问：如果在桌面上找不到快捷图标该怎么办？

答：一般情况下，安装完 CorelDRAW X7 以后，会自动在桌面上添加软件的快捷图标，如果不小心误删了这个图标，可以执行"开始 >程序>CorelDRAW Graphics Suite X7（64-Bit）"命令，然后在弹出的 CorelDRAW X7 启动选项上单击鼠标右键，接着在弹出的菜单中选择"发送到 > 桌面快捷方式"命令，如图1-9 所示。

图 1-9

---

07 卸载 CorelDRAW X7 时，可以采用常规的卸载方法，也可以采用专业的卸载软件进行卸载，这里介绍常规的卸载方法。执行"开始 > 控制面板"命令，打开"控制面板"对话框，然后单击"卸载程序"选项，如图 1-10 所示。接着在弹出的"卸载或更改程序"对话框中选择 CorelDRAW X7 的安装程序，最后单击鼠标右键进行卸载，如图 1-11 所示。

图 1-10　　　　　　　　　　图 1-11

实战 002　启动与关闭软件

实例位置	无
素材位置	无
实用指数	★ ★ ★ ★ ★
技术掌握	启动与关闭软件

☞ **操作步骤**

01 执行"开始 .> 程序 >CorelDRAW Graphics Suite X7（64-Bit）"命令，如图 1-12 所示，也可以在桌面上双击 CorelDRAW X7 快捷图标启动软件。

02 启动 CorelDRAW X7 后会弹出"欢迎屏幕"对话框，如图 1-13 所示。

03 在标题栏最右侧单击"关闭"按钮 ✕，也可以执行"文件 > 退出"菜单命令关闭软件，如图 1-14 所示。

图 1-12

图 1-13 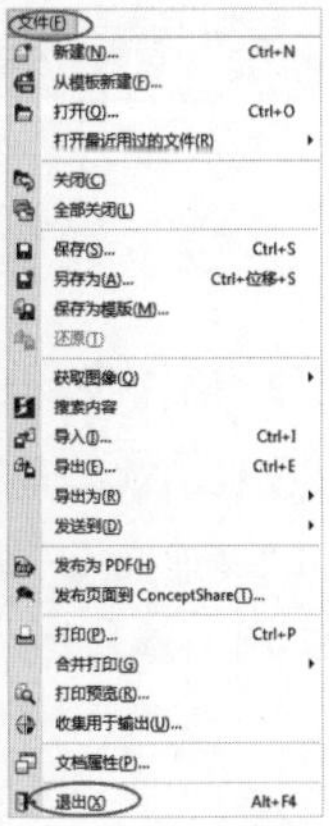　　　　　图 1-14

实战 003 欢迎界面操作

实例位置	无
素材位置	无
实用指数	★★★★★
技术掌握	欢迎界面操作

☞ 操作步骤

01 启动 CorelDRAW X7 后会弹出"欢迎屏幕"对话框，在"立即开始"对话框中，可以快速新建文档、从模板新建和打开最近使用过的文档。欢迎屏幕的导航使浏览和查找大量可用资源变得更加容易，包括工作区选择、新增功能、启发用户灵感的作品库、应用程序更新、CorelDRAW.com 以及成员和订阅信息，如图1-15 所示。

02 如果在启动软件时不想显示"欢迎屏幕"对话框，不勾选对话框左下角的"启动时始终显示欢迎屏幕"复选框，如图1-16 所示，那么在下次启动软件时就不会显示"欢迎屏幕"对话框。

图 1-15

图 1-16

03 如果想要重新调出"欢迎屏幕"对话框，可以在常用工具栏上单击"欢迎屏幕"按钮，如图1-17 所示。

图 1-17

实战 004 创建新文档

实例位置	无
素材位置	无
实用指数	★★★★★
技术掌握	创建新文档

☞ 操作步骤

01 在"欢迎屏幕"对话框中单击"新建文档"选项创建新文档，如图1-18 所示。

图 1-18

> **提示** 📝
> 除了在"欢迎屏幕"对话框中创建新文档外，还有另外4种创建新文档的方法。
> 第1种：按快捷键Ctrl+N创建新文档。
> 第2种：执行"文件>新建"菜单命令创建新文档，如图1-19所示。
> 第3种：在常用工具栏上单击"新建"按钮，
> 第4种：在文档标题栏上单击新建按钮

图 1-19

02 在弹出的"创建新文档"对话框中可以设置页面的名称、大小、宽度和高度等参数，设置完成后单击"确定"按钮 确定 完成新文档的创建，如图 1-20 所示。

图 1-20

实战 005 打开与关闭文件

实例位置	无
素材位置	无
实用指数	★★★★★
技术掌握	打开与关闭文件

☞ 操作步骤

01 当计算机中有 CorelDRAW 的保存文件时，可以将其打开继续编辑，执行"文件 > 打开"菜单命令，如图1-21 所示。

02 在弹出的"打开绘图"对话框中找到要打开的 CorelDRAW 文件（标准格式为 CDR），然后单击"打开"按钮，如图 1-22 所示。在"打开绘图"对话框中单击右上角的预览图标按钮，还可以查看文件的缩略图效果。

图 1-21

图 1-22

> **提示** 📝
> 除了在菜单栏中打开CorelDRAW文件外，还有另外4种打开文件的方法。
> 第1种：在常用工具栏中单击"打开"图标，也可以打开"打

开绘图"对话框。

第2种：在"欢迎屏幕"对话框中，最近使用过的文档会以列表的形式排列在"打开最近用过的文档"下面，单击需要的文档即可打开，如图1-23所示。

第3种：在文件夹中找到要打开的CorelDRAW文件，然后双击鼠标左键将其打开。

第4种：在文件夹里找到要打开的CorelDRAW文件，然后使用鼠标左键将其拖曳到CorelDRAW的操作界面中的灰色区域将其打开，如图1-24所示。

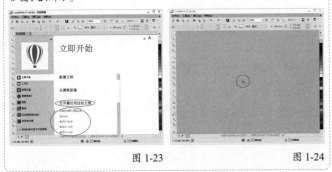

图 1-23　　　　　　图 1-24

03 单击菜单栏末尾的 ╳ 按钮进行快速关闭。在关闭文档时，未进行编辑的文档可以直接关闭；编辑过的文档关闭时会弹出提示用户是否进行保存的对话框，如图1-25所示，单击 取消 按钮取消关闭，单击 否(N) 按钮关闭时不保存编辑过的文档，单击 是(Y) 按钮关闭文档时弹出"保存绘图"对话框设置保存文档。

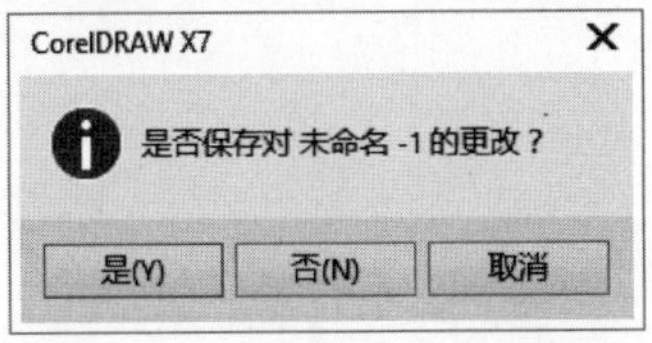

图 1-25

> **提示**
>
> 执行"文件>关闭"菜单命令可以关闭当前编辑的文档；执行"文件>全部关闭"菜单命令可以关闭打开的所有文档，如果关闭的文档都编辑过，那么，在关闭时会依次弹出提醒是否保存的对话框。

实战 006 导入和导出

实例位置	无
素材位置	无
实用指数	★★★★★
技术掌握	导入和导出

☞ 操作步骤

01 在实际工作中，经常需要将其他文件导入文档中进行编辑，如 JPG、AI 和 TIF 格式的素材文件，执行"文件 > 导入"菜单命令，如图1-26所示。

图 1-26

02 在弹出的"导入"对话框中选择需要导入的文件，然后单击"导入"按钮 导入 ，如图1-27所示。待光标变为直角 形状时单击鼠标左键进行导入，如图1-28所示。

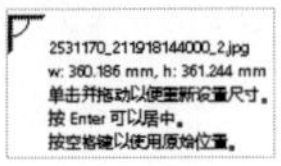

图 1-27　　　　　图 1-28

> **提示**
>
> 除了在菜单栏中导入文件外，还有另外两种导入文件的方法。
>
> 第1种：在常用工具栏上单击"导入"按钮 ，也可以打开"导入"对话框。
>
> 第2种：在文件夹中找到要导入的文件，然后将其拖曳到编辑的文档中。采用这种方法导入的文件会按原比例大小进行显示。

03 编辑完成的文档可以导出为不同的保存格式，方便用户导入其他软件中进行编辑。执行"文件>导出"菜单命令，打开"导出"对话框，然后选择保存路径，在"文件名"后面的文本框中输入名称，接着设置文件的"保存类型"（如 AI、BMP、GIF、JPEG 等，这里以 JPEG 为例），最后单击"导出"按钮 导出 ，如图1-29所示。

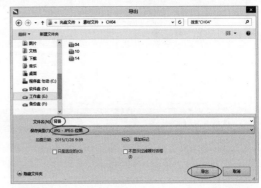

图 1-29

> **技术专题** 🔧 确定导入文件的位置与大小
>
> 在确定导入文件后，可以选用以下3种方式来确定导入文件的位置与大小。
>
> 第1种：移动到适当的位置单击鼠标左键进行导入，导入的文件为原始大小，导入位置在鼠标单击点处。
>
> 第2种：移动到适当的位置使用鼠标左键拖曳出一个范围，然后松开鼠标左键，导入的文件将以定义的大小进行导入。这种方法常用于页面排版。
>
> 第3种：直接按Enter键，可以将文件以原始大小导入文档中，同时导入的文件会以居中的方式放在页面中。

04 弹出"导出到 JPEG"对话框，然后设置"颜色模式"（CMYK、RGB、灰度），再设置"质量"调整图片输出显示效果（通常情况下选择高），其他选项默认即可，接着单击"确定"按钮 确定，如图1-30所示。

图 1-30

> 提示 📝
>
> 　　除了在菜单栏中执行"导出"命令外，还可以在"常用工具栏"上单击"导出"按钮🔳，打开"导出"对话框进行操作。
>
> 　　导出时有两种方式，第一种是导出页面内编辑的内容，这是默认的导出方式；第二种是在导出时勾选"只是选定的"复选框，导出的内容是选中的目标对象，如图1-31所示。

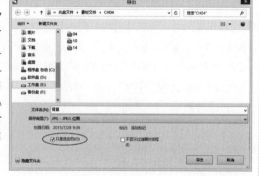

图 1-31

实战 007 保存与另存文档

实例位置	无
素材位置	无
实用指数	★★★★★
技术掌握	保存与另存文档

👉 操作步骤

01 在编辑文件之后，为了方便下次编辑或使用，可以对文件进行保存。执行"文件 > 保存"菜单命令，在弹出的"保存绘图"对话框中设置保存路径，然后在"文件名"后面的文本框中输入名称，再选择"保存类型"，接着单击"保存"按钮 保存 进行保存，如图1-32所示。注意，首次进行保存才会打开"保存绘图"对话框，以后都会直接覆盖保存。

> 提示 📝
>
> 　　除了在菜单栏中执行"保存"命令外，也可以在"常用工具栏"中单击"保存"按钮🔳进行快速保存，还可以按快捷键Ctrl+S进行快速保存。

图 1-32

02 如果想保留未编辑的对象和编辑后的对象，则可以执行"文件 > 另存为"菜单命令，弹出"保存绘图"对话框，然后在"文件名"后面的文本框中修改当前名称，接着单击"保存"按钮 保存，如图1-33所示，保存的文件将不会覆盖原文件。

图 1-33

实战 008 更换视图操作

实例位置	无
素材位置	无
实用指数	★★★★☆
技术掌握	更换视图

👉 操作步骤

01 "视图"菜单用于进行文档的视图操作。选择相应的菜单命令可以对文档视图模式进行切换、调整视图预览模式和界面显示操作，如图1-34所示。

图 1-34

02 执行"视图 > 简单线框"菜单命令，可以将编辑界面中的对象显示为轮廓线框。在这种视图模式下，矢量图形将隐藏所有效果（渐变、立体化等）只显示轮廓线，如图1-35和图1-36所示；位图的颜色将统一显示为灰度，如图1-37和图1-38所示。

图 1-35   图 1-36

图 1-37   图 1-38

> **提示**
> 线框和简单线框相似，区别在于，位图以单色进行显示。

03 执行"视图 > 草稿"菜单命令，可以将编辑界面中的对象显示为低分辨率图像，使打开文件的速度和编辑文件的速度变快。在这种模式下，矢量图边线粗糙，填色与效果以基础图案显示，如图 1-39 所示；位图则会出现明显的马赛克，如图 1-40 所示。

图 1-39   图 1-40

04 执行"视图 > 普通"菜单命令，可以将编辑界面中的对象正常显示（以原分辨率显示），如图 1-41 和图 1-42 所示。

图 1-41   图 1-42

05 执行"视图 > 增强"菜单命令，可以将编辑界面中的对象显示为最佳效果。在这种模式下，矢量图的边缘会尽可能平滑，图像越复杂，处理效果的时间越长，如图 1-43 所示；位图以高分辨率显示，如图 1-44 所示。

图 1-43   图 1-44

06 执行"视图 > 像素"菜单命令，可以将编辑界面中的对象显示为像素格效果，放大对象比例可以看见每个像素格，如图 1-45 和图 1-46 所示。

图 1-45   图 1-46

实战 009 窗口查阅操作

实例位置	无
素材位置	无
实用指数	★★★★☆
技术掌握	更换视图

操作步骤

01 "窗口"菜单用于调整窗口文档视图和切换编辑窗口。在该菜单下可以进行文档窗口的添加、排放和关闭，如图 1-47 所示。注意，打开的多个文档窗口在菜单最下方显示，正在编辑的文档前方显示对钩，单击选择相应的文档可以进行快速切换编辑。

02 执行"窗口 > 层叠"菜单命令，将所有文档窗口进行叠加预览，如图 1-48 所示。

图 1-47   图 1-48

03 执行"窗口 > 水平平铺"菜单命令，将所有文档窗口进行水平方向平铺预览，如图1-49所示。

图 1-49

04 执行"窗口 > 垂直平铺"菜单命令，将所有文档窗口进行垂直方向平铺预览，如图1-50所示。

05 执行"窗口 > 合并窗口"菜单命令，将所有窗口以正常的方式进行排列预览，如图1-51所示。

图 1-50

图 1-51

06 执行"窗口 > 停靠窗口"菜单命令，将所有窗口以前后停靠的方式进行预览，如图1-52所示。

图 1-52

疑难问答 ?

问：误将菜单栏关掉怎么复原？

答：关掉菜单栏后将无法使用"窗口"菜单命令重新显示菜单栏，这时我们可以在标题栏下方任意工具栏上单击鼠标右键，在弹出的快捷菜单中勾选误删的菜单栏，如图1-53所示。

如果工作界面所有工作栏都关闭掉，无法进行右键恢复时，按快捷键Ctrl+J打开"选项"对话框，然后选择"工作区"选项，接着勾选"默认"选项，最后单击"确定"按钮 复原默认工作区，如

图1-54所示。

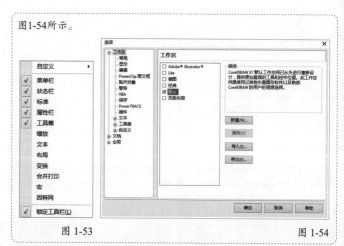

图 1-53

图 1-54

实战 010 缩放与移动视图

实例位置	无
素材位置	无
实用指数	★★★★☆
技术掌握	缩放与移动视图

操作步骤

01 在"工具箱"中单击"缩放工具" ，光标会变成 形状，此时在图像上单击鼠标左键，可以放大图像的显示比例，如图1-55和图1-56所示。

图 1-55

图 1-56

02 如果要缩小显示比例，可以单击鼠标右键，或按住 Shift 键待光标变成 形状时单击鼠标左键进行缩小显示比例操作，如图1-57所示。

图 1-57

提示

除了使用"缩放工具" 缩放视图，还可以滚动鼠标中键（滑轮）进行放大、缩小操作，如果按住Shift键滚动，则可以微调显示比例。

如果想要让所有编辑内容都显示在工作区内，可以直接双击"缩放工具" 。

03 在"工具箱"中的"缩放工具" 🔍 位置按住鼠标左键拖动打开下拉工具组，然后单击"平移工具" 🖐，如图 1-58 所示，再按住鼠标左键平移视图位置。使用"平移工具" 🖐 时不会移动编辑对象的位置，也不会改变视图的比例，如图 1-59 和图 1-60 所示。

图 1-58

图 1-59　　　　　　　　　　　图 1-60

> 提示 📝
> 除了使用"平移工具" 🖐 移动视图，还可以使用鼠标左键在导航器上拖曳滚动条进行视图平移；按住 Ctrl 键滚动鼠标中键（滑轮）可以左右平移视图；按住 Alt 键滚动鼠标中键（滑轮）可以上下平移视图。

实战 011　添加泊坞窗

实例位置	无
素材位置	无
实用指数	★★★★☆
技术掌握	添加泊坞窗

☞ **操作步骤**

01 打开软件后，在欢迎界面中单击"新建文件"，弹出"创建新文档"对话框，然后单击"确定"按钮 **确定** ，接着在菜单栏中执行"窗口 > 泊坞窗 > 彩色"命令，如图 1-61 所示。

02 执行菜单命令后，在页面右侧可以观察到"颜色泊坞窗"，单击"隐藏"按钮 » 可以将"颜色泊坞窗"隐藏到"泊坞窗"中，需要的时候，单击"颜色泊坞窗"可以显示"颜色泊坞窗"，还可以设置颜色参数；单击"关闭"按钮 × 可以关闭"泊坞窗"，如图 1-62 所示。

图 1-61

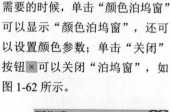

图 1-62

实战 012　页面设置

实例位置	无
素材位置	无
实用指数	★★★★☆
技术掌握	设置页面

☞ **操作步骤**

01 打开软件后，在常用工具栏上单击"新建"按钮 📄，新建文档后弹出"创建新文档"对话框，然后单击"确定"按钮 **确定** ，如图 1-63 所示。

图 1-63

02 创建新文档后，单击属性栏中的"页面大小"，然后在下拉菜单中单击"A6"选项，如图 1-64 所示。

03 A6 与 A4 页面大小的对比如图 1-65 所示。

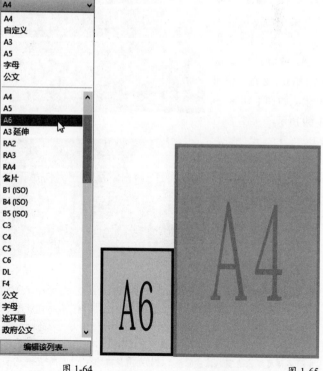

图 1-64　　　　　　　　　　　图 1-65

实战 013 撤销与重做

实例位置	无
素材位置	无
实用指数	★★★★☆
技术掌握	撤销与重做

☞ 操作步骤

01 在编辑对象的过程中，前面任一操作步骤出现错误，我们都可以使用"撤销"命令和"重做"命令进行撤销或重做。执行"编辑 > 撤销"菜单命令可以撤销前一步的编辑操作，或者按快捷键 Ctrl+Z 进行快速操作，如图 1-66 和图 1-67 所示。

图 1-66

图 1-67

02 执行"编辑 > 重做"菜单命令可以重做当前撤销的操作步骤，或者按快捷键 Ctrl+Shift+Z 进行快速操作，如图 1-68 和图 1-69 所示。

图 1-68

图 1-69

> **提示** 📝
> 在"常用工具栏"中单击"撤销" ↶ 后面的 按钮，打开可撤销的步骤选项，单击撤销的步骤名称可以快速撤销该步骤与之后的所有步骤；单击"重做" ↷ 后面的 按钮打开可重做的步骤选项，单击重做的步骤名称可以快速重做该步骤与之前的所有步骤。

实战 014 原位复制与粘贴

实例位置	无
素材位置	无
实用指数	★★★★☆
技术掌握	原位复制与粘贴

☞ 操作步骤

01 选中对象，然后执行"编辑 > 复制"菜单命令，或者按快捷键 Ctrl+C 将对象复制在剪切板上，接着执行"编辑 > 粘贴"菜单命令，在原始对象上进行覆盖复制，或者按快捷键 Ctrl+V 进行原位置粘贴，如图 1-70 所示。

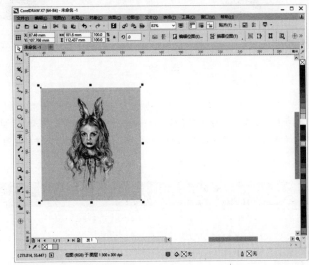

图 1-70

02 选中复制的对象将其向右移动，原对象还在原来的位置，如图 1-71 所示。

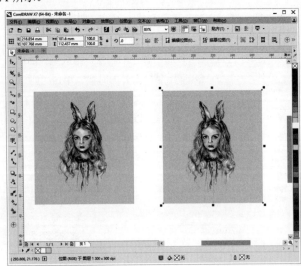

图 1-71

> **提示**
>
> 除了在菜单栏中进行复制与粘贴操作外，还有另外3种原位复制与粘贴的方法。
>
> 第1种：选中对象，然后单击鼠标右键，在弹出的快捷菜单中执行"复制"命令，再单击鼠标右键，在弹出的快捷菜单中执行"粘贴"命令。
>
> 第2种：选中对象，然后按键盘上的"+"键，在原位置进行复制。
>
> 第3种：选中对象，然后在"常用工具栏"上单击"复制"按钮 ，再单击"粘贴"按钮 进行原位复制。

实战 015 制作工作界面

实例位置	无
素材位置	无
实用指数	★★★★☆
技术掌握	工作界面

☞ 操作步骤

01 在使用软件的过程中，为了能更方便、快捷地绘制作品，需要根据自己的习惯和常用的工具制作适合自己的工作界面，下面我们来制作常用的工作界面。在菜单栏中执行"窗口 > 泊坞窗 > 变换 > 位置"命令，如图 1-72 所示。

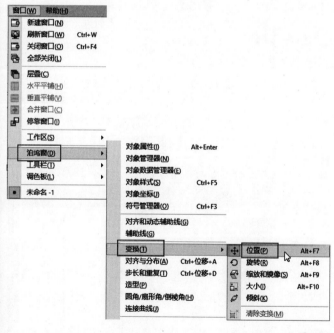

图 1-72

02 执行完菜单命令后，界面右方弹出了"变换"泊坞窗，如图 1-73 所示。

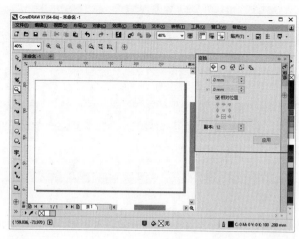

图 1-73

03 在菜单栏中执行"窗口 > 泊坞窗 > 对齐与分布"命令，界面右方弹出"对齐与分布"泊坞窗，而前面添加的"变换"泊坞窗没有消失，如图 1-74 所示，单击"变换"泊坞窗，则会弹出"变换"泊坞窗，如图 1-75 所示。

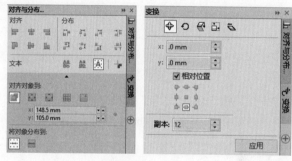

图 1-74   图 1-75

04 使用相同的方法添加常用的泊坞窗，制作出自己需要的工作界面，如图 1-76 所示。

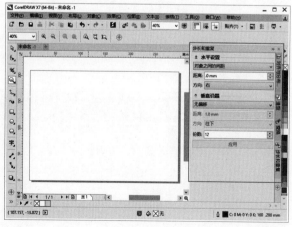

图 1-76

第 2 章　常用辅助操作

⚙ 实战　💬 提示　✏ 疑难问答　📖 技术专题　🔄 知识链接　✳ 商业实例

实战 016　标尺移动操作

实例位置	无
素材位置	无
实用指数	★★★☆☆
技术掌握	标尺移动

☞ 操作步骤

01 整体移动标尺位置。将光标移动到标尺交叉点📍上，按住Shift 键的同时按住鼠标左键移动标尺交叉点，如图2-1 所示。

图 2-1

02 分别移动水平或垂直标尺。将光标移动到水平或垂直标尺上，按住Shift键的同时按住鼠标左键移动位置，如图2-2 和图2-3 所示。

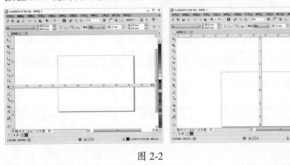

图 2-2　　　　　　　　　　　图 2-3

实战 017　标尺预设

实例位置	无
素材位置	无
实用指数	★★☆☆☆
技术掌握	标尺预设

☞ 操作步骤

01 执行"工具 > 选项"菜单命令，然后在"选项"对话框中选择"标尺"选项进行标尺的相关设置，如图2-4 所示。

02 在"标尺"对话框中单击"编辑缩放比例"按钮 `编辑缩放比例(S)...` 弹出"绘图比例"对话框，在"典型比例"下拉列表选项中选择不同的比例，设置完成后单击"确定"按钮 `确定` 完成标尺

预设，如图2-5 所示。

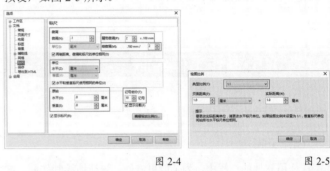

图 2-4　　　　　　　　　　　图 2-5

实战 018　辅助线添加

实例位置	无
素材位置	无
实用指数	★★★★☆
技术掌握	添加辅助线

☞ 操作步骤

01 辅助线是帮助用户进行准确定位的虚线，它可以位于绘图窗口的任何地方，并且不会在文件输出时显示。将光标移动到水平或垂直标尺上，然后按住鼠标左键直接拖曳设置辅助线。如果要设置倾斜辅助线，可以选中垂直或水平辅助线，接着逐渐单击旋转角度，这种方法用于大概定位，如图2-6 所示。

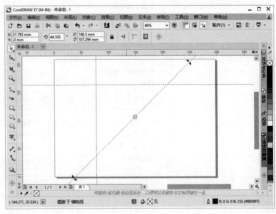

图 2-6

02 如果要精确定位，执行"工具 > 选项"菜单命令，然后在"选项"对话框中选择"文档 > 辅助线 > 水平"选项，接着设置"数值"为100，再单击"添加"按钮 `添加(A)`，最后单击"确定"

按钮 确定 ，如图 2-7 所示，在页面中水平位置为 100 处添加一条辅助线，效果如图 2-8 所示。

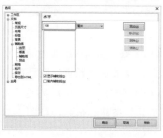 

图 2-7　　　　　　　　　　　　图 2-8

03 执行"工具>选项"菜单命令，然后在"选项"对话框中选择"文档>辅助线>垂直"选项，接着设置"数值"为 100，再单击"添加"按钮 添加(A) ，最后单击"确定"按钮 确定 ，如图 2-9 所示，在页面中垂直位置为 100 处添加一条辅助线，效果如图 2-10 所示。

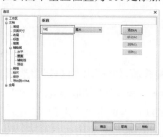 

图 2-9　　　　　　　　　　　　图 2-10

04 执行"工具>选项"菜单命令，然后在"选项"对话框中选择"文档>辅助线>辅助线"选项，接着设置 x 轴为 100、y 轴为 100、"角度"为 45°，再单击"添加"按钮 添加(A) ，最后单击"确定"按钮 确定 ，如图 2-11 所示，在页面中水平位置为 100、垂直位置为 100 处添加一条角度为 45°的辅助线，效果如图 2-12 所示。

图 2-11　　　　　　　　　　　　图 2-12

实战 019 使用辅助线贴齐对象

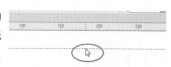

实例位置	无
素材位置	无
实用指数	★★★★☆
技术掌握	贴齐辅助线

操作步骤

01 创建新文档后，将光标移动到上方标尺的位置，按住鼠标左键向下拖曳，如图 2-13 所示。

图 2-13

02 松开鼠标，辅助线变为红色虚线，添加完辅助线后单击页面空白处，辅助线呈蓝色虚线，然后将两个对象移动到辅助线附近，如图 2-14 所示。

03 执行"视图>贴齐>辅助线"菜单命令，然后分别选中图片，将图片的顶端移动到辅助线附近，对象将会自动贴齐辅助线，如图 2-15 所示。

图 2-14　　　　　　　　　　　　图 2-15

实战 020 设置预设辅助线颜色

实例位置	无
素材位置	无
实用指数	★★★★☆
技术掌握	贴齐辅助线

操作步骤

01 在使用软件的过程中，有时需要多条辅助线，为了分辨辅助线，可以设置辅助线的颜色。执行"工具>选项"菜单命令，在"选项"对话框中选择"文档>辅助线"选项，勾选"显示辅助线"复选框以显示辅助线，反之为隐藏辅助线，如图 2-16 所示。

02 在"辅助线"对话框中，单击"默认预设辅助线颜色"后的

21

按钮，然后设置预设辅助线的颜色，如图2-17所示。

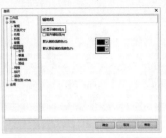

图2-16　　　　　　　　　　　图2-17

03 在"选项"对话框中选择"文档>辅助线>预设"选项，然后勾选"基本网格"复选框以显示网格，接着单击"应用预设"按钮 应用预设(A) ，最后单击"确定"按钮 确定 ，如图2-18所示，效果如图2-19所示。

图2-18　　　　　　　　　　　图2-19

技术专题　辅助线使用技巧

为了方便用户使用辅助线进行制图，下面将介绍辅助线的使用技巧。

选择单条辅助线：单击辅助线，显示为红色为选中，可以进行相关的编辑。

选择全部辅助线：执行"编辑>全选>辅助线"菜单命令，可以将绘图区内所有未锁定的辅助线选中，方便用户进行整体删除、移动、变色和锁定等操作，如图2-20所示。

图2-20

锁定与解锁辅助线：选中需要锁定的辅助线，然后执行"对象>锁定>锁定对象"菜单命令进行锁定；执行"对象>锁定>解锁对象"菜单命令进行解锁。单击鼠标右键，在弹出的快捷菜单中执行"锁定对象"和"解锁对象"命令也可进行相应操作。

实战021 添加出血区域

实例位置	无
素材位置	无
实用指数	★★★☆☆
技术掌握	出血区域

操作步骤

01 在制作需要印刷的作品时，需要添加出血区域，出血指印刷时为保留画面有效内容预留出的方便裁切的部分。执行"工具>

选项"菜单命令，然后在"选项"对话框中选择"文档>辅助线>预设"选项，再勾选"出血区域"复选框进行预设，接着单击"应用预设"按钮 应用预设(A) ，最后单击"确定"按钮 确定 ，如图2-21所示，效果如图2-22所示。

图2-21　　　　　　　　　　　图2-22

02 也可以根据作品需要自定义出血区域。勾选"出血区域"复选框，然后选择"用户定义预设"，接着在"预设"对话框中勾选"页边距"，再设置"上"为10.0、"左"为10.0，勾选"镜像页边距"复选框，最后单击"确定"按钮 确定 ，如图2-23所示，效果如图2-24所示。

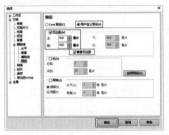

图2-23　　　　　　　　　　　图2-24

03 也可以设置"栏"做折页的印刷作品。勾选"出血区域"复选框，然后选择"用户定义预设"，接着在"预设"对话框中勾选"栏"，设置"栏数"为4、"间距"为3.0，再单击"应用预设"按钮 应用预设(A) ，最后单击"确定"按钮 确定 ，如图2-25所示，效果如图2-26所示。

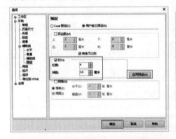

图2-25　　　　　　　　　　　图2-26

实战022 视图管理器

实例位置	无
素材位置	无
实用指数	★★★☆☆
技术掌握	视图管理器

操作步骤

01 在实际操作过程中，经常需要缩放视图，而更精准、快速地制作就要运用视图管理器。执行"视图>视图管理器"菜单命令，打开"视图管理器"泊坞窗，"视图管理器"泊坞窗在界面的右侧显示，如图 2-27 所示。

图 2-27

02 多次单击"视图管理器"泊坞窗中的"放大"按钮，将视图调整至需要的大小，接着单击"添加当前的视图"按钮，当需要当前视图时不需要重新调整，只需单击添加的视图即可，如图 2-28 所示。

03 多次单击"视图管理器"泊坞窗中的"缩小"按钮，将视图调整至需要的大小，接着单击"添加当前的视图"按钮，如图 2-29 所示。当不需要前面添加的视图时，选中添加的视图，单击"删除当前的视图"按钮删除视图即可。

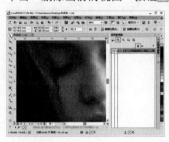

图 2-28　　　　　　　　　　图 2-29

> **技术专题　视图管理器的基本操作**
>
> 打开一个图形文件，然后执行"视图>视图管理器"菜单命令，打开"视图管理器"泊坞窗，如图2-30所示。
>
> 缩放一次：快捷键为F2键，按F2键并使用鼠标左键单击，可以放大一次绘图区域；使用鼠标右键单击，可以缩小一次绘图区域。如果在操作过程中一直按住F2键，再使用鼠标左键或右键在绘图区域拉出一个区域，可以对该区域进行放大或缩小操作。
>
> 放大：单击该图标可放大图像。
>
> 缩小：单击该图标可缩小图像。
>
>
>
> 图 2-30
>
> 缩放选定对象：单击该图标可缩放已选定的对象，也可以按快捷键Shift+F2进行操作。
>
> 缩放所有对象：单击该图标可显示所有编辑对象，快捷键为F4键。
>
> 添加当前的视图：单击该图标可保存当前显示的视图样式。
>
> 删除当前的视图：单击该图标可删除保存的视图样式。
>
> 单击"放大"按钮将文件进行放大；单击"添加当前的视图"按钮添加当前视图样式；选中样式，单击鼠标左键可以进行名称修改，如图2-31所示。在编辑的过程中可以单击相应样式切换到保存的视图样式中。
>
>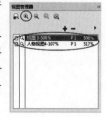
>
> 图 2-31

选中保存的视图样式，然后单击"删除当前的视图"按钮可以删除保存的视图样式。

在"视图管理器"对话框中，单击视图样式前的图标，灰色显示为禁用状态，只显示缩放级别不切换页面；单击图标，灰色显示为禁用状态，只显示页面不显示缩放级别。

实战 023　设置页面布局

实例位置	无
素材位置	无
实用指数	★★★☆☆
技术掌握	视图管理器

操作步骤

01 制作不同的作品，需要不同的页面布局。执行"工具>选项"菜单命令，然后在"选项"对话框中选择"文档>布局"选项，接着在"布局"对话框中设置"布局"为"三折小册子"，最后单击"确定"按钮，如图 2-32 所示。

02 设置的"三折小册子"布局如图 2-33 所示，属性栏中"页面大小"还是显示为 A4 大小。

图 2-32　　　　　　　　　　图 2-33

实战 024　添加页面背景

实例位置	无
素材位置	无
实用指数	★★☆☆☆
技术掌握	页面背景

操作步骤

01 执行"视图>选项"菜单命令，在"选项"对话框中选择"文档>背景"选项。"背景"对话框中默认为"无背景"，如图 2-34 所示。

图 2-34

02 在"背景"对话框中选择"纯色"，设置纯色颜色，然后单击"确定"按钮，勾选"打印和导出背景"复选框，这样导出对象时则会显示背景颜色；反之则不会显示，如图 2-35 所示，效果如图 2-36 所示。

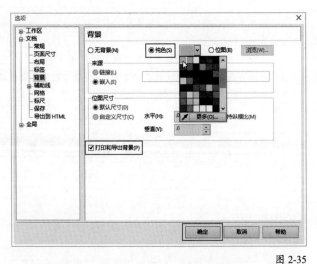

图 2-35

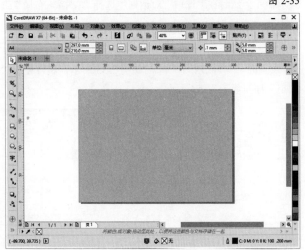

图 2-36

03 在"背景"对话框中选择"位图",然后单击"浏览"按钮 ,再选择需要的位图,接着在"导入"对话框中单击"导入"按钮 导入 ▼,最后单击"确定"按钮 确定,如图 2-37 所示,效果如图 2-38 所示。

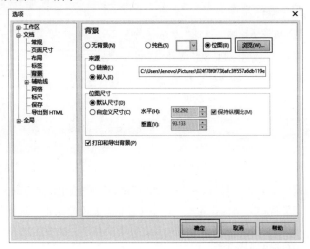

图 2-37

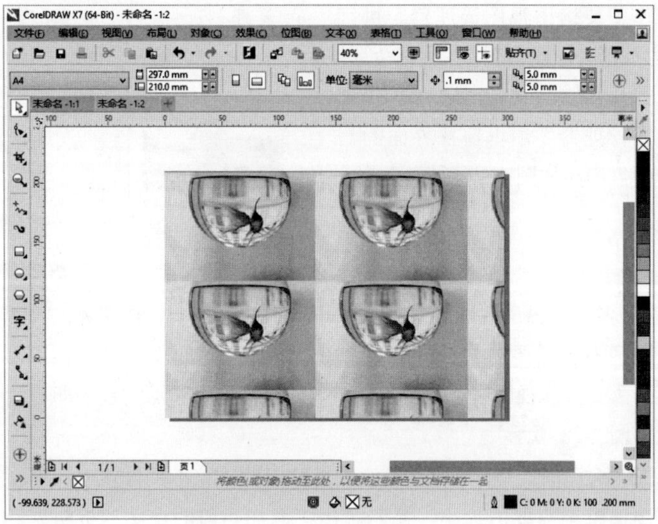

图 2-38

实战 025 网格预设

实例位置	无
素材位置	无
实用指数	★ ★ ☆ ☆ ☆
技术掌握	网格

☞ 操作步骤

01 执行"视图 > 选项"菜单命令,然后在"选项"对话框中选择"文档 > 网格"选项,接着在"网格"对话框中选择"毫米间距",设置"水平"为 20.0、"垂直"为 20.0,再勾选"显示网格"复选框,选择"将网格显示为线",最后单击"确定"按钮 确定,如图 2-39 所示,效果如图 2-40 所示。

图 2-39

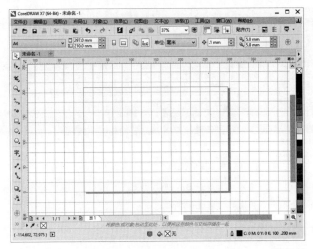

图 2-40

02 执行"视图 > 选项"菜单命令,然后在"选项"对话框中选择"文档 > 网格"选项,接着在"网格"对话框中设置"间距"为 24.0pt、"从顶部开始"为 20.0mm,再勾选"显示网格"复选框,最后单击"确定"按钮 确定 ,如图 2-41 所示,效果如图 2-42 所示。

图 2-41

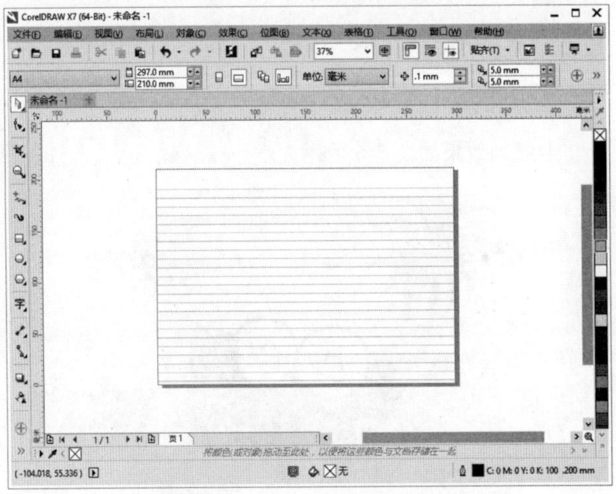

图 2-42

实战 026 去掉页边距

实例位置	无
素材位置	无
实用指数	★★☆☆☆
技术掌握	页边距

操作步骤

01 在不需要制作出成品或打印时,可以去掉页边距,避免影响视觉。执行"视图 > 页 > 页边框"菜单命令,如图 2-43 所示,效果如图 2-44 所示。

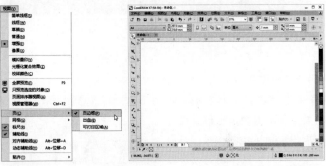

图 2-43   图 2-44

02 需要页边距时,可执行"视图 > 页 > 页边框"菜单命令,勾选"页边框"选项,效果如图 2-45 所示。

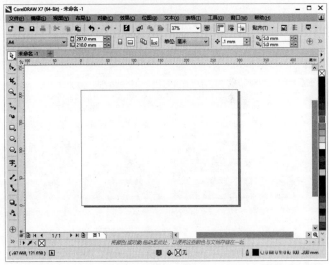

图 2-45

第 3 章 对象操作

实战 027 选择对象

实例位置	实例文件>CH03>实战027.cdr
素材位置	无
实用指数	★★★★★
技术掌握	选择对象

☞ **操作步骤**

01 单击"选择工具" 📐，单击要选择的对象，当该对象的四周出现黑色控制点时，表示对象被选中，选中后可以对其进行移动和变换等操作，如图3-1所示。

图 3-1

02 单击"选择工具" 📐，然后按住鼠标左键在空白处拖动出虚线矩形范围，如图3-2所示。松开鼠标后，该范围内的对象全部被选中，如图3-3所示。

图 3-2 　　　　　　　　　　　　图 3-3

疑难问答 ❓

问：多选后出现乱排的白色方块是什么？

答：多选时会出现对象重叠的现象，白色方块表示选择的对象位置，一个白色方块代表一个对象。

03 单击"手绘选择工具" 📐，然后按住鼠标左键在空白处绘制一个不规则范围，如图3-4所示，范围内的对象被全部选择。

图 3-4

技术专题 🔧 其他选择方式

选择多个不相连对象：单击"选择工具" 📐，然后按住Shift键逐个单击不相连的对象进行加选。

按顺序选择：单击"选择工具" 📐，然后选中最上面的对象，接着按Tab键按照从前到后的顺序依次选择编辑的对象。

全选对象的方法有3种。

第1种：单击"选择工具" 📐，然后按住鼠标左键在所有对象外围拖动虚线矩形，再松开鼠标将所有对象全选。

第2种：双击"选择工具" 📐可以快速全选编辑的内容。

第3种：执行"编辑>全选"菜单命令，在子菜单中选择相应的类型，可以全选该类型所有的对象，如图3-5所示。

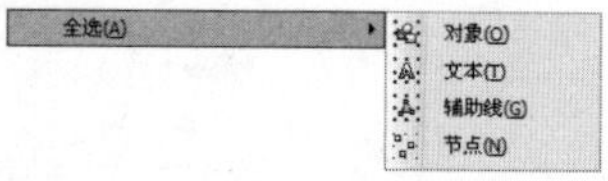

全选(A)	▶	⬚ 对象(O)
		A 文本(T)
		⌁ 辅助线(G)
		⦁ 节点(N)

图 3-5

选择覆盖对象：使用"选择工具" 📐选中上方对象后，在按住Alt键的同时单击鼠标左键，可以选中下面被覆盖的对象。

提示 ✏

在执行"编辑>全选"菜单命令时，锁定的对象、文本或辅助线将不会被选中；双击"选择工具" 📐进行全选时，全选类型不包含辅助线和节点。

实战 028 通过移动对象制作卡通画

实例位置	实例文件>CH03>实战028.cdr
素材位置	素材文件>CH03>01.cdr、02.jpg
实用指数	★★★★★
技术掌握	移动对象

☞ **操作步骤**

卡通画效果如图3-6所示。

图 3-6

☞ 基础回顾

移动对象的方法有 3 种：

第 1 种，选中对象，当光标变为 ✛ 时，按住鼠标左键进行拖曳移动（不精确）。

第 2 种，选中对象，然后利用键盘上的方向键进行移动（相对精确）。

第 3 种，选中对象，然后执行"对象 > 变换 > 位置"菜单命令打开"变换"面板，接着在 x 轴和 y 轴后面的输入框中输入数值，再选择移动的"相对位置"，最后单击"应用"按钮 应用 完成移动，如图 3-7 所示。

图 3-7

> 提示 📝
>
> "相对位置"选项以原始对象相对应的锚点作为坐标原点，沿设定的方向和距离进行位移。

☞ 操作步骤

01 新建空白文档，然后在"创建新文档"对话框中设置"名称"为"制作卡通画"、"大小"为 A4、页面方向为"横向"，接着单击"确定"按钮 确定 ，如图 3-8 所示。

02 导入"素材文件 >CH03>01.cdr"文件，如图 3-9 所示，然后单击"选择工具" 🔧 选中对象，按住鼠标左键将对象拖曳到眼睛上方，这时会出现对象位置的预览线，如图 3-10 所示。确定好位置后松开鼠标，如图 3-11 所示。

图 3-10　　　　　　　　　　　　　　　图 3-11

03 使用相同的方法移动对象，如图 3-12~ 图 3-14 所示。然后选中全部对象，单击属性栏中的"组合对象"按钮 🔳 将螃蟹的所有对象进行群组。

04 导入"素材文件 >CH03>02.jpg"文件，然后选中对象，按快捷键 Ctrl+End 将对象置于页面背面，再按 P 键将对象置于页面中心，接着选中螃蟹对象，将对象移动到页面中合适的位置，如图 3-15 所示。

图 3-12　　　　　　　　　　　　　　　图 3-13

图 3-8　　　　　　　　　　　图 3-9　　　　　　　　　　　图 3-14　　　　　　　　　　　图 3-15

实战 029 通过复制对象制作背景

实例位置	实例文件>CH03>实战029.cdr
素材位置	素材文件>CH03>03.cdr
实用指数	★★★★★
技术掌握	复制对象

背景效果如图 3-16 所示。

图 3-16

☞ 操作步骤

01 新建空白文档，然后在"创建新文档"对话框中设置"名称"为"制作背景"、"大小"为A4、页面方向为"横向"，接着单击"确定"按钮 确定 ，如图 3-17 所示。

图 3-17

02 导入"素材文件 >CH03>03.cdr"文件，如图 3-18 所示，然后单击"选择工具" ，选中对象，接着按住鼠标左键向下拖曳，出现蓝色线框进行预览，如图 3-19 所示。接着在松开鼠标左键前单击鼠标右键，完成复制，效果如图 3-20 所示。

图 3-18　　　　　　图 3-19　　图 3-20

03 使用相同的方法分别复制对象，如图 3-21 和图 3-22 所示。

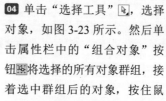

图 3-21　　　　　　图 3-22

04 单击"选择工具" ，选择对象，如图 3-23 所示。然后单击属性栏中的"组合对象"按钮 将选择的所有对象群组，接着选中群组后的对象，按住鼠标左键向右拖曳，再按住 Shift 键进行水平拖曳，接着在释放鼠标左键前单击鼠标右键，最后松开 Shift 键完成复制，如图 3-24 所示。

图 3-23　　　　　　　　　图 3-24

技术专题 🔧 使用"再制"做效果

平移效果绘制：选中素材花纹，然后在按住Shift键的同时按住鼠标左键进行平行拖曳，在松开鼠标左键前单击右键进行复制，如图3-25所示。接着按快捷键Ctrl+D进行再制，效果如图3-26所示。

图 3-25

图 3-26

旋转效果绘制：选中椭圆形，然后按住鼠标左键拖动，再单击鼠标右键进行复制，接着直接单击将其旋转一定的角度，如图3-27所示。最后按快捷键Ctrl+D进行再制，如图3-28所示。再制对象将以一定的角度进行旋转。

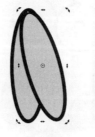

图 3-27　　　　　　　　　图 3-28

缩放效果绘制：选中球对象，然后按住鼠标左键拖动，单击鼠标右键进行复制，再进行缩放，如图3-29所示。接着按快捷键Ctrl+D进行再制，如图3-30所示。再制对象以一定的比例进行缩放。在再制过程中调整间距，可以产生更好的效果，如图3-31所示。

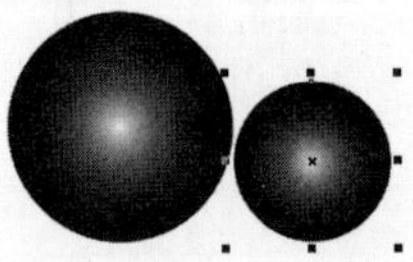

图 3-29

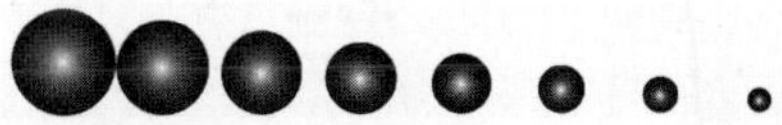

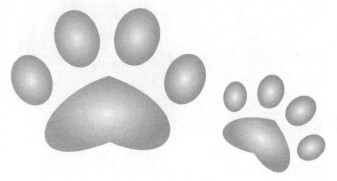

图 3-30

图 3-31

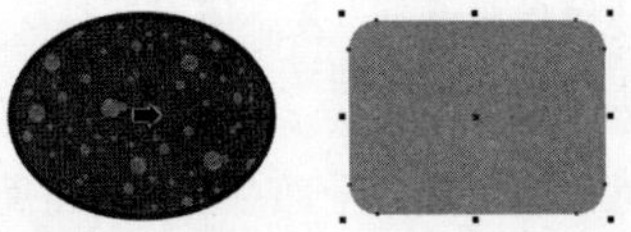

图 3-34

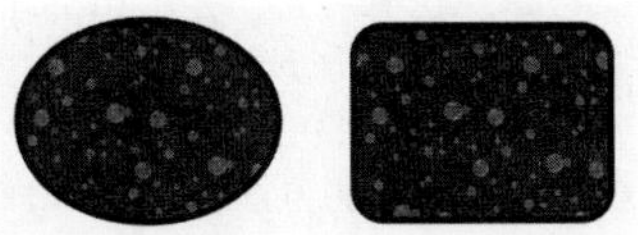

图 3-35

● **参数介绍**

①轮廓笔：复制轮廓线的宽度和样式。

②轮廓色：复制轮廓线使用的颜色属性。

③填充：复制对象的填充颜色和样式。

④文本属性：复制文本对象的字符属性。

☞ **操作步骤**

01 新建空白文档，然后在"创建新文档"对话框中设置"名称"为"制作脚印"、"大小"为A4、页面方向为"横向"，接着单击"确定"按钮 确定，如图3-36所示。

02 导入"素材文件 >CH03>04.cdr"文件，如图3-37所示。然后选中需要复制属性的对象，如图3-38所示。

图 3-36

实战 030 通过复制对象属性制作脚印

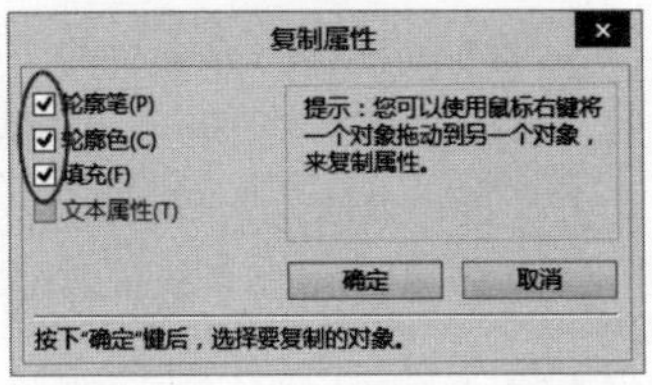

实例位置	实例文件>CH03>实战030.cdr
素材位置	素材文件>CH03>04.cdr
实用指数	★★★★☆
技术掌握	复制对象属性

脚印效果如图 3-32 所示。

图 3-32

☞ **基础回顾**

CorelDRAW X7 为用户提供了两种复制的类型，一种是对对象的复制，另一种是对对象属性的复制。

● **复制方法**

单击"选择工具" 选中要复制属性的对象，然后执行"编辑 > 复制属性自"菜单命令，打开"复制属性"对话框，勾选要复制的属性类型，接着单击"确定"按钮 确定，如图3-33所示。

图 3-37

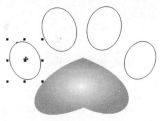

图 3-38

03 执行"编辑 > 复制属性自"菜单命令，然后打开"复制属性"对话框，勾选要复制的属性类型，接着单击"确定"按钮 确定，如图3-39所示。当光标变为➡时，将其移动到源对象位置，单击鼠标左键完成属性的复制，效果如图3-40所示。

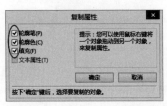

图 3-39

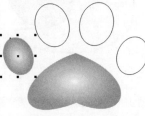

图 3-40

当光标变为➡时，将其移动到源对象位置单击鼠标左键完成属性的复制，如图3-34所示。复制后的效果如图3-35所示。

04 若只是矢量对象，可以更快捷地复制对象属性。按住鼠标右键，然后将源对象拖曳到需要复制属性的对象上，如图3-41所示。接着松开鼠标，在弹出的快捷菜单中选择"复制所有属性"，如图 3-42 所示，效果如图 3-43 所示。

05 使用相同的方法复制对象属性，然后选中全部对象，单击属性栏中的"组合对象"按钮■将对象群组，效果如图 3-44 所示。

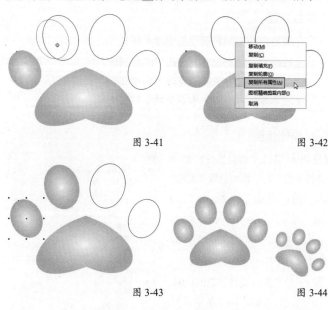

图 3-41　　　　　　　　　　图 3-42

图 3-43　　　　　　　　　　图 3-44

实战 031　旋转对象

实例位置	无
素材位置	无
实用指数	★★★★★
技术掌握	旋转对象

☞ 操作步骤

01 双击需要旋转的对象，出现旋转箭头后才可以进行旋转，如图 3-45 所示。然后将光标移动到标有曲线箭头的锚点上，按住鼠标左键拖动旋转，如图 3-46 所示。

图 3-45　　　　　　　　　　图 3-46

02 还可以在属性栏中设置"旋转角度"进行旋转。选中对象后在属性栏上"旋转角度"后面的输入框中输入数值进行旋转，如图 3-47 所示，效果如图 3-48 所示。

03 还可以在菜单栏中进行旋转。选中对象后执行"对象 > 变换 >

旋转"菜单命令打开"变换"面板，再设置"旋转角度"数值，接着选择相对旋转中心，最后单击"应用"按钮 应用 完成旋转，如图 3-49 所示。

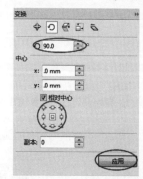

图 3-47

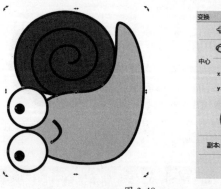

图 3-48　　　　　　　　　　图 3-49

> **提示**
> 旋转时在"副本"中输入复制数值，可以将对象旋转复制，如图 3-50 所示，效果如图 3-51 所示。

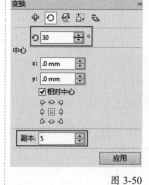

图 3-50　　　　　　　　　　图 3-51

实战 032　缩放对象

实例位置	无
素材位置	无
实用指数	★★★★★
技术掌握	缩放对象

☞ 操作步骤

01 选中对象后，将光标移动到锚点上，按住鼠标左键拖动缩放，蓝色线框为缩放大小的预览效果，如图 3-52 所示。从顶点开始进行缩放为等比例缩放；从水平或垂直锚点开始进行缩放会改变对象形状，如图 3-53 和图 3-54 所示。

图 3-52

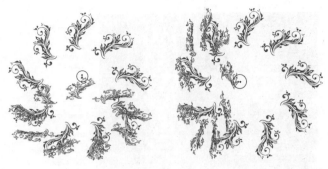

图 3-53　　　　　　　　　图 3-54

> 提示 📝
>
> 进行缩放时，按住Shift键可以进行中心缩放，如图3-55所示。

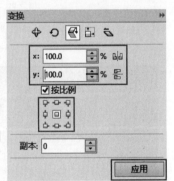

图 3-55

02 还可以在菜单栏中进行缩放。选中对象后执行"对象>变换>缩放和镜像"菜单命令打开"变换"面板，在x轴和y轴后面的输入框中设置缩放比例，接着选择相对缩放中心，最后单击"应用"按钮 应用 完成缩放，如图3-56所示。

图 3-56

> 提示 📝
>
> 缩放时在副本中输入复制数值，可以将对象旋转复制，如图3-57所示，效果如图3-58所示。

图 3-57

图 3-58

实战 033　通过锁定和解锁对象制作蘑菇表情

实例位置	实例文件>CH03>实战033.cdr
素材位置	素材文件>CH03>05.cdr
实用指数	★★★★☆
技术掌握	锁定和解锁对象

蘑菇表情效果如图3-59所示。

图 3-59

🖝 基础回顾

在文档编辑过程中，为了避免操作失误，可以将编辑完毕或不需要编辑的对象锁定，锁定的对象无法进行编辑也不会被误删，继续编辑则需要解锁对象。

● **锁定对象**

锁定对象的方法有两种。

第1种：选中需要锁定的对象，然后单击鼠标右键，在弹出的快捷菜单中执行"锁定对象"命令完成锁定，如图3-60所示。锁定后的对象锚点变为小锁图形，如图3-61所示。

图 3-60　　　　　　　　　图 3-61

第2种：选中需要锁定的对象，然后执行"对象>锁定对象"菜单命令进行锁定，选择多个对象进行同样的操作可以同时进行锁定。

● 解锁对象

解锁对象的方法有两种。

第1种：选中需要解锁的对象，然后单击鼠标右键，在弹出的快捷菜单中执行"解锁对象"命令完成解锁，如图 3-62 所示。

图 3-62

第2种：选中需要解锁的对象，然后执行"对象>解锁对象"菜单命令进行解锁。

☞ 操作步骤

01 新建空白文档，然后在"创建新文档"对话框中设置"名称"为"制作蘑菇表情"、"大小"为A4、页面方向为"横向"，接着单击"确定"按钮 确定 ，如图 3-63 所示。

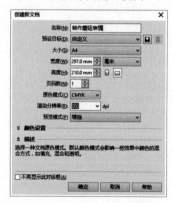

图 3-63

02 导入"素材文件 >CH03>05.cdr"文件，如图 3-64 所示，然后选中对象单击鼠标右键，在弹出的快捷菜单中执行"锁定对象"命令完成锁定，如图 3-65 所示。

图 3-64

图 3-65

03 选中对象，将对象移动到页面中合适的位置，如图 3-66 和图 3-67 所示。

图 3-66　　　　　　　　　　　　　　　　图 3-67

04 选中图片，然后单击鼠标右键，在弹出的快捷菜单中执行"解锁对象"命令完成解锁，如图 3-68 所示。

图 3-68

实战 034 对象的顺序操作

实例位置	无
素材位置	无
实用指数	★★★★☆
技术掌握	对象的顺序

☞ 操作步骤

01 在编辑图像时，通常会利用图层的叠加组成图案或体现效果。

我们可以把独立的对象和群组的对象看为一个图层，如图3-69所示，选中相应的图层单击鼠标右键，然后在弹出的快捷菜单中单击"顺序"命令，在子菜单中选择相应的命令进行操作，如图3-70所示。

图 3-69 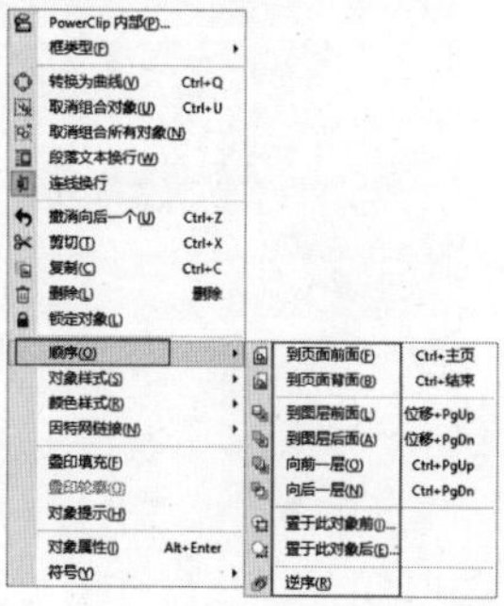　　　　　　　　　　　图 3-70

02 选中身体对象，单击鼠标右键，然后在弹出的快捷菜单中执行"顺序＞到页面前面/背面"命令，接着将所选对象调整到当前页面的最前面或最后面，如图3-71所示，身体的位置在页面前面或后面。

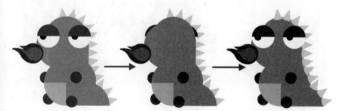

图 3-71

03 选中身体对象，单击鼠标右键，然后在弹出的快捷菜单中执行"顺序＞向前/后一层"命令，将所选对象调整到当前所在图层的上面/下面，如图3-72所示，喷火龙的身体向前一层/向后一层移动。

图 3-72

04 选中火苗对象，单击鼠标右键，然后在弹出的快捷菜单中执行"顺序＞置于此对象前/后"命令，单击该命令后，当光标变为"黑色箭头"➡形状时单击目标对象，如图3-73所示，可以将所选对象置于该对象的前面或后面，图3-74所示为火苗的位置在身体的后面。

图 3-73　　　　　　　　图 3-74

05 选中喷火龙的所有对象，单击鼠标右键，然后在弹出的快捷菜单中执行"顺序＞逆序"命令，执行该命令后对象按相反的顺序进行排列，如图3-75所示，喷火龙转身了。

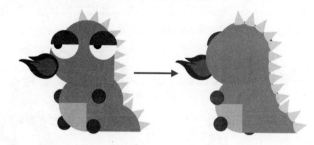

图 3-75

> **提示** 📝
>
> 除了使用快捷菜单调整顺序，还有另外两种调整顺序的方法。
>
> 选中相应的图层后，执行"对象＞顺序"菜单命令，在子菜单中选择相应的操作。
>
> 选中要调整的对象，按快捷键Ctrl+Home可以将对象置于页面前面；按快捷键Ctrl+End可以将对象置于页面背面；按快捷键Ctrl+PageUp可以将对象向前移一层；按快捷键Ctrl+PageDown可以将对象向后移一层。

实战 035　组合对象与取消组合

实例位置	无
素材位置	无
实用指数	★★★★☆
技术掌握	组合对象与取消组合

👉 **操作步骤**

01 组合对象不仅可以用于单个对象之间，组与组之间也可以进行组合，组合后的对象成为整体，显示为一个图层。选中需要组合的所有对象，然后单击鼠标右键，在弹出的快捷菜单中选择"组合对象"命令，如图3-76所示。组合后可以对整个对象进行编辑，效果如图3-77所示。

图 3-76　　　　　　　　　图 3-77

> **提示** 📝
>
> 除了使用快捷菜单组合对象，还有另外3种组合对象的方法。
>
> 第1种：按快捷键Ctrl+G快速组合对象。
>
> 第2种：选中需要组合的所有对象，然后执行"对象＞组合对象"菜单命令进行组合。
>
> 第3种：选中需要组合的所有对象，在属性栏上单击"组合对象"图标进行快速组合。

02 执行"取消组合对象"命令可以撤销前面进行的操作，如果上一步组合对象操作是组与组之间的，那么，执行后就变为独立的组。选中组合后的对象，然后单击鼠标右键，在弹出的快捷菜单中选择"取消组合对象"命令，如图3-78所示。取消组合后可以对单组对象进行编辑，效果如图3-79所示。

图3-78 　　　　　　　　　　图3-79

> **提示**
>
> 　　除了使用快捷菜单取消组合对象，还有另外3种取消组合对象的方法。
>
> 　　第1种：按快捷键Ctrl+U快速取消群组。
>
> 　　第2种：选中组合对象，然后执行"对象>取消组合对象"菜单命令取消群组。
>
> 　　第3种：选中组合对象，然后在属性栏上单击"取消组合对象"图标█快速解组。

03 执行"取消组合所有对象"命令，可以将组合对象进行彻底解组，变为最基本的独立对象。选中组合对象，然后单击鼠标右键，在弹出的快捷菜单中选择"取消组合所有对象"命令，解开所有的组合对象，如图3-80所示。取消所有对象的组合后，可以对单个对象进行编辑，如图3-81所示。

图3-80 　　　　　　　　　　图3-81

> **提示**
>
> 　　除了使用快捷菜单取消组合所有对象，还有另外两种取消组合所有对象的方法。
>
> 　　第1种：选中组合对象，然后执行"对象>取消组合所有对象"菜单命令取消所有群组。
>
> 　　第2种：选中组合对象，然后在属性栏上单击"取消组合所有对象"图标█快速取消所有群组。

实战 036　通过合并与拆分对象制作仿古印章

实例位置	实例文件>CH03>实战036.cdr
素材位置	素材文件>CH03>06.cdr、07.cdr
实用指数	★★★★☆
技术掌握	合并与拆分对象

　　仿古印章效果如图3-82所示。

图3-82

☞ 基础回顾

　　合并与组合对象不同，组合对象是将两个或多个对象编成一个组，内部还是独立的对象，对象属性不变；合并是将两个或多个对象合并为一个全新的对象，其对象的属性也会发生变化。

　　合并与拆分的方法有以下3种。

　　第1种：选中要合并的对象，如图3-83所示，然后在属性面板上单击"合并"按钮█，将所选对象合并为一个对象（属性改变），如图3-84所示。单击"拆分"按钮█，可以将合并对象拆分为单个对象（属性维持改变后的），排放顺序为由大到小。

图3-83 　　　　　　　　　　图3-84

　　第2种：选中要合并的对象，然后单击鼠标右键，在弹出的快捷菜单中执行"合并"或"拆分"命令进行操作。

　　第3种：选中要合并的对象，然后执行"对象>合并"或"对象>拆分"菜单命令进行操作。

> **提示**
>
> 　　合并后对象的属性会同合并前最底层对象的属性保持一致，拆分后属性无法恢复。

☞ 操作步骤

01 新建空白文档，然后在"创建新文档"对话框中设置"名称"为"制作仿古印章"，接着设置页面大小为"A4"、页面方向为"横向", 最后单击"确定"按钮 <u>确定</u> 建立新文档, 如图 3-85 所示。

02 导入"素材文件 >CH03>06.cdr"文件, 然后选中方块对象, 按快捷键 Ctrl+C 进行复制, 再按快捷键 Ctrl+V 进行原位置粘贴, 接着按住 Shift 键同时按住鼠标左键向内进行中心缩放, 如图 3-86 所示。

图 3-85　　　　　　　　　　图 3-86

03 选中文本素材, 然后将其拖曳到方块内部进行缩放, 再调整位置, 如图 3-87 所示。接着全选对象, 最后执行"对象 > 合并"菜单命令, 得到完成的印章效果, 如图 3-88 所示。

图 3-87　　　　　　　　　　图 3-88

04 下面为印章添加背景。导入"素材文件 >CH03>07.cdr"文件, 然后将山水画背景图拖曳到页面中合适的位置进行缩放, 如图 3-89 所示, 接着将绘制完成的印章拖曳到页面右下角, 最后调整至合适的大小, 如图 3-90 所示。

图 3-89　　　　　　　　　　图 3-90

实战 037　对齐对象

实例位置	实例文件>CH03>实战037.cdr
素材位置	无
实用指数	★★★★☆
技术掌握	对齐对象

☞ **操作步骤**

01 选中两个或两个以上的对象, 执行"对象 > 对齐和分布 > 对齐与分布", 在"对齐与分布"泊坞窗中可以进行对齐的相关操作, 如图 3-91 所示。

02 单击"对齐与分布"泊坞窗中的"左对齐"按钮, 可以将所有对象向最左边进行对齐, 如图 3-92 所示。

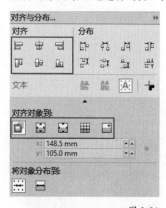
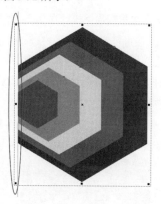

图 3-91　　　　　　　　　　图 3-92

03 单击"对齐与分布"泊坞窗中的"水平居中对齐"按钮, 可以将所有对象向水平方向的中心点进行对齐, 如图 3-93 所示。

04 单击"对齐与分布"泊坞窗中的"右对齐"按钮, 可以将所有对象向最右边进行对齐, 如图 3-94 所示。

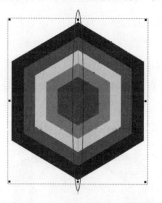
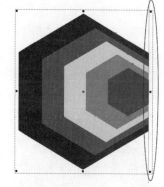

图 3-93　　　　　　　　　　图 3-94

05 单击"对齐与分布"泊坞窗中的"上对齐"按钮, 可以将所有对象向最上边进行对齐, 如图 3-95 所示。

06 单击"对齐与分布"泊坞窗中的"垂直居中对齐"按钮, 可以将所有对象向垂直方向的中心点进行对齐, 如图 3-96 所示。

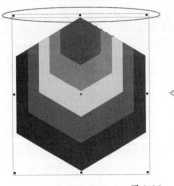

图 3-95   图 3-96

07 单击"对齐与分布"泊坞窗中的"下对齐"按钮，可以将所有对象向最下边进行对齐，如图 3-97 所示。

08 在进行对齐操作的时候，除了可以单独进行操作外，还可以进行组合使用。选中对象，然后单击"左对齐"按钮，再单击"上对齐"按钮，可以将所有对象向左上角进行对齐，如图 3-98 所示。

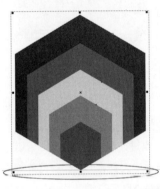 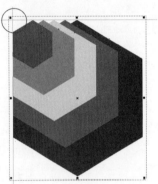

图 3-97   图 3-98

09 选中对象，然后单击"左对齐"按钮，再单击"下对齐"按钮，可以将所有对象向左下角进行对齐，如图 3-99 所示。

10 选中对象，然后单击"水平居中对齐"按钮，再单击"垂直居中对齐"按钮，可以将所有对象向正中心进行对齐，如图 3-100 所示。

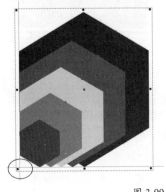 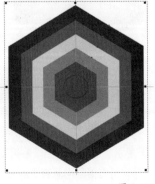

图 3-99   图 3-100

11 选中对象，然后单击"右对齐"按钮，再单击"上对齐"

按钮，可以将所有对象向右上角进行对齐，如图 3-101 所示。

12 选中对象，然后单击"右对齐"按钮，再单击"下对齐"按钮，可以将所有对象向右下角进行对齐，如图 3-102 所示。

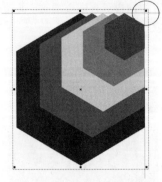 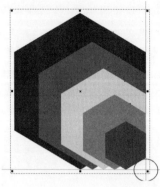

图 3-101   图 3-102

> **提示**
>
> 也可以选择"对齐对象到"。
>
> 活动对象：将对象对齐到选中的活动对象。
>
> 页面边缘：将对象对齐到页面的边缘。
>
> 页面中心：将对象对齐到页面中心。
>
> 网格：将对象对齐到网格。
>
> 指定点：在横纵坐标输入框中输入数值，如图3-103所示，或者单击"指定点"按钮，在页面定点，如图3-104所示，将对象对齐到设定点上。
>
>
>
> 图 3-103   图 3-104

实战 038 对象分布

实例位置	无
素材位置	无
实用指数	★★★★☆
技术掌握	对象分布

操作步骤

01 选中两个或两个以上的对象，执行"对象 > 对齐和分布 > 对齐与分布"菜单命令，在"对齐与分布"泊坞窗中可以进行对齐的相关操作，如图 3-105 所示。

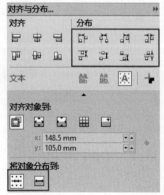

图 3-105

02 单击"对齐与分布"泊坞窗中的"左分散排列"按钮📇，平均设置对象左边缘的间距，如图 3-106 所示。

图 3-106

03 单击"对齐与分布"泊坞窗中的"水平分散排列中心"按钮📇，平均设置对象水平中心的间距，如图 3-107 所示。

图 3-107

04 单击"对齐与分布"泊坞窗中的"右分散排列"按钮📇，平均设置对象右边缘的间距，如图 3-108 所示。

图 3-108

05 单击"对齐与分布"泊坞窗中的"水平分散排列间距"按钮📇，平均设置对象水平的间距，如图 3-109 所示。

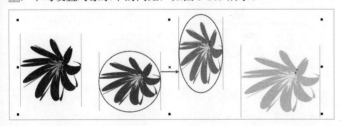

图 3-109

06 单击"对齐与分布"泊坞窗中的"顶部分散排列"按钮📇，平均设置对象上边缘的间距，如图 3-110 所示。

07 单击"对齐与分布"泊坞窗中的"垂直分散排列中心"按钮📇，平均设置对象垂直中心的间距，如图 3-111 所示。

图 3-110

图 3-111

08 单击"对齐与分布"泊坞窗中的"底部分散排列"按钮📇，平均设置对象下边缘的间距，如图 3-112 所示。

图 3-112

09 单击"对齐与分布"泊坞窗中的"垂直分散排列间距"按钮📇，平均设置对象垂直的间距，如图 3-113 所示。

图 3-113

提示

我们在进行分布时，可以设置分布的位置。

选定的范围：在选定的对象范围内进行分布，如图3-114所示。

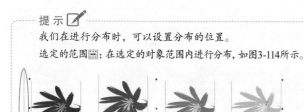

图 3-114

页面范围：将对象以页边距为定点平均分布在页面范围内，如图3-115所示。

图 3-115

实战 039 通过镜像对象制作花边

实例位置	实例文件>CH03>实战039.cdr
素材位置	素材文件>CH03>08.cdr、09.cdr
实用指数	★★★★★
技术掌握	镜像对象

花边效果如图3-116所示。

图 3-116

基础回顾

镜像的方法有3种。

第1种：选中对象，按住 Ctrl 键的同时按住鼠标左键在锚点上进行拖动，松开鼠标完成镜像操作。向上或向下拖动为垂直镜像，向左或向右拖动为水平镜像。

第2种：选中对象，在属性面板上单击"水平镜像"按钮或"垂直镜像"按钮进行操作。

第3种：选中对象，然后执行"对象>变换>缩放和镜像"菜单命令打开"变换"面板，再选择相对中心，接着单击"水平镜像"按钮或"垂直镜像"按钮，最后单击"应用"按钮，如图3-117所示。

图 3-117

操作步骤

01 新建空白文档，然后设置文档名称为"制作花边"，接着设置页面大小为"A4"、页面方向为"纵向"，最后单击"确定"按钮建立新文档，如图3-118所示。

图 3-118

02 导入"素材文件 >CH03>08.cdr"文件，如图3-119所示。然后选中对象执行"对象>变换>缩放和镜像"菜单命令，接着在"变换"泊坞窗中选择"水平镜像"按钮，选择右边缘锚点为镜像中心，在"副本"输入框中输入数值1，最后单击"应用"按钮，如图3-120所示。

图 3-119　　　　　图 3-120

03 将镜像后的对象向左平移，与原对象重合一部分，然后选中两个对象，接着单击属性栏中的"组合对象"按钮，将两个对象群组，最后将群组后的对象拖曳到页面上方，如图3-121所示。

图 3-121

04 选中对象，然后按住鼠标左键向下拖曳，拖动到合适位置时，在松开鼠标之前单击鼠标右键完成复制。接着选中复制的对象，单击属性栏中的"垂直镜像"按钮，再选中所有对象，在属性栏中单击"对齐与分布"按钮。最后在"对齐与分布"泊坞窗中单击"水平居中对齐"按钮，使对象对齐，如图 3-122 所示。

05 将上方花纹向下复制一份，然后选中复制的对象，在属性栏中的"旋转角度"的输入框中输入"90.0"，接着将旋转的对象拖曳到页面左边，如图 3-123 所示。

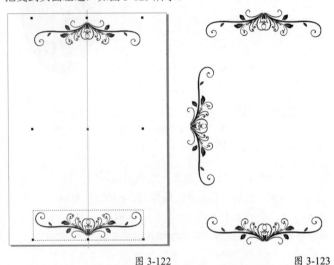

图 3-122   图 3-123

06 将左边的花纹向右复制一份，然后单击属性栏中的"水平镜像"按钮，接着选中所有对象，在属性栏中单击"对齐与分布"按钮，最后在"对齐与分布"泊坞窗中单击"垂直居中对齐"按钮，使对象对齐，如图 3-124 所示。

07 导入"素材文件 >CH03>09.cdr"文件，调整对象大小与页面大小相同，并使对象页面居中，效果如图 3-125 所示。

图 3-124   图 3-125

实战 040 对象大小设置

实例位置	无
素材位置	无
实用指数	★★★★☆
技术掌握	对象大小设置

☞ 操作步骤

01 选中对象，在属性栏中可以观察到对象的大小，如图 3-126 所示。然后在属性面板的"对象大小"输入框里输入数值进行操作，如图 3-127 所示。对象的"缩放因子"为 100% 与 37% 时的大小效果如图 3-128 所示。

| X: 148.5 mm | ⟷ 154.765 mm | 100.0 % |
| Y: 105.0 mm | ⤢ 154.765 mm | 100.0 % |

图 3-126

| X: 262.624 mm | ⟷ 64.1 mm | 41.4 % |
| Y: 105.0 mm | ⤢ 64.1 mm | 41.4 % |

图 3-127

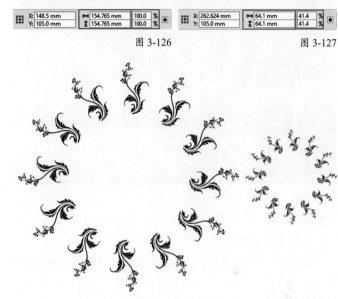

图 3-128

02 除了可以在属性栏中设置对象大小外，还可以在泊坞窗中设置。选中对象，然后执行"对象>变换>大小"菜单命令打开"变换"面板，接着在 x 轴和 y 轴后面的输入框中输入大小，再选择相对缩放中心，最后单击"应用"按钮 应用 完成，如图 3-129 所示，效果如图 3-130 所示。

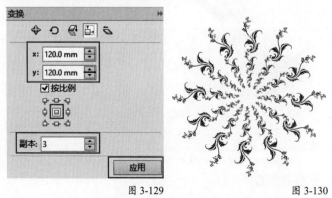

图 3-129   图 3-130

实战 041 通过对象倾斜设置绘制飞鸟挂钟

实例位置　实例文件>CH03>实战041.cdr
素材位置　素材文件>CH03>10.cdr、11.cdr、12.jpg
实用指数　★★★★☆
技术掌握　对象倾斜设置

飞鸟挂钟效果如图 3-131 所示。

图 3-131

👉 基础回顾

倾斜的方法有两种。

第 1 种：双击需要倾斜的对象，当对象周围出现旋转 / 倾斜箭头后，将光标移动到水平或直线上的倾斜锚点上，按住鼠标左键拖曳，使其倾斜一定的角度，如图 3-132 所示。

第 2 种：选中对象，然后执行"对象 > 变换 > 倾斜"菜单命令打开"变换"面板，接着设置 x 轴和 y 轴的数值，再选择"使用锚点"位置，最后单击"应用"按钮 应用 完成，如图 3-133 所示。

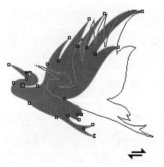

图 3-132　　　　　图 3-133

👉 操作步骤

01 新建空白文档，然后设置文档名称为"绘制飞鸟挂钟"，接着设置"大小"为"A4"、页面方向为"横向"，单击"确定"按钮 确定 建立新文档，如图 3-134 所示。

02 使用"椭圆形工具" 🔵 绘制一个椭圆，然后在调色板中的"黑色"色样上单击鼠标左键填充椭圆，如图 3-135 所示。

图 3-134　　　　　　　　　　　图 3-135

📎 **知识链接** 🔍

有关"椭圆形工具"的具体介绍，请参阅"实战058 利用椭圆形制作卡通片头"内容。

03 选中黑色椭圆，执行"对象 > 变换 > 倾斜"菜单命令，打开"变换"面板，然后设置 x 轴数值为 15、y 轴数值为 10、"副本"数值为 11，接着单击"应用"按钮 应用 ，如图 3-136 所示，最后全选对象进行组合，效果如图 3-137 所示。

图 3-136　　　　　　　　　　图 3-137

04 导入"素材文件 >CH03>10.cdr"文件，然后将翅膀拖曳到鸟身上进行旋转缩放，接着全选进行组合，如图 3-138 所示。

05 导入"素材文件 >CH03>11.cdr"文件，然后将其拖曳到页面内缩放到合适大小，将飞鸟缩放到合适大小拖曳到钟摆位置，接着全选进行组合，效果如图 3-139 所示。

图 3-138　　　　　　　　　　图 3-139

40

06 下面添加背景环境。导入"素材文件 >CH03>12.jpg"文件，然后将其拖曳到页面中缩放到合适大小，接着执行"对象 > 顺序 > 到页面背面"菜单命令将背景置于最下面，最后调整挂钟大小，最终效果如图 3-140 所示。

图 3-140

实战 042 利用步长和重复制作信纸

实例位置	实例文件>CH03>实战042.cdr
素材位置	素材文件>CH03>13.cdr、14.cdr
实用指数	★★★★★
技术掌握	步长和重复

信纸效果如图 3-141 所示。

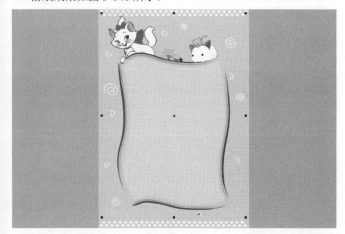

图 3-141

☞ **基础回顾**

在编辑过程中可以利用"步长和重复"进行水平、垂直和角度再制。执行"编辑 > 步长和重复"菜单命令，打开"步长和重复"泊坞窗，如图 3-142 所示。

水平设置： 水平方向进行再制，可以设置"类型""距离"和"方向"，如图 3-143 所示。在类型里可以选择"无偏移""偏移""对象之间的间距"。

图 3-142   图 3-143

无偏移： 是指不进行任何偏移。选择"无偏移"后，下面的"距离"和"方向"无法进行设置，在"份数"输入框中输入数值后单击"应用"按钮，可在原位置进行再制。

偏移： 是指以对象为准进行水平偏移。选择"偏移"后，下面的"距离"被激活，在"距离"输入框中输入数值，可以在水平位置进行重复再制。当"距离"数值为 0 时，为原位置重复再制。

> **疑难问答** ❓
>
> 问：如何控制再制的间距？
>
> 答：在属性栏中可以查看所选对象宽和高的数值，然后在"步长和重复"对话框里输入数值，小于对象的宽度，对象重复效果为重叠，如图 3-144 所示；输入数值与对象宽度相同，对象重复效果为边缘重合，如图 3-145 所示；输入数值大于对象宽度，对象重复效果为间距，如图 3-146 所示。

图 3-144

图 3-145

图 3-146

对象之间的间距：是指以对象之间的间距进行再制。单击该选项可以激活"方向"选项，选择相应的方向，然后在"份数"输入框中输入数值进行再制。当"距离"数值为0时，为水平边缘重合的再制效果，如图 3-147 所示。

图 3-147

距离：在后方的输入框里输入数值进行精确偏移。

方向：可以在下拉选项中选择方向"左"或"右"。

垂直设置：垂直方向进行重复再制，可以设置"类型""距离"和"方向"。

无偏移：是指不进行任何偏移，在原位置进行重复再制。

偏移：是指以对象为准进行垂直偏移，如图 3-148 所示。当"距离"数值为0时，为原位置重复再制。

对象之间的间距：是指以对象之间的间距为准进行垂直偏移。当"距离"数值为0时，重复效果为垂直边缘重合复制，如图 3-149 所示。

图 3-148 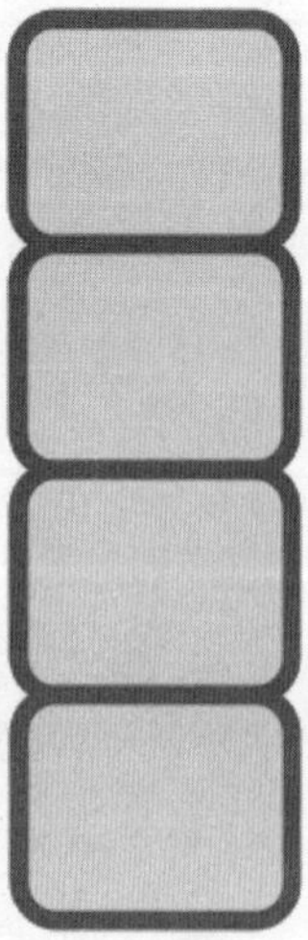　　　　图 3-149

份数：设置再制的份数。

01 新建空白文档，然后设置文档名称为"制作信纸"，接着设置"大小"为"A4"、页面方向为"纵向"，单击"确定"按钮 确定 建立新文档，如图 3-150 所示。

图 3-150

02 导入"素材文件 >CH03>13.cdr"文件，然后选中灰色圆形，如图 3-151 所示，再执行"编辑 > 步长和重复"菜单命令，接着在"步长和重复"泊坞窗中设置"水平设置"为"对象之间的间距"、"距离"为 3.0mm、"方向"为右、"份数"为 41，最后单击"应用"按钮 应用 ，如图 3-152 所示，效果如图 3-153 所示。

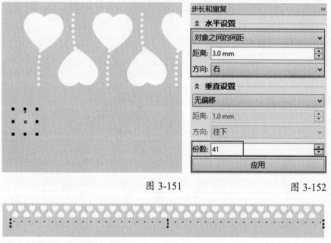

图 3-151　　　　　　　图 3-152

图 3-153

03 选中第 1 个灰色圆形，如图 3-154 所示，然后在"步长和重复"泊坞窗中设置"水平设置"为"对象之间的间距"、"距离"为 0.5mm、"方向"为右，接着设置"垂直设置"为"对象之间的间距"、"距离"为 3.0mm、"方向"为往下、"份数"为 1，最后单击"应用"按钮 应用 ，如图 3-155 所示，效果如图 3-156 所示。

图 3-154

图 3-160

图 3-161

图 3-155

图 3-156

实战 043 图框精确裁剪

实例位置	无
素材位置	无
实用指数	★★★★☆
技术掌握	图框精确裁剪

☞ **操作步骤**

01 导入一张位图，然后在位图上方绘制一个矩形，如图 3-162 所示。选中位图，接着执行"对象>图框精确剪裁>置于图文框内部"菜单命令，当光标显示箭头形状时单击矩形将位图置入矩形中，如图 3-163 所示，效果如图 3-164 所示。

04 选中前面复制的圆形，然后在"步长和重复"泊坞窗中设置"水平设置"为"对象之间的间距"、"距离"为3.0mm、"方向"为右、"份数"为40，接着单击"应用"按钮 应用 ，如图 3-157 所示，效果如图 3-158 所示。

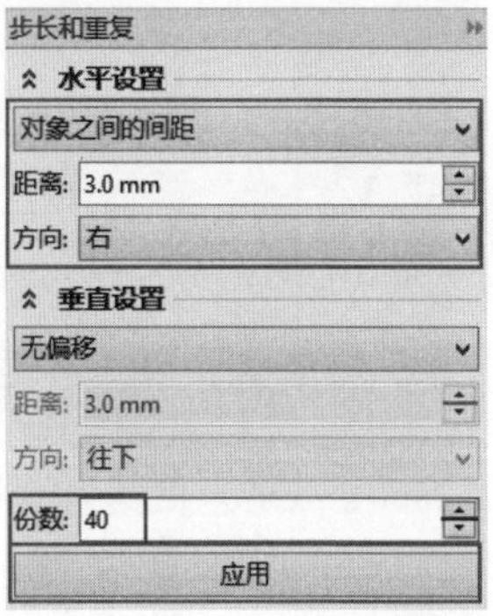

图 3-157

图 3-162

图 3-158

05 选中所有的灰色圆形，然后在"步长和重复"泊坞窗中设置"垂直设置"为"对象之间的间距"、"距离"为3.0mm、"方向"为往下、"份数"为27，最后单击"应用"按钮 应用 ，如图 3-159 所示，效果如图 3-160 所示。

06 导入"素材文件>CH03>14.cdr"文件，然后将对象拖曳到页面中合适的位置，效果如图 3-161 所示。

图 3-159

图 3-163

图 3-164

图 3-168

02 在置入对象时，绘制的目标对象可以不在位图上，如图3-165所示。置入后的位图会在矩形上居中显示，如图3-166所示。

图 3-165

技术专题 🔧 在图框精确裁剪中编辑置入内容

选中对象，在下方出现悬浮图标，然后单击"编辑PowerClip"图标 📷进入容器内部，如图3-169所示。接着调整位图的位置或大小，如图3-170所示。最后单击"停止编辑内容"图标 📷完成编辑，如图3-171所示。

选中对象，下方会出现悬浮图标，单击"选择PowerClip内容"图标 📷选中置入的位图，如图3-172所示。

图 3-169   图 3-170

图 3-166

03 在置入对象后执行"对象 > 图框精确剪裁"菜单命令，可以在菜单栏中"图框精确剪裁"的子菜单中进行选择操作，如图3-167所示。也可以在对象下方的悬浮图标上进行选择操作，如图3-168所示。

图 3-167

图 3-171    图 3-172

"选择PowerClip内容"进行编辑是不需要进入容器内部的，可以直接选中对象，以圆点标注出来，然后直接进行编辑，单击任意位置完成编辑，如图3-173所示。

图 3-173

当置入的对象位置有偏移时，选中矩形，在悬浮图标的下拉菜单上执行"内容居中"命令，将置入的对象居中排放在容器内，如图3-174所示。

图 3-174

当置入的对象大小与容器不符时，选中矩形，在悬浮图标的下拉菜单上执行"按比例调整内容"命令，将置入的对象按图像原比例缩放在容器内，如图3-175所示。如果容器形状与置入的对象形状不符合，会留空白位置。

图 3-175

当置入的对象大小与容器不符时，选中矩形，在悬浮图标的下拉菜单上执行"按比例填充框"命令，将置入的对象按图像原比例填充在容器内，如图3-176所示，图像不会产生变化。

图 3-176

当置入对象的比例大小与容器形状不符时，选中矩形，在悬浮图标的下拉菜单上执行"延展内容以填充框"命令，将置入的对象按容器比例进行填充，如图3-177所示，图像会产生变形。

图 3-177

将对象置入后，在下方悬浮图标中单击"锁定PowerClip的内容"图标解锁，然后移动矩形容器，置入的对象不会跟着移动，如图3-178所示。单击"锁定PowerClip的内容"图标激活锁定后，移动矩形容器置入的对象会跟着一起移动，如图3-179所示。

图 3-178   图 3-179

选中置入对象的容器，然后在下方出现的悬浮图标中单击"提取内容"图标，将置入对象提取出来，如图3-180所示。

图 3-180

提取对象后，容器对象中间会出现×线，表示该对象为"空PowerClip图文框"显示，如图3-181所示，此时拖入图片或提取出的对象可以快速置入。

图 3-181

选中"空PowerClip图文框"，然后单击鼠标右键，在弹出的菜单中执行"框类型>无"菜单命令，可以将空PowerClip图文框转换为图形对象，如图3-182所示。

图 3-182

第 4 章 线型工具的使用

⚙ 实战   💬 提示   👤 疑难问答   📖 技术专题   🔄 知识链接   ✖ 商业实例

实战 044 使用手绘工具绘制鸡蛋表情

实例位置	实例文件>CH04>实战044.cdr
素材位置	素材文件>CH04>01.jpg、02.psd
实用指数	★★★★★
技术掌握	手绘工具的使用

鸡蛋表情效果如图 4-1 所示。

图 4-1

👉 基础回顾

"手绘工具"具有很强的自由性，就像我们在纸上用铅笔绘画一样，兼顾直线和曲线，并且会在绘制过程中自动将毛糙的边缘进行修复，使绘制的直线和曲线更流畅、更自然。

● 绘制直线线段

单击"手绘工具" ✍ ，然后在页面空白处单击鼠标左键，接着移动光标确定另外一点的位置，如图 4-2 所示。再单击鼠标左键形成一条线段，如图 4-3 所示。

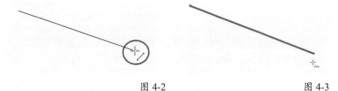

图 4-2   图 4-3

线段的长短与光标移动的位置长短相同，结尾端点的位置也相对随意。如果我们需要一条水平或垂直的直线，在移动时按住 Shift 键就可以快速建立。

● 绘制连续线段

使用"手绘工具" ✍ 绘制一条直线线段，然后将光标移动到线段末尾的节点上，当光标变为 时单击鼠标左键，如图 4-4 所示。接着移动光标到空白位置单击鼠标左键创建折线，如图 4-5 所示。以此类推可以绘制连续线段，如图 4-6 所示。

图 4-4

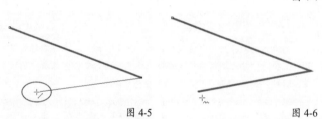

图 4-5   图 4-6

在进行连续绘制时，起始点和结束点在同一点重合时，会形成一个面，可以进行颜色填充和效果添加等操作，利用这种方式我们可以绘制各种抽象的几何形状。

● 绘制曲线

在"工具箱"上单击"手绘工具" ✍ ，然后在页面空白处按住鼠标左键进行拖曳绘制，如图 4-7 所示，接着松开鼠标左键形成曲线，如图 4-8 所示。

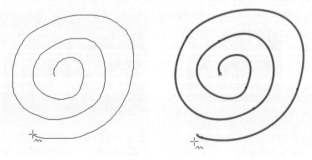

图 4-7   图 4-8

在绘制曲线的过程中，线条会呈现有毛边或手抖的感觉，可以在属性栏上调节"手动平滑"数值，自动平滑线条。

在进行绘制时，每次松开鼠标左键都会形成独立的曲线，以一个图层显示，所以我们可以像画素描一样，一层层盖出想要的效果。

● **在线段上绘制曲线**

在工具箱上单击"手绘工具" ，在页面空白处单击拖曳绘制一条直线线段，如图4-9所示。然后将光标拖曳到线段末尾的节点上，当光标变为 时按住鼠标左键拖曳绘制，如图4-10所示，可以连续穿插绘制。

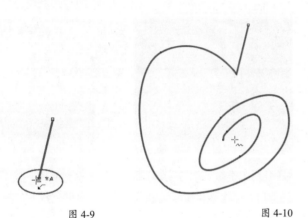

图4-9　　　　　　　　　　图4-10

在综合使用时，可以在直线线段上接连绘制曲线，也可以在曲线上绘制曲线，穿插使用，灵活性很强。

● **绘制闭合曲线**

使用"手绘工具" 连续绘制直线或曲线到首尾节点合并，当结束节点移动到开始节点处，光标变为 时，松开鼠标可以形成面，如图4-11所示。可以为形成面的对象填充颜色、设置轮廓宽度和轮廓颜色，如图4-12所示。

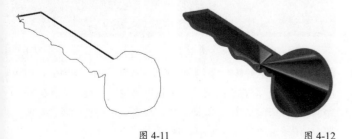

图4-11　　　　　　　　　　图4-12

> **疑难问答 ❓**
>
> 问：为什么有时候绘制的面不能显示填充颜色？
>
> 答：这时候，将起始节点和终止节点处的位置放大，检查首尾的两个节点是否相连，若没有相连，则不会形成面，也不会显示填充颜色。

技术专题 🔧 线条设置

"手绘工具" 的属性栏如图4-13所示。

图4-13

起始箭头：用于设置线条起始箭头符号，可以在下拉箭头样式面板中进行选择，如图4-14所示。起始箭头并不代表设置的是指向左边的箭头，而是起始端点的箭头，如图4-15所示。

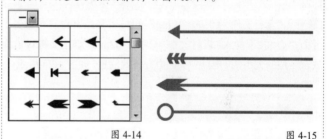

图4-14　　　　　　　　　　图4-15

线条样式：设置绘制线条的样式，可以在下拉线条样式面板里进行选择，如图4-16所示，添加效果如图4-17所示。

终止箭头：设置线条结尾箭头符号，可以在下拉箭头样式面板里进行选择，添加箭头样式后的效果如图4-18所示。

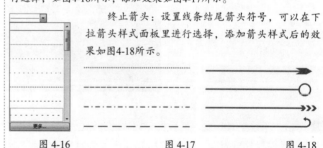

图4-16　　　　图4-17　　　　图4-18

闭合曲线 ：选中绘制的未合并线段，如图4-19所示。单击将起始节点和终止节点进行闭合，形成面，如图4-20所示。

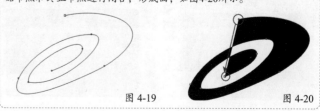

图4-19　　　　　　　　　　图4-20

轮廓宽度 ▤：输入数值可以调整线条的粗细，设置效果如图4-21所示。

　　手绘平滑：设置手绘时自动平滑的程度，最大为100，最小为0，默认为50。

图 4-21

　　边框 ▨：激活该按钮为隐藏边框，如图4-22所示。默认情况下边框为显示的，如图4-23所示。可以根据用户绘图习惯来设置。

图 4-22　　　　　　　　　　　图 4-23

操作步骤

01 新建空白文档，然后在"创建新文档"对话框中设置"名称"为"绘制鸡蛋表情"、"大小"为A4、页面方向为"横向"，接着单击"确定"按钮 确定 ，如图4-24所示。

02 导入"素材文件 >CH04>01.jpg"文件，然后按 P 键将对象置于页面中心，接着导入"素材文件 >CH04>02.psd"文件，将对象缩放至合适的大小，再拖曳到页面中合适的位置，如图4-25所示。

图 4-24　　　　　　　　　　　图 4-25

03 单击"手绘工具" ▨，然后将光标移动到绿色鸡蛋上，接着按住鼠标左键绘制对象，如图4-26所示。再为对象填充颜色为黑色，最后去掉轮廓线，如图4-27所示。

图 4-26　　　　　　　　　　　图 4-27

知识链接 🔍

　　有关"颜色填充"的具体介绍，请参阅"实战088 利用调色板填充蘑菇"内容。

04 使用"手绘工具" ▨绘制眼睛，如图 4-28 所示。然后填充颜色为白色，接着在属性栏中设置"轮廓宽度"为1.0mm、轮廓颜色为黑色，效果如图4-29所示。

图 4-28　　　　　　　　　　　图 4-29

05 使用同样的方法绘制眉毛和眼珠，如图 4-30 所示。然后使用"手绘工具" ▨绘制曲线，接着在属性栏中设置"轮廓宽度"为 1.0mm、轮廓颜色为黑色，效果如图 4-31 所示。

图 4-30　　　　　　　　　　　图 4-31

06 使用"手绘工具" ▨在红色的鸡蛋上绘制眼睛，然后填充颜色为白色，接着在属性栏中设置"轮廓宽度"为1.0mm、轮廓颜色为黑色，如图 4-32 所示。

07 使用"手绘工具" ▨绘制眼珠，然后填充颜色为黑色，再去掉轮廓线，接着使用"手绘工具" ▨绘制眉毛，最后在属性栏中设置"轮廓宽度"为1.0mm、轮廓颜色为黑色，如图4-33所示。

图 4-32　　　　　　　　　　　图 4-33

08 使用"手绘工具" ▨绘制嘴巴，注意嘴巴为两个对象，相接的曲线要重合，然后在属性栏中设置"轮廓宽度"为1.0mm、轮廓颜色为黑色，如图4-34所示，接着选中左边的嘴巴对象，填充颜色为黑色，效果如图4-35所示。

图 4-34 　　　　　　　　　　　　图 4-35

09 使用"手绘工具" 绘制几条线段，然后在属性栏中设置"轮廓宽度"为 1.0mm、轮廓颜色为黑色，如图 4-36 所示。

10 使用"手绘工具" 在黄色鸡蛋上绘制曲线，然后在属性栏中设置"轮廓宽度"为 1.0mm、轮廓颜色为黑色，如图 4-37 所示。

图 4-36 　　　　　　　　　　　　图 4-37

11 使用"手绘工具" 绘制眼珠和汗滴，然后在属性栏中设置"轮廓宽度"为 1.0mm、轮廓颜色为黑色，如图 4-38 所示。接着填充眼珠颜色为黑色，填充汗滴颜色为白色，如图 4-39 所示。

图 4-38 　　　　　　　　　　　　图 4-39

12 使用"手绘工具" 在鸡蛋上绘制眼睛和嘴巴，然后在属性栏中设置"轮廓宽度"为 1.0mm、轮廓颜色为黑色，如图 4-40 所示。接着填充眼珠颜色为黑色，填充眼睛和嘴巴的颜色为白色，如图 4-41 所示。

图 4-40 　　　　　　　　　　　　图 4-41

13 使用"手绘工具" 在嘴巴上绘制线段，然后在属性栏中设置"轮廓宽度"为 0.5mm、轮廓颜色为黑色，如图 4-42 所示。

14 使用"手绘工具" 绘制两个对象，然后在属性栏中设置"轮廓宽度"为 0.2mm、轮廓颜色为黑色，如图 4-43 所示。接着为对象填充颜色为（C:0，M:40，Y:60，K:20），如图 4-44 所示，最终效果如图 4-45 所示。

图 4-42 　　　　　　　　　　　　图 4-43

图 4-44 　　　　　　　　　　　　图 4-45

实战 045　使用 2 点线工具绘制五线谱

实例位置	实例文件>CH04>实战045.cdr
素材位置	素材文件>CH04>03.cdr、04.cdr
实用指数	★★★★☆
技术掌握	2点线工具的使用

五线谱效果如图 4-46 所示。

图 4-46

基础回顾

"2点线工具"是专门用来绘制直线线段的，使用该工具还可直接创建与对象垂直或相切的直线。

● 绘制一条线段

单击"工具箱"上"2点线工具" ，将光标移动到页面空白处，然后按住鼠标左键拖曳一段距离，接着松开鼠标左键完成绘制，如图4-47所示。

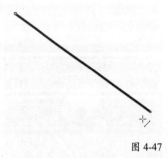

图 4-47

● 绘制连续线段

单击"2点线工具" ，在绘制一条直线后不移开光标，光标会变为 ，如图4-48所示。然后按住鼠标左键拖曳绘制，如图4-49所示。

连续绘制到首尾节点合并，可以形成面，如图4-50所示。

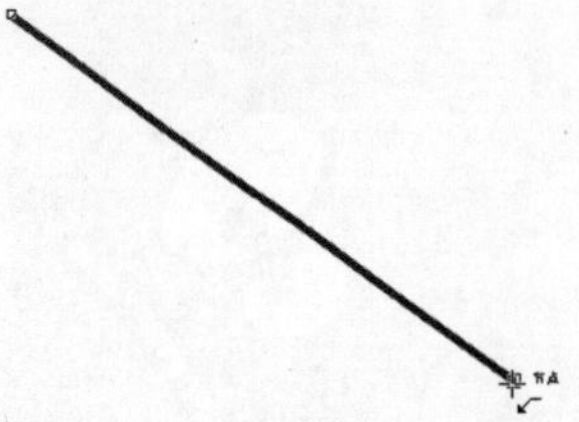

图 4-48

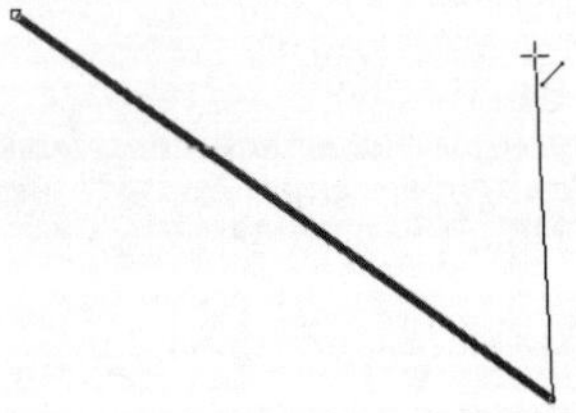

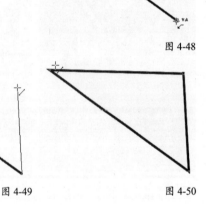

图 4-49　　　　　　　　　　图 4-50

操作步骤

01 新建空白文档，然后在"创建新文档"对话框中设置"名称"为"绘制五线谱"、"大小"为A4、页面方向为"横向"，接着单击"确定"按钮 确定 ，如图4-51所示。

图 4-51

02 导入"素材文件 >CH04>03.cdr"文件，然后按 P 键将对象置于页面中心，如图4-52所示。

图 4-52

03 使用"2点线工具" 按住 Shift 键绘制一条水平线段，绘制完成后不移开光标，光标会变为 ，如图4-53所示。然后按住鼠标左键进行拖曳绘制，如图4-54所示。

图 4-53　　　　　　　　　　图 4-54

04 使用相同的方法绘制线段，如图4-55所示。然后选中所有线段，在属性栏中设置"轮廓宽度"为1.0mm、轮廓颜色为（C:70，M:55，Y:100，K:10），如图4-56所示。

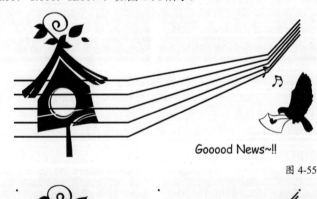

图 4-55

图 4-56

05 导入"素材文件 >CH04>04.cdr"文件，然后将对象拖曳到页面中合适的位置，如图 4-57 所示，最终效果如图 4-58 所示。

图 4-57

图 4-58

实战 046 利用贝塞尔直线制作名片

实例位置	实例文件>CH04>实战046.cdr
素材位置	素材文件>CH04>05.cdr
实用指数	★★★★★
技术掌握	贝塞尔工具的使用

名片效果如图 4-59 所示。

图 4-59

☞ 基础回顾

"贝塞尔工具"是所有绘图类软件中最为重要的工具之一，可以创建更为精确的直线和对称流畅的曲线，我们可以通过改变节点和控制其位置来变化曲线弯度。在绘制完成后，可以通过节点对曲线和直线进行修改。

● 绘制一条线段

单击"贝塞尔工具" ，将光标移动到页面空白处，单击鼠标左键确定起始节点，然后移动光标单击鼠标左键确定下一个点，此时两点间将出现一条直线，如图 4-60 所示。按住 Shift 键可以创建水平与垂直线。

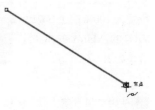

图 4-60

● 绘制连续线段

与"手绘工具" 的绘制方法不同，使用"贝塞尔工具" 只需要继续移动光标，单击鼠标左键添加节点就可以进行连续绘制，如图 4-61 所示。停止绘制可以按"空格"键或者单击"选择工具" 完成编辑，首尾两个节点相接可以形成一个面，进行编辑与填充，如图 4-62 所示。

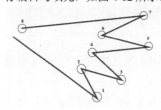

图 4-61

图 4-62

☞ 操作步骤

01 新建空白文档，然后在"创建新文档"对话框中设置"名称"为"绘制名片"、"宽度"为 95.0mm、"高度"为 110.0mm，接着单击"确定"按钮 ，如图 4-63 所示。

02 单击"矩形工具" ，然后将光标移动到页面空白处，按住鼠标左键以对角的方向进行拉伸绘制矩形，接着在属性栏中设置矩形的圆角效果，如图 4-64 所示。

图 4-63

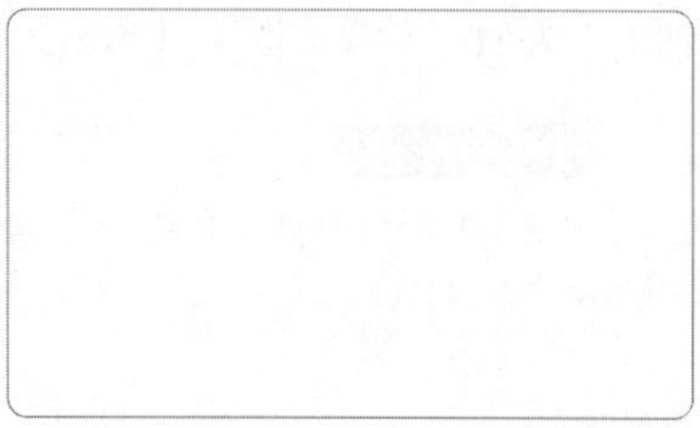

图 4-64

图 4-70

图 4-71

07 导入"素材文件 >CH04>05.cdr"文件，选中对象，然后将对象复制一份，缩放至合适的大小拖曳到页面中，再填充颜色为白色，如图 4-72 所示。接着将矩形向下复制一份，最后填充颜色为（C:5，M:0，Y:10，K:0），效果如图 4-73 所示。

03 选中矩形对象，然后单击"交互式填充工具" 🖊，在属性栏上选择填充方式为"渐变填充"，设置"类型"为"线性渐变填充"，接着设置节点位置为 0% 的色标颜色为（C:65，M:0，Y:73，K:0）、节点位置为 100% 的色标颜色为（C:29，M:0，Y:98，K:0），效果如图 4-65 所示。

图 4-65

04 使用"贝塞尔工具" 🖊绘制对象，然后在属性栏中设置"轮廓宽度"为细线、轮廓颜色为黑色，如图 4-66 所示。接着使用同样的方法在矩形内绘制多个对象，如图 4-67 所示。

图 4-72   图 4-73

08 使用"贝塞尔工具" 🖊绘制对象，如图 4-74 所示。然后选中右上角的对象和矩形，单击属性栏中的"相交"按钮 🔳，接着删除源对象，效果如图 4-75 所示。

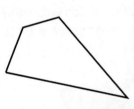
图 4-66   图 4-67

05 使用"贝塞尔工具" 🖊绘制两个对象，注意先绘制较大对象再绘制较小对象，然后选中两个对象，单击属性栏中的"合并"按钮 🔳，如图 4-68 所示。接着将对象进行多次复制，最后排放在页面中，如图 4-69 所示。

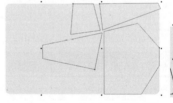
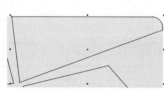

图 4-74   图 4-75

09 选中对象，然后填充颜色为（C:20，M:0，Y:40，K:0），再去掉轮廓线，如图 4-76 所示。接着单击"透明度工具" 🖊，在属性栏中设置"透明度类型"为"均匀透明度"、"合并模式"为"常规"、"透明度"为 50，效果如图 4-77 所示。

图 4-68   图 4-69

06 选中所有对象，然后填充颜色为白色，再去掉轮廓线，如图 4-70 所示。接着单击"透明度工具" 🖊，在属性栏中设置"透明度类型"为"均匀透明度"、"合并模式"为"常规"、"透明度"为 50，效果如图 4-71 所示。

图 4-76   图 4-77

10 选中文本对象，分别将对象拖曳到页面中合适的位置，如图 4-78 所示。然后双击"矩形工具" 🔲创建与页面大小相同的矩形，接着填充颜色为黑色，再去掉轮廓线，最终效果如图 4-79 所示。

图 4-78   图 4-79

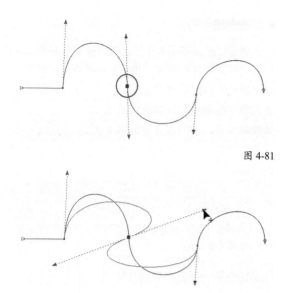

图 4-81

实战 047 利用贝塞尔曲线制作卡通绵羊

实例位置	实例文件>CH04>实战047.cdr
素材位置	素材文件>CH04>06.cdr
实用指数	★★★★☆
技术掌握	贝塞尔工具的使用

卡通绵羊效果如图 4-80 所示。

图 4-80

☞ 基础回顾

在绘制贝塞尔曲线之前，我们要先对贝塞尔曲线的类型进行了解。

● 认识贝塞尔曲线

"贝塞尔曲线"是由可编辑节点连接而成的直线或曲线，每个节点都有两个控制点，允许修改线条的形状。

在曲线段上每选中一个节点都会显示其相邻节点一条或两条方向线，如图 4-81 所示。方向线以方向点结束，方向线与方向点的长短和位置决定曲线线段的大小和弧度形状，移动方向线则改变曲线的形状，如图 4-82 所示。方向线也可以叫"控制线"，方向点也可以叫"控制点"。

图 4-82

贝塞尔曲线分为"对称曲线"和"尖突曲线"两种。

对称曲线： 在使用对称时，调节"控制线"可以使当前节点两端的曲线端进行等比例调整，如图 4-83 所示。

尖突曲线： 在使用尖突时，调节"控制线"只会调节节点一端的曲线，如图 4-84 所示。

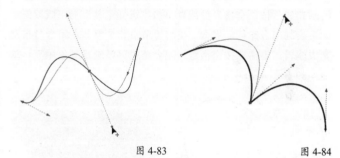

图 4-83   图 4-84

贝塞尔曲线可以是没有闭合的线段，也可以是闭合的图形，我们可以利用贝塞尔绘制矢量图案，单独绘制的线段和图案都以图层的形式存在，经过排放可以绘制各种简单和复杂的图案，如图 4-85 所示。如果变为线稿，则可以看出曲线的痕迹，如图 4-86 所示。

图 4-85   图 4-86

绘制曲线

单击"贝塞尔工具" ，然后将光标移动到页面空白处，按住鼠标左键进行拖曳，确定起始节点，此时节点两端出现蓝色控制线，如图4-87所示。接着调节"控制线"控制曲线的弧度和大小，节点在选中时以实色方块显示，所以也可以叫作"锚点"。

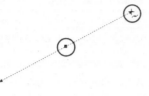

图 4-87

提示

在调整节点时，按住Shift键再拖动鼠标，可以设置增量为15°来调整曲线弧度的大小。

调整第一个节点后松开鼠标，然后移动光标到下一个位置上，按住鼠标左键拖曳控制线，调整节点间曲线的形状，如图4-88所示。

图 4-88

在空白处继续拖曳控制线调整曲线，可以进行连续绘制，绘制完成后按"空格"键或者单击"选择工具" 完成编辑。如果绘制闭合路径，那么，在起始节点和结束节点闭合时自动完成编辑，不需要按空格键。闭合路径可以进行颜色填充，如图4-89和图4-90所示。

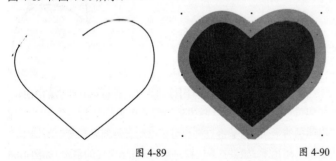

图 4-89   图 4-90

疑难问答 ❓

问：节点位置定错了但是已经拉动"控制线"了怎么办？

答：这时候，按住Alt键不放，将节点移动到需要的位置即可，这个方法适用于编辑过程中的节点位移，我们也可以在编辑完成后按空格键结束，配合"形状工具"进行位移节点修正。

操作步骤

01 新建空白文档，然后在"创建新文档"对话框中设置"名称"为"绘制卡通绵羊"、"大小"为A4、页面方向为"横向"，接着单击"确定"按钮 确定 ，如图4-91所示。

图 4-91

02 使用"贝塞尔工具" 绘制对象，如图4-92所示。然后填充颜色为（C:8，M:31，Y:75，K:0），接着在属性栏中设置"轮廓宽度"为0.35mm、轮廓颜色为（C:22，M:57，Y:98，K:0），效果如图4-93所示。

图 4-92   图 4-93

03 使用"贝塞尔工具" 绘制绵羊的腿，然后填充颜色为（C:4，M:17，Y:40，K:0），接着在属性栏中设置"轮廓宽度"为0.35mm、轮廓颜色为（C:22，M:57，Y:98，K:0），如图4-94所示，再多次按快捷键Ctrl+PgDn将腿向后移动。

04 使用"椭圆形工具" ，按住Ctrl键绘制圆形，然后填充颜色为（C:4，M:5，Y:15，K:0），再去掉轮廓线，如图4-95所示。

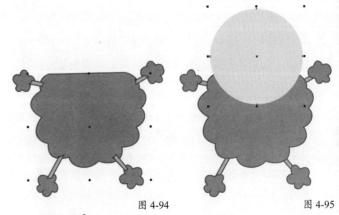

图 4-94   图 4-95

提示

有关"椭圆形工具"的具体介绍，请参阅"实战058 椭圆形绘制卡通片头"内容。

05 使用"贝塞尔工具" ✎ 绘制绵羊的耳朵，然后填充颜色为（C:9，M:30，Y:83，K:0），再去掉轮廓线，如图 4-96 所示。接着绘制耳朵的暗部，填充颜色为（C:24，M:44，Y:95，K:0），最后去掉轮廓线，如图 4-97 所示。

图 4-96   图 4-97

06 使用"贝塞尔工具" ✎ 绘制绵羊的犄角，然后填充颜色为（C:59，M:50，Y:49，K:0），再去掉轮廓线，如图 4-98 所示。接着绘制头发，填充颜色为（C:5，M:5，Y:31，K:0），最后在属性栏中设置"轮廓宽度"为 0.35mm、轮廓颜色为（C:0，M:55，Y:75，K:0），如图 4-99 所示。

图 4-98   图 4-99

07 使用"椭圆形工具" ⬭ 绘制绵羊的眼睛，填充颜色为黑色，如图 4-100 所示。然后绘制腮红，填充颜色为（C:1，M:56，Y:17，K:0），如图 4-101 所示。再绘制鼻子和腮红，填充颜色为（C:4，M:84，Y:45，K:0），如图 4-102 所示。接着绘制鼻子和腮红的高光，最后填充颜色为白色，去掉轮廓线，如图 4-103 所示。

图 4-100   图 4-101

图 4-102   图 4-103

08 使用"椭圆形工具" ⬭ 绘制绵羊的肚子，然后填充颜色为（C:9，M:15，Y:59，K:0），如图 4-104 所示。接着使用"贝塞尔工具" ✎ 绘制肚子的亮部，填充颜色为（C:5，M:5，Y:31，K:0），如图 4-105 所示。

图 4-104   图 4-105

09 导入"素材文件 >CH04>06.cdr"文件，然后将绵羊拖曳到页面中合适的位置，接着将绵羊复制一份进行缩放，最后在属性栏中设置"旋转角度"为 90，如图 4-106 所示。

图 4-106

10 选中绵羊的头部，在属性栏中设置"旋转角度"为0，如图4-107所示。然后选中绵羊的肚子和手部，按Delete键删除对象，如图4-108所示。最终效果如图4-109所示。

图 4-107　　　　　　　　　　　图 4-108

图 4-109

实战 048　贝塞尔修饰操作

实例位置	无
素材位置	无
实用指数	★★★★☆
技术掌握	贝塞尔工具的使用

☞ **操作步骤**

01 在使用贝塞尔进行绘制时无法一次性得到需要的图案，所以需要在绘制后进行线条修饰，可以配合"形状工具" 和属性栏，对绘制的贝塞尔线条进行修改，如图4-110所示。

图 4-110

> **知识链接** 🔍
>
> 这里在进行与贝塞尔曲线相关的修饰处理时，会讲解到"形状工具" 的使用，我们可以参考"第6章 形状编辑工具"的内容。

02 曲线转直线。单击"形状工具" ，然后单击选中对象，在需要变为直线的那条曲线上单击鼠标左键，出现黑色小点为选中，如图4-111所示。

03 在属性栏上单击"转换为线条"按钮 ，该线条变为直线，

如图4-112所示。在快捷菜单中也可以进行操作，选中曲线单击鼠标右键，在弹出的快捷菜单中执行"到直线"命令，可以将曲线变为直线，如图4-113所示。

图 4-111

图 4-112　　　　　　　　　　　图 4-113

04 直线转曲线。选中要变为曲线的直线，如图4-114所示，然后在属性栏上单击"转换为曲线"按钮 将其转换为曲线，如图4-115所示。接着将光标移动到转换后的曲线上，当光标变为 时按住鼠标左键进行拖动调节曲线，最后双击增加节点，调节"控制点"使曲线变得更有节奏，如图4-116所示。

图 4-114

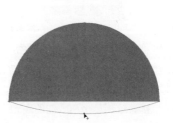 

图 4-115　　　　　　　　　　　图 4-116

05 对称节点转尖突节点。单击"形状工具" ，然后在节点上单击左键将其选中，如图4-117所示。接着在属性栏上单击"尖突节点"按钮 转换为尖突节点，再拖动其中一个"控制点"，对同侧的曲线进行调节，对应一侧的曲线和"控制线"并没有变化，如图4-118所示。最后调整另一边的"控制点"，可以得到一个心形，如图4-119所示。

图 4-117

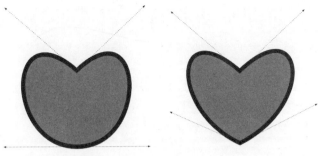

| 图 4-118 | 图 4-119 |

06 尖突节点转对称节点。单击"形状工具" ，然后在节点上单击鼠标左键将其选中，如图 4-120 所示。接着在属性栏上单击"对称节点"按钮 将该节点变为对称节点，最后拖动"控制点"，同时调整两端的曲线，如图 4-121 所示。

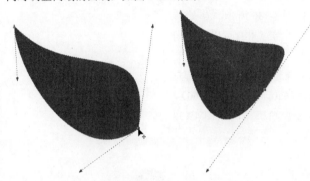

| 图 4-120 | 图 4-121 |

07 在使用"贝塞尔工具" 绘制曲线时，没有闭合起点和终点就不会形成封闭的路径，不能进行填充处理。单击"形状工具" ，然后选中结束节点，按住鼠标左键将其拖曳到起始节点，可以自动吸附闭合为封闭式路径，如图 4-122 所示。

图 4-122

08 还可以使用"贝塞尔工具" 选中未闭合线条，然后将光标移动到结束节点上，当光标出现 时单击鼠标左键，接着将光标移动到开始节点，如图 4-123 所示，当光标出现 时单击鼠标左键完成封闭路径，如图 4-124 所示。

| 图 4-123 | 图 4-124 |

09 在编辑好的路径中可以进行断开操作，将路径分解为单独的线段。使用"形状工具" 选中要断开的节点，如图 4-125 所示。然后在属性栏上单击"断开曲线"按钮 ，断开当前节点的连接，如图 4-126 所示，闭合路径中的填充效果消失。

| 图 4-125 | 图 4-126 |

> **提 示**
>
> 当节点断开时，无法形成封闭路径，那么原图形的填充就无法显示了，将路径重新闭合后会重新显示填充。

实战 049 使用钢笔工具绘制直线和折线

实例位置	无
素材位置	无
实用指数	★★★★★
技术掌握	钢笔工具的直线和折线绘制方法

操作步骤

01 绘制直线和折线。在"工具箱"上单击"钢笔工具" ，然后将光标移动到页面内空白处，单击鼠标左键定下起始节点，接着移动光标出现蓝色预览线条进行查看，如图 4-127 所示。

图 4-127

> **提 示**
>
> "钢笔工具"和"贝塞尔工具"很相似，也是通过节点的连接绘制直线和曲线，在绘制之后通过"形状工具"进行修饰，在绘制过程中，"钢笔工具"可以使我们预览到绘制拉伸的状态，方便进行移动修改。

02 选择好结束节点的位置后，单击鼠标左键线条变为实线，如图 4-128 所示。若要继续绘制折线，则将光标移动到下个结束节点的位置，完成编辑后双击鼠标左键结束绘制，如图 4-129 所示。

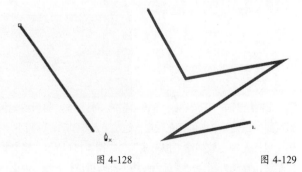

| 图 4-128 | 图 4-129 |

03 绘制直线后需要继续绘制连折线时，将光标移动到结束节点

上，当光标变为 ▲。时单击鼠标左键，然后继续移动光标单击定节点，如图4-130所示。当起始节点和结束节点重合时形成闭合路径可以进行填充操作，如图4-131所示。

图4-130　　　　　　　　图4-131

提示 ✎

在绘制直线的时候按住Shift键可以绘制水平线段、垂直线段或15°递进的线段。

实战 050　使用钢笔工具绘制卡通老鼠

实例位置	实例文件>CH04>实战050.cdr
素材位置	素材文件>CH04>07.cdr
实用指数	★★★★★
技术掌握	钢笔工具的曲线绘制方法

卡通老鼠效果如图4-132所示。

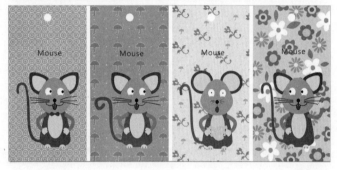

图4-132

☞ 操作步骤

01 新建空白文档，然后在"创建新文档"对话框中设置"名称"为"绘制卡通老鼠"、"宽度"为364mm、"高度"为170mm，接着单击"确定"按钮 确定 ，如图4-133所示。

图4-133

02 首先绘制第1只老鼠。单击"钢笔工具" ▲，然后将光标移动到页面空白处，单击鼠标左键定下起始节点，移动光标到下一位置，按住鼠标左键不放拖动"控制线"，如图4-134所示，接着松开鼠标左键，移动光标会出现蓝色弧线，此时可进行预览，如图4-135所示。

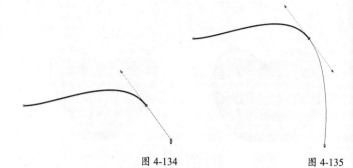

图4-134　　　　　　　　图4-135

03 绘制连续的曲线要考虑到曲线的转折，"钢笔工具"可以生成预览线进行查看，所以在确定节点之前，可以进行修正，如果位置不合适，可以及时调整，如图4-136所示，起始节点和结束节点重合可以形成闭合路径，如图4-137所示，然后为对象进行填充操作，填充颜色为（C:0，M:0，Y:0，K:60），接着去掉轮廓线，如图4-138所示。

图4-136

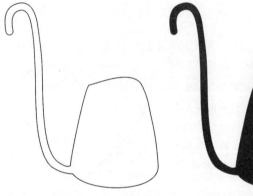

图4-137　　　　　　　　图4-138

04 使用"椭圆形工具" ⊙绘制老鼠的肚子，然后填充颜色为（C:0，M:0，Y:0，K:10），再去掉轮廓线，如图4-139所示。接着使用"钢笔工具" ▲绘制老鼠的头部，填充颜色为（C:0，M:0，Y:0，K:30），最后去掉轮廓线，如图4-140所示。

05 使用"钢笔工具" ▲绘制老鼠的一只耳朵，然后选中对象向右复制一份，再单击属性栏

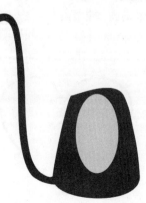

图4-139

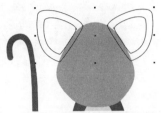

中的"水平镜像"按钮 使对象翻转，如图 4-141 所示。

图 4-140

图 4-141

06 选中较大对象，然后填充颜色为（C:0，M:0，Y:0，K:70），再选中较小的对象填充颜色为（C:0，M:0，Y:0，K:10），接着去掉轮廓线，最后多次按快捷键 Ctrl+PgDn 将耳朵移动到头部后面，如图 4-142 所示。

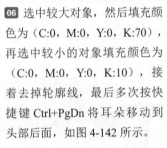

图 4-142

07 使用"钢笔工具" 绘制老鼠的手脚，然后使用同样的方法将对象进行复制翻转，如图 4-143 所示，接着选中胳膊，填充颜色为（C:0，M:0，Y:0，K:40），再选中爪子，填充颜色为（C:0，M:0，Y:0，K:10），最后去掉轮廓线，如图 4-144 所示。

图 4-143

图 4-144

08 使用"钢笔工具" 绘制老鼠的眼睛，填充颜色为白色，再去掉轮廓线，接着使用"椭圆形工具" 绘制眼珠，填充颜色为黑色，最后选中眼睛和眼珠，向右水平复制一份，如图 4-145 所示。

09 使用"钢笔工具" 在眼睛下方绘制曲线，然后在属性栏中设置"轮廓宽度"为 0.5mm、轮廓颜色为白色，如图 4-146 所示。

图 4-145

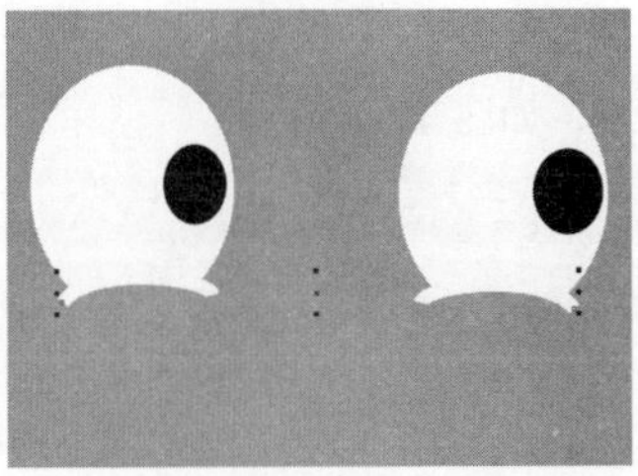

图 4-146

10 使用"椭圆形工具" 绘制老鼠的鼻子，然后使用"钢笔工具" 绘制老鼠的嘴巴和领结，接着选中嘴巴对象，在属性栏中设置"轮廓宽度"为 0.5mm，如图 4-147 所示。再将鼻子填充为黑色，将嘴巴和领结填充为红色，最后去掉领结和鼻子的轮廓线，如图 4-148 所示。

图 4-147

图 4-148

11 使用"钢笔工具" 绘制牙齿和爪子，然后将牙齿颜色填充为白色、手指甲颜色填充为黑色、脚指甲颜色填充为（C:0，M:0，Y:0，K:40），如图 4-149 所示。接着绘制胡子，设置"轮廓宽度"为 0.5mm，轮廓颜色为黑色，如图 4-150 所示。

图 4-149

图 4-150

12 下面绘制第 2 只老鼠。选中绘制的老鼠对象，然后将对象复制一份，接着使用"形状工具" 调整尾巴的形状，最后选中领结，按 Delete 键删除对象，如图 4-151 所示。

图 4-151

13 下面绘制第 3 只老鼠。将第 1 只老鼠复制一份，然后删除不需要的对象，如图 4-152 所示。接着使用同样的方法绘制老鼠剩下的对象，如图 4-153 所示。

图 4-152

图 4-153

14 下面绘制第 4 只老鼠。将第 1 只老鼠复制一份，然后选中老鼠的左手，单击属性栏中的"垂直镜像"按钮 ，接着适当调整对象的旋转角度，最后选中眼珠向左水平拖曳，如图 4-154 所示。

图 4-154

15 将绘制完成的 4 只老鼠排放在页面中，如图 4-155 所示，然后导入"素材文件 >CH04>07.cdr"文件，接着按 P 键使对象置于页面中心，最后适当调整老鼠的位置，最终效果如图 4-156 所示。

图 4-155

图 4-156

实战 051 使用 B 样条工具绘制篮球

实例位置	实例文件>CH04>实战051.cdr
素材位置	素材文件>CH04>08.cdr~11.cdr
实用指数	★★★★☆
技术掌握	B样条工具的使用

篮球效果如图 4-157 所示。

图 4-157

基础回顾

"B 样条工具"是通过建造控制点来轻松创建连续平滑的曲线。

单击"工具箱"上的"B 样条工具" ，然后将光标移动到页面内空白处，接着单击鼠标左键定下第一个控制点，移动光标，将会拖曳出一条实线与虚线重合的线段，如图 4-158 所示，最后单击定下第二个控制点。

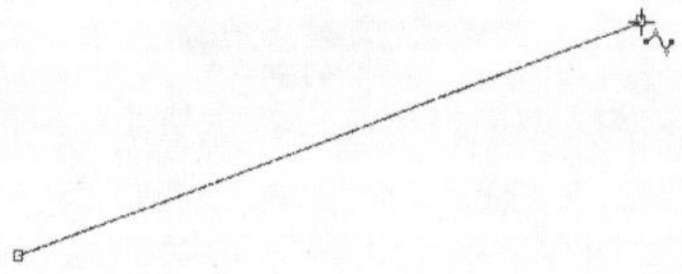

图 4-158

在确定第二个控制点后，再移动光标时实线就会被分离出来，如图 4-159 所示。此时可以看出实线为绘制的曲线，虚线为连接控制点的控制线，继续增加控制点直到闭合控制点，在闭合控制线时自动生成平滑曲线，如图 4-160 所示。

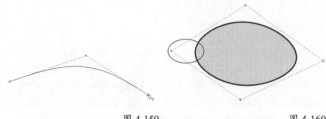

图 4-159   图 4-160

在编辑完成后可以单击"形状工具" ，通过修改控制点来修改曲线。

> **提示**
> 绘制曲线时，双击鼠标左键可以完成曲线编辑；绘制闭合曲线时，直接将控制点闭合即可完成编辑。

操作步骤

01 新建空白文档，然后在"创建新文档"对话框中设置"名称"为"绘制篮球"、"大小"为A4、页面方向为"横向"，接着单击"确定"按钮 ，如图 4-161 所示。

图 4-161

02 使用"椭圆形工具" 按住 Ctrl 键绘制一个圆。注意，在绘制时轮廓线是什么颜色都可以，后面会进行修改，如图 4-162 所示。

03 使用"B 样条工具" 在圆上绘制篮球的球线，然后在属性栏设置"轮廓宽度"为 2.0mm，如图 4-163 所示。

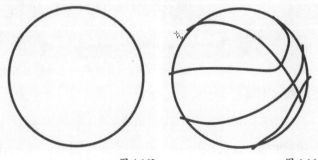

图 4-162   图 4-163

04 单击"形状工具" 对绘制的篮球线进行调整，使球线的弧度更平滑，如图 4-164 所示。调整完毕后将之前绘制的球身移到旁边。

05 下面进行球线的修饰。选中绘制的球线，然后执行"对象 > 将轮廓转换为对象"菜单命令，将球线转为可编辑对象，接着执行"对象 > 造形 > 合并"菜单命令，将对象焊接在一起，此时球线颜色变为黑色（双击会显示很多可编辑节点），如图 4-165 所示。

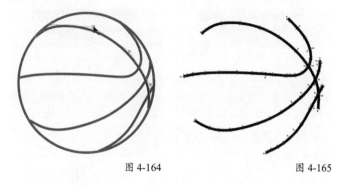

图 4-164   图 4-165

> **提示**
> 在将轮廓转换为对象后，我们就无法对对象的轮廓宽度进行修改，所以在本案例中，为了更加方便，我们要在转换前将轮廓线调整为合适的宽度。
> 另外，转换为对象后进行缩放时，线条显示的是对象不是轮廓，可以相对放大，没有转换的则不会变化。

06 选中黑色球线复制一份，然后在状态栏里修改颜色，再设置下面的球线为（C:0、M:35、Y:75、K:0），接着将下面的对象微微错开排放，最后选中所有对象进行群组，如图 4-166 所示。

07 选中前面绘制的圆，然后单击"交互式填充工具" ，在属性栏上选择填充方式为"渐变填充"，设置"类型"为"椭圆形渐变填充"，接着设置节点位置为 0% 的色标颜色为（C:30，M:70、Y:100、K:0）、节点位置为 100% 的色标颜色为（C:0，M:50、Y:100、K:0），最后在属性栏中设置"轮廓宽度"为 2.0mm、颜色为黑色，效果如图 4-167 所示。

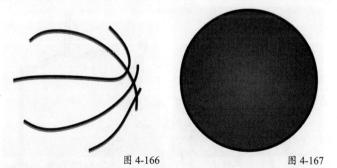

图 4-166   图 4-167

08 将球线群组拖曳到球体上方调整位置，如图 4-168 所示。接着选中球线执行"效果 > 图框精确裁剪 > 置于文框内部"菜单命令，将球线置入球身内，使球线融入球身中，效果如图 4-169 所示。

图 4-168　　　　　　　　　　　　　图 4-169

09 导入"素材文件 >CH04>08.cdr"文件，然后将背景拖入页面内缩放至合适大小，再将篮球拖曳到页面上，接着按快捷键Ctrl+Home 将篮球放置在顶层，最后调整大小并将其放在背景中间墨迹里，效果如图 4-170 所示。

图 4-170

10 导入"素材文件 >CH04>09.cdr"文件，然后单击属性栏中的"取消组合对象"按钮■将墨迹对象变为独立的个体，接着将墨迹分别拖曳到页面中合适的位置，将对象移动到篮球的后面，再导入"素材文件 >CH04>10.cdr"文件，将对象拖曳到篮球上，最后去掉轮廓线，效果如图 4-171 所示。

图 4-171

11 导入"素材文件 >CH04>11.cdr"文件，然后调整对象的大小，接着将对象拖曳到页面的右下角，最终效果如图 4-172 所示。

图 4-172

实战 052　使用折线工具绘制胡萝卜

实例位置	实例文件>CH04>实战052.cdr
素材位置	素材文件>CH04>12.cdr、13.cdr
实用指数	★★★★☆
技术掌握	折线工具的使用

胡萝卜效果如图 4-173 所示。

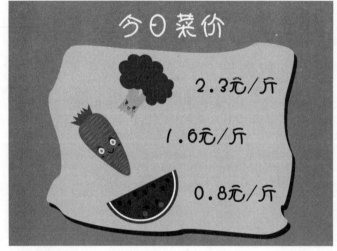

图 4-173

☞ **基础回顾**

"折线工具"用于方便快捷地创建复杂几何形和折线。

● **绘制折线**

在"工具箱"上单击"折线工具" ▲ ，然后在页面空白处单击鼠标左键定下起始节点，移动光标会出现一条线，如图 4-174 所示。接着单击鼠标左键定下第 2 个节点的位置，继续绘制形成复杂折线，最后双击鼠标左键可以结束编辑，如图 4-175 所示。

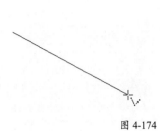

图 4-174

图 4-175

● 绘制曲线

除了绘制折线外还可以绘制曲线。单击"折线工具" ，然后在页面空白处按住鼠标左键进行拖曳绘制，松开鼠标后可以自动平滑曲线，如图 4-176 所示，最后双击鼠标左键结束编辑。

图 4-176

☞ 操作步骤

01 新建空白文档，然后在"创建新文档"对话框中设置"名称"为"绘制胡萝卜"、"大小"为 A4、页面方向为"横向"，接着单击"确定"按钮 **确定** ，如图 4-177 所示。

02 单击"折线工具" ，然后按住鼠标左键拖曳绘制一条闭合曲线，如图 4-178 所示。接着填充颜色为（C:0，M:60，Y:100，K:0），最后去掉轮廓线，如图 4-179 所示。

图 4-177　　　　图 4-178　　　　图 4-179

03 使用"折线工具" 绘制叶子形状，如图 4-180 所示。然后填充颜色为（C:80，M:0，Y:100，K:0），接着去掉轮廓线，最后按快捷键 Ctrl+PgDn 将对象向后移动一层，效果如图 4-181 所示。

04 使用"折线工具" 绘制连续折线，如图 4-182 所示。然后在属性栏中设置"轮廓宽度"为 0.5mm，接着设置轮廓颜色为（C:0，M:40，Y:80，K:0），效果如图 4-183 所示。

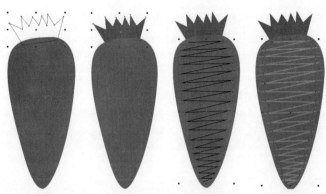

图 4-180　　　图 4-181　　　图 4-182　　　图 4-183

05 使用"椭圆形工具" 绘制几个椭圆，然后填充颜色为（C:40，M:77，Y:100，K:5），再去掉轮廓线，如图 4-184 所示。接着绘制对象，填充颜色为（C:0，M:0，Y:20，K:0），最后去掉轮廓线，如图 4-185 所示。

图 4-184　　　　　　　　图 4-185

06 使用"椭圆形工具" 绘制眼珠，然后填充颜色为（C:0，M:40，Y:80，K:0），去掉轮廓线，如图 4-186 所示。接着使用"折线工具" 绘制嘴巴，再设置"轮廓宽度"为 1.25mm，轮廓颜色为（C:0，M:60，Y:60，K:80），最后将对象进行适当的旋转，效果如图 4-187 所示。

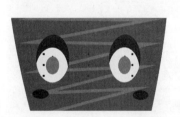 

图 4-186　　　　　　　　图 4-187

07 双击"矩形工具" 绘制与页面大小相同的矩形，然后填充颜色为（C:40，M:0，Y:100，K:0），接着使用"折线工具" 绘制对象，填充颜色为（C:76，M:56，Y:100，K:23），再去掉轮廓线，如图 4-188 所示。最后将对象拖曳复制一份，填充颜色为（C:14，M:1，Y:31，K:0），效果如图 4-189 所示。

 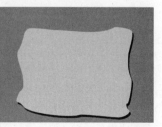

图 4-188　　　　　　　　图 4-189

08 导入"素材文件 >CH04>12.cdr"文件，然后将对象拖曳到页面中合适的位置，并将前面绘制的胡萝卜拖曳到页面中，如图 4-190 所示。接着导入"素材文件 >CH04>13.cdr"文件，再将对象拖曳到页面中合适的位置，最后选中标题文本，填充颜色为白色，最终效果如图 4-191 所示。

图 4-190

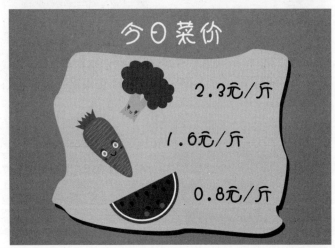

图 4-191

图 4-192

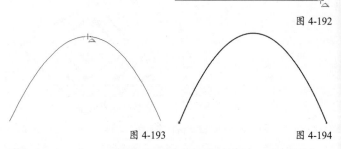

图 4-193　　　　　　　　　　　　　图 4-194

02 绘制完成后可以对曲线设置"轮廓宽度"和"轮廓颜色"，如图 4-195 所示。熟练运用"3 点曲线工具"可以快速制作流线造型的花纹，重复排列可以制作花边，如图 4-196 所示。

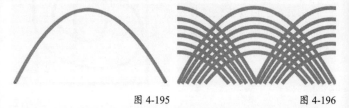

图 4-195　　　　　　　　　　　　　图 4-196

实战 053 3点曲线工具

实例位置	无
素材位置	无
实用指数	★★★★☆
技术掌握	3点曲线工具的使用

☞ **操作步骤**

01 "3 点曲线工具"可以准确地确定曲线的弧度和方向。单击"3 点曲线工具"，然后将光标移动到页面内，按住鼠标左键进行拖曳，如图 4-192 所示，将其拖动到合适位置后松开鼠标左键并移动光标调整曲线弧度，如图 4-193 所示。最后确定好曲线弧度后单击鼠标左键完成编辑，如图 4-194 所示。

实战 054 智能绘图工具

实例位置	无
素材位置	无
实用指数	★★★★☆
技术掌握	智能绘图工具的使用

☞ **操作步骤**

01 使用"智能绘图工具"绘制图形时，可以将手绘笔触转换成近似的基本形状或平滑的曲线。单击"智能绘图工具"，然后按住鼠标左键在页面空白处绘制想要的图形，如图 4-197 所示。待松开鼠标后，系统会自动将手绘笔触转换为与所绘形状近似的图形，如图 4-198 所示。

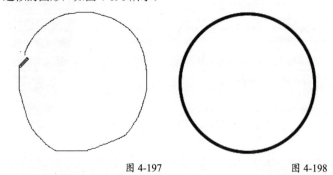

图 4-197　　　　　　　　　　　　　图 4-198

> 提示 📝
>
> 在使用"智能绘图工具"时，如果要绘制两个相邻的独立图形，必须在绘制的前一个图形已经自动平滑后才可以绘制下一个图形，否则相邻的两个图形有可能会产生连接或是平滑成一个对象。

02 使用"智能绘图工具"既可以绘制单一的图形，也可以绘制多个图形。在绘制过程中，当绘制的前一个图形未自动平滑前，可以继续绘制下一个图形，如图 4-199 所示。松开鼠标左键以后，图形将自动平滑，并且绘制的图形会形成同一组编辑对象，如图 4-200 所示。

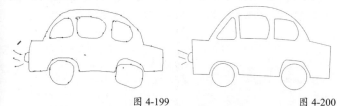

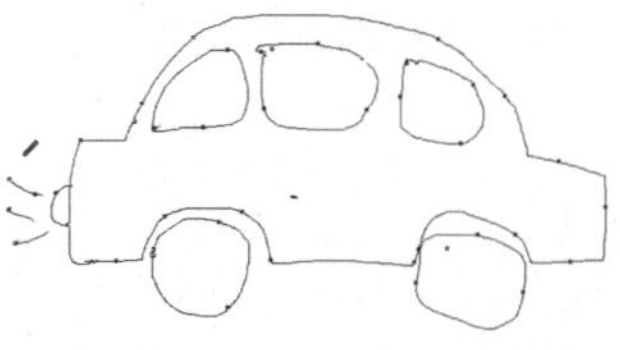

图 4-199 　　　　　　　　图 4-200

03 当光标呈双向箭头形状 ✔ 时，拖曳绘制的图形可以改变图形的大小，如图 4-201 所示。当光标呈十字箭头形状 ✛ 时，可以移动图形的位置，在移动的同时单击鼠标右键还可以对其进行复制。

图 4-201

提示 📝

在使用"智能绘图工具" ▲ 绘图的过程中，如果对绘制的形状不满意，还可以对其进行擦除。擦除方法是按住 Shift 键反向拖动鼠标。

另外还可以通过属性栏的选项来改变识别等级，如图 4-202 所示。

图 4-202

实战 055　艺术笔工具

实例位置	无
素材位置	无
实用指数	★★★★☆
技术掌握	艺术笔工具的使用

☞ **操作步骤**

01 "艺术笔工具"是所有绘画工具中最灵活多变的，不但可以绘制各种图形，也可以绘制各种笔触和底纹，为矢量绘画添加丰富的效果，可以满足复杂的绘画要求。单击"艺术笔工具" ▿，然后将光标移动到页面内，接着按住鼠标左键拖动绘制路径，如图 4-203 所示，最后松开鼠标左键完成绘制，如图 4-204 所示。

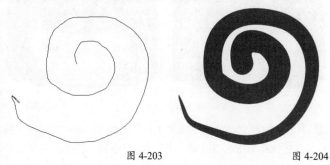

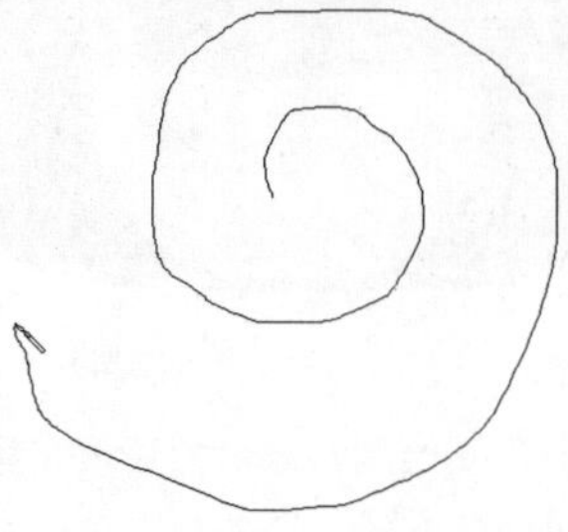

图 4-203　　　　　　　　图 4-204

02 "预设"是指使用预设的矢量图形来绘制曲线。单击"艺术笔工具" ▿，然后在属性栏上单击"预设"按钮 ⋈，选择不同的"预设笔触"进行绘制，如图 4-205 所示，效果如图 4-206 所示。

图 4-205　　　　　　　　图 4-206

03 "笔刷"是指绘制与笔刷笔触相似的曲线。单击"艺术笔工具" ▿，然后在属性栏上单击"笔刷"按钮 ▮，将属性栏变为笔刷属性，选择不同的"类别"和"笔刷笔触"进行绘制，如图 4-207 所示，效果如图 4-208 所示。

图 4-207 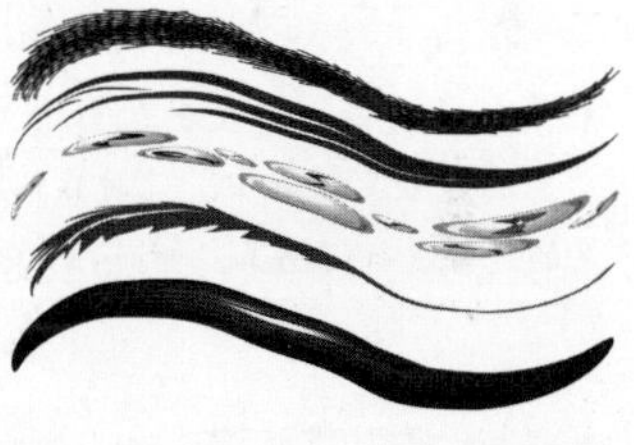　　　　　　　　图 4-208

04 "喷涂"是指通过喷涂一组预设图案进行绘制。单击"艺术笔工具" ▿，然后在属性栏上单击"喷涂"按钮 ▮，选择不同的"类别"和"笔刷笔触"进行绘制，如图 4-209 所示，效果如图 4-210 所示。

图 4-209 　　　　　　　　图 4-210

05 "书法"是指通过笔锋角度变化绘制与书法笔笔触相似的效果。单击"艺术笔工具" ▿，然后在属性栏上单击"书法"按钮 ▮，如图 4-211 所示，接着按住鼠标左键进行绘制，如图 4-212 所示。

书法

图 4-211 　　　　　　　　图 4-212

技术专题 🔧 创建自定义笔触

在 CorelDRAW X7 中，我们可以用一组矢量图或者单一的路径对象制作自定义的笔触，下面进行讲解。

第 1 步：绘制或者导入需要定义成笔触的对象，如图 4-213 所示。

图 4-213

第2步：选中该对象，然后在工具箱中单击"艺术笔工具"，在属性栏上单击"笔刷"按钮，再单击"保存艺术笔触"按钮，弹出"另存为"对话框，接着我们在"文件名"处输入"墨迹效果"，最后单击"保存"按钮进行保存，如图4-214所示。

图 4-214

第3步：在"类别"的下拉列表中会出现自定义，如图4-215所示，之前我们自定义的笔触会显示在后面的"笔刷笔触"列表中，此时我们就可以用自定义的笔触进行绘制了，如图4-216所示。

图 4-215　　　图 4-216

实战 056 绘制可爱娃娃

实例位置	实例文件>CH04>实战056.cdr
素材位置	无
实用指数	★★★★★
技术掌握	线型工具的使用

可爱娃娃效果如图 4-217 所示。

图 4-217

☞ 操作步骤

01 新建空白文档，然后在"创建新文档"对话框中设置"名称"为"绘制可爱娃娃"、"大小"为A4、页面方向为"横向"，接

着单击"确定"按钮 确定 ，如图 4-218 所示。

02 首先绘制头发。使用"钢笔工具"绘制对象，然后填充颜色为（R:0，G:0，B:0），如图 4-219 所示。再使用"钢笔工具"绘制对象，如图 4-220 所示，填充颜色为（R:51，G:44，B:43），并去掉轮廓线，如图 4-221 所示。

图 4-218　　　　　　　　　图 4-219

图 4-220　　　　　　　　　图 4-221

03 下面绘制脸。使用"钢笔工具"绘制对象，然后填充颜色为（R:247，G:229，B:214），接着去掉轮廓线，如图 4-222 所示。

04 下面绘制眼睛。使用"钢笔工具"绘制对象，然后填充颜色为（R:27，G:27，B:27），再去掉轮廓线，接着将对象向右水平复制一份，最后单击属性栏中的"水平镜像"按钮，效果如图 4-223 所示。

图 4-222　　　　　　　　　图 4-223

05 下面绘制腮红。使用"钢笔工具"绘制对象，然后填充颜色为（R:240，G:200，B:190），再去掉轮廓线，接着将对象向右水平复制一份，最后单击属性栏中的"水平镜像"按钮，效果

如图 4-224 所示。

06 下面绘制蝴蝶结。使用"钢笔工具" 绘制对象，然后填充颜色为（R:173，G:49，B:75），去掉轮廓线，如图 4-225 所示。再绘制蝴蝶结的暗部，如图 4-226 所示，然后填充颜色为（R:141，G:29，B:48），并去掉轮廓线，最后将对象向后移动一层，效果如图 4-227 所示。

图 4-224　　　　　　图 4-225

图 4-226　　　　　　图 4-227

07 下面绘制衣服。使用"钢笔工具" 绘制对象，如图 4-228 所示，然后填充颜色为（R:213，G:97，B:118），接着去掉轮廓线，最后将对象移动到脸后面，效果如图 4-229 所示。

图 4-228　　　　　　图 4-229

08 使用"钢笔工具" 绘制对象，如图 4-230 所示，然后填充颜色为（R:232，G:138，B:156），再去掉轮廓线，效果如图 4-231 所示。接着绘制纹饰，填充颜色为（R:234，G:216，B:220），并去掉轮廓线，效果如图 4-232 所示。

图 4-230

图 4-231　　　　　　图 4-232

09 使用"椭圆形工具" 和"2 点线工具" 绘制花蕊，如图 4-233 所示。然后选中所有椭圆形，填充颜色为（R:242，G:171，B:178），去掉轮廓线，接着选中所有线段，设置"轮廓宽度"为 0.2mm，轮廓颜色为（R:242，G:171，B:178），效果如图 4-234 所示。最后将花朵对象复制摆放在衣服对象上，效果如图 4-235 所示。

10 下面绘制扇子。使用"钢笔工具" 绘制对象，然后填充颜色为（R:173，G:49，B:75），接着去掉轮廓线，效果如图 4-236 所示。再绘制扇骨，设置"轮廓宽度"为 0.2mm，轮廓颜色为（R:232，G:138，B:156），效果如图 4-237 所示。

图 4-233　　　　　　图 4-234

图 4-235

图 4-236

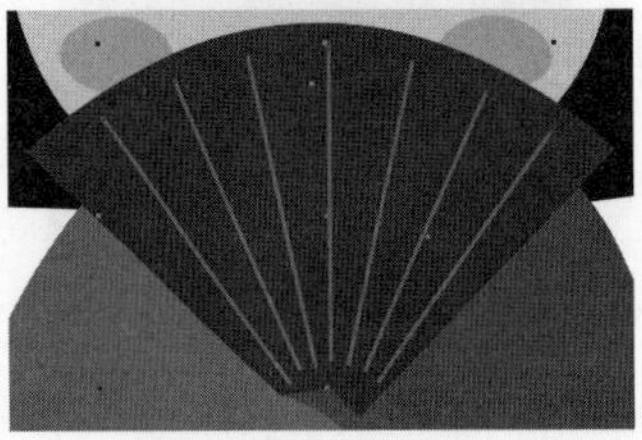

11 将衣服上的纹饰复制摆放在扇子中，然后选中花瓣，填充颜色为（R:216，G:186，B:198），接着选择花蕊，填充颜色为（R:213，G:97，B:118），最后使用"钢笔工具" 🖊 绘制叶子，填充颜色为（R:110，G:1，B:32），效果如图 4-238 所示。

图 4-237

图 4-238

12 下面绘制手。使用"钢笔工具" 🖊 绘制对象，然后填充颜色为（R:247，G:231，B:215），接着去掉轮廓线，如图 4-239 所示。第 1 个娃娃就绘制完成了，效果如图 4-240 所示。

图 4-239

图 4-240

13 下面绘制第 2 个娃娃，首先绘制头发。使用"矩形工具" ▢ 绘制正方形，然后使用"形状工具" 🖊 调整正方形圆角，如图 4-241 所示，接着填充颜色为（R:0，G:0，B:0），最后去掉轮廓线，如图 4-242 所示。

图 4-241   图 4-242

14 使用"椭圆形工具" ⬭ 和"钢笔工具" 🖊 绘制对象，如图 4-243 所示，接着选中两个对象，单击属性栏中的"合并"按钮 🖰 合并对象，再填充颜色为（R:51，G:44，B:43），最后去掉轮廓线，如图 4-244 所示。

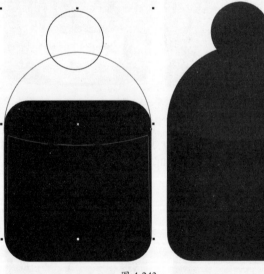

图 4-243   图 4-244

15 下面绘制脸部。拖曳第 1 个娃娃的脸部复制一份，然后使用"钢笔工具" 🖊 绘制对象，接着填充颜色为（R:192，G:39，B:44），最后去掉轮廓线，效果如图 4-245 所示。

16 下面绘制蝴蝶结。使用"钢笔工具" 🖊 绘制对象，然后填充颜色为（R:192，G:39，B:44），去掉轮廓线，如图 4-246 所示。再绘制蝴蝶结的暗部，如图 4-247 所示，接着填充颜色为（R:141，G:17，B:26），并去掉轮廓线，最后将对象向后移动一层，效果如图 4-248 所示。

图 4-247

图 4-245

图 4-246

图 4-248

18 使用"钢笔工具" ⚑绘制对象，然后填充颜色为（R:192，G:39，B:44），并去掉轮廓线，如图 4-251 所示。再绘制对象，填充颜色为（R:242，G:235，B:237），并去掉轮廓线，如图 4-252 所示。

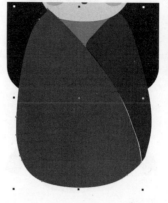

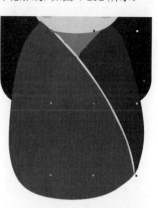

图 4-251

图 4-252

19 下面绘制纹饰。使用"钢笔工具" ⚑绘制对象，然后填充颜色为（R:242，G:222，B:226），再去掉轮廓线，如图 4-253 所示。接着绘制花蕊，填充颜色为（R:228，G:167，B:170），并去掉轮廓线，如图 4-254 所示。第 2 个娃娃绘制完成，最终效果如图 4-255 所示。

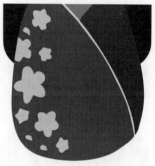

图 4-253

17 下面绘制衣服。使用"钢笔工具" ⚑绘制对象，然后填充颜色为（R:221，G:146，B:151），并去掉轮廓线，如图 4-249 所示。再绘制对象，填充颜色为（R:141，G:17，B:26），并去掉轮廓线，如图 4-250 所示。

图 4-249

图 4-250

图 4-254

图 4-255

20 下面绘制第 3 个娃娃，首先绘制头发。使用"钢笔工具" ![pen] 绘制对象，然后填充颜色为（R:0，G:0，B:0），如图 4-256 所示。再使用"钢笔工具" ![pen] 绘制对象，如图 4-257 所示，接着填充颜色为（R:51，G:44，B:43），最后去掉轮廓线，如图 4-258 所示。

图 4-256

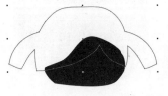

图 4-257

图 4-258

21 下面绘制头饰和脸。使用"钢笔工具" ![pen] 绘制头饰，然后填充颜色为（R:101，G:198，B:206），再去掉轮廓线，如图 4-259 所示。接着将第 2 个娃娃的脸部复制一份，使用"形状工具" ![shape] 调整脸部形状，如图 4-260 所示。

图 4-259

图 4-260

22 下面绘制衣服。使用"钢笔工具" ![pen] 绘制对象，如图 4-261 所示，然后填充颜色为（R:255，G:193，B:0），接着去掉轮廓线，最后将对象移动到脸后面，效果如图 4-262 所示。

图 4-261　　　　　　　　　　　　　图 4-262

23 使用"钢笔工具" ![pen] 绘制对象，如图 4-263 所示，然后填充颜色为（R:173，G:49，B:75），再去掉轮廓线，如图 4-264 所示。接着绘制纹饰，如图 4-265 所示，填充颜色为（R:131，G:22，B:35），最后去掉轮廓线，如图 4-266 所示。

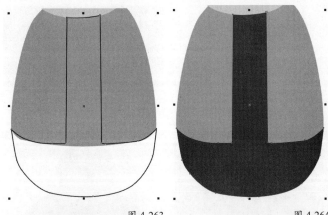

图 4-263　　　　　　　　　　　　　图 4-264

图 4-265　　　　　　　　　　　　　图 4-266

24 使用"钢笔工具" ![pen] 绘制对象，如图 4-267 所示，然后填充颜色为（R:101，G:198，B:206），接着去掉轮廓线，如图 4-268 所示。

图 4-267　　　　　　　　　　　　　图 4-268

25 下面绘制蝴蝶结。使用"钢笔工具" ![pen] 绘制图形，然后填充颜色为（R:49，G:174，B:173），去掉轮廓线，如图 4-269 所示。再绘制蝴蝶结的暗部，如图 4-270 所示，接着填充颜色为（R:48，G:144，B:143），并去掉轮廓线，最后将对象向后移动一层，效果如图 4-271 所示。

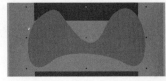

图 4-269

图 4-270　　　　　　　　　　　　　图 4-271

26 第 3 个娃娃效果如图 4-272
所示。将绘制完成的 3 个娃娃
摆放在页面中，如图 4-273 所示。

图 4-275

图 4-272

实战 057　绘制场景插画

实例位置	实例文件>CH04>实战057.cdr
素材位置	素材文件>CH04>14.cdr、15.png
实用指数	★★★★★
技术掌握	线型工具的使用

场景插画效果如图 4-276 所示。

图 4-273

27 使用"椭圆形工具" 绘制阴影，然后填充颜色为（R:240，
G:214，B:220），去掉轮廓线，再将对象移动到娃娃后面，如
图 4-274 所示。接着双击"矩形工具" 创建与页面大小相同的
矩形，填充颜色为（R:255，G:245，B:245），最后去掉轮廓线，
最终效果如图 4-275 所示。

图 4-276

☞ **操作步骤**

01 新建空白文档，然后在"创
建新文档"对话框中设置"名
称"为"绘制场景插画"、"大
小"为 A4、页面方向为"横
向"，接着单击"确定"按钮
确定 ，如图 4-277 所示。

图 4-274

图 4-277

02 使用"矩形工具"□绘制与页面等宽的矩形，如图 4-278 所示。然后单击"交互式填充工具"，在属性栏上选择填充方式为"渐变填充"，接着设置"类型"为"线性渐变填充"，再设置节点位置为 0% 的色标颜色为（C:3，M:6，Y:21，K:0）、节点位置为 50% 的色标颜色为（C:12，M:4，Y:37，K:0）、节点位置为 100% 的色标颜色为（C:100，M:0，Y:0，K:0），最后调整节点的位置，效果如图 4-279 所示。

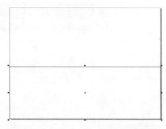

图 4-278

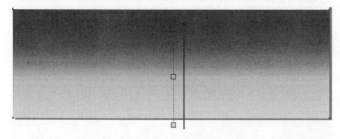

图 4-279

03 使用"矩形工具"□在页面上方绘制与页面等宽的矩形，然后填充颜色为（C:40，M:0，Y:0，K:0），接着去掉轮廓线，如图 4-280 所示。

图 4-280

04 下面绘制云朵。使用"钢笔工具"绘制对象，如图 4-281 所示，然后填充颜色为（C:10，M:0，Y:0，K:0），接着去掉轮廓线，如图 4-282 所示。

图 4-281　　　　　图 4-282

05 使用"钢笔工具"绘制对象，如图 4-283 所示，然后填充颜色为（C:21，M:1，Y:2，K:2），并去掉轮廓线，如图 4-284 所示。再绘制对象，填充颜色为（C:10，M:0，Y:0，K:0），并去掉轮廓线，如图 4-285 所示。

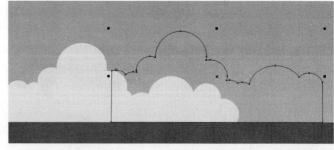

图 4-283

图 4-284

图 4-285

06 下面绘制椰子树。使用"钢笔工具"绘制对象，如图 4-286 所示。然后单击"交互式填充工具"，在属性栏上选择填充方式为"渐变填充"，设置"类型"为"线性渐变填充"，接着设置节点位置为 0% 的色标颜色为（C:62，M:80，Y:95，K:24）、节点位置为 100% 的色标颜色为（C:30，M:49，Y:98，K:1），再调整节点的位置，如图 4-287 所示。最后使用相同的方法绘制另一个对象，效果如图 4-288 所示。

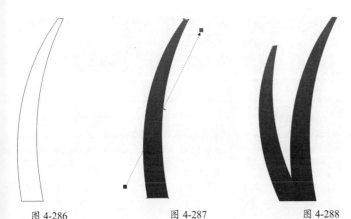

图 4-286 图 4-287 图 4-288

07 下面绘制椰子。使用"钢笔工具" 绘制对象，如图 4-289 所示。然后单击"交互式填充工具" ，在属性栏上选择填充方式为"渐变填充"，再设置"类型"为"线性渐变填充"，接着设置节点位置为 0% 的色标颜色为（C:19，M:73，Y:99，K:0）、节点位置为 100% 的色标颜色为（C:63，M:91，Y:95，K:25），最后调整节点的位置，如图 4-290 所示。

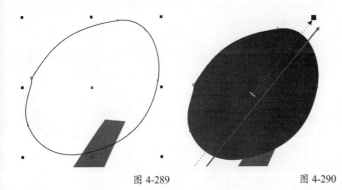

图 4-289 图 4-290

08 选中椰子对象，将对象复制两份，然后分别将对象进行适当的缩放和旋转，如图 4-291 所示。接着选中所有椰子对象，拖曳复制到另一棵椰子树上，效果如图 4-292 所示。

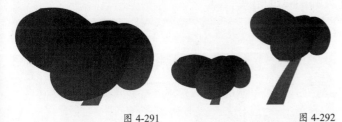

图 4-291 图 4-292

09 下面绘制叶子。使用"钢笔工具" 绘制对象，如图 4-293 所示。然后单击"交互式填充工具" ，在属性栏上选择填充方式为"渐变填充"，再设置"类型"为"线性渐变填充"，接着设置节点位置为 0% 的色标颜色为（C:95，M:42，Y:98，K:11）、节点位置为 100% 的色标颜色为（C:35，M:0，Y:93，K:0），最后调整节点的位置，如图 4-294 所示。

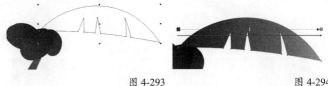

图 4-293 图 4-294

10 使用相同的方法绘制其他叶子，然后分别选中每棵树的叶子对象，多次按快捷键 Ctrl+PgDn 移动到椰子后，接着将所有椰子树对象进行群组，效果如图 4-295 所示。

11 选中群组对象，将对象拖曳到页面左下角的位置，然后使用"矩形工具" 在多出页面的对象上绘制矩形，如图 4-296 所示，接着选中矩形和椰子树对象，单击属性栏中的"移除前面对象"按钮 ，效果如图 4-297 所示。

图 4-295 图 4-296

图 4-297

12 下面绘制伞。使用"钢笔工具" 绘制对象，如图 4-298 所示，然后填充颜色为（C:0，M:60，Y:80，K:0），如图 4-299 所示。接着使用同样的方法绘制其他对象，填充颜色为（C:0，M:0，Y:0，K:10）和（C:0，M:80，Y:60，K:0），并去掉轮廓线，如图 4-300 所示。

图 4-298

图 4-299

图 4-305

图 4-300

13 选中左边两个对象向右水平拖曳复制，然后单击属性栏中的"水平镜像"按钮 ，接着选中最右边的对象，填充颜色为（C:40，M:0，Y:100，K:0），效果如图 4-301 所示。

图 4-301

14 使用"矩形工具"  绘制伞柄，如图 4-302 所示。然后单击"交互式填充工具" ，在属性栏上选择填充方式为"渐变填充"，再设置"类型"为"线性渐变填充"，接着设置节点位置为 0% 的色标颜色为（C:0，M:0，Y:0，K:50）、节点位置为 24% 的色标颜色为（C:0，M:0，Y:0，K:70）、节点位置为 71% 的色标颜色为（C:0,M:0,Y:0,K:10）、节点位置为 100% 的色标颜色为（C:0，M:0，Y:0，K:30），如图 4-303 所示。

16 下面绘制皮球。使用"椭圆形工具" 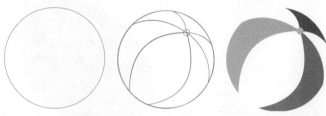 绘制圆形，如图 4-306 所示。然后使用"钢笔工具" 在圆中绘制对象，如图 4-307 所示。接着选中小的圆形对象，填充颜色为（C:0，M:0，Y:0，K:20），再填充其他对象颜色为（C:0，M:20，Y:100，K:0）、（C:60，M:0，Y:20，K:0）和（C:60，M:0，Y:60，K:20），最后去掉轮廓线，效果如图 4-308 所示。

图 4-306   图 4-307   图 4-308

17 选中皮球对象进行群组，然后将对象拖曳到页面中合适的位置，如图 4-309 所示，接着使用"椭圆形工具" 绘制伞的阴影，填充颜色为（C:37，M:24，Y:67，K:0），再使用"透明度工具" 为对象添加透明效果，"透明度"为 70，最后去掉轮廓线，效果如图 4-310 所示。

图 4-302   图 4-303

15 选中伞柄，然后将对象移动到伞面后面，接着将所有伞对象进行群组，如图 4-304 所示，再将群组对象拖曳到页面中合适的位置，最后旋转适当的角度，效果如图 4-305 所示。

图 4-304

图 4-309

图 4-310

18 下面绘制海鸥。使用"钢笔工具" ，绘制对象，如图 4-311 所示，然后填充颜色为白色，再去掉轮廓线，接着将对象复制摆放在页面中，最后调整各个对象的大小和旋转角度，效果如图 4-312 所示。

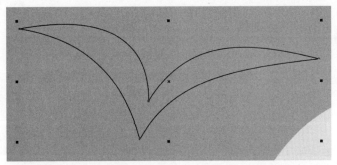

图 4-311

图 4-312

19 下面绘制星星。使用"钢笔工具" 绘制对象，然后填充颜色为（C:0，M:60，Y:100，K:0）、（C:2，M:33，Y:87，K:0），

再去掉轮廓线，如图 4-313 示，接着将对象复制摆放在页面中，最后调整各个对象的大小和旋转角度，效果如图 4-314 所示。

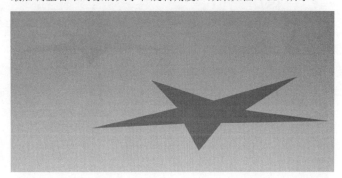

图 4-313

图 4-314

20 导入"素材文件 >CH04>14.cdr"文件，然后将对象拖曳到页面中合适的位置，再将对象复制缩放一份，接着进行适当的旋转，最后导入"素材文件 >CH04>15.png"文件，将对象拖曳到页面中合适的位置，最终效果如图 4-315 所示。

图 4-315

实战 058 使用矩形工具制作音乐播放界面

实例位置	实例文件>CH05>实战058.cdr
素材位置	素材文件>CH05>01.jpg、02.jpg、03.cdr
实用指数	★★★★★
技术掌握	矩形工具的使用

音乐播放界面效果如图 5-1 所示。

图 5-1

📒 基础回顾

"矩形工具"主要以斜角拖动来快速绘制矩形，并且利用属性栏进行基本的修改变化。

● 绘制方法

单击"矩形工具"⬜，然后将光标移动到页面空白处，按住鼠标左键以对角的方向进行拉伸，如图 5-2 所示。形成实线方形可以进行预览大小，在确定大小后松开鼠标左键完成编辑，如图 5-3 所示。

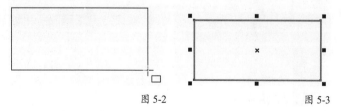

图 5-2　　　　　　　　　　　　图 5-3

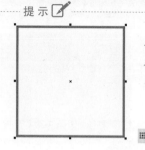
在绘制矩形时按住Ctrl键可以绘制一个正方形，如图5-4所示。也可以在属性栏上输入宽和高将原有的矩形变为正方形，如图5-5所示。

图 5-4　　　　　　　　　　　　图 5-5

在绘制时按住Shift键可以将起始点作为中心绘制矩形，同时按住Shift键和Ctrl键则是以起始点为中心绘制正方形。

● 参数介绍

"矩形工具"⬜的属性栏如图 5-6 所示。

图 5-6

①圆角⬚：单击可以将角变为弯曲的圆弧角，如图 5-7 所示，数值可以在后面输入。

②扇形角⬚：单击可以将角变为扇形相切的角，形成曲线角，如图 5-8 所示。

图 5-7　　　　　　　　　　　　图 5-8

③倒棱角⬚：单击可以将角变为直棱角，如图 5-9 所示。

图 5-9

④圆角半径：在 4 个输入框中输入数值可以分别设置边角样式的平滑度大小，如图 5-10 所示。

⑤同时编辑所有角 🔒：单击激活后在任意一个"圆角半径"输入框中输入数值，其他 3 个的数值将会统一进行变化；单击熄灭后可以分别修改"圆角半径"的数值，如图 5-11 所示。

图 5-10   图 5-11

⑥相对的角缩放 🔲：单击激活后，在缩放边角时"圆角半径"也会相对进行缩放；单击熄灭后，缩放边角时"圆角半径"将不会缩放。

⑦轮廓宽度 🔲：可以设置矩形边框的宽度。

⑧转换为曲线 🔲：在没有转曲时只能进行角上的变化，如图 5-12 所示。单击转曲后可以进行自由变换和添加节点等操作，如图 5-13 所示。

图 5-12   图 5-13

● "3 点矩形工具" 绘制方法

单击工具栏中的"3 点矩形工具" 🔲，然后在页面空白处下第 1 个点，长按鼠标左键拖动，此时会出现一条实线进行预览，如图 5-14 所示。确定位置后松开鼠标左键定下第 2 个点，接着移动光标进行定位，如图 5-15 所示。确定后单击鼠标左键完成编辑，如图 5-16 所示，通过 3 个点确定一个矩形。

图 5-14

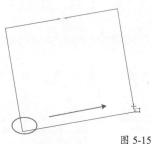 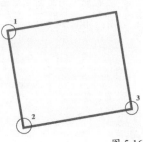

图 5-15   图 5-16

☞ 操作步骤

01 新建空白文档，然后在"创建新文档"对话框中设置"名称"为"制作音乐播放界面"、"大小"为 A4、页面方向为"纵向"，接着单击"确定"按钮 确定 ，如图 5-17 所示。

02 导入"素材文件 >CH05>01.jpg"文件，然后按 P 键将对象置于页面中心，如图 5-18 所示。接着使用"矩形工具" 🔲 在页面上方绘制一个矩形，再填充颜色为（R:20，G:30，B:39），最后去掉轮廓线，如图 5-19 所示。

图 5-17   图 5-18   图 5-19

03 选中矩形对象，然后单击"透明度工具" 🔲，接着在属性栏中设置"透明度类型"为"均匀透明度"、"合并模式"为"常规"、"透明度"为 80，最后使用鼠标右键单击"调色板"中的 ⊠ 去掉轮廓线，效果如图 5-20 所示。

图 5-20

┌─── 知识链接 🔍 ───┐

有关"透明度工具"的具体介绍，请参阅"实战186 利用均匀透明度制作油漆广告"的内容。

04 使用"矩形工具"□按住 Ctrl 键在中间绘制一个正方形，然后填充为白色，并去掉轮廓线。接着单击"透明度工具"，在属性栏中设置"透明度类型"为"均匀透明度"、"合并模式"为"常规"、"透明度"为 50，并去掉轮廓线。最后按住 Shift 键向内复制一个正方形，如图 5-21 所示。

05 导入"素材文件 >CH05>02.jpg"文件，将对象调整至合适的大小后，执行"对象>图框精确裁剪>置于图文框内部"菜单命令，当光标变为"黑色箭头"➡时，单击内部正方形，将图片置入正方形，如图 5-22 所示。

图 5-21　　　　　　　　　　图 5-22

06 导入"素材文件 >CH05>03.cdr"文件，然后将对象拖曳到上方矩形中的合适位置，如图 5-23 所示。接着使用"矩形工具"□绘制一个矩形，填充颜色为（R:76，G:105，B:128），再去掉轮廓线，最后将矩形复制一份，并向左进行缩放，填充颜色为（R:181，G:255，B:254），如图 5-24 所示。

图 5-23

图 5-24

07 使用"矩形工具"□在两个矩形的相交处绘制一个正方形，然后填充颜色为白色，并去掉轮廓线，接着使用"形状工具"调整正方形的节点，如图 5-25 所示。再将素材中的音量图标拖曳到两边，最后选中音量的所有对象，执行"对象>对齐和分布>垂直居中对齐"菜单命令将对象对齐，效果如图 5-26 所示。

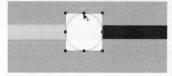

图 5-25　　　　　　　　　　图 5-26

08 将素材中的英文文本拖曳到合适的位置，然后将音量对象向下复制一份，适当增加两个矩形的"高度"，再将颜色较亮的矩形向右进行缩放。接着选中圆形，按住 Shift 键向外进行中心缩放，并向右移动到两个矩形相交处。最后将数字文本拖曳到矩形的两端，将图标拖曳到下方合适的位置，如图 5-27 所示。

图 5-27

09 使用"矩形工具"□绘制 3 个正方形，然后依次填充颜色为（R:99，G:197，B:198）、（R:213，G:124，B:142）和（R:99，G:197，B:198）。再使用"形状工具"适当调整正方形的圆角，接着执行"对象>对齐和分布>垂直居中对齐"菜单命令将对象对齐，如图 5-28 所示。最后绘制两个矩形，填充颜色为白色，并去掉轮廓线，效果如图 5-29 所示。

图 5-28　　　　　　　　　　图 5-29

10 使用"矩形工具"□绘制一个正方形，然后单击鼠标右键，在弹出的菜单中选择"转换为曲线"命令。接着使用"形状工具"，双击删除正方形右上角的节点，在属性栏中设置"旋转角度"为 315°，再将对象向右水平复制一份。最后将两个对象进行群组，并按住 Shift 键进行上下缩放，如图 5-30 所示。

图 5-30

11 将绘制好的图标填充为白色，然后拖曳到左边的矩形中，接着将对象向右水平复制一份，再在属性栏中单击"水平镜像"按钮使对象翻转，最后分别将对象和正方形进行对齐，如图 5-31 所示。

12 双击"矩形工具"□创建一个与页面大小相同的矩形，然后填充颜色为黑色，接着去掉轮廓线，如图 5-32 所示。

图 5-31　　　　　图 5-32

实战 059　利用椭圆形制作卡通片头

实例位置	实例文件>CH05>实战059.cdr
素材位置	素材文件>CH05>04.cdr、05.cdr
实用指数	★★★★★
技术掌握	椭圆形工具的使用

卡通片头效果如图 5-33 所示。

图 5-33

🖝 基础回顾

椭圆形是图形绘制中除了矩形外另一个常用的基本图形，CorelDRAW X7 软件为我们提供了 2 种绘制工具，即"椭圆形工具"和"3 点椭圆形工具"。

● 绘制方法

单击"椭圆形工具"○，然后将光标移动到页面空白处，按住鼠标左键以对角的方向进行拉伸，如图 5-34 所示。可以预览对象大小，在确定大小后松开鼠标左键完成编辑，如图 5-35 所示。

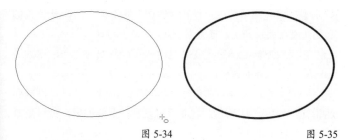

图 5-34　　　　　图 5-35

提示 🖉

在绘制椭圆形时按住Ctrl键可以绘制一个圆，如图5-36所示。也可以在属性栏上输入宽和高将原有的椭圆变为圆。按住Shift键可以将起始点作为中心绘制椭圆形，同时按住Shift键和Ctrl键则是以起始点为中心绘制圆形。

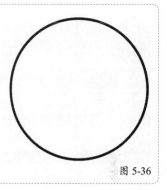

图 5-36

● 参数介绍

"椭圆形工具"的属性栏如图 5-37 所示。

图 5-37

①椭圆形○：在单击"椭圆形工具"后，默认该图标是激活的，可以绘制椭圆形，如图 5-38 所示。选择饼图和弧后，该图标为未选中状态。

②饼图○：单击激活后可以绘制圆饼，或者将已有的椭圆变为圆饼，如图 5-39 所示。点选其他两项，该图标则恢复未选中状态。

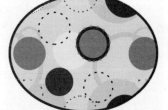
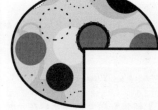

图 5-38　　　　　图 5-39

③弧○：单击激活后可以绘制以椭圆为基础的弧线，或者将已有的椭圆或圆饼变为弧，如图 5-40 所示。变为弧后填充消失，只显示轮廓线。点选其他两项，该图标则恢复未选中状态。

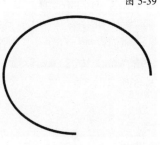

图 5-40

④起始和结束角度：设置"饼图"和"弧"的断开位置的起始角度与终止角度，最大为360°，最小为0°。

⑤更改方向 ↻：用于变更起始和终止角度的方向，也就是顺时针和逆时针的调换。

⑥转曲 ⌀：没有转曲进行"形状"编辑时，是以饼图或弧编辑的，如图5-41所示。转曲后可以进行曲线编辑，可以增减节点，如图5-42所示。

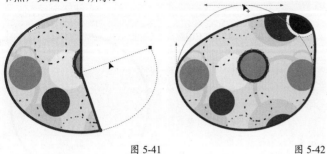

图 5-41 　　　　　　　图 5-42

● **"3点椭圆形工具"绘制方法**

单击"3点椭圆形工具" ⊙，然后在页面空白处定下第1个点，长按鼠标左键拖动一条实线进行预览，如图5-43所示。确定位置后松开鼠标左键定下第2个点，接着移动光标进行定位，如图5-44所示，确定后单击鼠标左键完成编辑。

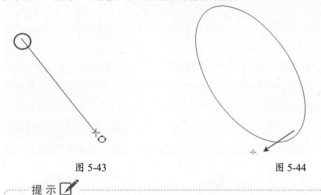

图 5-43 　　　　　　　图 5-44

提示 📝

在用"3点椭圆形工具"绘制时按住Ctrl键进行拖动可以绘制一个圆形。

☞ **操作步骤**

01 新建空白文档，然后在"创建新文档"对话框中设置"名称"为"绘制卡通片头"、"大小"为A4、页面方向为"横向"，接着单击"确定"按钮 　确定　，如图5-45所示。

图 5-45

02 导入"素材文件 >CH05>04.cdr"文件，然后使用"椭圆形工具" ⊙在下方绘制一个椭圆形，如图5-46所示，接着将对象转换为曲线，最后使用"形状工具" ⯇调整对象形状，如图5-47所示。

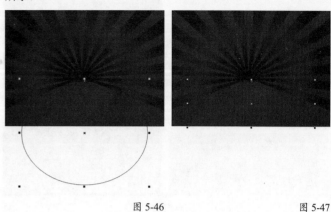

图 5-46 　　　　　　　图 5-47

03 单击"交互式填充工具" ◈，然后在属性栏中设置填充方式为"渐变填充"、"类型"为"椭圆形渐变填充"，接着设置节点位置为0%的色标颜色为（C:83，M:27，Y:100，K:0）、节点位置为100%的色标颜色为（C:23，M:0，Y:89，K:0），最后适当调整两个节点的位置，效果如图5-48所示。

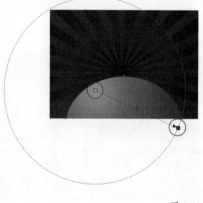

图 5-48

04 按住Ctrl键，使用"椭圆形工具" ⊙绘制一个圆，然后选中对象，按住Shift键向内缩放并复制3份，如图5-49所示，接着依次从大到小填充颜色为黑色、黄色、（C:100，M:100，Y:0，K:0）、黄色，最后去掉轮廓线，如图5-50所示。

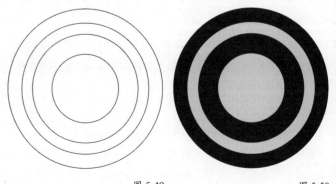

图 5-49 　　　　　　　图 5-50

05 选中所有对象，然后向左拖曳并复制一份，选中其中一个圆，填充颜色为（C:100，M:0，Y:0，K:0），如图 5-51 所示。接着向下拖曳复制一份，再适当调整对象大小，最后选中其中一个圆填充颜色为洋红，如图 5-52 所示。

图 5-51　　　　　　　　　　图 5-52

06 使用相同的方法绘制其他圆形，如图 5-53 所示。然后选中所有对象，单击属性栏中的"组合对象"按钮，接着选中组合后的对象，向右复制一份，再单击属性栏中的"水平镜像"按钮将对象翻转，最后将对象拖曳到页面中合适的位置，如图 5-54 所示。

图 5-53　　　　　　　　　　图 5-54

07 选择所有对象，然后执行"对象 > 图框精确裁剪 > 置于图文框内部"菜单命令，当光标变为 ➡ 时，单击背景，将对象置于背景中，如图 5-55 所示。接着导入"素材文件 >CH05>05.cdr"文件，将各个对象拖曳到页面中合适的位置，注意对象之间的前后关系，最终效果如图 5-56 所示。

图 5-55　　　　　　　　　　图 5-56

实战 060　利用多边形制作版式设计

实例位置	实例文件>CH05>实战060.cdr
素材位置	素材文件>CH05>06.jpg~09.jpg、10.cdr
实用指数	★★★★☆
技术掌握	多边形工具的使用

版式设计效果如图 5-57 所示。

图 5-57

☞ **基础回顾**

"多边形工具"是专门用于绘制多边形的工具，可以自定义多边形的边数。

● **绘制方法**

单击"多边形工具"，然后将光标移动到页面空白处，按住鼠标左键以对角的方向进行拉伸，如图 5-58 所示。可以预览多边形大小，确定后松开鼠标左键完成编辑，如图 5-59 所示，在默认情况下，多边形边数为 5 条。

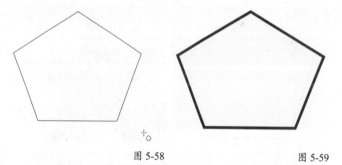

图 5-58　　　　　　　　　　图 5-59

提示 📝

在绘制多边形时按住Ctrl键可以绘制一个正多边形，如图 5-60 所示。也可以在属性栏上输入宽和高改为正多边形。按住Shift键可以以中心为起始点绘制一个多边形，按住Shift+Ctrl键则是以中心为起始点绘制正多边形。

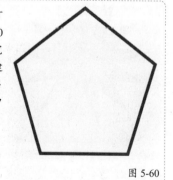

图 5-60

● **参数介绍**

"多边形工具"的属性栏如图 5-61 所示。

⬠ 5 ⟳ 🖊 2.0 mm ▾

图 5-61

点数或边数： 在输入框中输入数值，可以设置多边形的边数，最少边数为 3，边数越多越偏向圆，如图 5-62 所示，但是最多边数为 500。

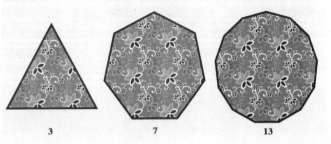

3　　　　　7　　　　　13

图 5-62

───── 技术专题 🔧 多边形转星形 ─────

多边形和星形以及复杂星形都是息息相关的，我们可以利用增加边数和"形状工具"🔽的修饰进行转化。

多边形转星形

在默认的 5 条边情况下，绘制一个正多边形，单击"形状工具"🔽，选择在线段上的一个节点，按住 Ctrl 键的同时长按鼠标左键向内进行拖动，如图 5-63 所示，松开鼠标左键得到一个五角星形，如图 5-64 所示。如果边数相对比较多，就可以做一个爆炸效果的星形，如图 5-65 所示。我们还可以在此效果上加入旋转效果，在向内侧的节点中任选一个，按鼠标左键进行拖动，效果如图 5-66 所示。

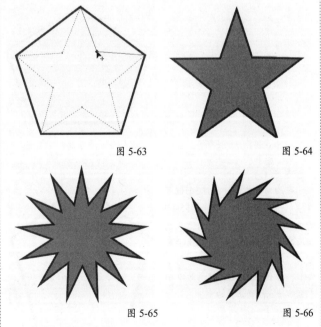

图 5-63　　　　　　　　图 5-64

图 5-65　　　　　　　　图 5-66

多边形转复杂星形

选择"多边形工具"⬡，在属性栏上将边数设置为 9，然后按 Ctrl 键绘制一个正多边形，接着单击"形状工具"🔽，选择线段上的一个节点，进行拖动至重叠，如图 5-67 所示，松开鼠标左键就得到了一个复杂的重叠的星形，如图 5-68 所示。

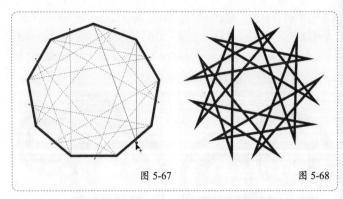

图 5-67　　　　　　　　　　　　图 5-68

📋 **操作步骤**

01 新建空白文档，然后在"创建新文档"对话框中设置"名称"为"制作版式设计"、"大小"为 A4、页面方向为"横向"，接着单击"确定"按钮 确定 ，如图 5-69 所示。

图 5-69

02 导入"素材文件 >CH05>06.jpg"文件，然后按 P 键将图片移动到页面中心，如图 5-70 所示。接着使用"多边形工具"⬡，按住 Ctrl 键绘制多个正六边形，再填充颜色为白色，最后去掉轮廓线，如图 5-71 所示。

图 5-70 　　　　　　　　　　图 5-71

03 全选正六边形，然后单击"透明度工具"📷，在属性栏中设置"透明度类型"为"均匀透明度"、"合并模式"为"常规"、"透明度"为 50，透明效果如图 5-72 所示。

图 5-72

04 导入"素材文件 >CH05>07.jpg~09.jpg"文件，然后依次选中图片，接着执行"对象 > 图框精确裁剪 > 置于图文框内部"菜单命令，将图片置于六边形中，如图 5-73 所示。再导入"素材文件 >CH05>10.cdr"文件，最后将文本对象拖曳到页面中合适的位置，最终效果如图 5-74 所示。

图 5-73 　　　　　　　　　图 5-74

实战 061 使用星形工具绘制促销海报

实例位置	实例文件>CH05>实战061.cdr
素材位置	素材文件>CH05>11.jpg、12.cdr
实用指数	★★★★☆
技术掌握	星形工具的使用

促销海报效果如图 5-75 所示。

图 5-75

基础回顾

"星形工具"用于绘制规则的星形，默认下星形的边数为 12。

● 绘制方法

单击"星形工具"，然后在页面空白处，按住鼠标左键以对角的方向进行拖动，如图 5-76 所示。松开鼠标左键完成编辑，如图 5-77 所示。

图 5-76 　　　　　　　　　图 5-77

提示

在绘制星形时按住Ctrl键可以绘制一个正星形，如图5-78所示，

也可以在属性栏上输入宽和高进行修改。按住Shift键以起始点为中心绘制一个星形，按住Shift+Ctrl键则是以起始点为中心绘制正星形，与其他几何形的绘制方法相同。

图 5-78

● 参数介绍

"星形工具"的属性栏如图 5-79 所示。

图 5-79

锐度： 调整角的锐度，可以在输入框内输入数值，数值越大角越尖，数值越小角越钝。图 5-80 所示为数值最大为 99 时，角向内缩成线；图 5-81 所示为数值最小为 1 时，角向外扩几乎贴平；图 5-82 所示为数值为 50 时，这个数值比较适中。

图 5-80

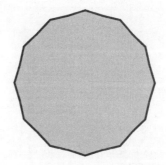 

图 5-81 　　　　　　　　　图 5-82

技术专题 利用星形制作光晕效果

星形在绘图制作中不仅可以大面积编辑，也可以层层覆盖堆积来形成效果，现在我们就利用星形的边堆积效果来制作光晕。

使用"星形工具"绘制一个正星形，先删除轮廓线，然后在"编辑填充"对话框中选择"渐变填充"方式，设置"类型"为"椭圆形渐变填充"，再设置节点位置为0%的色标颜色为黄色、节点位置为 100% 的色标颜色为白色，接着单击"确定"按钮完成填充，效果如图 5-83 所示。

图 5-83

在属性栏中设置"点数或边数"为500、"锐度"为53，如图5-84所示，效果如图5-85所示。

把星形放置在夜景图片中，用于表现月亮的光晕效果，效果如图5-86所示。

图 5-84

图 5-85   图 5-86

☞ 操作步骤

01 新建空白文档，然后在"创建新文档"对话框中设置"名称"为"绘制促销海报"、"大小"为A4、页面方向为"横向"，接着单击"确定"按钮 确定 ，如图5-87所示。

图 5-87

02 导入"素材文件 >CH05>11.jpg"文件，然后按 P 键将对象置于页面中心，如图5-88所示。接着使用"星形工具"绘制正星形，再在属性栏中设置"旋转角度"为350、"点数或边数"为5、"锐度"为53、"轮廓宽度"为5.0mm，最后填充颜色为（C:0，M:50，Y:100，K:0），轮廓颜色为白色，效果如图5-89所示。

图 5-88   图 5-89

03 使用"星形工具"绘制正星形，然后在属性栏中设置"点数或边数"为50、"锐度"为99、"轮廓宽度"为5.0mm，再设置轮廓颜色为白色，如图5-90所示。接着将对象复制一份，设置轮廓颜色为（C:0，M:100，Y:0，K:0），最后将对象缩放至合适的大小，如图5-91所示。

图 5-90   图 5-91

04 使用"星形工具"绘制正星形，然后在属性栏中设置"点数或边数"为5、"锐度"为53、"轮廓宽度"为无，再填充颜色为（C:0，M:0，Y:100，K:0），如图5-92所示。

图 5-92

05 使用"立体化工具"为对象拖曳立体效果，如图5-93所示。然后在属性栏中设置"深度"为99，接着单击"立体化颜色"按钮，再设置"颜色"为"使用递减的颜色"、"从"的色标颜色为（C:1，M:15，Y:71，K:0）、"到"的色标颜色为（C:0，M:71，Y:100，K:0），如图5-94所示，效果如图5-95所示。

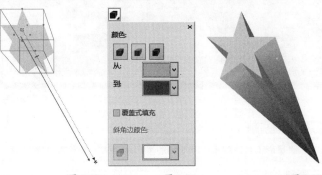

图 5-93   图 5-94   图 5-95

06 选中对象，将对象复制一份，然后在属性栏中设置"旋转角度"为46，接着设置星形的填充颜色为（C:40，M:0，Y:0，K:0），再单击"立体化工具"，设置"从"的色标颜色为（C:64，M:5，Y:0，K:0）、"到"的色标颜色为（C:89，M:87，Y:0，K:0），效果如图5-96所示。

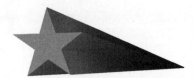

图 5-96

07 选中对象，将对象复制一份，然后在属性栏中设置"旋转角度"为20，接着设置星形的填充颜色为（C:0，M:80，Y:0，K:0），再单击"立体化工具" ，设置"从"的色标颜色为（C:0，M:100，Y:0，K:0）、"到"的色标颜色为（C:20，M:100，Y:20，K:20），效果如图 5-97 所示。

图 5-97

08 将前面绘制的 3 个星形拖曳到页面中适当的位置进行群组，如图 5-98 所示。然后将群组的对象向右复制一份，再适当进行缩放，接着单击属性栏中的"水平镜像"按钮 使对象翻转，如图 5-99 所示。

图 5-98　　　　　　　　　　图 5-99

09 使用"椭圆形工具" 绘制圆形，然后向内复制两个同心圆，如图 5-100 所示。接着选中外围的两个圆，单击属性栏中的"移除前面对象"按钮 ，将两个圆形修剪为一个圆环，再选中圆环和圆形，填充颜色为（C:0，M:0，Y:100，K:0），最后去掉轮廓线，效果如图 5-101 所示。

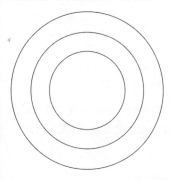

图 5-100　　　　　　　　　　图 5-101

10 将圆环对象复制一份，然后缩放至合适的大小，填充颜色为（C:0，M:60，Y:100，K:0），接着使用"椭圆形工具" 绘制圆形，再填充颜色为（C:0，M:100，Y:0，K:0）和（C:100，M:0，Y:100，K:0），如图 5-102 所示。最后将对象进行群组，并拖曳到页面中合适的位置，如图 5-103 所示。

图 5-102

图 5-103

11 使用"星形工具" 绘制正星形，然后在属性栏中设置"点数或边数"为 6、"锐度"为 33、"轮廓宽度"为无，再填充颜色为（C:7，M:22，Y:69，K:0），如图 5-104 所示。接着将对象多次复制排放在页面内，并缩放至合适的大小，如图 5-105 所示。

图 5-104　　　　　　　　　　图 5-105

12 导入"素材文件 >CH05>12.cdr"文件，将对象拖曳至合适的位置，如图 5-106 所示。然后双击"矩形工具" 创建与页面大小相同的矩形，接着填充颜色为黑色，去掉轮廓线，效果如图 5-107 所示。

图 5-106

图 5-107

实战 062 使用复杂星形工具绘制时尚背景

实例位置	实例文件>CH05>实战062.cdr
素材位置	素材文件>CH05>13.cdr
实用指数	★★★☆☆
技术掌握	复杂星形工具的运用

时尚背景效果如图 5-108 所示。

图 5-108

☞ 基础回顾

"复杂星形工具"用于绘制有交叉边缘的星形，与星形的绘制方法一样。

● 绘制方法

单击"复杂星形工具" ⚙，
然后在页面空白处，按住鼠标左
键以对角的方向进行拖动，松开
鼠标左键完成编辑，如图 5-109
所示。

图 5-109

> 提示 📝
>
> 按住Ctrl键可以绘制一个正星
> 形；按住Shift键以起始点为中心绘
> 制一个星形；按住Shift+Ctrl键以
> 起始点为中心绘制正星形，如图
> 5-110 所示。

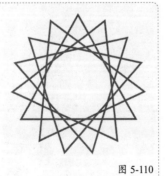

图 5-110

● 参数介绍

"复杂星形工具" ⚙ 的属性栏如图 5-111 所示。

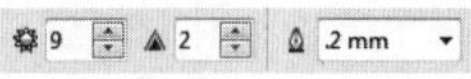

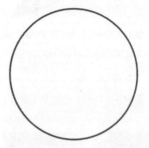

图 5-111

①点数或边数：最大数值为 500（数值没有变化），如图
5-112 所示，则变为圆；最小数值为 5（其他数值为 3），如图
5-113 所示，为交叠五角星。

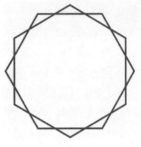

图 5-112

图 5-113

②锐度：最小数值为 1（数值没有变化），如图 5-114 所示，
边数越大越偏向为圆。最大数值随着边数递增，如图 5-115 所示。

图 5-114

图 5-115

☞ 操作步骤

01 新建空白文档，然后在"创建新文档"对话框中设置"名称"
为"绘制时尚背景"、"大小"为 A4、页面方向为"横向"，
接着单击"确定"按钮 ，如图 5-116 所示。

02 单击"复杂星形工具" ⚙，然后在属性栏中设置"点数或边
数"为 43、"锐度"为 15，再按住 Ctrl 键绘制一个复杂星形，
接着填充颜色为（C:95，M:73，Y:0，K:0），最后去掉轮廓线，
如图 5-117 所示。

图 5-116

图 5-117

03 使用"椭圆形工具" ⬭ 并按住 Ctrl 键绘制一个适当大小的圆，然后填充颜色为黄色，接着将其拖曳到复杂星形上，使其能遮住星形空白部分，如图 5-118 所示。再将圆形移动到复杂星形后面，最后选中两个对象进行群组，如图 5-119 所示。

图 5-118   图 5-119

04 选中组合后的对象，然后使用"阴影工具" ⬛ 拖动阴影效果，接着在属性栏中设置"阴影的不透明度"为 100、"阴影羽化"为 5、"阴影颜色"为（C:100，M:100，Y:0，K:0）、"合并模式"为"乘"，效果如图 5-120 所示。

图 5-120

> **知识链接** 🔍
> 有关"阴影工具"的具体介绍，请参阅"实战171 绘制乐器阴影"内容。

05 使用上述方法绘制复杂星形、圆形以及添加阴影，然后在属性栏中设置"点数或边数"为 33、"锐度"为 9，效果如图 5-121 所示。

06 使用上述方法绘制复杂星形、圆形以及添加阴影，然后在属性栏中设置"点数或边数"为 38、"锐度"为 16，效果如图 5-122 所示。

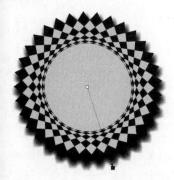
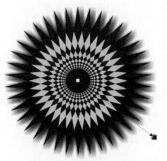

图 5-121   图 5-122

07 单击"复杂星形工具" ⚙，然后在属性栏中设置"点数或边数"为 38、"锐度"为 9，再按住 Ctrl 键绘制一个复杂星形，接着填充颜色为洋红，最后去掉轮廓线，如图 5-123 所示。

08 使用"阴影工具" ⬛ 拖动阴影效果，然后在属性栏中设置"阴影的不透明度"为 100、"阴影羽化"为 5、"阴影颜色"为（C:20，M:80，Y:0，K:20）、"合并模式"为"乘"，效果如图 5-124 所示。

图 5-123   图 5-124

09 将前面绘制的几个复杂星形多次复制，并放置在页面中，然后将所有对象进行群组，接着双击"矩形工具" ⬛ 创建与页面大小相同的矩形，再填充颜色为（C:95，M:73，Y:0，K:0），最后去掉轮廓线，如图 5-125 所示。

图 5-125

10 选中群组后的复杂星形，然后执行"对象 > 图框精确裁剪 > 置于图文框内部"菜单命令，将复杂星形放置在矩形中，接着导入"素材文件 >CH05>13.cdr"文件，将对象拖曳到页面右边，如图 5-126 所示。

图 5-126

实战 063 使用图纸工具绘制象棋盘

实例位置	实例文件>CH05>实战063.cdr
素材位置	素材文件>CH05>14.cdr、15.jpg
实用指数	★★★☆☆
技术掌握	图纸工具的运用

象棋盘效果如图 5-127 所示。

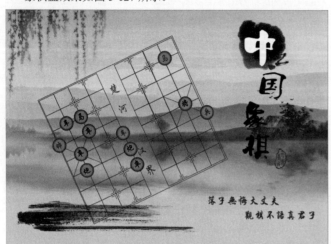

图 5-127

基础回顾

"图纸工具"可以绘制一组由矩形组成的网格，格子数值可以设置。

● 绘制方法

单击"图纸工具" 📄，然后设置好网格的行数与列数，如图 5-128 所示。接着在页面空白处长按鼠标左键以对角进行拖动预览，松开鼠标左键完成绘制，如图 5-129 所示。按住 Ctrl 键可以绘制外框为正方形的图纸；按住 Shift 键以起始点为中心绘制图纸；按住 Shift+Ctrl 键以起始点为中心绘制外框为正方形的图纸，如图 5-130 所示。

图 5-128

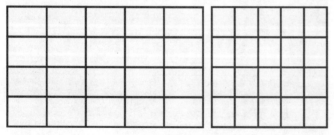

图 5-129　　　　　　图 5-130

● 参数介绍

选中"图纸工具" 📄，在属性栏的"行数和列数"上输入数值，如图 5-131 所示。在"行" ▤ 输入 4，"列" ▥ 输入 5 得到的网格图纸如图 5-132 所示。

图 5-131

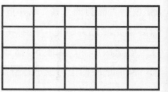

图 5-132

操作步骤

01 新建空白文档，然后在"创建新文档"对话框中设置"名称"为"绘制象棋盘"、"大小"为 A4、页面方向为"横向"，接着单击"确定"按钮 确定 ，如图 5-133 所示。

图 5-133

02 首先绘制棋盘。单击"图纸工具" 📄，在属性栏中设置"行数和列数"为 8、4，然后在页面中绘制方格，如图 5-134 所示。接着使用"2 点线工具" ✐在左边中间方格上绘制对角线，如图 5-135 所示。

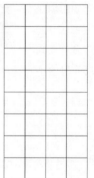 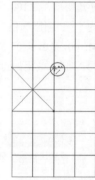

图 5-134　　　　　　图 5-135

03 使用"钢笔工具" ✎在方格的衔接处绘制直角折线，如图 5-136 所示。然后将折线组合对象复制在方格相应的位置上，如图 5-137 所示。

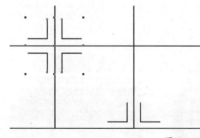 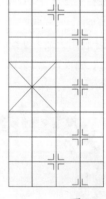

图 5-136　　　　　　图 5-137

04 使用"矩形工具" ▭在方格外绘制矩形，如图 5-138 所示。然后将左边棋盘格全选进行组合对象，再复制一份水平镜像拖放在右边的棋盘上，如图 5-139 所示。接着将棋盘全选进行组合对象。

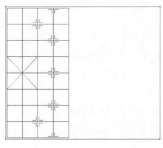 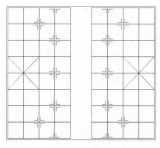

图 5-138　　　　　　　　图 5-139

05 选中棋盘，然后在属性栏中设置"轮廓宽度"为 0.5mm、颜色为（C:50，M:75，Y:100，K:17），效果如图 5-140 所示。

06 选中棋盘，然后填充颜色为（C:0，M:10，Y:20，K:0），接着单击"透明度工具"，在属性栏中设置"透明度类型"为"均匀透明度"、"合并模式"为"如果更暗"、"透明度"为 20，效果如图 5-141 所示。

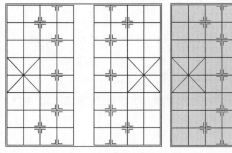 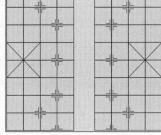

图 5-140　　　　　　　　图 5-141

07 导入"素材文件 >CH05>14.cdr"文件，然后将"楚河汉界"文本素材拖曳到棋盘的中间位置，接着将象棋对象拖曳到棋盘上合适的位置，如图 5-142 所示，最后将对象全选进行群组。

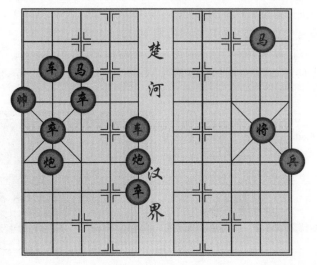

图 5-142

08 导入"素材文件 >CH05>15.jpg"文件，然后将图片拖曳到页面中进行缩放，接着按 P 键将对象置于页面中心，再按快捷键 Ctrl+End 使其移动到页面背面，如图 5-143 所示。

图 5-143

09 选中前面绘制的棋盘，然后在属性栏中设置"旋转角度"为 25，并将其拖曳到页面中合适的位置，如图 5-144 所示。接着将墨迹拖曳到页面左下角，将标题文本拖曳到页面右上角，将文本拖曳到页面右下角，最终效果如图 5-145 所示。

图 5-144

图 5-145

实战 064 使用基本形状工具绘制七夕插画

实例位置	实例文件>CH05>实战064.cdr
素材位置	素材文件>CH05>16.cdr、17.cdr
实用指数	★★★☆☆
技术掌握	基本形状工具的运用

七夕插画效果如图 5-146 所示。

图 5-146

基础回顾

"基本形状工具"可以快速绘制梯形、心形、圆柱体、水滴等基本形，如图 5-147 所示。绘制方法和多边形的绘制方法一样，个别形状在绘制时会出现红色轮廓沟槽，通过轮廓沟槽可以修改造型的形状。

图 5-147

单击"基本形状工具" ，然后在属性栏中的"完美形状"图标 的下拉样式中进行选择，如图 5-148 所示。选择 在页面空白处按住鼠标左键进行拖动，松开鼠标左键完成绘制，如图 5-149 所示。将光标放在红色轮廓沟槽上，按住鼠标左键可以修改形状，图 5-150 所示笑脸变为怒容。

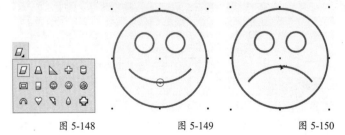

图 5-148　　　　　图 5-149　　　　　图 5-150

操作步骤

01 新建空白文档，然后在"创建新文档"对话框中设置"名称"为"绘制七夕插画"、"宽度"为 280.0mm、"高度"为 210.0mm、页面方向为"横向"，接着单击"确定"按钮 ，如图 5-151 所示。

02 单击"基本形状工具" ，然后在属性栏中选择完美形状为 ，再按住鼠标左键拖动进行绘制，接着使用"形状工具" 调整红色轮廓沟槽，如图 5-152 所示。

图 5-151　　　　　　　　　　　　图 5-152

03 使用"矩形工具" 在对象的左右两边各绘制一个矩形，然后单击"基本形状工具" ，在属性栏中选择完美形状为 ，绘制对象后进行多次复制排放在页面中，如图 5-153 所示。最后选中所有对象，单击属性栏中的"合并"按钮 ，效果如图 5-154 所示。

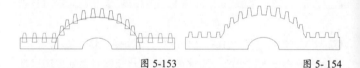

图 5-153　　　　　　　　　　　　图 5-154

04 选中对象，然后双击状态栏中的"填充工具" ，接着设置节点位置为 0% 的色标颜色为（C:100，M:91，Y:51，K:47）、节点位置为 55% 的色标颜色为（C:99，M:62，Y:29，K:0）、节点位置为 76% 的色标颜色为（C:82，M:55，Y:0，K:0）、节点位置为 100% 的色标颜色为（C:58，M:0，Y:29，K:0），再适当调整节点位置，最后去掉轮廓线，效果如图 5-155 所示。

05 导入"素材文件>CH05>16.cdr"文件，然后将对象拖曳到页面中，接着将桥拖曳到页面下方，如图 5-156 所示。

图 5-155　　　　　　　　　　　　图 5-156

06 单击"基本形状工具" ，在属性栏中选择完美形状为 ，绘制对象后进行多次复制排放在页面中，再设置轮廓颜色为（C:100，M:100，Y:51，K:5），如图 5-157 所示。接着选择完美形状为 ，绘制对象后多次进行复制排放在页面中合适的位置，最后设置轮廓颜色为（C:100，M:100，Y:51，K:5），效果如图 5-158 所示。

图 5-157　　　　　　　　　　图 5-158

07 导入"素材文件 >CH05>17.cdr"文件，然后将对象拖曳到页面中，接着执行"对象 > 顺序 > 置于次对象后"菜单命令，当光标变为"黑色箭头形状" ➡ 时，单击"桥"对象，将"人物剪影"移动到"桥"的后面，效果如图 5-159 所示。

图 5-159

实战 065　使用箭头形状工具绘制桌面背景

实例位置	实例文件>CH05>实战065.cdr
素材位置	无
实用指数	★★★☆☆
技术掌握	箭头形状工具的运用

桌面背景效果如图 5-160 所示。

图 5-160

👉 基础回顾

"箭头形状工具"可以快速绘制路标、指示牌和方向引导标识，如图 5-161 所示，移动轮廓沟槽可以修改形状。

图 5-161

单击"箭头形状工具" 🔲，然后在属性栏中的"完美形状"图标 ⬇ 的下拉样式中进行选择，如图 5-162 所示。选择 ✛ 在页面空白处按住鼠标左键拖动，松开鼠标左键完成绘制，如图 5-163 所示。

由于箭头相对复杂，变量也相对多，控制点为两个，黄色的轮廓沟槽控制十字干的粗细，如图 5-164 所示；红色的轮廓沟槽控制箭头的宽度，如图 5-165 所示。

图 5-162

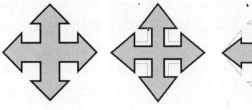

图 5-163　　　　图 5-164　　　　图 5-165

👉 操作步骤

01 新建空白文档，然后在"创建新文档"对话框中设置"名称"为"绘制桌面背景"、"大小"为 A4、页面方向为"横向"，接着单击"确定"按钮 确定 ，如图 5-166 所示。

02 双击"矩形工具" 🔲 绘制一个矩形，然后填充颜色为（C:58，M:0，Y:29，K:0），接着去掉轮廓线，如图 5-167 所示。

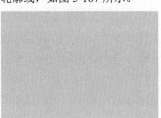

图 5-166　　　　　　　　图 5-167

03 使用"钢笔工具" 🖊 绘制一个三角形，然后拖曳对象的相对中心，如图 5-168 所示。接着执行"对象 > 变换 > 旋转"菜单命令，在"变换"泊坞窗中设置"旋转角度"为 15.0、"副本"为 23，再勾选"相对中心"复选框，如图 5-169 所示。最后单击"应用"按钮 <u>应用</u> 完成旋转，效果如图 5-170 所示。

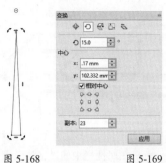
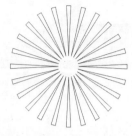

图 5-168　　　　　　图 5-169　　　　　　　　图 5-170

04 选中所有对象进行群组，然后双击状态栏中的"填充工具" 🖌，接着在"编辑填充"对话框中设置填充方式为"渐变填充"、"类型"为"线性渐变填充"、"旋转"为 90。再设置节点位置为 0% 的色标颜色为（C:0，M:0，Y:0，K:90）、节点位置为 100% 的色标颜色为（C:0，M:0，Y:0，K:40），最后去掉轮廓线，效果如图 5-171 所示。

05 选中所有三角形，然后在属性栏中单击"组合对象" 🔳 按钮进行群组，接着单击"透明度工具" 🔳，再在属性栏中设置"透明度类型"为"均匀透明度"、"合并模式"为"颜色加深"、"透明度"为 50，最后执行"效果 > 图框精确裁剪 > 置于图文框内部"菜单命令，将对象放置在矩形中，效果如图 5-172 所示。

图 5-171　　　　　　　　　图 5-172

06 使用"椭圆形工具" 🔘 绘制圆，然后填充颜色为（C:38，M:98，Y:0，K:0），去掉轮廓线，再绘制一个椭圆，填充颜色为（C:0，M:0，Y:0，K:10）。接着单击"透明度工具" 🔳，在属性栏中设置"透明度类型"为"均匀透明度"、"合并模式"为"常规"、"透明度"为 50，最后去掉轮廓线，效果如图 5-173 所示。

07 使用"椭圆形工具" 🔘 绘制圆，然后填充颜色为（C:0，M:81，Y:0，K:0），再去掉轮廓线，如图 5-174 所示。接着绘制两个同心圆，分别填充颜色为白色、（C:78，M:21，Y:0，K:0），最后去掉轮廓线，如图 5-175 所示。

08 使用"椭圆形工具" 🔘 绘制 3 个同心圆，然后由内向外填充颜色分别为白色、（C:38，M:98，Y:0，K:0）、（C:0，M:0，Y:0，

K:10），再选中最下面的圆，接着单击"透明度工具" 🔳，设置"透明度类型"为"均匀透明度"、"合并模式"为"常规"、"透明度"为 50，最后去掉轮廓线，如图 5-176 所示。

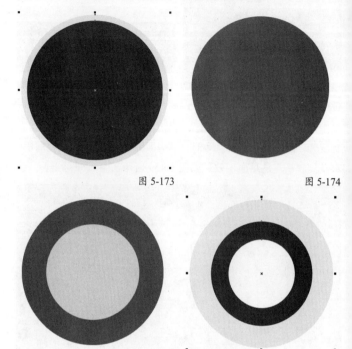

图 5-173　　　　　　　　　图 5-174

图 5-175　　　　　　　　　图 5-176

09 使用"椭圆形工具" 🔘 绘制 3 个同心圆，然后由内向外填充颜色分别为白色、（C:78，M:21，Y:0，K:0）、（C:78，M:21，Y:0，K:0），再选中最下面的圆，接着使用"透明度工具" 🔳，设置"透明度类型"为"均匀透明度"、"合并模式"为"常规"、"透明度"为 50，最后去掉轮廓线，如图 5-177 所示。

图 5-177

10 将前面绘制的圆复制组合成一个对象，如图 5-178 所示。然后将组合图形拖曳到页面内，接着适当缩放，效果如图 5-179 所示。

图 5-178

图 5-179

图 5-184

11 单击"箭头形状工具" 🔾，然后在属性栏中设置"完美形状"为 🔾，接着按住鼠标左键拖动箭头形状，再使用"形状工具" 🔾 调整箭头形状，如图 5-180 所示。填充颜色为（C:60，M:10，Y:0，K:0），并去掉轮廓线，最后在属性栏中设置"旋转角度"为 45.0，如图 5-181 所示。

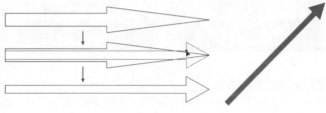

图 5-180   图 5-181

12 使用同样的方法绘制箭头形状，分别在属性栏中选择"完美形状"为 🔾、🔾 和 🔾，如图 5-182 所示。然后将绘制好的箭头复制几份，再适当调整形状和大小，接着将所有箭头对象拖曳到页面中，如图 5-183 所示。

图 5-182

图 5-185

实战 066 使用标题形状工具绘制 Logo

实例位置	实例文件>CH05>实战066.cdr
素材位置	素材文件>CH05>18.cdr
实用指数	★★★☆☆
技术掌握	标题形状工具的使用

Logo 效果如图 5-186 所示。

图 5-183

13 使用"钢笔工具" 🖊 绘制底部的花纹，如图 5-184 所示。然后填充颜色为（C:62，M:11，Y:0，K:0），接着去掉轮廓线，如图 5-185 所示。

图 5-186

☞ **基础回顾**

　　"标题形状工具"可以快速绘制标题栏、旗帜标语、爆炸效果，如图 5-187 所示，可以通过轮廓沟槽修改形状。

　　单击"标题形状工具" 🖾，然后在属性栏中的"完美形状"图标 🖾 的下拉样式中进行选择，如图 5-188 所示。选择 🖾，在页面空白处按住鼠标左键进行拖动，松开鼠标左键完成绘制，如图 5-189 所示。红色的轮廓沟槽控制宽度；黄色的轮廓沟槽控制透视，如图 5-190 所示。

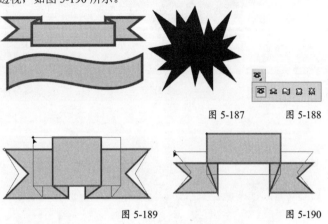

图 5-187　　　　　图 5-188

图 5-189　　　　　图 5-190

☞ **操作步骤**

01 新建空白文档，然后在"创建新文档"对话框中设置"名称"为"绘制 Logo"、"大小"为 A6、页面方向为"横向"，接着单击"确定"按钮 确定，如图 5-191 所示。

02 导入"素材文件 >CH05>18.cdr"，然后选中对象按 P 键将其置于页面中心，接着单击属性栏中的"取消组合对象"，如图 5-192 所示。

图 5-191　　　　　图 5-192

03 单击"标题形状工具" 🖾，然后在属性栏中设置"完美形状"为 🖾，按住鼠标左键拖动标题形状，接着使用"形状工具" 🖎，选中对象的红色沟槽，调整宽度，如图 5-193 所示。再填充颜色为（C:0，M:11，Y:29，K:0），最后设置"轮廓宽度"为 1.0mm，轮廓颜色为（C:50，M:75，Y:100，K:17），如图 5-194 所示。

图 5-193

04 将绘制好的标题形状拖曳到 Logo 上面，然后选中标题文本，按快捷键 Ctrl+Home 使其移动到页面前面，并拖曳到标题形状中，如图 5-195 所示。

05 选中标题形状，使用"阴影工具" 🖾为对象拖动阴影效果，然后在属性栏中设置"阴影的不透明度"为 80、"阴影羽化"为 15、"合并模式"为乘，效果如图 5-196 所示。

图 5-195　　　　　图 5-196

06 选中标志的所有对象进行群组，然后复制一份，选中复制的对象，接着执行"位图 > 转换为位图"菜单命令，在弹出的"转换为位图"对话框中单击"确定"按钮 确定，如图 5-197 所示。再将位图缩放至合适的大小，最后拖曳到杯子上，如图 5-198 所示。

图 5-197　　　　　图 5-198

07 选中位图，然后单击"透明度工具" 🖾，接着在属性栏中设置"透明度类型"为"均匀透明度"、"合并模式"为"常规"、"透明度"为 50，如图 5-199 所示，最终效果如图 5-200 所示。

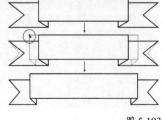

图 5-199　　　　　图 5-200

实战 067 使用标注形状工具绘制插画

实例位置	实例文件>CH05>实战067.cdr
素材位置	素材文件>CH05>19.cdr
实用指数	★★★☆☆
技术掌握	标注形状工具的使用

插画效果如图 5-201 所示。

图 5-201

基础回顾

"标注形状工具"可以快速绘制补充说明和对话框，如图 5-202 所示，可以通过轮廓沟槽修改形状。

图 5-202

单击"标注形状工具"🗩，然后在属性栏中的"完美形状"图标🗩的下拉样式中进行选择，如图 5-203 所示。选择🗩，在页面空白处按住鼠标左键进行拖动，松开鼠标左键完成绘制，如图 5-204 所示。拖动轮廓沟槽修改标注的角，如图 5-205 所示。

图 5-203　　　　图 5-204　　　　图 5-205

操作步骤

01 新建空白文档,然后在"创建新文档"对话框中设置"名称"为"绘制插画"、"大小"为 A5、页面方向为"横向"，接着单击"确定"按钮 确定 ，如图 5-206 所示。

图 5-206

02 导入"素材文件>CH05>19.cdr"文件，然后将对象拖曳到页面中进行缩放，接着按 P 键将对象置于页面中心，如图 5-207 所示。

图 5-207

03 单击"标注形状工具"🗩，然后在属性栏中设置"完美形状"为🗩，接着按住鼠标左键拖动标注形状，再使用"形状工具"🖎，拖动轮廓沟槽调整形状，如图 5-208 所示。最后填充颜色为（C:0,M:40,Y:80,K:0），去掉轮廓线，如图 5-209 所示。

图 5-208　　　　　　图 5-209

04 选中标注形状，然后进行缩放并复制，如图 5-210 所示。接着选中复制对象，填充颜色为（C:0,M:0,Y:20,K:0），最后适当调整对象的位置，如图 5-211 所示。

图 5-210　　　　　　图 5-211

05 单击"标注形状工具" 🔲, 在属性栏中设置"完美形状"为 🔲, 然后按住鼠标左键拖动标注形状, 接着使用"形状工具" 🔦, 拖动轮廓沟槽调整形状, 再将对象进行上下缩放, 如图 5-212 所示。最后填充颜色为(C:100,M:0,Y:0,K:0), 去掉轮廓线, 如图 5-213 所示。

06 使用相同的方法绘制另一个标注形状, 如图 5-214 所示。

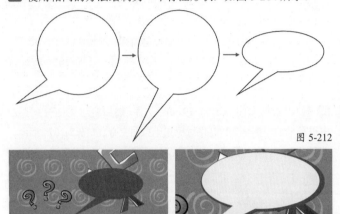

图 5-212

图 5-213　　　　　　　图 5-214

07 单击"标注形状工具" 🔲, 在属性栏中设置"完美形状"为 🔲, 然后按住鼠标左键拖动标注形状, 填充颜色为白色, 接着使用"形状工具" 🔦, 拖动轮廓沟槽调整形状, 如图 5-215 所示。最后填充颜色为(C:100, M:0, Y:0, K:0), 去掉轮廓线, 如图 5-216 所示。

图 5-215　　　　　　　图 5-216

08 将各个文本素材分别拖曳到各个标注形状中, 然后双击"矩形工具"创建与页面大小相同的矩形, 接着填充颜色为(C:0,M:0,Y:0,K:80), 最后去掉轮廓线, 效果如图 5-217 所示。

图 5-217

实战 068 通过创建箭头样式绘制地图

实例位置	实例文件>CH05>实战068.cdr
素材位置	素材文件>CH05>20.jpg、21.cdr
实用指数	★★★☆☆
技术掌握	创建箭头

地图效果如图 5-218 所示。

图 5-218

☞ 操作步骤

01 新建空白文档, 然后在"创建新文档"对话框中设置"名称"为"绘制地图"、"大小"为 A4、页面方向为"横向", 接着单击"确定"按钮 确定, 如图 5-219 所示。

02 使用"手绘工具" 📷绘制图形, 如图 5-220 所示。然后按快捷键 Ctrl+C 将对象复制一份, 再按快捷键 Ctrl+V 原位粘贴, 接着在属性栏中单击"水平镜像"按钮 🔳使对象翻转, 最后选中两个对象, 单击"合并"按钮 🔳, 效果如图 5-221 所示。

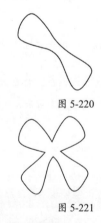

图 5-220

图 5-219　　　　　　　图 5-221

03 选中合并后的对象, 然后执行"工具>创建>箭头"菜单命令, 接着在"创建箭头"对话框中勾选"按比例"复选框, 再设置"名称"为"创建 01"、"长度"为 100.0, 最后单击"确定"按钮 确定 完成箭头的创建, 如图 5-222 所示。

04 单击"基本形状工具" 🔲, 然后在属性栏中选择 🔲绘制三角形，接着使用"矩形工具"□绘制矩形，再将两个对象进行合并，如图 5-223 所示。最后选中对象，使用上述方法为对象创建箭头样式，设置"名称"为"创建 02"。

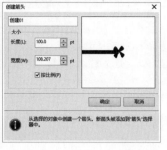

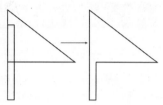

图 5-222 图 5-223

05 单击"基本形状工具"囵，然后在属性栏中选择◐绘制水滴形，接着在属性栏中单击"垂直镜像"按钮圀使对象翻转，如图 5-224 所示。最后使用上述方法为对象创建箭头样式，设置"名称"为"创建 03"。

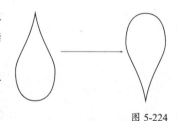

图 5-224

06 使用"矩形工具"□绘制矩形，然后在属性栏中设置"旋转角度"为 45，接着将对象原位复制一份，在属性栏中单击"水平镜像"按钮圙使对象翻转，再选中两个对象单击"合并"按钮▣，效果如图 5-225 所示。最后使用上述方法为对象创建箭头样式，设置"名称"为"创建 04"。

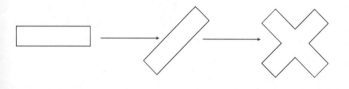

图 5-225

07 导入"素材文件 >CH05>20.jpg"文件，然后使用"手绘工具"ใ绘制第一条地图路线，如图 5-226 所示。接着在属性栏中设置"轮廓宽度"为 1.0mm、"起始箭头"为"创建 01"、轮廓颜色为（C:0，M:100，Y:100，K:0），最后选择合适的线条样式，效果如图 5-227所示。

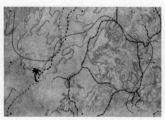

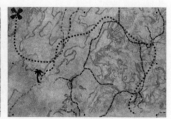

图 5-226 图 5-227

08 使用"手绘工具"ใ绘制第二条地图路线，然后在属性栏中设置"轮廓宽度"为 1.0mm、"起始箭头"为"创建 02"、"终止箭头"为"创建 03"、轮廓颜色为（C:100，M:20，Y:0，K:0），再使用"形状工具"ใ调整两端的节点，如图 5-228 所示。使箭头呈水平位置，接着选择合适的线条样式，效果如图 5-229 所示。

图 5-228 图 5-229

09 使用"手绘工具"ใ绘制第 3 条地图路线，然后在属性栏中设置"轮廓宽度"为 1.0mm、"起始箭头"为"创建 04"、轮廓颜色为（C:0，M:0，Y:0，K:70），最后选择合适的线条样式，如图 5-230 所示，效果如图 5-231 所示。

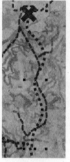

图 5-230 图 5-231

10 导入"素材文件 >CH05>21.cdr"文件，然后将瓶子拖曳到页面的左下角，接着将指南针拖曳到地图的右上角、帆船拖曳到地图的右下角，如图 5-232 所示。再双击"矩形工具"□创建与页面大小相同的矩形，填充颜色为（C:69，M:83，Y:100，K:62），最后去掉轮廓线，最终效果如图 5-233 所示。

图 5-232 图 5-233

第6章 形状编辑工具

实战 069 利用形状工具制作促销广告

实例位置	实例文件>CH06>实战069.cdr
素材位置	素材文件>CH06>01.cdr、02.jpg、03.cdr
实用指数	★★★★★
技术掌握	形状工具的使用

促销广告效果如图6-1所示。

图6-1

☞ 基础回顾

"形状工具" 🖊可以直接编辑由"手绘""贝塞尔"和"钢笔"等曲线工具绘制的对象，对于"椭圆形""多边形"和"文本"等工具绘制的对象不能直接进行编辑，需要转曲后才能进行相关操作，通过增加与减少节点，移动控制节点来改变曲线。

● 选取节点

线段与线段之间的节点可以和对象一样被选取，单击"形状工具" 🖊进行多选、单选、节选等操作。

选择单独节点：逐个单击进行选择编辑。

选择全部节点：按住鼠标左键在空白处拖动范围进行全选；按快捷键Ctrl+A全选节点；在属性栏上单击"选择所有节点"按钮 🔲 进行全选。

选择相连的多个节点：在空白处拖动范围进行选择。

选择不相连的多个节点：按住Shift键单击进行选择。

● 参数介绍

"形状工具" 🖊的属性栏如图6-2所示。

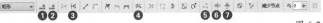

❶❷　❸　　　❹　　　❺❻❼

图6-2

①增加节点 🔲：通过添加节点增加曲线对象中可编辑线段的数量。确定线条上要加入节点的位置，然后单击"添加节点"按钮 🔲 进行添加，如图6-3所示。

②删除节点 🔲：删除节点改变曲线对象的形状。确定线条上要删除节点的位置，然后在属性栏中单击"删除节点"按钮 🔲 进行删除，如图6-4所示。

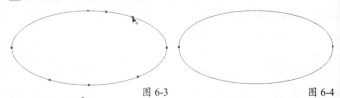

图6-3　　　　　　　　　　　　　　　　图6-4

提示 📝

除了上述方法，还有3种方法可以对节点进行删除或增加。

确定线条上要加入节点的位置，然后单击鼠标右键，在弹出的快捷菜单中执行"添加"命令添加节点；执行"删除"命令删除节点。

在需要增加节点的地方，双击鼠标左键添加节点；双击已有节点进行删除。

确定线条上要加入节点的位置，按+键可以添加节点；按—键可以删除节点。

③断开曲线 🔷：断开开放和闭合曲线对象中的路径。选中需要断开的节点，然后在属性栏中单击"断开曲线"按钮 🔷 进行操作，如图6-5和图6-6所示。

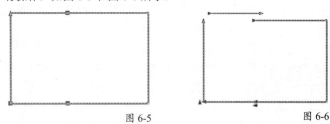

图6-5　　　　　　　　　　　　　　　　图6-6

④反转反向 🔷：反转开始节点和结束节点的位置，如图6-7和图6-8所示。

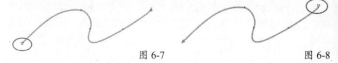

图6-7　　　　　　　　　　　　　　　　图6-8

⑤对齐节点 🔲：使用"对齐节点"命令可以将节点对齐在一条平行或垂直线上。使用"形状工具" 🖊选中所有节点，如图6-9所示。然后单击属性栏中的"对齐节点"按钮 🔲，接着在

"节点对齐"对话框中进行选择操作，如图 6-10 所示。

图 6-9　　　　　　　　　　图 6-10

水平对齐：将两个或多个节点水平对齐，如图 6-11 所示，也可以全选节点进行对齐。

垂直对齐：将两个或多个节点垂直对齐，如图 6-12 所示，也可以全选节点进行对齐。

图 6-11　　　　　　　　　　图 6-12

同时勾选"水平对齐"和"垂直对齐"复选框，可以将两个或多个节点居中对齐，如图 6-13 所示。也可以全选节点进行对齐，如图 6-14 所示。

图 6-13　　　　　　　　　　图 6-14

⑥水平反射节点⚌：编辑对象中水平镜像的相应节点。选择两个镜像的对象，然后选中对应的两个节点，接着在属性栏中单击选中"水平反射节点"按钮⚌，再将节点进行移动，如图 6-15 所示。

⑦垂直反射节点⚌：编辑对象中垂直镜像的相应节点。选择两个镜像的对象，然后选中对应的两个节点，接着在属性栏中单击选中"垂直反射节点"按钮⚌，再将节点进行移动，如图 6-16 所示。

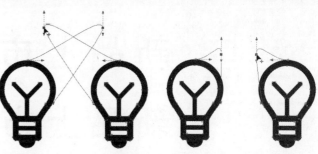

图 6-15　　　　　　　　　　图 6-16

技术专题　转曲操作

转曲操作在CorelDRAW X7中是经常要使用的编辑效果。

使用几何工具绘制一个矩形，单击"形状工具"🖝，当选择线段上的任意一个节点时，矩形上所有节点将会同时进行移动，如图6-17所示。

选择平面图形，用鼠标右键单击菜单栏中的"转换为曲线"，如图6-18所示，此时再选择线段上的任意一个节点时，节点将单独进行变动，如图6-19所示。

图 6-17　　　图 6-18　　　图 6-19

CorelDRAW X7是矢量式软件，文字也是矢量的，但是与图形还是有区别的。单击"形状工具"🖝，对字体进行编辑，选择字体节点时，字体将会整体移动，如图6-20所示。

图 6-20

选中字体，用鼠标右键单击菜单栏中的"转换为曲线"选项，此时字体每处转角或弧度将增加节点，如图6-21所示，对节点进行编辑可以做出一些变化字的效果，如图6-22所示。

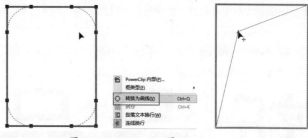

图 6-21　　　　　　　　　　图 6-22

将文字转曲除了可以做字体效果，还可以防止因字体字样丢失而产生字体的改变或者乱码现象。

执行cdr（文件）指定内容矢量转曲的方法除了选中对象单击鼠标右键，在菜单栏中选择"转换为曲线"外，也可以直接按快捷键Ctrl+Q进行转曲。

🖙 操作步骤

01 新建空白文档，然后在"创建新文档"对话框中设置"名称"为"制作促销广告"、页面方向为"横向"，接着单击"确定"按钮 确定 ，如图 6-23 所示。

02 导入"素材文件 >CH06>01.cdr"文件，如图 6-24 所示。然后选中所有对象，单击鼠标右键，接着在弹出的快捷菜单中选择"转换为曲线"，效果如图 6-25 所示。

图 6-23

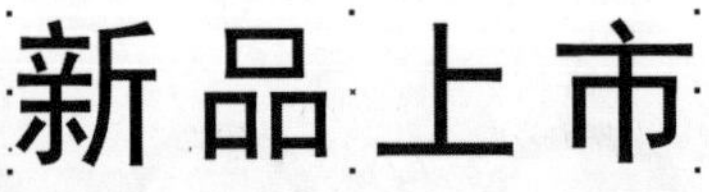

图 6-24

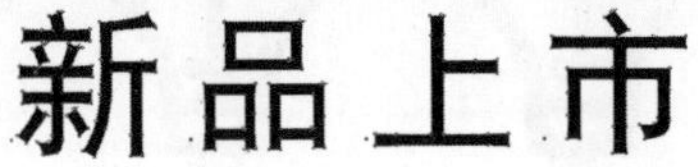

图 6-25

> 提示 📝
>
> "形状工具"无法对组合的对象进行修改，只能逐个针对单个对象进行编辑。

03 首先编辑"新"字对象。选中对象，然后使用"形状工具"选中需要调整的节点，接着按住鼠标左键向右拖曳节点位置，效果如图 6-26 所示。

04 下面编辑"品"字对象。选中对象，然后使用"形状工具"选中所有节点，接着单击属性栏中的"转换为线条"按钮，将对象曲线线条转变为直线，如图 6-27 所示。再双击多余的节点进行删除，如图 6-28 所示。

图 6-26   图 6-27   图 6-28

05 选中对象，然后去掉对象的填充颜色，再使用"形状工具"在对象上增加 3 个节点，如图 6-29 所示。接着选中增加的节点，在属性栏中单击"断开曲线"按钮，如图 6-30 所示。最后选中断开的线段进行删除，如图 6-31 所示。

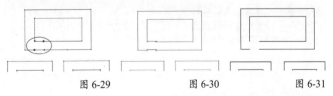

图 6-29   图 6-30   图 6-31

06 使用"形状工具"选择左边断开的节点，如图 6-32 所示。然后单击属性栏中的"延长曲线使之闭合"按钮使断开的线

段闭合，如图 6-33 所示。接着使用同样的方法将曲线进行闭合，效果如图 6-34 所示。

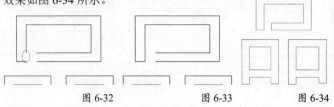

图 6-32   图 6-33 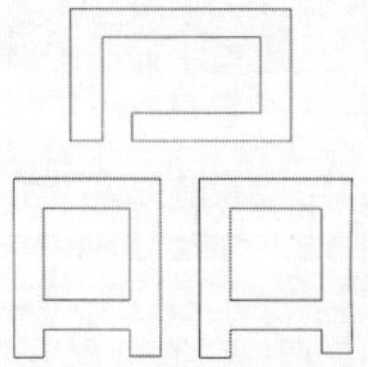   图 6-34

07 使用"形状工具"选中左下角的节点，如图 6-35 所示。然后在属性栏中单击"对齐节点"按钮，在"节点对齐"对话框中勾选"水平对齐"复选框，再单击"确定"按钮 确定 ，如图 6-36 所示，效果如图 6-37 所示。

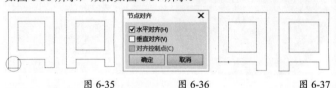

图 6-35   图 6-36   图 6-37

08 使用"形状工具"选中节点，如图 6-38 所示。然后按住 Shift 键将选中的节点向下拖动，如图 6-39 所示。接着使用"形状工具"选中左下角的节点，再按住 Shift 键将选中的节点向上拖动，如图 6-40 所示。

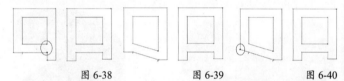

图 6-38   图 6-39   图 6-40

09 使用"形状工具"选中节点，如图 6-41 所示。然后按住 Shift 键将选中的节点向下拖动，再选中多余的节点，单击属性栏中的"删除节点"按钮删除多余的节点，如图 6-42 所示。

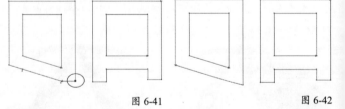

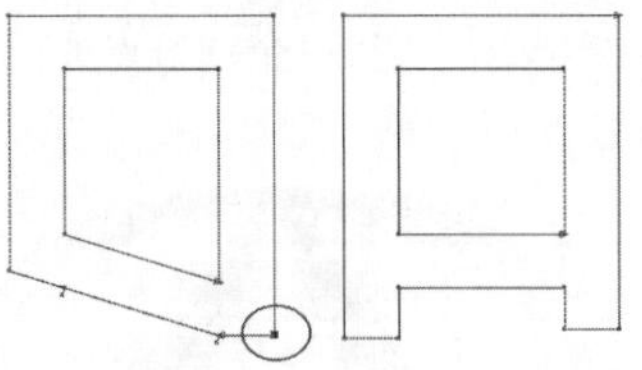

图 6-41   图 6-42

10 使用"形状工具"选中对象节点，如图 6-43 所示。然后在属性栏中单击"对齐节点"按钮，接着在"节点对齐"对话框中勾选"水平对齐"复选框，再单击"确定"按钮 确定 ，如图 6-44 所示。最后选中多余的节点，单击属性栏中的"删除节点"按钮删除多余的节点，如图 6-45 所示。

图 6-43   图 6-44   图 6-45

11 选中对象，然后使用"形状工具"在对象上增加 3 个节点，如

图 6-46 所示。接着选中增加的节点，在属性栏中单击"断开曲线"按钮，如图 6-47 所示。最后选中断开的线段进行删除，如图 6-48 所示。

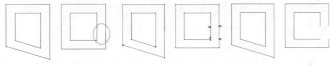

图 6-46   图 6-47   图 6-48

12 使用"形状工具" 选择上方断开的节点，如图 6-49 所示。然后单击属性栏中的"延长曲线使之闭合"按钮，使断开的线段闭合，如图 6-50 所示。接着使用"形状工具" 选择下方断开的节点，再使用同样的方法将曲线进行闭合，最后填充颜色为黑色，效果如图 6-51 所示。

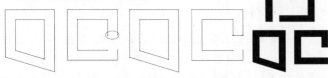

图 6-49   图 6-50   图 6-51

13 下面编辑"上"字和"市"字对象。选中"上"字对象，然后使用"形状工具" 选中需要调整的节点，接着按住鼠标左键移动节点的位置，效果如图 6-52 所示。接着选中"市"字对象，再使用"形状工具" 选中需要调整的节点，并按住鼠标左键向上拖曳节点，效果如图 6-53 所示。

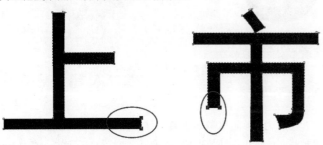

图 6-52   图 6-53

14 调整完成的对象，如图 6-54 所示。然后分别移动调节好的对象使其重合，接着选中所有对象进行群组，效果如图 6-55 所示。

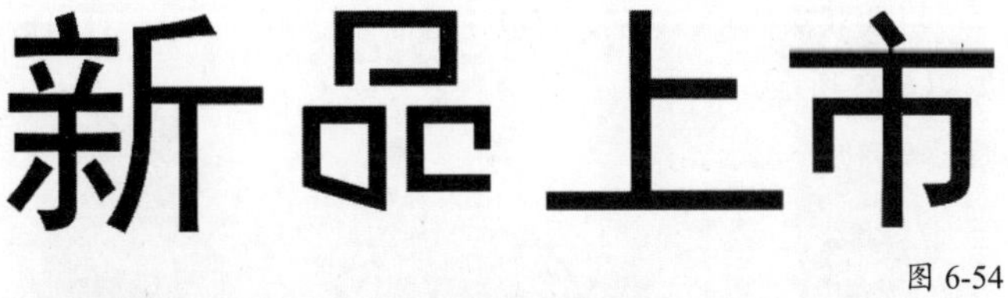

图 6-54

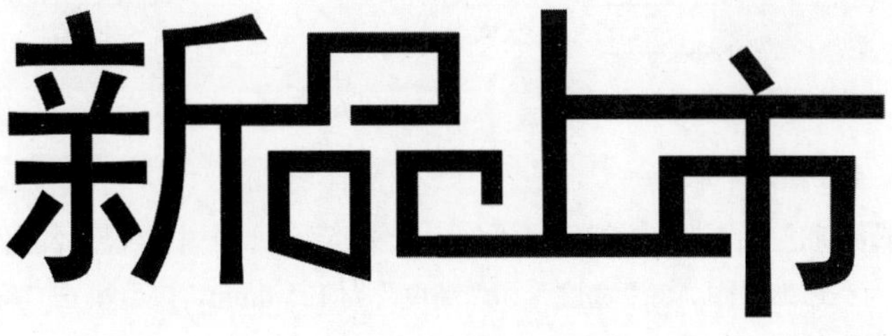

图 6-55

15 导入"素材文件 >CH06>02.jpg"文件，按 P 键将对象移动到页面中心，然后按快捷键 Ctrl+End 将对象移动到页面背面。接着为群组的对象填充颜色为白色，再按 P 键将对象移动到页面中心，如图 6-56 所示。

图 6-56

16 导入"素材文件 >CH06>03.cdr"文件，然后将对象分别拖曳至页面中合适的位置，如图 6-57 所示。接着选中所有对象进行群组，再使用"阴影工具" 为对象拖动阴影效果，最后在属性栏中设置"阴影延展"为 50、"阴影的不透明度"为 50、"阴影羽化"为 15，最终效果如图 6-58 所示。

图 6-57   图 6-58

> **知识链接** 🔍
>
> 有关"阴影工具"的具体介绍，请参阅"实战171 绘制乐器阴影"内容。

实战 070 平滑工具

实例位置	实例文件>CH06>实战070.cdr
素材位置	无
实用指数	★★★☆☆
技术掌握	平滑工具的使用

☞ **操作步骤**

01 选中要调整修改的对象，然后单击"平滑工具" ，在对象上需要修饰的地方按住鼠标左键进行拖动，光标的移动时间长短决定线条的平滑程度。移动光标会出现一条虚线进行预览，如图 6-59 所示。调整好之后松开鼠标，如图 6-60 所示。

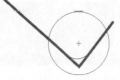 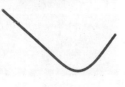

图 6-59   图 6-60

02 平滑工具除了可以对线进行修饰，还可以对面进行修饰。使用"多边形工具" 绘制一个正六边形，填充颜色为（C:0，M:0，Y:100，K:0），然后在属性栏中设置"轮廓宽度"为 1.0mm，轮廓颜色为（C:0，M:40，Y:80，K:0），如图 6-61 所示。

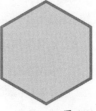

图 6-61

03 选中对象，然后单击"平滑工具" ，在对象轮廓需要修饰的位置按住鼠标左键进行拖动，如图6-62所示。笔尖半径包括的节点都会变平滑，没有包括的节点则不会改变，修饰后的对象如图6-63所示。

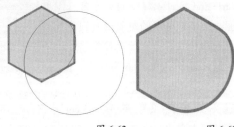

图 6-62　　　　　　　　　　图 6-63

实战 071 使用涂抹工具修饰插画

实例位置	实例文件>CH06>实战071.cdr
素材位置	素材文件>CH06>04.cdr
实用指数	★★★★☆
技术掌握	涂抹工具的使用

插画效果如图6-65所示。

图 6-65

基础回顾

"涂抹工具"沿着轮廓拖动修改边缘形状，可以用于群组对象的涂抹操作。

● **单一对象修饰**

选中要修饰的对象，单击"涂抹工具" ，在边缘上按鼠标左键拖动进行微调，松开鼠标左键可以产生扭曲效果，如图6-66所示，

利用这种效果可以制作海星，如图6-67所示；在边缘上按住鼠标左键进行拖动拉伸，如图6-68所示，松开鼠标左键可以产生拉伸或挤压效果，利用这种效果可以制作小鱼形状，如图6-69所示。

图 6-66

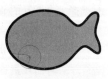

图 6-67　　　　　图 6-68　　　　　图 6-69

● **群组对象修饰**

在需要调整群组对象的时候，对象的每一个图层填充有不同颜色，单击"涂抹工具" ，在边缘上按鼠标左键进行拖动，如图6-70所示。松开鼠标左键可以产生拉伸效果，群组中每一层都将会被均匀拉伸，利用这种效果，我们可以制作酷炫的光速效果，如图6-71所示。

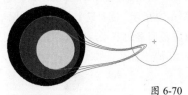

图 6-70　　　　　　　　　　图 6-71

● **参数介绍**

"涂抹工具" 的属性栏如图6-72所示。

图 6-72

①压力 ：输入数值设置涂抹效果的强度。值越大拖动效果越强，值越小拖动效果越弱。值为1时不显示涂抹，值为100时涂抹效果最强，如图6-73所示。

②平滑涂抹 ：激活，可以使用平滑的曲线进行涂抹，如图6-74所示。

③尖状涂抹 ：激活，可以使用带有尖角的曲线进行涂抹，如图6-75所示。

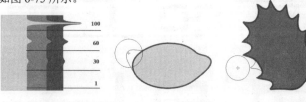

图 6-73　　　　　　　图 6-74　　　　　　　图 6-75

操作步骤

01 新建空白文档，然后在"创建新文档"对话框中设置"名称"为"修饰插画"、"宽度"和"高度"为125.0mm，接着单击"确定"按钮 ，如图6-76所示。

02 接着导入"素材文件 >CH06>04.cdr"文件，然后将对象缩放至合适的大小，接着按 P 键使其置于页面中心，如图 6-77 所示。

图 6-76　　　　　　　　　　　　　　图 6-77

03 使用"涂抹工具" ，然后在属性栏中设置"笔尖半径"为 40mm，接着按住鼠标左键将人物面部向上拖曳，如图 6-78 所示。

04 拖曳完成后松开鼠标左键完成涂抹，人物面部轮廓因为涂抹工具修饰而发生了改变，产生幽默诙谐的效果，如图 6-79 所示。

图 6-78　　　　　　　　　　　　图 6-79

实战 072 使用转动工具绘制卡通商铺

实例位置	实例文件>CH06>实战072.cdr
素材位置	素材文件>CH06>05.cdr、06.cdr
实用指数	★★★★☆
技术掌握	转动工具的使用

卡通商铺效果如图 6-80 所示。

图 6-80

基础回顾

选择需要修改的对象，使用"转动工具" 在对象轮廓处按住鼠标左键拖动，即可使对象边缘产生旋转形状，群组后的对象也可以使用该工具进行操作。

● **线段的转动**

选中绘制的线段，然后单击"转动工具" ，将光标移动到线段上，如图 6-81 所示。光标移动的位置会影响旋转的效果，然后根据想要的效果，按住鼠标左键，笔刷范围内出现转动的预览，如图 6-82 所示。达到想要的效果后，就可以松开鼠标左键完成编辑，如图 6-83 所示。可以利用线段转动的效果制作浪花纹样，如图 6-84 所示。

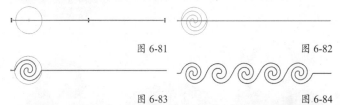

图 6-81　　　　　　　　　　　　图 6-82

图 6-83　　　　　　　　　　　　图 6-84

> **提示**
>
> "转动工具" 在使用时，会根据按鼠标左键的时间长短来决定转动的圈数，按鼠标左键的时间越长圈数越多，时间越短圈数越少，如图6-85所示。
>
> 图 6-85
>
> 在使用"转动工具" 进行涂抹时，光标所在的位置也会影响旋转的效果，但是不能离开画笔范围。
>
> 光标中心在线段外，如图6-86所示。涂抹效果为尖角，如图6-87和图6-88所示。
>
> 光标中心在线段上，转动效果为圆角，如图6-89所示。
>
>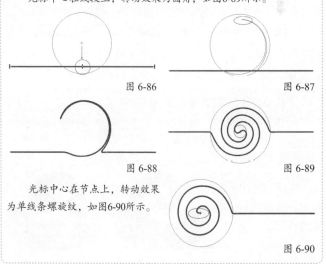
>
> 图 6-86　　　　　　　　　　图 6-87
>
> 图 6-88　　　　　　　　　　图 6-89
>
> 光标中心在节点上，转动效果为单线条螺旋纹，如图6-90所示。
>
> 图 6-90

● **面的转动**

选中要涂抹的面，单击"转动工具" ，将光标移动到面的边缘上，如图 6-91 所示。长按鼠标左键进行旋转，如图 6-92 所示。和线段转动不同，在封闭路径上进行转动可以进行填充编辑，并且也是闭合路径，如图 6-93 所示。

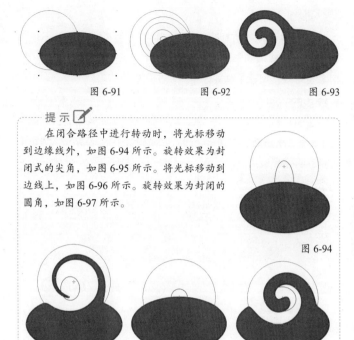

图 6-91

图 6-92

图 6-93

提示

在闭合路径中进行转动时，将光标移动到边缘线外，如图 6-94 所示。旋转效果为封闭式的尖角，如图 6-95 所示。将光标移动到边线上，如图 6-96 所示。旋转效果为封闭的圆角，如图 6-97 所示。

图 6-94

图 6-95

图 6-96

图 6-97

- **群组对象的转动**

选中一个组合对象，单击“转动工具”，将光标移动到面的边缘上，如图 6-98 所示。长按鼠标左键进行旋转，如图 6-99 所示。旋转的效果和单一路径的效果相同，可以产生层次感。

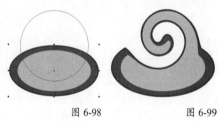

图 6-98

图 6-99

- **参数介绍**

“转动工具”的属性栏如图 6-100 所示。

①逆时针转动：按逆时针方向进行转动，如图 6-101 所示。

图 6-100

②顺时针转动：按顺时针方向进行转动，如图 6-102 所示。

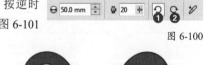

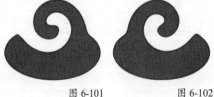

图 6-101

图 6-102

操作步骤

01 新建空白文档，然后在“创建新文档”对话框中设置“名称”为“绘制卡通商铺”、“宽度”为 220.0mm、“高度”为 250.0mm，接着单击“确定”按钮，如图 6-103 所示。

02 使用“矩形工具”绘制一个矩形，然后在属性栏中设置“圆角”为 50.0mm、“旋转角度”为 347.0，如图 6-104 所示。接着为对象填充颜色为（C:78，M:100，Y:0，K:0），再去掉轮廓线，如图 6-105 所示。

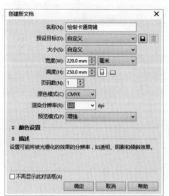

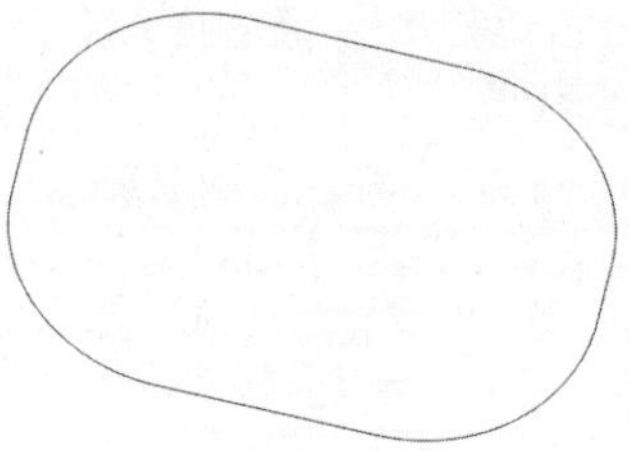

创建新文档

名称(N): 绘制卡通商铺
预设目标(D): 自定义
大小(S): 自定义
宽度(W): 220.0 mm 毫米
高度(H): 250.0 mm
页码数(N): 1
原色模式(C) CMYK
渲染分辨率(R): 300 dpi
预览模式(P) 增强
颜色设置
描述
设置可能将被光栅化的效果的分辨率，如透明、阴影和倾斜效果。
不再显示此对话框(A)
确定 取消 帮助

图 6-103

图 6-104

图 6-105

03 选中对象，将对象复制一份，然后在属性栏中设置“旋转角度”为 356.0，再填充颜色为（C:75，M:41，Y:0，K:0），如图 6-106 所示。接着单击“转动工具”，在属性栏中单击“顺时针转动”，并设置“笔尖半径”为 40mm。最后在对象左上边缘处长按鼠标左键进行转动，如图 6-107 和图 6-108 所示。

图 6-106

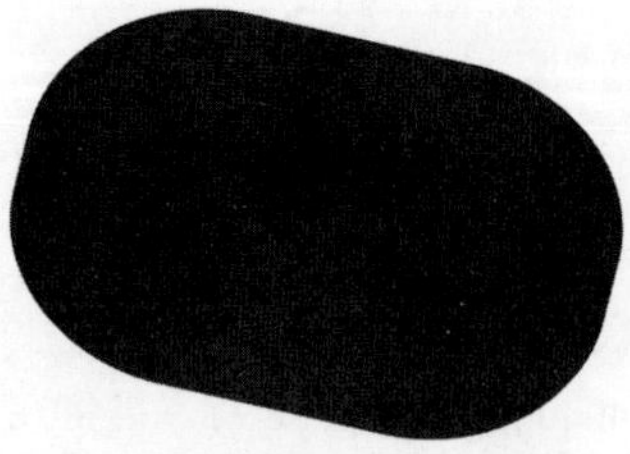

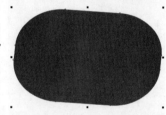

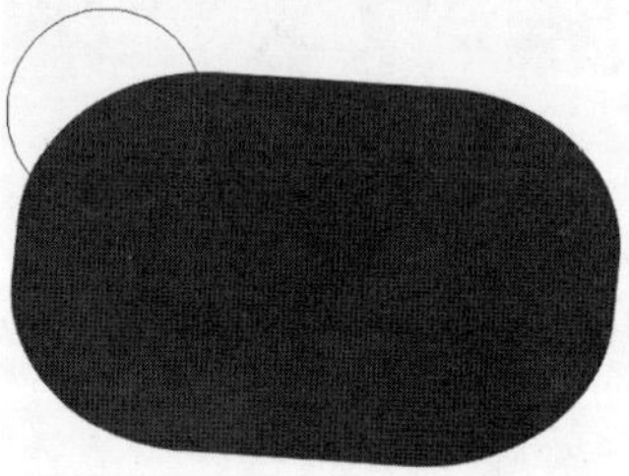

图 6-107

图 6-108

04 选中对象，使用“转动工具”，然后单击属性栏中的“逆时针转动”，接着在对象边缘长按鼠标左键制作多个转动效果，如图 6-109 所示。最后将蓝色对象拖曳到紫色对象上，如图 6-110 所示。

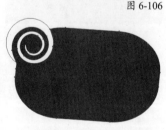

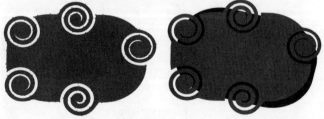

图 6-109

图 6-110

05 使用“钢笔工具”在蓝色对象内部绘制对象，如图 6-111 所示。接着填充对象颜色为白色，再去掉轮廓线，如图 6-112 所示。

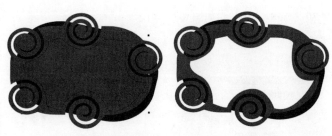

图 6-111　　　　　　　　　　图 6-112

06 下面绘制门牌挂饰球。使用"椭圆形工具" ○绘制一个椭圆，然后填充颜色为黑色，如图 6-113 所示。接着复制缩放一份对象，填充颜色为（C:0, M:0, Y:0, K:10），如图 6-114 所示。再使用"钢笔工具" ◇绘制对象的反光，并填充颜色为（C:0, M:0, Y:0, K:80），最后去掉轮廓线，如图 6-115 所示。

图 6-113　　　　　图 6-114　　　　　图 6-115

07 下面绘制门牌挂饰绳。使用"矩形工具" □绘制一个矩形，然后填充颜色为（C:0, M:40, Y:80, K:0），并去掉轮廓线，接着选中对象，在属性栏中设置"旋转角度"为 41.0，如图 6-116 所示。最后将对象复制一份，单击属性栏中的"水平镜像"按钮 ▥使对象翻转，如图 6-117 所示。

图 6-116　　　　　　　　　　图 6-117

08 选中矩形对象，执行"对象 > 顺序 > 置于此对象后"菜单命令，当光标变为 ➡时，单击挂饰球，将对象移动到挂饰球后边，如图 6-118 所示。接着选中挂饰对象，执行"对象 > 顺序 > 置于此对象后"菜单命令，将对象移动到门牌后边，如图 6-119 所示。

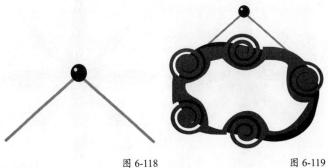

图 6-118　　　　　　　　　　图 6-119

09 导入"素材文件 >CH06>05.cdr"文件，然后将对象缩放到合适大小并拖曳到门牌对象中，再选中所有对象进行群组，如图 6-120 所示。接着导入"素材文件 >CH06>06.cdr"文件，按 P 键使其置于页面中心，按快捷键 Ctrl+End 使对象置于页面背面。最后将群组对象并将其拖曳到合适位置，最终效果如图 6-121 所示。

图 6-120　　　　　　　　　　图 6-121

实战 073　使用吸引工具绘制优惠券

实例位置	实例文件>CH06>实战073.cdr
素材位置	素材文件>CH06>07.cdr
实用指数	★★★★☆
技术掌握	吸引工具的使用

优惠券效果如图 6-122 所示。

图 6-122

☞ **基础回顾**

"吸引工具"在对象内部或外部长按鼠标左键使边缘产生回缩涂抹效果，对组合对象也可以进行涂抹操作。

● **单一对象吸引**

选中对象，单击"吸引工具" ▣，然后将光标移动到边缘线上，如图 6-123 所示。光标移动的位置会影响吸引的效果，长按鼠标左键进行修改，浏览吸引的效果，如图 6-124 所示，最后松开鼠标左键完成操作。

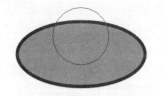

图 6-123　　　　　　　　　　　　　图 6-124

提示 ✏️

在使用吸引工具的时候，对象的轮廓线必须出现在笔触的范围内，这样才能显示涂抹效果。

● **群组对象吸引**

选中组合的对象，单击"吸引工具" 🔤，将光标移动到相应位置上，如图 6-125 所示。然后长按鼠标左键进行修改，浏览吸引的效果，如图 6-126 所示。因为是组合对象，所以吸引的时候根据对象的叠加位置不同，吸引后产生的凹陷程度也不同，松开鼠标左键完成操作。

图 6-125　　　　　　　　　　　　　图 6-126

提示 ✏️

在涂抹过程中移动鼠标，会产生涂抹吸引的效果，如图6-127所示。在心形下面的端点长按鼠标左键并向上拖动，产生涂抹预览，如图6-128所示。得到想要的效果后松开鼠标左键完成编辑，如图6-129所示。

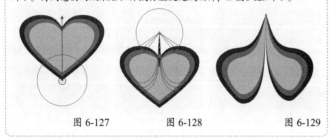

图 6-127　　　　　图 6-128　　　　　图 6-129

👉 **操作步骤**

01 新建空白文档，然后在"创建新文档"对话框中设置"名称"为"绘制优惠券"、"大小"为 A6、页面方向为"横向"，接着单击"确定"按钮 **确定**，如图 6-130 所示。

02 使用"矩形工具" 🔲 按住 Ctrl 键绘制一个正方形，然后单击"吸引工具" 🔤，在属性栏中设置"笔尖半径"为 80.0mm，再将吸引工具的光标移动到对象中心位置，如图 6-131 所示。接着长按鼠标左键进行修改，最后填充颜色为（C:61，

M:30，Y:58，K:0），如图 6-132 所示。

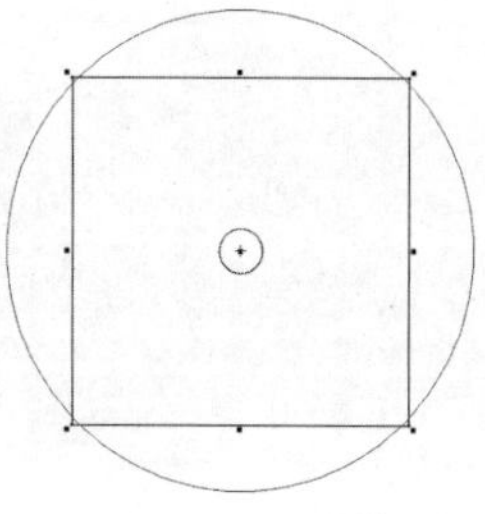

图 6-131

图 6-130　　　　　　　　　　　　　图 6-132

03 将对象复制缩放一份，然后在属性栏中设置"旋转角度"为 45.0，填充颜色为（C:60，M:43，Y:46，K:0），效果如图 6-133 所示。接着选中所有对象复制缩放一份，再在属性栏中设置"旋转角度"为 22.0，填充颜色为（C:89，M:64，Y:48，K:0）和（C:75，M:32，Y:31，K:0），最后去掉轮廓线，如图 6-134 所示。

图 6-133　　　　　　　　　　　　　图 6-134

04 选中对象进行群组，然后单击"透明度工具" 🔤，在属性栏中设置"透明度类型"为"均匀透明度"、"透明度"为 25，效果如图 6-135 所示。接着使用"椭圆形工具" 🔘 按住 Ctrl 键绘制一个圆形，填充颜色为（C:71，M:57，Y:65，K:11），再去掉轮廓线，最后将圆形复制 3 份，并拖曳到合适的位置，如图 6-136 所示。

图 6-135　　　　　　　　　　　　　图 6-136

接着选中排放好的对象，将其拖曳到矩形右边，如图 6-143 所示。最后执行"对象 > 图框精确裁剪 > 置于图文框内部"菜单命令，将对象置于背景中，如图 6-144 所示。

有关"透明度工具"的具体介绍，请参阅"实战 186 利用均匀透明度制作油漆广告"内容。

05 使用"椭圆形工具" ◯ 按住 Ctrl 键绘制多个圆形，然后填充颜色为（C:47，M:24，Y:38，K:0）、（C:58，M:0，Y:53，K:0）、（C:33，M:0，Y:26，K:0）、（C:31，M:0，Y:30，K:0）和（C:45，M:28，Y:42，K:0）。接着选中所有对象进行群组，并去掉轮廓线，如图 6-137 所示。最后选中群组对象，将对象拖曳到花瓣对象上，如图 6-138 所示。

08 导入"素材文件 >CH06>07.cdr"文件，将对象拖曳至页面左上角，最终效果如图 6-145 所示。

图 6-137　　　　　　　　　　图 6-138

图 6-142　　　　　　　　　　图 6-143

图 6-144　　　　　　　　　　图 6-145

06 选中群组的对象，然后将旋转中心拖曳到花瓣对象的中心，如图 6-139 所示。接着执行"窗口 > 泊坞窗 > 变换 > 旋转"菜单命令，在"变换"泊坞窗中设置"旋转角度"为 72.0、"副本"为 4，勾选"相对中心"复选框，如图 6-140 所示。再单击"应用"按钮 应用 ，效果如图 6-141 所示。最后群组所有对象。

实战 074　使用排斥工具绘制邮票

实例位置	实例文件>CH06>实战074.cdr
素材位置	素材文件>CH06>08.cdr、09.cdr
实用指数	★★★★☆
技术掌握	排斥工具的使用

邮票效果如图 6-146 所示。

图 6-139

图 6-140　　　　　　　　　　图 6-141

07 选中对象，然后将对象复制缩放多个，在页面中进行排放，如图 6-142 所示。再双击"矩形工具" ▢ 创建与页面大小相同的矩形，填充颜色为（C:9，M:3，Y:19，K:0），并去掉轮廓线。

图 6-146

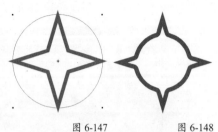

☞ **基础回顾**

　　选择需要修改的对象，使用"排斥工具"在对象内部或外部按住鼠标左键拖动，即可使对象边缘产生推挤效果，群组后的对象也可以进行同样的操作。

● **单一对象排斥**

　　选中对象，单击"排斥工具" ，将光标移动到线段上，如图 6-147 所示。长按鼠标左键进行预览，松开鼠标左键完成操作，如图 6-148 所示。

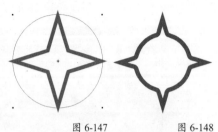

图 6-147　　　　　　图 6-148

┌─────────────────────────────┐
提示 ✏

　　排斥工具是从笔刷中心开始向笔刷边缘推挤产生效果，排斥时可以产生两种情况。

　　1.笔刷中心在对象内，排斥效果为向外鼓出，如图 6-149 所示。

　　2.笔刷中心在对象外，排斥效果为向内凹陷，如图 6-150 所示。

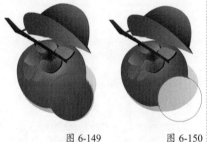

图 6-149　　　　　图 6-150
└─────────────────────────────┘

● **群组对象排斥**

　　选中组合对象，单击"排斥工具" ，将光标移动到最内层上，如图 6-151 所示。长按鼠标左键进行预览，松开鼠标左键完成操作，如图 6-152 和图 6-153 所示。

图 6-151

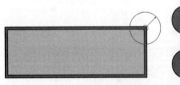 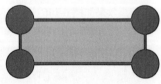

图 6-152　　　　　　　图 6-153

　　将笔刷中心移至对象外，进行排斥修饰时会形成扇形角的效果，如图 6-154 和图 6-155 所示。

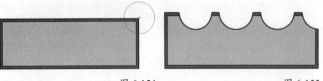

图 6-154　　　　　　　图 6-155

☞ **操作步骤**

01 新建空白文档，然后在"创建新文档"对话框中设置"名称"为"绘制邮票"、"大小"为 A6、页面方向为"横向"，接着

单击"确定"按钮 确定 ，如图 6-156 所示。

02 使用"矩形工具" 绘制一个矩形，如图 6-157 所示。然后单击"排斥工具" ，在属性栏中设置"笔刷半径"为 5.0mm，再将笔刷光标移动到对象左上边缘外，长按鼠标左键呈现向内凹陷效果，如图 6-158 所示。接着在对象边缘，多次进行排斥操作，如图 6-159 所示。

图 6-156

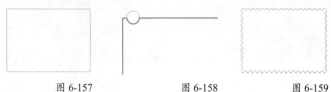

图 6-157　　　　　图 6-158　　　　　图 6-159

03 选中对象，然后填充颜色为（C:56，M:74，Y:100，K:27），再去掉轮廓线，如图 6-160 所示。接着选中对象，将对象向左上方拖曳复制一份，最后填充颜色为（C:5，M:6，Y:21，K:0），如图 6-161 所示。

04 使用"矩形工具" 在黄色边框中绘制一个矩形，然后填充颜色为（C:5，M:40，Y:18，K:0），接着在属性栏上设置"轮廓宽度"为 0.2mm，轮廓颜色为（C:45，M:49，Y:58，K:0），效果如图 6-162 所示。

图 6-160　　　　　图 6-161　　　　　图 6-162

05 使用"星形工具" 按住 Ctrl 键绘制一个正星形，然后在属性栏中设置"点数或边数"为4、"锐度"为53，再填充颜色为（C:4,M:33,Y:15，K:0），并去掉轮廓线。接着单击"排斥工具" ，将笔刷光标移动到星形的对象中心，进行排斥操作，如图 6-163 和图 6-164 所示。

图 6-163　　　　　　图 6-164

06 将对象拖曳到矩形左上方，如图 6-165 所示。然后选中对象，执行"编辑 > 步长和重复"菜单命令，接着在"步长和重复"泊坞窗中设置"水平设置"为"对象之间的间距"、"距离"为 7.5mm、"方向"为"右"、"份数"为 14，如图 6-166 所示。再单击"应用"按钮 应用 ，效果如图 6-167 所示。

图 6-165   图 6-166   图 6-167

07 选中所有星形对象，然后向左下拖曳复制一份，如图 6-168 所示。接着选中一个星形对象，按住 Shift 键向右进行水平拖曳复制，如图 6-169 所示。

图 6-168   图 6-169

08 选中所有星形对象进行群组，然后选中群组对象，在"步长和重复"泊坞窗中设置"垂直设置"为"对象之间的间距"、"距离"为 3.0mm、"方向"为"往下"、"份数"为 4，如图 6-170 所示。单击"应用"按钮，效果如图 6-171 所示。

图 6-170   图 6-171

09 选中矩形对象，然后将对象复制一份，再按快捷键 Ctrl+Home 将对象置于页面前面，并去掉填充颜色。接着导入"素材文件 >CH06>08.cdr"，将其拖曳到页面右边，如图 6-172 所示。最后执行"对象 > 图框精确裁剪 > 置于图文框内部"菜单命令，将对象置于矩形对象中，如图 6-173 所示。

图 6-172   图 6-173

10 选中黄色边框对象，然后将其复制一份，再按快捷键 Ctrl+Home 将复制对象置于页面前面，接着去掉填充颜色，最后导入"素材文件 >CH06>09.cdr"文件，执行"对象 > 图框精确裁剪 > 置于图文框内部"菜单命令，将对象置于黄色边框对象中，最终效果如图 6-174 所示。

图 6-174

实战 075 利用沾染工具制作冰激凌招牌

实例位置	实例文件>CH06>实战075.cdr
素材位置	素材文件>CH06>10.cdr、11.cdr
实用指数	★★★★☆
技术掌握	沾染工具的使用

冰激凌招牌效果如图 6-175 所示。

图 6-175

☞ **基础回顾**

"沾染工具"可以在矢量对象外轮廓上进行拖动使其变形，但不能用于组合对象，需要将对象解散后分别针对线和面进行调整修饰。

● **线的修饰**

选中要调整修改的线条，然后单击"沾染工具" ，在线条上按住鼠标左键进行拖动，如图 6-176 所示。笔刷拖动的方向决定挤出的方向和长短。注意，在调整时重叠的位置会被修剪掉，如图 6-177 所示。

图 6-176   图 6-177

● **面的修饰**

选中需要修改的闭合路径，然后单击"沾染工具" ，在对象轮廓位置按住鼠标左键进行拖动。笔尖向外拖动为添加，拖动的方向和距离决定挤出的方向和长短，如图 6-178 所示；笔尖向内拖动为修剪，其方向和距离决定修剪的方向和长短，在涂抹过程中重叠的位置会修剪掉，如图 6-179 所示。

图 6-178   图 6-179

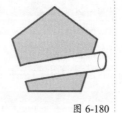

> 提示
>
> 在这里要注意，使用“沾染工具”进行的修剪不是真正的修剪，如图6-180所示，内部调整的范围超出对象时会有轮廓显示，而不是修剪成两个独立的对象。
>
>
> 图 6-180

● **参数介绍**

“沾染工具”的属性栏如图 6-181 所示。

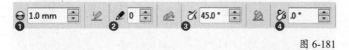

图 6-181

①笔尖半径：沾染笔刷的尖端大小，决定凸出和凹陷的大小。

②干燥：在使用“沾染工具”时调整加宽或缩小渐变效果的比率，范围为 -10~10，值为 0 时是不渐变的；数值为 -10 时，如图 6-182 所示，笔刷随着鼠标的移动而变大；数值为 10 时，笔刷随着鼠标的移动而变小，如图 6-183 所示。

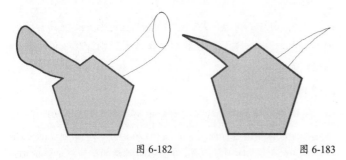

图 6-182

图 6-183

③笔倾斜：设置笔刷尖端的饱满程度，角度固定为 15~90 度，角度越大越圆，越小越尖，调整的效果也不同。

④笔方位：以固定的数值更改沾染笔刷的方位。

操作步骤

01 新建空白文档，然后在“创建新文档”对话框中设置“名称”为“制作冰激凌招牌”、“大小”为 A4、页面方向为“横向”，接着单击“确定”按钮，如图 6-184 所示。

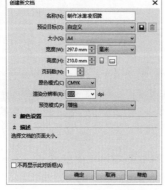

图 6-184

02 开始绘制招牌背景。使用“椭圆形工具”绘制一个椭圆形，然后单击“沾染工具”，在对象上按住鼠标左键进行拖动，如图 6-185 所示。接着在对象轮廓其他位置按住鼠标左键分别进行拖动，如图 6-186 所示。最后使用“形状工具”对对象轮廓进行调整，如图 6-187 和图 6-188 所示。

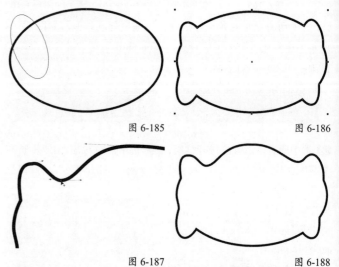

图 6-185

图 6-186

图 6-187

图 6-188

03 选中对象，单击“轮廓图工具”，然后在属性栏中设置“类型”为“内部轮廓”、“轮廓图步长”为 1、“轮廓度偏移”为 1、“轮廓色”为白色、“填充色”为（C:62，M:92，Y:65，K:33），效果如图 6-189 所示。

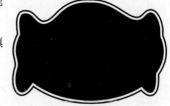

图 6-189

04 下面开始绘制冰激凌的纸杯部分。使用“矩形工具”绘制一个矩形，然后填充颜色为（C:0，M:23，Y:53，K:0），并去掉轮廓线，再按快捷键 Ctrl+Q 将对象进行转曲，如图 6-190 所示。接着选中对象所有节点，单击属性栏上的“转换为曲线”按钮，最后使用“形状工具”调整形状，如图 6-191 所示。

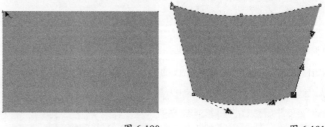

图 6-190

图 6-191

05 选中对象，将对象复制一份，然后填充颜色为（C:11，M:54，Y:75，K:0），再单击“沾染工具”，在属性栏中设置合适的“笔尖半径”“笔倾斜”和“笔方位”的数值，并在对象上进行操作，如图 6-192 所示。接着使用“沾染工具”对对象进行多次操作，效果如图 6-193 所示。最后将对象拖曳到纸杯背景中，如图 6-194 所示。

图 6-192

图 6-193

图 6-194

06 下面绘制冰激凌部分。单击"艺术笔工具" ，然后在属性栏选中"类型"为"笔刷" 、"类别"为"感觉的"，再选择合适的"预设笔触"绘制对象，如图 6-195 所示。接着多次进行绘制，填充颜色为（C:0，M:40，Y:20，K:0），如图 6-196 所示。

图 6-195

图 6-196

07 选中冰激凌对象，然后将其拖曳到纸杯对象上方，如图 6-197 所示。接着选中所有对象，在属性栏中设置"旋转角度"为 23.0，如图 6-198 所示。

图 6-197

图 6-198

08 将对象复制缩放一份，然后填充纸杯纹颜色为（C:61，M:44，Y:38，K:0）、纸杯底颜色为（C:27，M:9，Y:9，K:0）、冰激凌颜色为（C:47，M:0，Y:48，K:0），再在属性栏中设置"旋转角度"为 350，效果如图 6-199 所示。接着将两份冰激凌拖曳至合适位置，最后进行群组，如图 6-200 所示。

图 6-199　　　　　　　　　　　　　　　　图 6-200

09 将群组对象拖曳到招牌的正上方，如图 6-201 所示。然后使用"钢笔工具" 绘制出对象大致的外部轮廓，如图 6-202 所示。接着填充颜色为白色，并去掉轮廓线，再执行"对象 > 顺序 > 置于此对象后"菜单命令，将轮廓对象移动到群组对象后，如图 6-203 所示。

10 使用"椭圆形工具" 绘制一个椭圆形，然后填充颜色为（C:69，M:88，Y:68，K:46），并去掉轮廓线，再选中对象，执行"对象 > 顺序 > 置于此对象后"菜单命令，将椭圆形对象移动到冰激凌对象后，如图 6-204 所示。

图 6-201　　　　　　　　　　　　　　　　图 6-202

图 6-203　　　　　　　　　　　　　　　　图 6-204

11 导入"素材文件 >CH06>10.cdr"文件，然后将圆形对象拖曳到粉色冰激凌上，将圆角矩形对象拖曳到绿色冰激凌上，如图 6-205 所示。接着导入"素材文件 >CH06>11.cdr"文件，将对象拖曳至页面下方合适位置，再双击"矩形工具" ，在页面中创建相同大小的矩形，填充颜色为（C:0，M:20，Y:40，K:40），并去掉轮廓线，最终效果如图 6-206 所示。

图 6-205

图 6-206

实战 076 利用粗糙工具制作爆炸贴图

实例位置	实例文件>CH06>实战076.cdr
素材位置	素材文件>CH06>12.cdr
实用指数	★★★★☆
技术掌握	粗糙工具的使用

爆炸贴图效果如图 6-207 所示。

图 6-207

基础回顾

"粗糙工具"可以沿着对象的轮廓进行操作,将轮廓形状改变,并且不能对组合对象进行操作。

● **粗糙修饰**

单击"粗糙工具" ,在对象轮廓位置长按鼠标左键进行拖动,会形成细小且均匀的粗糙尖突效果,如图 6-208 所示。在相应轮廓位置单击鼠标左键,则会形成单个的尖突效果,可以制作褶皱等效果,如图6-209 所示。

图 6-208

图 6-209

● **参数介绍**

"粗糙工具"的属性栏如图 6-210 所示。

图 6-210

①尖突的频率 :通过输入数值改变粗糙的尖突频率,数值最小为1,尖突比较缓,如图6-211 所示;数值最大为10,尖突比较密集,像锯齿,如图 6-212 所示。

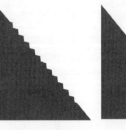
图 6-211

图 6-212

②笔倾斜:可以更改粗糙尖突的方向。

> **提示**
>
> 在转曲之后,如果在对象上添加了效果,如变形、透视、封套等,那么,在使用"粗糙工具" 之前还要再转曲一次,否则无法使用。

操作步骤

01 新建空白文档,然后在"创建新文档"对话框中设置"名称"为"制作爆炸贴图"、"大小"为A5、页面方向为"横向",接着单击"确定"按钮 确定 ,如图 6-213 所示。

图 6-213

02 使用"椭圆形工具" 按住Ctrl 键绘制圆形,然后填充颜色为(C:0,M:18,Y:84,K:0),再去掉轮廓线,如图6-214 所示。

图 6-214

03 选中对象,然后使用"粗糙工具" ,在属性栏中设置"笔尖半径"为15.0mm、"尖突的频率"为3、"笔倾斜"为15.0°,再沿着对象轮廓位置长按鼠标左键进行拖曳,效果如图6-215所示。

04 选中对象,然后使用"粗糙工具" ,在属性栏中设置"笔尖大小"为 3.0mm，接着在对象轮廓位置长按鼠标左键再次进行拖曳，效果如图 6-216 所示。

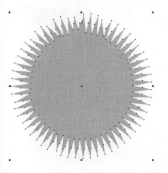

图 6-215

图 6-216

05 使用"星形工具" 按 Ctrl 键绘制一个星形，然后填充颜色为白色，再在属性栏中设置"旋转角度"为 5.0、"点数或边数"为 5、"锐度"为 36、"轮廓宽度"为 2.0mm，如图 6-217 所示。接着向对象中心复制缩放一份，并填充颜色为(C:93,M:58,Y:0,K:0)，最后去掉轮廓线，如图 6-218 所示。

图 6-217

图 6-218

06 选中所有星形对象，然后将其拖曳到粗糙对象前，如图 6-219 所示。接着导入"素材文件 >CH06>12.cdr"文件，将对象拖曳到页面合适位置，最终效果如图 6-220 所示。

图 6-219

图 6-220

实战 077 绘制恐龙插图

实例位置	实例文件>CH06>实战077.cdr
素材位置	素材文件>CH06>13.cdr
实用指数	★★★★★
技术掌握	沾染工具的使用

恐龙插图效果如图 6-221 所示。

图 6-221

操作步骤

01 新建空白文档，然后在"创建新文档"对话框中设置名称为"绘制恐龙插图"，大小为 A4、页面方向为"纵向"，接着单击"确定"按钮 确定 ，如图 6-222 所示。

02 使用"钢笔工具" 绘制出恐龙的身体、翅膀以及手部的大致轮廓，如图 6-223 所示。

图 6-222

图 6-223

03 首先绘制恐龙的头部。选中对象，然后单击"沾染工具" ，接着在属性栏中设置合适的"笔尖半径""笔倾斜"和"笔方位"的数值。再按住鼠标左键向头部外进行拖动，绘制出恐龙的鼻子、眼眶和耳朵的轮廓。最后使用"形状工具" 适当调整节点，如图 6-224 所示。

04 下面绘制恐龙的脚。选中对象，然后单击"沾染工具" ，在属性栏中设置"笔尖半径"为 5.0mm、"笔倾斜"为 45.0°，接着按住鼠标左键向脚部外进行拖动，最后使用"形状工具" 适当调整对象形状，如图 6-225 所示。

图 6-224

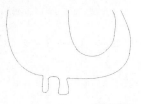

图 6-225

05 下面绘制恐龙尾巴。选中对象，然后单击"沾染工具" ✐，在属性栏中设置"笔尖半径"为5.0mm、"笔倾斜"为45.0°、"笔方位"为20.0°，接着按住鼠标左键向尾巴外进行拖动，最后使用"形状工具" ▶适当调整对象形状，如图 6-226 所示。

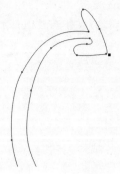

图 6-226

06 下面绘制恐龙的翅膀。选中对象所有节点，然后单击属性栏中的"转换为曲线"按钮 ✐，接着在对象轮廓线上双击增加多个节点，再使用"形状工具" ▶将需要调整的节点进行拖动，如图 6-227 所示，效果如图 6-228 所示。

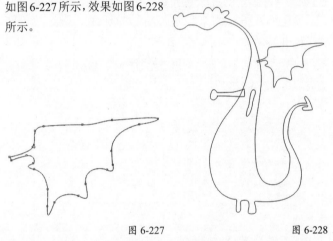

图 6-227　　　　　　　图 6-228

07 使用"钢笔工具" ✐绘制出恐龙背脊轮廓，如图 6-229 所示。然后单击"沾染工具" ✐，在属性栏中设置"笔尖半径"为2.0mm、"笔倾斜"为45.0°，接着在对象轮廓线上按住鼠标左键向背脊外进行拖动，如图 6-230 所示。

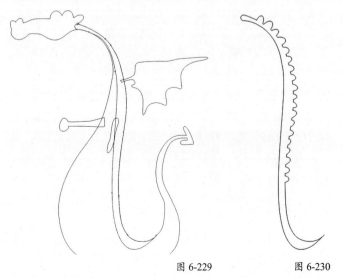

图 6-229　　　　　　　图 6-230

08 下面为恐龙填充颜色。选中恐龙的背脊、翅膀和手对象，然后填充颜色为（C:59，M:40，Y:100，K:0），接着选中恐龙身体对象，填充颜色为（C:31，M:14，Y:97，K:0），最后去掉轮廓线，如图 6-231 所示。

图 6-231

09 下面绘制恐龙的眼珠。使用"椭圆形工具" ◯绘制两个椭圆形，然后填充颜色为（C:59，M:40，Y:100，K:0），再去掉轮廓线，如图 6-232 所示。

10 选中恐龙的背脊和左手，然后执行"顺序 > 置于此对象后"菜单命令，当光标变为 ➡时，单击恐龙身体，将对象移动到恐龙身体后方，如图 6-233 所示。

图 6-232　　　　　　　图 6-233

11 下面绘制卷轴。使用"钢笔工具" ✐绘制出卷轴对象，如图 6-234 所示。然后填充卷轴颜色为（C:79，M:88，Y:94，K:74）、卷轴亮面和卷轴绳颜色为（C:10，M:25，Y:30，K:10），再去掉轮廓线，如图 6-235 所示。接着将绘制好的卷轴进行群组，最后将卷轴拖曳到恐龙手上，如图 6-236 所示。

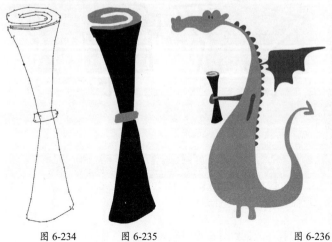

图 6-234　　　图 6-235　　　　　图 6-236

12 下面绘制背景图。双击"矩形工具" □绘制一个矩形，然后填充颜色为（C:20，M:0，Y:20，K:0），并去掉轮廓线，如图 6-237 所示。

13 选中对象，将对象复制一份，然后填充颜色为（C:3，M:5，Y:18，K:0），再将对象水平向右缩放，如图 6-238 所示。接着选中对象，按快捷键 Ctrl+Q 将对象转曲，并在对象左边缘中间增加节点，最后选中增加的节点水平向左拖曳，如图 6-239 所示。

14 选中对象的所有节点，然后在属性栏中选择"转换为曲线"按钮 ，接着使用"形状工具" 适当调整节点，如图 6-240 所示。

图 6-237

图 6-238

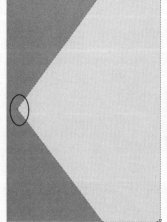

图 6-239

图 6-240

15 下面绘制背景底纹。单击"螺纹工具" ，然后在属性栏中设置"螺纹回圈"为 1，再按住鼠标左键拖动绘制螺纹，接着设置"轮廓宽度"为 2.0mm、轮廓颜色为白色，如图 6-241 所示。

图 6-241

16 单击"螺纹工具" ，然后在属性栏中设置"螺纹回圈"为 3，再按住鼠标左键拖动绘制螺纹，设置"轮廓宽度"为 1.0mm、轮廓颜色为白色，如图 6-242 所示。接着在属性栏中设置"螺纹回圈"为 2，最后按住鼠标左键拖动绘制螺纹，设置"轮廓宽度"为 0.5mm、轮廓颜色为白色，如图 6-243 所示。

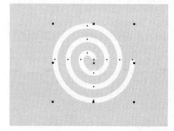

图 6-242

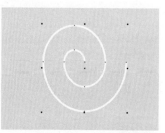

图 6-243

17 将绘制的螺纹拖曳到页面右上角，如图 6-244 所示。然后选中对象，执行"编辑 > 步长和重复"，接着在"步长和重复"泊坞窗中设置图 6-245 所示的参数，再单击"应用"按钮 应用 ，效果如图 6-246 所示。

图 6-244

图 6-245

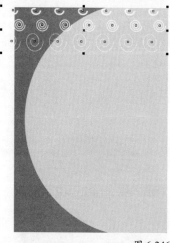

图 6-246

18 选中所有螺纹对象，然后在"步长和重复"泊坞窗中设置图 6-247 所示的参数，再单击"应用"按钮 应用 ，效果如图 6-248 所示。接着选中所有螺纹对象，执行"效果 > 图框精确裁剪 > 置于图文框内部"菜单命令，将对象置于黄色对象中，如图 6-249 所示。最后将恐龙对象拖曳到背景右边，如图 6-250 所示。

19 下面绘制徽章。使用"椭圆形工具" 按住 Ctrl 键绘制圆形，然后填充颜色为（C:31，M:30，Y:30，K:9），并去掉轮廓线，如图 6-251 所示。接着选中对象，将对象向右上拖曳复制一份，再填充颜色为（C:54，M:0，Y:40，K:0），如图 6-252 所示。

色对象的中心，如图 6-254 所示。再执行"窗口 > 泊坞窗 > 变换 > 旋转"菜单命令，在"变换"泊坞窗中设置图 6-255 所示的参数，最后单击"应用"按钮 应用 ，效果如图 6-256 所示。

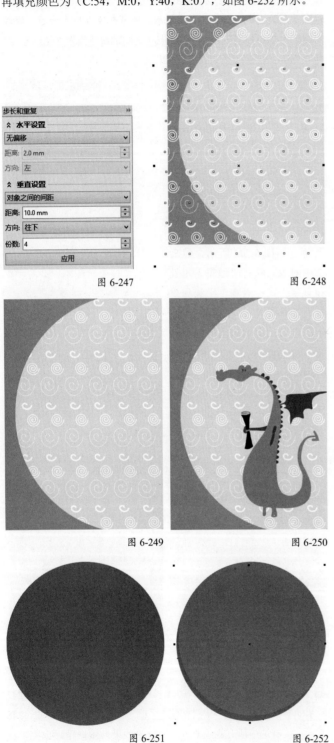

图 6-247　　　　　　　　　　图 6-248

图 6-249　　　　　　　　　　图 6-250

图 6-251　　　　　　　　　　图 6-252

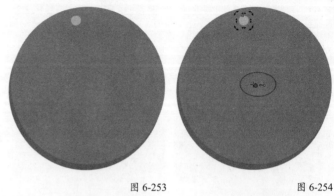

图 6-253　　　　　　　　　　图 6-254

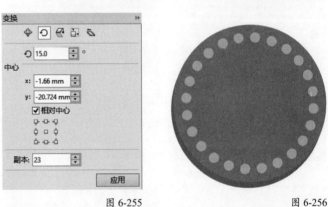

图 6-255　　　　　　　　　　图 6-256

21 使用"钢笔工具" 🖊 绘制出恐龙大致的轮廓，如图 6-257 所示。然后填充颜色为（C:30，M:15，Y:90，K:0），再去掉轮廓线，接着将对象拖曳到徽章背景上，如图 6-258 所。最后将所有徽章对象拖曳到页面的右上角，如图 6-259 所示。

22 导入"素材文件 >CH06>13.cdr"文件，分别将对象拖曳到页面中合适的位置，最终效果如图 6-260 所示。

20 使用"椭圆形工具" ⭕ 按住 Ctrl 键在绿色圆形对象上绘制圆形，然后填充颜色为（C:5，M:10，Y:30，K:10），并去掉轮廓线，如图 6-253 所示。接着将对象的旋转中心调整到绿

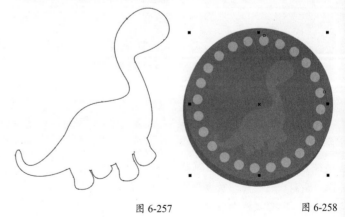

图 6-257　　　　　　　　　　图 6-258

图 6-259

图 6-260

实战 078 绘制蛋糕招贴

实例位置	实例文件>CH06>实战078.cdr
素材位置	素材文件>CH06>14.jpg、15.cdr
实用指数	★★★★★
技术掌握	粗糙工具的使用

蛋糕招贴效果如图 6-261 所示。

图 6-261

☞ 操作步骤

01 新建空白文档，然后在"创建新文档"对话框中设置名称为"绘制蛋糕招贴"、"宽度"为 230.0mm、"高度"为 150.0mm，接着单击"确定"按钮 确定，如图 6-262 所示。

图 6-262

02 使用"椭圆形工具" ⊙绘制一个椭圆形，如图 6-263 所示。然后填充颜色为（C:35，M:60，Y:93，K:0），接着在属性栏中设置"轮廓宽度"为"细线"，效果如图 6-264 所示。

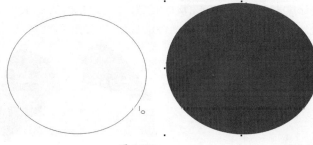

图 6-263   图 6-264

03 选中对象，然后使用"粗糙工具" ✎，在属性栏中设置"笔尖半径"为 2.0mm、"笔倾斜"为 20.0°，接着在椭圆形轮廓线上长按鼠标左键进行反复涂抹，如图 6-265 所示。涂抹完成后形成类似绒毛的效果，最后设置轮廓线颜色为（C:50，M:77，Y:100，K:18），如图 6-266 所示。

图 6-265   图 6-266

04 下面绘制脸部。使用"椭圆形工具" ⊙绘制一个椭圆形，然后在属性栏中设置"旋转角度"为 345.0，接着选中对象，再单击"吸引工具" ⊡，在属性栏中设置"笔尖半径"为 24.0mm，接着将光标移动到椭圆边缘线上，长按鼠标左键进行吸引操作，如图 6-267 所示。

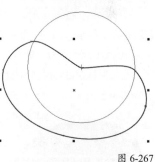
图 6-267

05 选中对象，然后填充颜色为（C:10，M:4，Y:8，K:0），再去掉轮廓线，如图 6-268 所示。接着将对象拖曳到小熊头部对象中，如图 6-269 所示。

图 6-268   图 6-269

06 下面绘制小熊耳朵。使用"钢笔工具" 绘制出耳朵的轮廓，如图6-270所示。然后单击"粗糙工具" ，在属性栏中设置"笔尖半径"为2.0mm、"笔倾斜"为20.0°，再长按鼠标左键将轮廓涂抹出绒毛的效果，接着填充颜色为（C:35，M:60，Y:93，K:0）、轮廓颜色为（C:50，M:77，Y:100，K:18），如图6-271所示。

图 6-270   图 6-271

07 使用"钢笔工具" 绘制出耳朵的内部轮廓，然后单击"粗糙工具" ，长按鼠标左键将轮廓涂抹出绒毛的效果，接着填充颜色和轮廓颜色为（C:15，M:5，Y:15，K:0），再将耳朵及耳朵内部进行群组，如图6-272所示。最后选中群组对象，执行"对象>顺序>置于此对象后"菜单命令，将群组对象移动到头部后，如图6-273所示。

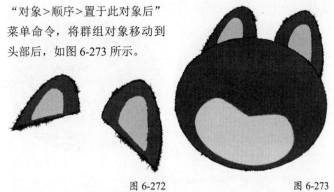

图 6-272   图 6-273

08 下面绘制小熊鼻子。使用"椭圆形工具" 绘制一个椭圆，然后在属性栏中设置"旋转角度"为335.0，再单击"粗糙工具" ，长按鼠标左键将椭圆形边缘涂抹出绒毛效果，如图6-274所示。接着将鼻子拖曳到脸上，如图6-275所示。

图 6-274   图 6-275

09 下面绘制小熊眼睛。使用"椭圆形工具" 绘制一个椭圆，然后填充为黑色，如图6-276所示。接着选中对象，将对象复制缩放3份，并填充颜色为（C:8，M:0，Y:3，K:0），如图6-277所示。

10 选中绘制完成的眼睛，然后按住Shift键向右拖曳复制一份，再单击属性栏中的"水平镜像"按钮 ，如图6-278所示。接着

选中所有眼睛对象，在属性栏中设置"旋转角度"为345.0，最后将眼睛对象拖曳到小熊脸上，如图6-279所示。

图 6-276   图 6-277

图 6-278   图 6-279

11 选中绘制完成的小熊对象，然后进行群组，接着将群组对象向右拖曳复制缩放一份，再在属性栏中设置"旋转角度"为343.0。最后选中复制对象，执行"对象>顺序>置于此对象后"菜单命令，将复制对象移动到源对象后，如图6-280所示。

图 6-280

12 双击"矩形工具" ，在页面中创建相同大小的矩形，然后填充颜色为（C:63，M:87，Y:100，K:56），再去掉轮廓线，如图6-281所示。接着导入"素材文件 >CH06>14.jpg"文件，将对象缩放到合适大小并拖曳到页面中，如图6-282所示。

图 6-281    图 6-282

13 单击"艺术笔工具" ，然后在属性栏中选择"类型"为"笔刷" 、"类别"为"感觉的"、"笔触宽度"为15mm，再选择合适的"预设笔触"，接着在对象边缘进行绘制，如图6-283所示。

图 6-283

14 选中对象，将对象复制一份，然后单击属性栏中的"垂直镜像"按钮█，再将复制对象水平向下拖曳，如图 6-284 所示。接着选中对象，将对象复制缩放两份，在属性栏中设置"旋转角度"为 90.0 和 270.0，最后将旋转对象分别拖曳到合适的位置，如图 6-285 所示。

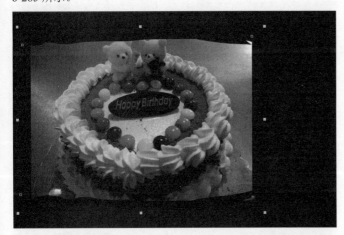

图 6-284

图 6-285

15 选中对象进行群组，然后填充颜色为（C:0，M:22，Y:95，K:0），如图 6-286 所示。接着将群组的小熊拖曳到页面右下角，如图 6-287 所示。

图 6-286

图 6-287

16 导入"素材文件 >CH06>15.cdr"文件，然后将对象分别拖曳到页面中的合适位置，最终效果如图 6-288 所示。

图 6-288

实战 079　使用刻刀工具制作中秋贺卡

实例位置	实例文件>CH07>实战079.cdr
素材位置	素材文件>CH07>01.jpg、02.cdr
实用指数	★★★★☆
技术掌握	刻刀工具的使用

中秋贺卡效果如图 7-1 所示。

图 7-1

👉 基础回顾

"刻刀工具"可以将对象沿直线、曲线拆分为两个独立的对象。

● 直线拆分对象

选中对象，单击"刻刀工具" ✏ ，当光标变为刻刀形状 ✐ 时，在对象轮廓线上单击鼠标左键，如图 7-2 所示。然后将光标移动到另外一边，如图 7-3 所示，会有一条实线以进行预览。

单击鼠标左键确认后，绘制的切割线变为轮廓属性，如图 7-4 所示。拆分为独立对象后，可以分别移动拆分后的对象，如图 7-5 所示。

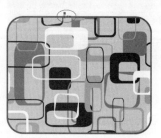

图 7-2

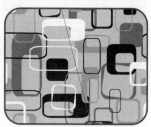

图 7-3

图 7-4

图 7-5

● 曲线拆分对象

选中对象，单击"刻刀工具" ✏ ，当光标变为刻刀形状 ✐ 时，在对象轮廓线上按住鼠标左键绘制曲线，如图 7-6 所示。预览绘制的实线并进行调节，如图 7-7 所示。如果切割失误，可以按快捷键 Ctrl+Z 撤销重新绘制。

图 7-6

图 7-7

曲线绘制到边线后，会吸附连接成轮廓线，如图 7-8 所示。拆分为独立对象后，可以分别移动拆分后的对象，如图 7-9 所示。

图 7-8

图 7-9

● 拆分位图

　　"刻刀工具"除了可以拆分矢量图之外，还可以拆分位图。导入一张位图，选中后单击"刻刀工具" ，如图7-10所示。在位图边框开始绘制直线切割线，拆分为独立对象后可以分别移动拆分后的对象，如图7-11所示。

图7-10　　　　　　　　　　　　　　图7-11

　　在位图边框开始绘制曲线切割线，如图7-12所示。拆分为独立对象后可以分别移动拆分后的对象，如图7-13所示。

图7-12　　　　　　　　　　　　　　图7-13

> 提示
>
> 　　"刻刀工具"绘制曲线切割除了长按鼠标左键拖动绘制外，如图7-14所示，还可以在单击定下节点后加按Shift键进行控制点调节，形成平滑曲线。
>
>
>
> 图7-14

● 参数介绍

　　"刻刀工具" 的属性栏如图7-15所示。

图7-15

　　①保留为一个对象 ：将对象分割为两个子路径，但是仍将其保留为单一对象，如图7-16所示。双击可以整体编辑节点。

②剪切时自动闭合 ：闭合分割对象形成的路径。图7-17和图7-18所示为只显示路径，填充效果消失。

图7-16

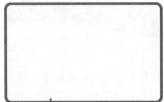

图7-17　　　　　　　　　　　　　　图7-18

☞ 操作步骤

01 新建空白文档，然后在"创建新文档"对话框中设置"名称"为"制作中秋贺卡"、"宽度"为195.0mm、"高度"为210.0mm，接着单击"确定"按钮 确定 ，如图7-19所示。

图7-19

02 导入"素材文件 >CH07>01.jpg"文件，然后单击"刻刀工具" ，接着按住 Shift 键在对象左下角单击鼠标左键，再在右边轮廓处按住鼠标左键进行拖曳，通过控制点调节曲线，如图7-20所示。最后对象被裁切成两个独立对象，如图7-21所示。

图7-20　　　　　　　　　　　　　　图7-21

03 下面绘制贺卡正面。使用"矩形工具" 绘制一个矩形，然后在属性栏中设置"宽度"为195.0mm、"高度"为100.0mm，填充颜色为白色。接着按快捷键 Ctrl+End 将对象置于页面背面，最后将裁切对象的上部分拖曳到矩形对象中，如图7-22所示。

04 选中矩形对象，将对象复制一份，然后填充颜色为（C:0, M:19, Y:59, K:19），如图7-23所示。单击"刻刀工具" ✐，按住Shift键在对象左下角单击鼠标左键，再在右边轮廓处按住鼠标左键不放进行拖曳，通过控制点调节曲线进行裁切，如图7-24所示。接着将多余的部分删除，最后去掉对象轮廓线，如图7-25所示。

图7-22

图7-23

图7-24

图7-25

05 下面绘制贺卡背面。使用"矩形工具" ▭绘制矩形，然后在属性栏中设置"宽度"为195.0mm、"高度"为100.0mm，填充颜色为白色，接着按快捷键Ctrl+End将对象置于页面背面，最后将裁切对象的下部分拖曳到矩形对象下方，如图7-26所示。

图7-26

06 使用"矩形工具" ▭绘制一个矩形，然后在属性栏中设置"宽度"为7.0mm、"高度"为8.0mm，再设置"轮廓宽度"为0.5mm、轮廓颜色为红色，如图7-27所示。接着选中对象，执行"编辑>步长和重复"菜单命令，在"步长和重复"泊坞窗中设置"水平设置"为"对象之间的间距"、"距离"为1.2mm、"方向"为"右"、"份数"为5，如图7-28所示。最后单击"应用"按钮 ▭应用▭，效果如图7-29所示。

图7-27　　　图7-28　　　　　　　图7-29

07 选中所有方块，然后将其拖曳到贺卡背面左上角，如图7-30所示。接着使用"矩形工具" ▭绘制一个矩形，在属性栏中设置"宽度"为20.0mm、"高度"为25.0mm，再设置"轮廓宽度"为0.5mm、轮廓颜色为红色，最后将对象拖曳到贺卡右上角，如图7-31所示。

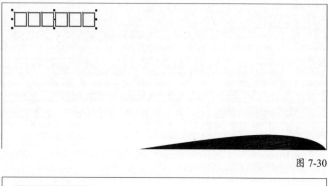

图7-30

图7-31

08 使用"钢笔工具" ✐在贺卡背面中绘制一条直线，然后在属性栏中设置"轮廓宽度"为0.2mm，再选择合适的"线条样式"，接着选中对象，将对象水平向下拖曳复制两份，如图7-32所示。

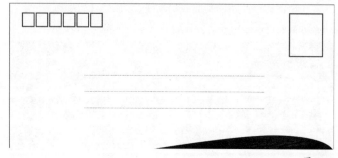

图7-32

09 导入"素材文件>CH07>02.cdr"文件，然后将对象拖曳到贺卡背面中，如图7-33所示。再单击"透明度工具" ▧，接着在属性栏中设置"透明度类型"为"均匀透明度"、"合并模式"为"常规"、"透明度"为90，效果如图7-34所示。

图7-33

图 7-34

知识链接 🔍

有关"透明度工具"的具体介绍，请参阅"实战186 利用均匀透明度制作油漆广告"内容。

10 选择"中秋节快乐"文字组图形，将其拖曳到贺卡正面并适当调整大小，然后群组对象，按 P 键将群组对象置于页面中心，如图 7-35 所示。

图 7-35

实战 080 虚拟段删除工具

实例位置	实例文件>CH07>实战080.cdr
素材位置	无
实用指数	★★★☆☆
技术掌握	虚拟段删除工具的使用

☞ **操作步骤**

01 使用"复杂星形"❂按住 Ctrl 键绘制一个正复杂星形，然后

在属性栏中设置"点数或边数"为9、"锐度"为2，再设置"轮廓宽度"为 2.0mm、轮廓颜色为红色，如图 7-36 所示。

02 选中对象，然后单击"虚拟段删除工具"✍，在没有目标时光标显示为✍，如图 7-37 所示。接着将光标移动到要删除的线段上，光标变为✍，如图 7-38 所示。最后单击鼠标左键将选中的线段删除，如图 7-39 所示。

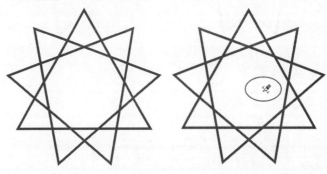

图 7-36　　　　　　　　　图 7-37

图 7-38　　　　　　　　　图 7-39

03 删除多余线段后的效果，如图 7-40 所示，对象无法进行填充操作，因为删除线段后节点是断开的，如图 7-41 所示。

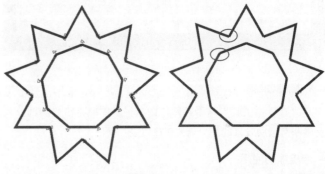

图 7-40　　　　　　　　　图 7-41

04 使用"形状工具"⬚选中断开的线段节点，然后单击属性栏中的"延长曲线使之闭合"按钮⬚使断开的线段进行闭合，接着使用同样的方法将其余断开线段进行闭合，如图 7-42 所示。最后将闭合完成的对象填充颜色为黄色，如图 7-43 所示。

123

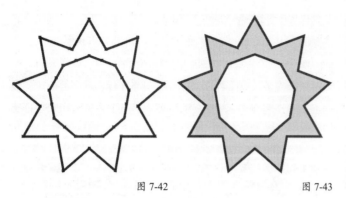

图 7-42   图 7-43

提示 📝

"虚拟段删除工具" ，不能对组合对象、文本、阴影和图像进行操作。

实战 081 使用橡皮擦工具制作破损标签

实例位置	实例文件>CH07>实战081.cdr
素材位置	素材文件>CH07>03.cdr
实用指数	★★★★☆
技术掌握	橡皮擦工具的使用

破损标签效果如图 7-44 所示。

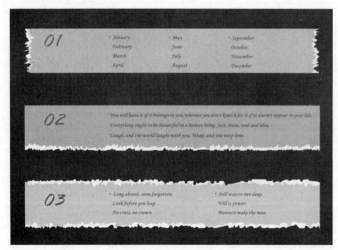

图 7-44

👉 基础回顾

"橡皮擦工具"用于擦除位图或矢量图中不需要的部分，文本和有辅助效果的图形需要转曲后进行操作。

● 橡皮擦的使用

单击导入位图，选中后单击"橡皮擦工具" ，将光标移动到对象内，单击鼠标左键定下开始点，移动光标会出现一条虚线进行预览，如图 7-45 所示。单击鼠标左键进行直线擦除，将光标移动到对象外也可以进行擦除，如图 7-46~图 7-48所示。

图 7-45   图 7-46

图 7-47   图 7-48

长按鼠标左键可以进行曲线擦除，如图 7-49 所示。与"刻刀工具"不同的是，橡皮擦可以在对象内进行擦除。

图 7-49

提示 📝

在使用"橡皮擦工具" 时，擦除的对象并没有拆分开，如图 7-50所示。

需要进行分开编辑时，执行"对象>拆分位图"菜单命令，如图 7-51所示，可以将原来对象拆分成两个独立的对象，方便分别进行编辑，如图7-52所示。

图 7-50   图 7-51   图 7-52

● 参数设置

"橡皮擦工具" 的属性栏如图 7-53 所示。

图 7-53

①橡皮擦形状：橡皮擦形状有两种，一种是默认的圆形尖端◯，一种是激活后方形尖端▢，单击"橡皮擦形状"按钮可以进行切换。

②橡皮擦厚度 ⊖：在后面的文字框中输入数值，可以调节橡皮擦尖头的宽度。

> **提 示**
> 橡皮擦尖端的大小除了输入数值调节外，也可以按住Shift键再按住鼠标左键进行移动来调节。

③减少节点 🖉：单击激活该按钮，可以减少擦除过程中节点的数量。

操作步骤

01 新建空白文档，然后在"创建新文档"对话框中设置"名称"为"制作破损标签"、"大小"为A5、页面方向为"横向"，接着单击"确定"按钮 **确定** ，如图 7-54 所示。

02 双击"矩形工具" ，创建与页面大小相同的矩形，然后填充颜色为（C:0，M:0，Y:0，K:70），并去掉轮廓线，如图 7-55 所示。接着使用"矩形工具" 在页面中绘制一个矩形，填充颜色为（C:2，M:16，Y:16，K:0），如图 7-56 所示。再选中矩形对象，将对象水平向下拖曳复制两份，如图 7-57 所示。

![图 7-54]
图 7-54

图 7-55

图 7-56

图 7-57

03 选中第一个矩形对象，然后使用"橡皮擦工具" ，单击属性栏中的"圆形尖端"按钮 ，再设置"橡皮擦厚度"为0.2mm，接着将光标移动到对象左边缘进行擦除，如图 7-58 和图 7-59 所示。最后将对象右边缘进行擦除，效果如图 7-60 所示。

图 7-58

图 7-59　　　　图 7-60

04 使用"矩形工具" 在擦除的对象上绘制一个矩形，然后填充颜色为白色，执行"对象 > 顺序 > 置于此对象后"菜单命令，当光标变为 ➡ 时，单击粉色矩形，将白色对象移动到粉色对象后，如图 7-61 所示。接着使用"橡皮擦工具" ，将白色对象的左右边缘进行擦除，擦除范围不超过粉色对象，如图 7-62 所示。最后选中擦除后的对象，去掉轮廓线，如图 7-63 所示。

图 7-61

图 7-62　　　　图 7-63

05 选中第二个矩形对象，填充颜色为（C:26，M:3，Y:6，K:0），然后使用"橡皮擦工具" 将对象下边缘进行擦除，如图 7-64 所示。接着使用"矩形工具" 在蓝色矩形上绘制矩形，填充颜色为白色，并将白色对象移动到蓝色对象后，再使用同样的方法将白色对象下边缘擦除，最后选中擦除后的对象，去掉轮廓线，如图 7-65 所示。

图 7-64　　　　图 7-65

06 选中第 3 个矩形对象，填充颜色为（C:14，M:0，Y:25，K:0），然后使用"橡皮擦工具" 将对象上下边缘擦除，如图 7-66 所示。接着使用"矩形工具" 在绿色矩形上绘制矩形，填充颜色为白色，并将白色对象移动到绿色对象后，再使用同样的方法将白色对象上下边缘擦除，最后选中擦除后的对象，去掉轮廓线，如图 7-67 所示。

图 7-66　　　　图 7-67

07 绘制完成后的效果如图 7-68 所示。然后导入"素材文件 >CH07>03.cdr"文件，接着将对象缩放到合适的大小，再分别拖曳到擦除对象中，最终效果如图 7-69 所示。

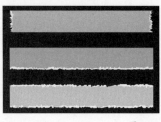
图 7-68

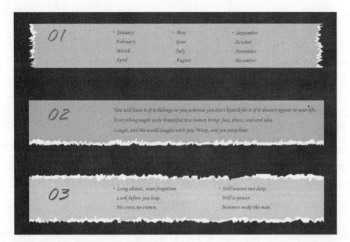

图 7-69

实战 082 利用焊接效果制作插画

实例位置	实例文件>CH07>实战082.cdr
素材位置	无
实用指数	★★★★★
技术掌握	焊接效果的使用

插画效果如图 7-70 所示。

图 7-70

☞ 基础回顾

"焊接"命令可以将两个或者多个对象焊接成为一个独立对象。

● 菜单栏焊接操作

将绘制好的需要焊接的对象进行全选，如图 7-71 所示。执行"对象>造型>合并"菜单命令，如图 7-72 所示。在焊接前选中的对象如果颜色不同，在执行"合并"命令后颜色都以最底层的对象为主，如图 7-73 所示。

图 7-71

图 7-72　　　　　　图 7-73

> **提示 📝**
>
> 菜单命令里的"合并"和"造型"泊坞窗中的"焊接"是同一个，只是名称有变化，菜单命令在于一键操作，泊坞窗中的"焊接"可以进行设置，使焊接更精确。

● 泊坞窗焊接操作

选中上方的对象，选中的对象为"原始源对象"，没被选中的为"目标对象"，如图 7-74 所示。在"造型"泊坞窗里选择"焊接"，如图 7-75 所示。有两个选项可以进行设置，勾选相应的"复选框"，可以在"复选框"上方进行效果预览。

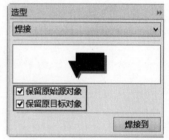

图 7-74　　　　　　图 7-75

勾选"保留原始源对象"：可以在焊接后保留源对象。

勾选"保留原目标对象"：可以在焊接后保留目标对象。

勾选"保留原始源对象"和"保留原目标对象"：可以在焊接后保留所有源对象。

去掉"保留原始源对象"和"保留原目标对象"：在焊接后不保留源对象。

选中上方的原始源对象，在"造型"泊坞窗中选择要保留的源对象，接着单击"焊接到"按钮 焊接到 ，如图 7-76 所示。当光标变为 时单击目标对象完成焊接，如图 7-77 所示。我们可以利用"焊接"制作很多复杂图形。

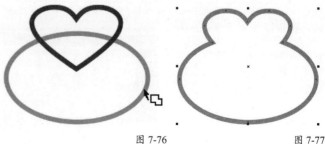

图 7-76　　　　　　图 7-77

☞ **操作步骤**

01 新建空白文档，然后在"创建新文档"对话框中设置"名称"为"制作插画"、"大小"为 A4、页面方向为"横向"，接着单击"确定"按钮，如图 7-78 所示。

图 7-78

02 首先绘制插画场景。双击"矩形工具" ☐ 创建与页面大小相同的矩形，然后单击"交互式填充工具" ◈，在属性栏上选择填充方式为"渐变填充"。接着设置"类型"为"椭圆形渐变填充"。再设置节点位置为 0% 的色标颜色为（C:6，M:26，Y:36，K:0）、节点位置为 100% 的色标颜色为（C:0，M:60，Y:100，K:0），最后将对象轮廓线去掉，效果如图 7-79 所示。

03 选中对象，向下复制缩放一份，如图 7-80 所示。然后选中复制对象，接着单击"交互式填充工具" ◈，如图 7-81 所示。再设置节点位置为 0% 的色标颜色为（C:99，M:61，Y:87，K:40）、节点位置为 100% 的色标颜色为（C:45，M:13，Y:31，K:0），最后调整节点的位置，如图 7-82 所示。

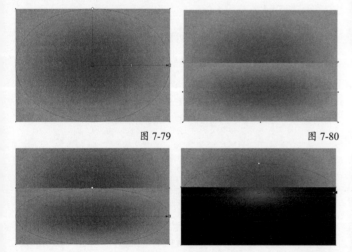

图 7-79　　　　　　　图 7-80

图 7-81　　　　　　　图 7-82

04 使用"椭圆形工具" ◯ 在海面上绘制一个椭圆形，如图 7-83 所示。然后选中对象，执行"编辑 > 步长和重复"菜单命令，接着在"步长和重复"泊坞窗中设置"水平设置"为"对象之间的间距"、"距离"为 0 mm、"方向"为"右"、"份数"为 14，如图 7-84 所示。最后单击"应用"按钮，效果如图 7-85 所示。

图 7-83

图 7-84　　　　　　　　　图 7-85

05 选中所有偶数椭圆形和海面，然后在属性栏中单击"焊接"按钮 ▣，如图 7-86 所示。选中剩下的椭圆形对象和海面，单击属性栏中的"修剪"按钮 ▣，并将多余的椭圆形删除，如图 7-87 所示。接着使用"形状工具" ◈，双击多余的节点进行删除，最后适当调整节点，如图 7-88 所示。

图 7-86

图 7-87　　　　　　　图 7-88

06 下面绘制夕阳。使用"椭圆形工具" ◯ 按住 Ctrl 键绘制圆形，然后填充颜色为红色，再去掉轮廓线，如图 7-89 所示。接着选中对象，执行"顺序 > 置于此对象后"命令，将对象移动到海面后面，如图 7-90 所示。

图 7-89　　　　　　　图 7-90

07 下面绘制云朵。使用"矩形工具" ☐ 绘制一个矩形，然后在属性栏中设置"圆角" ◠ 为 30mm，接着使用"椭圆形工具" ◯ 在矩形对象上按住 Ctrl 键绘制 3 个圆形，如图 7-91 所示。再在属性栏中单击"焊接"按钮 ▣ 将云朵焊接，最后使用"形状工具" ◈ 调整节点，如图 7-92 所示。

08 选中对象，然后填充颜色为（C:7，M:20，Y:31，K:0），并

去掉轮廓线，接着将对象复制缩放一份，填充颜色为（C:0，M:14，Y:22，K:0），再将对象复制缩放一份，单击属性栏中的"水平镜像"按钮，如图7-93所示。最后将云朵对象拖曳到天空中进行排放，如图7-94所示。

图7-91   图7-92

图7-93   图7-94

09 使用"钢笔工具"绘制鲨鱼轮廓，然后填充颜色为黑色，并去掉轮廓线，如图7-95所示。接着将鲨鱼复制缩放3份，拖曳到海中进行排放，如图7-96所示。再将鲨鱼对象进行群组，单击"透明度工具"，在属性栏中设置"透明度类型"为"均匀透明度"、"合并模式"为"叠加"、"透明度"为50，效果如图7-97所示。

10 选中海洋，将对象复制一份，然后单击"透明度工具"，在属性栏中设置"透明度类型"为"底纹透明度"、"合并模式"为"底纹化"、"底纹库"为"样本8"、"透明度"为0，再选择合适的底纹样式，最终效果如图7-98所示。

图7-95   图7-96

图7-97   图7-98

实战 083 利用修剪效果制作儿童家居标志

实例位置	实例文件>CH07>实战083.cdr
素材位置	素材文件>CH07>04.cdr
实用指数	★★★★★
技术掌握	修剪效果的使用

儿童家居标志效果如图7-99所示。

图7-99

基础回顾

"修剪"命令可以将一个对象用一个或多个对象修剪，去掉多余的部分，在修剪时需要确定源对象和目标对象的前后关系。

> **提示**
> "修剪"命令除了不能修剪文本和度量线之外，其余对象均可以进行修剪。文本对象在转曲后也可以进行修剪操作。

● **菜单栏焊接操作**

绘制需要修剪的源对象和目标对象，如图7-100所示。然后将需要焊接的对象全选，如图7-101所示。再执行"对象>造形>修剪"菜单命令，如图7-102所示。菜单栏修剪会保留源对象，将源对象移开，得到修剪后的图形，如图7-103所示。

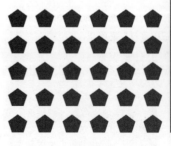

源对象   目标对象

图7-100

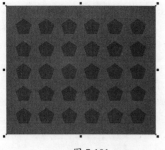

图 7-101

图 7-102

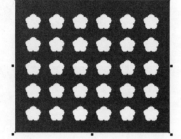

图 7-103

● 泊坞窗修剪操作

打开"造型"泊坞窗，在下拉选项中将类型切换为"修剪"，面板上呈现修剪的选项，如图 7-104 所示。选择相应的选项可以保留相应的源对象。

图 7-104

选中上方的原始源对象，在"造型"泊坞窗中不勾选复选框，接着单击"修剪"按钮 修剪 ，如图 7-105 所示。当光标变为 时单击目标对象完成修剪，如图 7-106 所示。

图 7-105

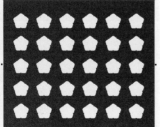

图 7-106

☞ 操作步骤

01 新建空白文档，然后在"创建新文档"对话框中设置"名称"为"制作儿童家居标志"、"宽度"为 180.0mm、"高度"为 140.0mm，接着单击"确定"按钮 确定 ，如图 7-107 所示。

图 7-107

02 使用"钢笔工具" 绘制树的轮廓，如图 7-108 所示。然后使用"钢笔工具" 在树的轮廓中绘制树干轮廓，如图 7-109 所示。再将树干拖曳到树叶上，如图 7-110 所示。接着选中对象，单击属性栏中的"修剪"按钮 ，最后将多余的树干对象删除，效果如图 7-111 所示。

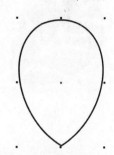

图 7-108

图 7-109

图 7-110

图 7-111

03 选中对象，将对象复制两份，然后依次填允颜色为（C:0,M:89,Y:42,K:0）、（C:2,M:24,Y:68,K:0）和（C:56,M:16,Y:67,K:0），如图 7-112 所示。接着选中对象去掉轮廓线，如图 7-113 所示。

图 7-112

图 7-113

04 选中红色对象,在属性栏中设置"旋转角度"为45.0,然后选中绿色对象,在属性栏中设置"旋转角度"为315.0,如图 7-114 所示。再选中对象,调整对象大小并进行排放,如图 7-115 所示。接着使用"钢笔工具" [图] 在对象的下方绘制出草地的轮廓,并填充颜色为(C:89,M:49,Y:93,K:13),最后去掉轮廓线,如图 7-116 所示。

图 7-114

图 7-115   图 7-116

05 使用"矩形工具" [图] 在草地与黄色对象垂直对齐的地方绘制一个矩形,然后选中对象,将对象复制两份,再将复制对象在属性栏中分别设置"旋转角度"为45.0和315.0,并将复制对象调整至适当的位置,如图 7-117 所示。接着选中矩形和草地,单击属性栏中的"修剪"按钮 [图],最后将多余的矩形对象删除,如图 7-118 所示。

图 7-117   图 7-118

06 双击"矩形工具" [图] 创建与页面大小相同的矩形,然后填充

颜色为(C:0,M:0,Y:0,K:10),并去掉轮廓线,接着导入"素材文件 >CH07>04.cdr"文件,再将对象拖曳至页面下方,最终效果如图 7-119 所示。

图 7-119

实战 084 利用相交效果制作禁烟标志

实例位置	实例文件>CH07>实战084.cdr
素材位置	素材文件>CH07>05.cdr、06.jpg
实用指数	★★★★★
技术掌握	相交效果的使用

禁烟标志效果如图 7-120 所示。

图 7-120

☞ 基础回顾

"相交"命令可以在两个或多个对象重叠区域上创建新的独立对象。

● 菜单栏相交操作

将绘制好的需要创建相交区域的对象全选,如图 7-121 所示。执行"对象 > 造形 > 相交"菜单命令,创建好的新对象的颜色属性为最底层对象的颜色属性，如图 7-122 所示，菜单栏相交操作会保留源对象。

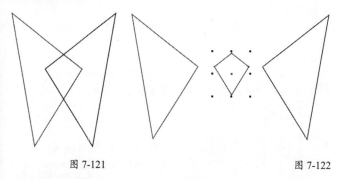

图 7-121　　　　　　　　　　　　　图 7-122

● 泊坞窗相交操作

　　打开"造型"泊坞窗，在下拉选项中将类型切换为"相交"，面板上呈现相交的选项，如图 7-123 所示。点选相应的选项可以保留相应的源对象。

　　选中上方的原始源对象，不勾选"造型"泊坞窗中的复选框，接着单击"相交对象"按钮 相交对象 ，如图 7-124 所示。当光标变为 时单击目标对象完成相交，如图 7-125 所示。

图 7-123 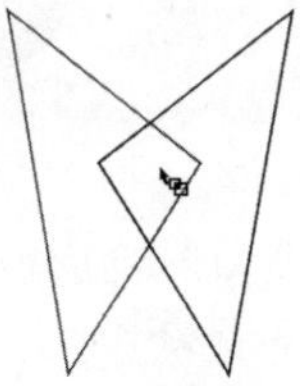　　　　图 7-124 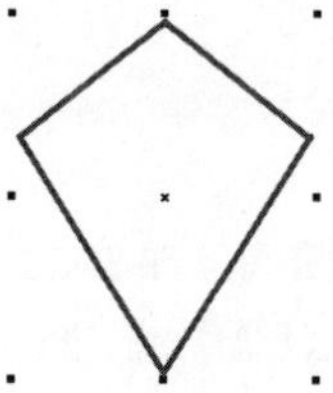　　　　图 7-125

☞ 操作步骤

01 新建空白文档，然后在"创建新文档"对话框中设置"名称"为"制作禁烟标志"、"大小"为 A4、页面方向为"横向"，接着单击"确定"按钮 确定 ，如图 7-126 所示。

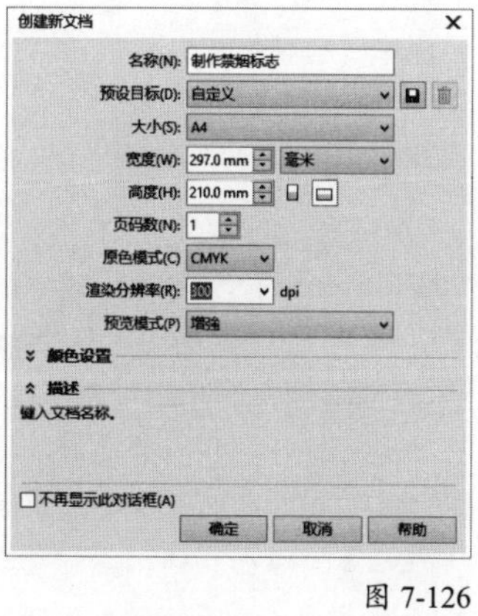

图 7-126

02 使用"椭圆形工具" 按住 Ctrl 键绘制一个圆形，然后在属性栏中设置"轮廓宽度"为 6.0mm，填充轮廓颜色为红色，如图 7-127 所示。接着使用"刻刀工具" ，在属性栏中单击"保留为一个对象"按钮 ，并在圆形上以直径进行水平切割，再选中所有对象，在属性栏中设置"旋转角度"为 315.0，如图 7-128~图 7-130 所示。

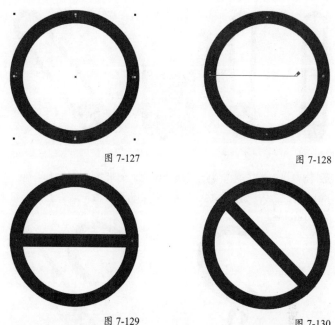

图 7-127　　　　　　　　　　　　　图 7-128

图 7-129　　　　　　　　　　　　　图 7-130

03 使用"矩形工具" 绘制一个矩形，然后在属性栏中设置"圆角" 为 10.0mm、"轮廓宽度"为 2mm，如图 7-131 所示。接着使用"椭圆形工具" 绘制一个椭圆形，再去掉轮廓线，最后将其拖曳到矩形底部，如图 7-132 所示。

04 使用"椭圆形工具" 绘制一个椭圆形，然后选中对象，将其复制一份，拖曳至烟头上并进行排列，相交的半环形为烟灰形状，如图 7-133 所示。接着单击属性栏中的"修剪"按钮 ，再将多余的椭圆形删除，如图 7-134 所示。

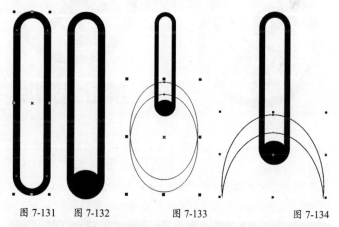

图 7-131　　　图 7-132　　　　　图 7-133　　　　　图 7-134

05 选中月牙形对象和烟身，然后单击属性栏中的"相交"按钮 ，得到想要的形状，再删除多余的对象，如图 7-135 所示。接着选中对象，填充颜色为黑色，如图 7-136 所示。

06 选中烟头对象，然后按快捷键 Ctrl+Q 进行转曲，接着使用"形状工具" 调整烟头形状，如图 7-137 所示。再选中所有对象，在属性栏中设置"旋转角度"为 324.0，如图 7-138 所示。

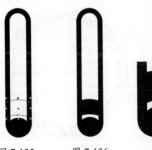

图 7-135　　　图 7-136　　　图 7-137　　　　　图 7-138

07 使用"钢笔工具" ◢绘制烟雾轮廓，然后填充颜色为黑色，并去掉轮廓线，如图 7-139 所示。接着将烟雾放至烟头上方，如图 7-140 所示。

图 7-139　　　　　　　　　图 7-140

08 将对象拖曳到禁止符号中，然后执行"对象>顺序>置于此对象后"菜单命令，将对象移动到禁止符号后，如图 7-141 所示。接着导入"素材文件 >CH07>05.cdr"文件，将文本拖曳到标志下方，最后选中所有对象进行群组，如图 7-142 所示。

图 7-141　　　　　　　　　图 7-142

09 双击"矩形工具" ▢创建与页面大小相同的矩形，然后填充颜色为黑色，去掉轮廓线，接着导入"素材文件 >CH07>06.jpg"文件，按 P 键将其置于页面中心，如图 7-143 所示。最后将标志拖曳到页面中，放置在页面最上层，最终效果如图 7-144 所示。

图 7-143　　　　　　　　　图 7-144

实战 085　移除效果

实例位置	实例文件>CH07>实战085.cdr
素材位置	无
实用指数	★ ★ ★ ★ ★
技术掌握	移除对象的方法

☞ **操作步骤**

01 选中需要进行移除的对象，确保最上层为最终保留的对象，如图 7-145 所示。然后执行"对象 > 造形 > 移除后面对象"菜单命令，如图 7-146 所示。

图 7-145　　　　　　　　　图 7-146

02 在执行"移除后面对象"命令时，如果选中对象中没有与顶层对象覆盖的对象，那么在执行命令后该层对象被删除，有重叠的对象则为修剪顶层对象，如图 7-147 所示。

图 7-147

03 除了菜单栏可以进行操作，泊坞窗也可以进行操作。打开"造型"泊坞窗，然后在下拉选项中将类型切换为"移除后面对象"，如图 7-148 所示。"移除后面对象"面板与"简化"面板相同，没有保留源对象的选项，并且在操作上也相同。选中两个或多个重叠对象，接着单击"应用"按钮 ▭应用 ，只显示最顶层移除后的对象，如图 7-149 所示。

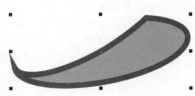

图 7-148　　　　　　　　　图 7-149

04 除了可以进行"移除后面对象"操作，还可以进行"移除前面对象"操作。选中需要进行移除的对象，确保底层为最终保留的对象，图 7-150 所示为保留底层蓝色星形，然后执行"对象>造形>移除前面对象"菜单命令，如图 7-151 所示。最终保留底图星形轮廓，如图 7-152 所示。

图 7-150

图 7-151　　　　　　　　图 7-152

05　"移除前面对象"操作同样可以使用泊坞窗，打开"造型"泊坞窗，然后在下拉选项中将类型切换为"移除前面对象"，如图 7-153 所示。接着选中两个或多个重叠对象，单击"应用"按钮 [　应用　]，只显示底层移除后的对象，如图 7-154 所示。

图 7-153　　　　　　　　图 7-154

实战 086　利用边界效果制作字体

实例位置	实例文件>CH07>实战086.cdr
素材位置	素材文件>CH07>07.cdr、08.jpg
实用指数	★★★★★
技术掌握	边界效果的使用

字体效果如图 7-155 所示。

图 7-155

☞ **基础回顾**

"边界"命令用于将所有选中的对象的轮廓以线描方式显示。

● **菜单边界操作**

选中需要进行边界操作的对象，如图 7-156 所示。执行"对

象>造形>边界"菜单命令，如图 7-157 所示。移开线描轮廓可见，菜单边界操作会默认在线描轮廓下保留源对象，如图 7-158 所示。

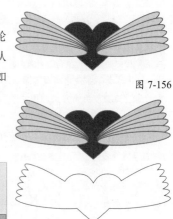

图 7-156

图 7-157　　　　　　　　图 7-158

● **造型泊坞窗操作**

打开"造型"泊坞窗，在下拉选项中将类型切换为"边界"，如图 7-159 所示，"边界"面板可以设置相应选项。

选中需要创建轮廓的对象，单击"应用"按钮 [　应用　]，显示所选对象的轮廓，如图 7-160 所示。

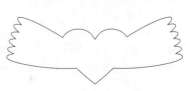

图 7-159　　　　　　　　图 7-160

放到选定对象后面：在保留原对象的时候，勾选该选项应用后的线描轮廓将位于原对象的后面。

在使用"放到选定对象后面"选项时，需要同时勾选"保留原对象"选项，否则不显示原对象，就没有效果。

保留原对象：勾选该选项将保留对象，线描轮廓位于原对象上面。

不勾选"放到选定对象后面"和"保留原对象"选项时，只显示线描轮廓。

┌─ **技术专题** 🔧 属性栏中造型操作的运用 ─┐

造型按钮在属性栏中如图7-161所示。

图 7-161

合并 ▣：将对象合并为有相同属性的单一对象。在菜单栏中的操作为执行"对象>合并"命令，效果如图7-162所示。

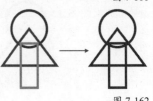

图 7-162

合并🔲：将对象合并至有单一填充和轮廓的单一曲线对象中。在菜单栏中的操作为执行"对象>造形>合并"命令；使用泊坞窗操作则为在"造型"泊坞窗里选择"焊接"命令，效果如图7-163所示。

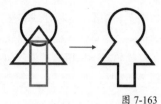

图 7-163

修剪🔲：使用其他对象的形状剪切最底层图像的一部分。在菜单栏中的操作为执行"对象>造形>修剪"命令；使用泊坞窗操作则为在"造型"泊坞窗里选择"修剪"命令，效果如图7-164所示。

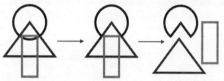

图 7-164

相交🔲：从两个或多个对象重叠的区域创建对象。在菜单栏中的操作为执行"对象>造形>相交"命令；用泊坞窗操作则为在"造型"泊坞窗里选择"相交"命令，效果如图7-165所示。

图 7-165

简化🔲：修剪对象中重叠的区域。在菜单栏中的操作为执行"对象>造形>简化"命令；用泊坞窗操作则为在"造型"泊坞窗里选择"简化"命令，效果如图7-166所示。

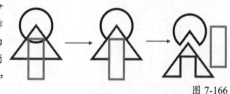

图 7-166

移除后面对象🔲：移除前面对象中的后面对象。在菜单栏中的操作为执行"对象>造形>移除后面对象"命令；用泊坞窗操作则为在"造型"泊坞窗里选择"移除后面对象"命令，效果如图7-167所示。

移除前面对象🔲：移除后面对象中的前面对象。在菜单栏中的操作为执行"对象>造形>移除前面对象"命令；用泊坞窗操作则为在"造型"泊坞窗里选择"移除前面对象"命令，效果如图7-168所示。

图 7-167　　　　　　　　图 7-168

创建边界🔲：创建一个围绕着所选对象的新对象。在菜单栏中的操作为执行"对象>造形>边界"命令；用泊坞窗操作则为在"造型"泊坞窗里选择"边界"命令，效果如图7-169所示。

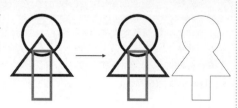

图 7-169

☞ 操作步骤

01 新建空白文档，然后在"创建新文档"对话框中设置"名称"为"制作字体"、"宽度"为210.0mm、"长度"为135.0mm，接着单击"确定"按钮 确定 ，如图7-170所示。

02 导入"素材文件>CH07>07.cdr"文件，然后使用"钢笔工具" 🖊 在文本上绘制出流淌效果轮廓，如图7-171所示。再使用同样的方法将所有文本绘制出流淌效果轮廓，如图7-172所示。接着选中所有对象，单击属性栏中的"创建边界"按钮🔲，最后将原对象删除，如图7-173所示。

图 7-170

图 7-171

图 7-172

图 7-173

03 选中对象，然后单击"交互式填充工具" 🔲，在属性栏上选择填充方式为"渐变填充"，接着设置"类型"为"线性渐变填充"，再设置节点位置为0%的色标颜色为（C:100，M:90，Y:9，K:0）、节点位置为30%的色标颜色为（C:64，M:0，Y:0，K:0）、节点位置为60%的色标颜色为（C:13，M:0，Y:93，K:0）和节点位置为100%的色标颜色为（C:0，M:68，Y:100，K:0），最后去掉轮廓线，效果如图7-174所示。

04 下面绘制滴落色块。使用"椭圆形工具" 🔲绘制多个椭圆形，然后将对象进行排放，如图7-175所示。接着单击属性栏中的"创建边界"按钮，再将原对象删除，如图 7-176 所示。最后将色块对象拖曳到文本对象下方，如图 7-177 所示。

| 移动(M) |
| 复制(C) |
| 复制填充(F) |
| 复制轮廓(O) |
| 复制所有属性(A) |
| 图框精确剪裁内部(I) |
| 取消 |

图 7-179

图 7-174

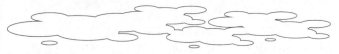

图 7-175

图 7-176

图 7-180

图 7-177

05 选中文本对象，然后按鼠标右键将其拖曳到色块对象上，如图 7-178 所示。接着松开鼠标右键，在弹出的快捷菜单中执行"复制所有属性"命令，菜单栏如图 7-179 所示，效果如图 7-180 所示。

06 选中色块对象，单击"透明度工具"，然后在属性栏中设置透明方式为"渐变透明度"，再设置"透明度类型"为"线性渐变透明度"、"合并模式"为"常规"。接着设置节点位置为 0% 的色标透明度为 100、节点位置为 100% 的色标透明度为 50，效果如图 7-181 所示。

图 7-181

07 导入"素材文件 >CH07>08.jpg"文件，然后按 P 键将对象置于页面中心，接着将对象置于页面背面，最终效果如图 7-182 所示。

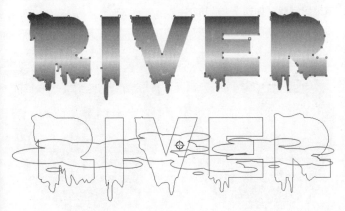

图 7-178

图 7-182

实战 087 绘制插画

实例位置	实例文件>CH07>实战087.cdr
素材位置	素材文件>CH07>09.cdr
实用指数	★★★★★
技术掌握	形状造型工具的使用

插图效果如图 7-183 所示。

图 7-183

☞ 操作步骤

01 新建空白文档，然后在"创建新文档"对话框中设置"名称"为"绘制插画"、"宽度"和"高度"为 118.0mm，接着单击"确定"按钮 确定 ，如图 7-184 所示。

02 使用"椭圆形工具" ○绘制两个椭圆形，然后将对象进行排放，如图 7-185 所示。接着选中对象，单击属性栏中的"修剪"按钮 □，并将多余的椭圆形删除，如图 7-186 所示。再填充颜色为（C:0，M:45，Y:59，K:0），最后去掉轮廓线，如图 7-187 所示。

图 7-184　　　　　　　　　　　　图 7-185

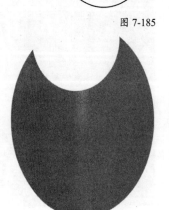

图 7-186　　　　　　　　　　　　图 7-187

03 下面绘制脸部。使用"椭圆形工具" ○绘制一个椭圆形，然后填充颜色为（C:33，M:30，Y:52，K:0），再去掉轮廓线，接着选中对象，将对象拖曳到身体对象中，如图 7-188 所示。

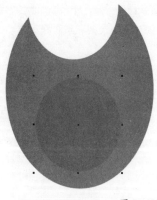

图 7-188

04 下面绘制嘴巴。单击"多边形工具" ○，然后在属性栏中设置"点数或边数"为 3，按住鼠标左键以对角的方向进行拉伸绘制两份对象，接着调整对象的大小并进行排放，如图 7-189 所示。再选中对象，单击属性栏中的"合并"按钮 □，填充颜色为黑色，最后将对象拖曳到脸对象中，如图 7-190 所示。

　　　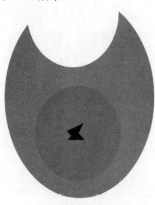

图 7-189　　　　　　　　　　　　图 7-190

05 下面绘制眼睛。使用"椭圆形工具" ○按住 Ctrl 键在脸对象上绘制两个正圆形，然后填充颜色为白色，并去掉轮廓线，如图 7-191 所示。接着使用"椭圆形工具" ○按住 Ctrl 键在眼眶对象上绘制两个正圆形，再填充颜色为（C:78，M:88，Y:95，K:74），去掉轮廓线，如图 7-192 所示。

图 7-191　　　　　　　　　　　　图 7-192

06 使用"矩形工具"□绘制两个矩形，然后填充颜色为（C:69，M:64，Y:100，K:33），去掉轮廓线，再将其拖曳到身体对象下方，如图 7-193 所示。接着选中矩形对象，执行"对象 > 顺序 > 置于此对象后"菜单命令，将对象移动到身体对象后，最后选中绘制好的动物对象进行群组，如图 7-194 所示。

图 7-193　　　　　　　　图 7-194

07 下面绘制第二个动物的身体。使用"椭圆形工具"□绘制两个椭圆形，然后调整大小并进行缩放，如图 7-195 所示。接着单击"多边形工具"□，在属性栏中设置"点数或边数"为 3，绘制两个三角形，并将对象拖曳到椭圆对象上方，如图 7-196 所示。再选中对象，单击属性栏中的"合并"按钮□，最后填充颜色为（C:35，M:1，Y:90，K:0），去掉轮廓线，如图 7-197 所示。

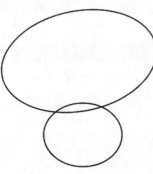

图 7-195

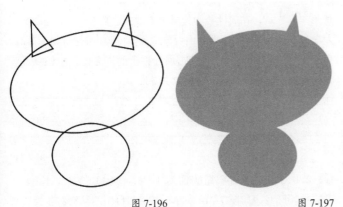

图 7-196　　　　　　　　图 7-197

08 下面绘制脸和眼睛。使用"椭圆形工具"□在身体对象上绘制一个椭圆形，然后填充颜色为（C:53，M:0，Y:90，K:0），并去掉轮廓线，如图 7-198 所示。接着使用"椭圆形工具"□按住 Ctrl 键绘制两个正圆形，填充颜色为白色，再选中眼眶对象，将对象复制缩放一份，并填充颜色为（C:69，M:61，Y:58，K:9）。最后选中所有眼睛对象，去掉轮廓线，如图 7-199 所示。

图 7-198　　　　　　　　图 7-199

09 下面绘制脚。使用"矩形工具"□绘制两个矩形，然后填充颜色为（C:69，M:64，Y:100，K:33），去掉轮廓线，再将其拖曳到身体对象下方，如图 7-200 所示。接着选中对象，执行"对象 > 顺序 > 置于此对象后"菜单命令，将对象移动到身体对象后，最后选中绘制好的动物对象进行群组，如图 7-201 所示。

图 7-200　　　　　　　　图 7-201

10 下面绘制第三只动物。使用"矩形工具"□绘制一个矩形，然后在属性栏中设置"圆角"□为 5.0mm，再使用"椭圆形工具"□绘制一个椭圆形，将对象进行排放，如图 7-202 所示。接着选中两个对象，单击属性栏中的"修剪"按钮□，将多余的椭圆形删除，最后填充颜色为（C:29，M:26，Y:2，K:0），效果如图 7-203 所示。

11 接着绘制眼睛。使用"椭圆形工具"□在身体对象上绘制两个椭圆形，然后将对象进行排放，如图 7-204 所示。接着选中对象，单击属性栏中的"合并"按钮□，填充颜色为白色，如图 7-205 所示。再使用"椭圆形工具" 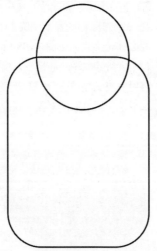在眼眶对象上绘制两个椭圆形，填充颜色为（C:56，M:63，Y:100，K:15）。最后选中所有眼睛对象，去掉轮廓线，如图 7-206 所示。

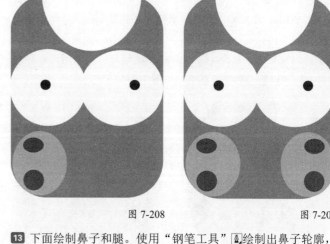

图 7-208　　　　　　　　图 7-209

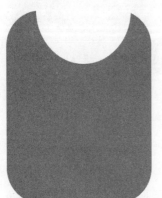

图 7-202

图 7-203　　　　　　　　图 7-204

13 下面绘制鼻子和腿。使用"钢笔工具" 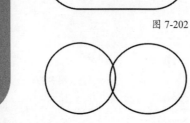绘制出鼻子轮廓，然后填充颜色为（C:0，M:75，Y:19，K:0），再去掉轮廓线，如图 7-210 所示。接着使用"矩形工具" 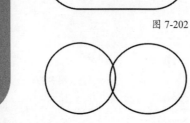在身体对象下方绘制两个矩形，填充颜色为（C:84，M:81，Y:95，K:73），并去掉轮廓线。最后选中绘制好的动物对象进行群组，如图 7-211 所示。

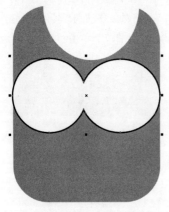

图 7-205

图 7-206

图 7-210　　　　　　　　图 7-211

12 使用"椭圆形工具" 在身体对象上绘制 3 个椭圆形，然后对其进行排放，如图 7-207 所示。接着填充颜色为（C:2，M:24，Y:25，K:0）、（C:0，M:75，Y:19，K:0），如图 7-208 所示。再选中对象，将其水平向右拖曳复制一份，最后选中复制对象，单击属性栏中的"水平镜像"按钮，效果如图 7-209 所示。

14 使用"矩形工具" 在页面中绘制一个矩形，然后单击"多边形工具" ，在属性栏中设置"点数或边数"为 3，拖动鼠标左键绘制两份对象，接着选中对象将其拖曳到矩形上，如图 7-212 所示。再选中所有对象，单击属性栏上的"简化"按钮 ，最后将多余的三角形删除，如图 7-213 所示。

图 7-212

图 7-213

图 7-207

15 选中对象，然后填充颜色为（C:41，M:15，Y:47，K:0），并去掉轮廓线，如图 7-214 所示。接着将群组的动物对象拖曳到对象上进行排放，如图 7-215 所示。再选中群组对象，执行"对象>顺序>置于此对象后"菜单命令，将群组对象移动到对象后，如图 7-216 所示。

图 7-214

图 7-215

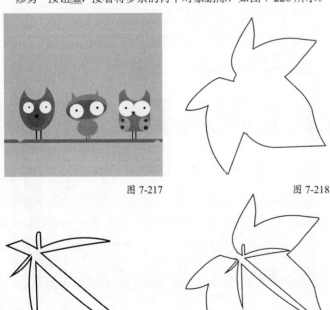

图 7-216

16 双击"矩形工具" ▢创建与页面相同大小的矩形，然后填充颜色为（C:20，M:0，Y:20，K:0），并去掉轮廓线，如图 7-217 所示。

17 使用"钢笔工具" ▨绘制树叶和树干的轮廓，如图 7-218 和图 7-219 所示。然后将树干对象拖曳到树叶对象中，单击属性栏中的"修剪"按钮▢，接着将多余的树干对象删除，如图 7-220 所示。

图 7-217

图 7-218

图 7-219

图 7-220

18 选中对象，将其复制多个并进行缩放，然后依次填充颜色为（C:66，M:2，Y:30，K:0）、（C:29，M:27，Y:1，K:0）、（C:9，M:22，Y:37，K:0）、（C:33，M:29，Y:50，K:0）、（C:73，M:0，Y:21，K:0）、（C:43，M:15，Y:49，K:0）和（C:0，M:45，Y:59，K:0），再去掉轮廓线，接着将对象拖曳到页面合适位置并进行群组，如图 7-221 所示。

最后执行"对象>图框精确裁剪>置于图文框内部"菜单命令，把对象放置在背景对象中，如图 7-222 所示。

图 7-221

图 7-222

19 单击"复杂星形" ✿，然后在属性栏中设置"点数或边数"为 9、"锐度"为 2，接着按住 Ctrl 键拖动鼠标左键绘制多个对象，再填充颜色为白色，并去掉轮廓线，最后将对象拖曳到页面合适位置，如图 7-223所示。

图 7-223

20 使用"矩形工具" ▢绘制一个与页面宽度相同的矩形，填充颜色为（C:17，M:20，Y:23，K:0），再去掉轮廓线，接着选中对象，水平向下拖曳复制 3 份，如图 7-224 所示。

21 导入"素材文件 >CH07>09.cdr"文件，将对象拖曳至矩形对象上，最终效果如图 7-225 所示。

图 7-224

图 7-225

第8章 颜色填充与美化

⚙ 实战　💬 提示　✏ 疑难问答　📄 技术专题　🔍 知识链接　✖ 商业实例

实战 088 利用调色板填充蘑菇

实例位置	实例文件>CH08>实战088.cdr
素材位置	素材文件>CH08>01.cdr
实用指数	★★★★★
技术掌握	填充对象与轮廓线

蘑菇效果如图 8-1 所示。

图 8-1

☞ 操作步骤

01 学习为对象填充单一颜色，填充的方式多种多样，下面来学习最常用最快捷的填充方法。导入"素材文件 >CH08>01.cdr"文件，然后选中需要填充颜色的对象，如图 8-2 所示。接着将光标移动到调色板中需要填充颜色的位置，此时显示颜色的参数值为（C:0，M:60，Y:100，K:0），如图 8-3 所示。

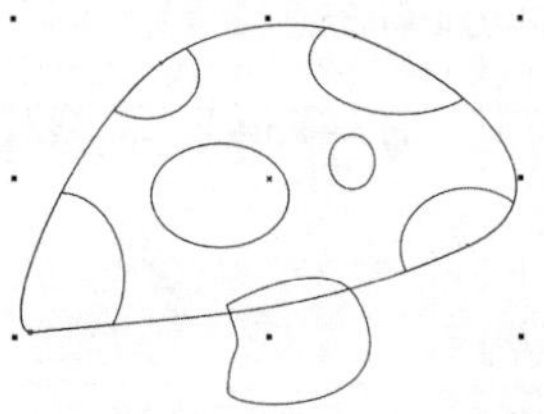

图 8-2 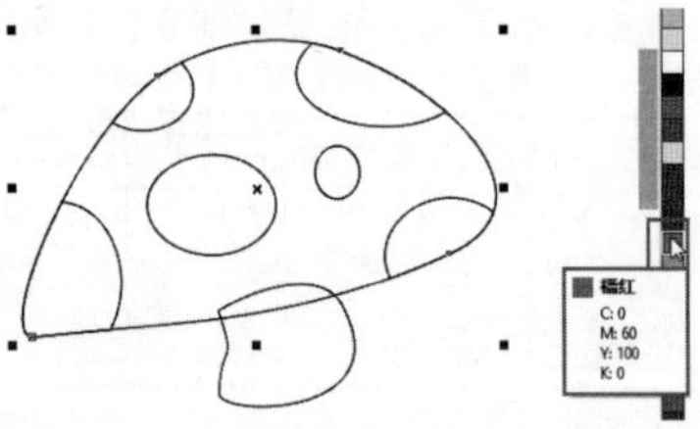　　　　　　　　　图 8-3

> **提示** ✏
>
> 在为对象填充颜色时，除了可以使用调色板上显示的色样为对象填充外，还可以在调色板中的任意一个色样上长按鼠标左键，打开该色样的渐变色样列表，如图 8-4 所示，然后在该列表中选择颜色为对象填充。 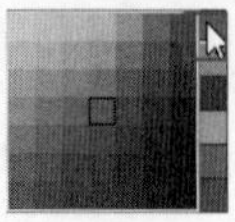
>
> 图 8-4

02 选中颜色之后，单击鼠标左键即可为选中的对象填充颜色，如图 8-5 所示。然后在属性栏中设置"轮廓宽度"为 2.0mm，效

果如图 8-6 所示。接着将光标移动到调色板中需要填充颜色的位置，单击鼠标右键即可为选中的对象填充轮廓线颜色为（C:40，M:0，Y:0，K:0），如图 8-7 所示。

图 8-5

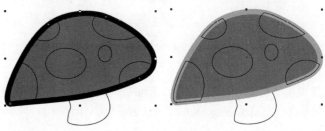

图 8-6　　　　　　　　　　图 8-7

> **提示** ✏
>
> 使用鼠标左键单击调色板下方的 » 按钮，可以在界面的右方显示该调色板列表中的所有颜色，如图8-8所示。
>
>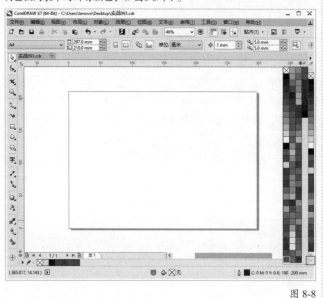
>
> 图 8-8

选中需要填充颜色的对象，如图 8-9 所示。然后使用相同的方法填充对象颜色和轮廓线颜色，如图 8-10 所示。接着分别选

中其他对象，再填充对象颜色和轮廓线颜色，效果如图8-11所示。

图8-9

图8-10

图8-11

提示

在为对象填充颜色之后，所使用的颜色会在页面下方的"文档调色板"中显示，如图8-12所示。

图8-12

疑难问答 ?

问：可以为已填充的对象添加少量的其他颜色吗？

答：可以为已填充的对象添加少量的其他颜色。首先选中某一填充对象，然后按住Ctrl键的同时，使用鼠标左键在调色板中单击想要添加的颜色，即可为已填充的对象添加少量的其他颜色。

实战 089　使用交互式填充工具均匀填充小鸟

实例位置	实例文件>CH08>实战089.cdr
素材位置	素材文件>CH08>02.cdr
实用指数	★★★★★
技术掌握	均匀填充的使用

小鸟效果如图8-13所示。

图8-13

☞ **操作步骤**

01 下面来学习使用交互式填充工具均匀填充颜色，使用交互式填充工具可以选择更多的颜色进行填充。导入"素材文件>CH08>02.cdr"文件，然后选中需要填充颜色的对象，如图8-14所示。再单击"交互式填充工具"，接着在属性栏上设置"填充类型"为"均匀填充"，最后选择"填充色"为（C:0，M:20，Y:100，K:0），如图8-15所示。

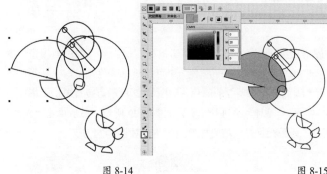

图8-14　　　　　　　　　　　　　　图8-15

02 选中需要填充颜色的对象，然后单击"交互式填充工具"，接着在属性栏上设置"填充类型"为"均匀填充"，再选择填充色为（C:0，M:40，Y:80，K:0），效果如图8-16所示。最后使用同样的方法分别为其他对象填充颜色，效果如图8-17所示。

03 填充完成之后，选中所有对象，将光标移动到"文档调色板"中的"无填充"位置，然后单击鼠标右键，即可去掉对象轮廓线，如图8-18所示。

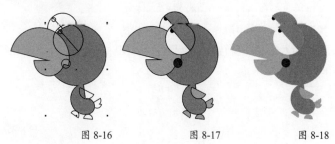

图8-16　　　　　　　图8-17　　　　　　　图8-18

提示

"交互式填充工具"无法移除对象的轮廓颜色，也无法填充对象的轮廓颜色，最快捷的方法就是通过"调色板"或"文档调色板"进行填充。

实战 090 彩色填充

实例位置	实例文件>CH08>实战090.cdr
素材位置	无
实用指数	★★★★★
技术掌握	颜色泊坞窗的使用

☞ **操作步骤**

01 执行"窗口>泊坞窗>彩色"菜单命令，打开"颜色泊坞窗"，在该泊坞窗中可以直接设置"填充"和"轮廓"的颜色，如图 8-19 所示。选中要填充的对象，如图 8-20 所示。再单击"颜色泊坞窗"中的"颜色滴管"按钮 🖋️，待光标变为滴管形状时 🖋️，即可在文档窗口中的任意对象上进行颜色取样，如图 8-21 所示。

图 8-19　　　　图 8-20　　　　图 8-21

02 确定好取样的颜色之后单击鼠标左键，在"颜色泊坞窗"的左上角"参考颜色和新颜色"中可以进行颜色预览，"新颜色"为"颜色滴管"吸取的颜色，如图 8-22 所示。接着单击"填充"按钮 填充(F) ，对对象进行填充，如图 8-23 所示。最后单击"轮廓"按钮 轮廓(O) 对对象填充轮廓线颜色，如图 8-24 所示。

图 8-22　　　　图 8-23　　　　图 8-24

03 填充完成之后再次选中其他对象，然后单击"颜色泊坞窗"中的"颜色滴管"按钮 🖋️，在页面中取样，接着使用同样的方法为对象填充颜色和轮廓颜色，如图 8-25 所示。

图 8-25

┌─ 提示 🖊️ ─────────────────
在"颜色泊坞窗"对话框中，若要将取样的颜色直接应用到对象，可以在该泊坞窗中先单击"填充"按钮 填充(F) 或"轮廓"按钮 轮廓(O) ，然后单击"颜色滴管" 🖋️，将取样的颜色直接填充到对象内部或对象轮廓上。
└──────────────────────────

04 选中要填充的对象，如图 8-26 所示。然后在"颜色泊坞窗"中单击"显示颜色滑块"按钮 🎚️，切换至"颜色滑块"操作界面，接着拖曳色条上的滑块（也可在右侧的组键中输入数值），即可选择颜色，再单击"填充"按钮 填充(F) ，对对象内部填充颜色，最后单击"轮廓"按钮 轮廓(O) ，对对象轮廓填充颜色，如图 8-27 所示。填充效果如图 8-28 所示。

图 8-26

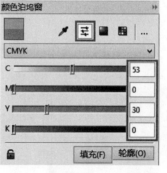

图 8-27　　　　图 8-28

05 在该泊坞窗中单击"颜色模式"右边的按钮可以选择色彩模式，不同的色彩模式有更多丰富的颜色，如图 8-29 所示。

06 选中要填充的对象，如图 8-30 所示。然后在"颜色泊坞窗"中单击"颜色查看器"按钮 🔲，切换至"颜色查看器"操作界面。接着使用鼠标左键在色样上单击，即可选择颜色（也可在组键中输入数值），再单击"填充"按钮 填充(F) ，为对象内部填充颜色。最后单击"轮廓"按钮 轮廓(O) ，为对象轮廓填充颜色，如图 8-31 所示。填充效果如图 8-32 所示。

图 8-29　　　　图 8-30

图 8-31　　　　图 8-32

07 选中要填充的对象，如图 8-33 所示。然后在"颜色泊坞窗"中单击"显示调色板"按钮 ▦，切换至调色板操作界面，再使用鼠标左键在横向色条上单击选取颜色，接着单击"填充"按钮 填充(F)，即可为对象内部填充颜色。最后单击"轮廓"按钮 轮廓(O)，即可为对象轮廓填充颜色，如图 8-34 所示。填充效果如图 8-35 所示。

图 8-33　　　　　图 8-34　　　　　图 8-35

技术专题 🔧 创建自定义调色板

　　使用"矩形工具" ▭ 绘制多个矩形，然后为该矩形填充颜色，如图8-36 所示。接着执行"窗口>调色板>从选择中创建调色板" ▦ 菜单命令，打开"另存为"对话框，再输入"文件名"为"彩虹色"。最后单击"保存"按钮 保存(S)，如图8-37所示。

图 8-36　　　　　　　　　　　　图 8-37

　　执行"窗口>调色板>打开调色板 ▦"菜单命令，将弹出"打开调色板"对话框，在该对话框中选择好自定义的调色板后，单击"打开"按钮 打开(O)，如图 8-38 所示。即可在软件界面右侧显示该调色板，如图 8-39 所示。

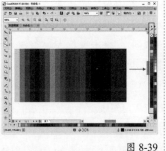

图 8-38　　　　　　　　　　　图 8-39

实战 091　无填充

实例位置	实例文件>CH08>实战091.cdr
素材位置	无
实用指数	★★★★☆
技术掌握	无填充的使用

☞ **操作步骤**

01 选中一个已填充的对象，如图 8-40 所示。然后单击"交互式填充工具" ◉，接着在属性栏上设置"填充类型"为"无填充"，即可移除该对象的填充内容，如图 8-41 所示。效果如图 8-42 所示。

图 8-40　　　　　图 8-41　　　　　图 8-42

02 选中全部对象，如图 8-43 所示。然后将光标移动到调色板中，用鼠标左键单击"无填充" ⊠，即可移除选中对象的填充内容，如图 8-44 所示。选中所有对象，用鼠标右键单击"无填充" ⊠，即可移除轮廓线颜色，如图 8-45 所示，这时候对象还是存在的，只是填充内容和轮廓颜色都为无。

图 8-43　　　　　图 8-44　　　　　图 8-45

实战 092　利用椭圆形渐变填充制作爆炸效果

实例位置	实例文件>CH08>实战092.cdr
素材位置	素材文件>CH08>03.cdr
实用指数	★★★★★
技术掌握	椭圆形渐变填充的使用

　　爆炸效果如图 8-46 所示。

图 8-46

☞ **操作步骤**

01 新建空白文档，然后在"创建新文档"对话框中设置"名称"为"绘制爆炸效果"、"大小"为 A4、页面方向为"横向"，接着单击"确定"按钮 确定，如图 8-47 所示。

02 双击"矩形工具"□创建与页面大小相同的矩形，然后单击"交互式填充工具" ，接着在属性栏上选择填充方式为"渐变填充"，设置"类型"为"椭圆形渐变填充"，如图8-48所示。效果如图8-49所示。

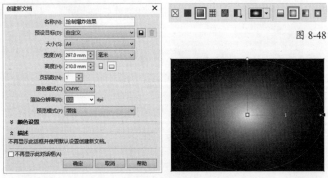

图 8-48

图 8-47　　　　　图 8-49

03 单击"交互式填充工具" ，选中节点位置为0%的色标颜色，然后设置颜色为（R:0，G:129，B:140），如图8-50所示。接着选中节点位置为100%的色标颜色，再设置颜色为（R:82，G:230，B:235），最后单击属性栏中的"平滑"按钮 ，如图8-51所示。

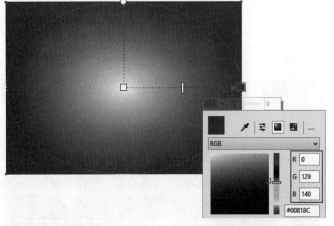

图 8-50

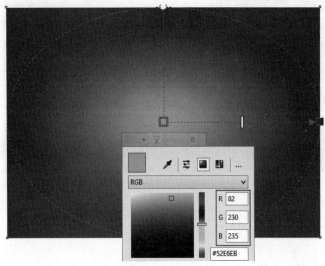

图 8-51

04 使用"钢笔工具" 绘制一个三角形，然后双击对象，将对象的"旋转中心"向上拖曳，如图8-52所示。再执行"对象>变换>旋转"菜单命令，接着在"变换"泊坞窗中设置"旋转角度"为15.0、"副本"为23，勾选"相对中心"复选框，最后单击"应用"按钮 应用 ，如图8-53所示。效果如图8-54所示。

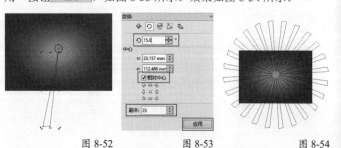

图 8-52　　　　图 8-53　　　　图 8-54

05 选中所有三角形对象，然后单击属性栏中的"合并"按钮 ，选中合并后的对象，再单击"交互式填充工具" ，接着在属性栏中选择"渐变填充"方式，设置"类型"为"椭圆形渐变填充"。最后设置节点位置为0%的色标颜色为（R:1，G:99，B:110）、节点位置为100%的色标颜色为（R:2，G:146，B:155），效果如图8-55所示。

图 8-55

06 选中三角形对象，然后执行"对象>图框精确裁剪>置于图文框内部"菜单命令，当光标变为"黑色箭头" 时，选中矩形，单击鼠标左键将对象置于矩形内，如图8-56所示。

图 8-56

07 使用"钢笔工具" 绘制对象，然后填充颜色为黑色，再去掉轮廓线，如图8-57所示。接着将对象向左上适当拖曳复制一份，最后填充颜色为白色，如图8-58所示。

图 8-57

图 8-58

08 单击"交互式填充工具" ，然后在属性栏中选择"渐变填充"方式，再设置"类型"为"椭圆形渐变填充"。接着设置节点位置为 0% 的色标颜色为（R:201，G:202，B:202）、节点位置为 29% 的色标颜色为（R:255，G:255，B:255）、节点位置为 100% 的色标颜色为（R:255，G:255，B:255），效果如图 8-59 所示。最后使用"钢笔工具" 绘制对象，填充颜色为黑色，去掉轮廓线，如图 8-60 所示。

图 8-59 图 8-60

09 使用"钢笔工具" 绘制对象，然后填充颜色为黑色和白色，并去掉轮廓线，如图 8-61 所示。接着选中两个对象，单击属性栏中的"合并"按钮 ，再将合并后的对象复制一份，最后将复制的对象适当缩放旋转，如图 8-62 所示。

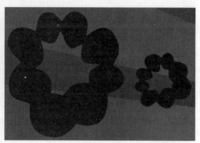

图 8-61 图 8-62

10 选中两个对象，然后向左上方拖曳复制一份，填充颜色为白色，再选中黑色对象，单击"透明度工具" ，接着在属性栏中选择"均匀透明度"方式，设置"透明度"为 50，效果如图 8-63 所示。再选中所有对象，向右拖曳复制一份，最后单击属性栏中的"水平镜像"按钮 ，并进行适当旋转，效果如图 8-64 所示。

图 8-63 图 8-64

11 使用"星形工具" 绘制星形,然后在属性栏中设置"点数或边数"为 5、"锐度"为 41，再填充颜色为黑色，去掉轮廓线，如图 8-65 所示。接着使用相同的方式复制对象，最后添加透明效果，效果如图 8-66 所示。

图 8-65 图 8-66

12 使用"钢笔工具" 绘制闪电，然后填充颜色为黑色，再去掉轮廓线，如图 8-67 所示。接着使用相同的方式复制对象，最后添加透明效果，效果如图 8-68 所示。

图 8-67 图 8-68

13 导入"素材文件 >CH08>03.cdr"文件，然后将对象拖曳到页面中合适的位置，如图 8-69 所示。再将对象向上复制一份，接着单击"交互式填充工具" ，在属性栏中选择"渐变填充"方式，设置"类型"为"线性渐变填充"、"排列"为"重复和镜像"。最后设置节点位置为 0% 的色标颜色为（R:1，G:99，B:110）、节点位置为 100% 的色标颜色为（R:41，G:149，B:187），如图 8-70 所示。最终效果如图 8-71 所示。

图 8-69 图 8-70

图 8-71

实战 093 利用圆锥形渐变填充制作光盘

实例位置	实例文件>CH08>实战093.cdr
素材位置	素材文件>CH08>04.cdr
实用指数	★★★★★
技术掌握	圆锥形渐变填充的使用

光盘效果如图 8-72 所示。

图 8-72

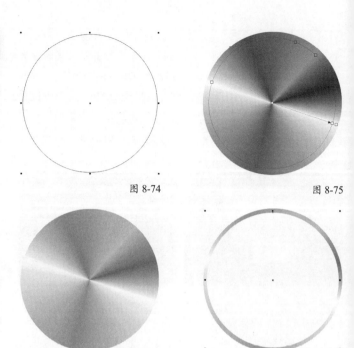

图 8-74　　　　　　　　　　图 8-75

图 8-76　　　　　　　　　　图 8-77

☞ **操作步骤**

01 新建空白文档，然后在"创建新文档"对话框中设置"名称"为"绘制光盘"、"大小"为A4、页面方向为"横向"，接着单击"确定"按钮 **确定**，如图8-73 所示。

图 8-73

02 使用"椭圆形工具" ○ 绘制圆形，如图 8-74 所示。然后单击"交互式填充工具" ，接着在属性栏中选择填充方式为"渐变填充"，设置"类型"为"圆锥形渐变填充"。再设置节点位置为 0% 的色标颜色为白色、节点位置为 24% 的色标颜色为（C:45，M:36，Y:35，K:0）、节点位置为 50% 的色标颜色为白色、节点位置为 64% 的色标颜色为（C:52，M:43，Y:40，K:0）、节点位置为 76% 的色标颜色为（C:0，M:0，Y:0，K:38）、节点位置为 82% 的色标颜色为（C:22，M:18，Y:17，K:0）、节点位置为 91% 的色标颜色为（C:0，M:0，Y:0，K:70）、节点位置为100% 的色标颜色为白色。最后适当调整节点的位置，去掉轮廓线，效果如图 8-75 所示。

03 选中对象，然后单击"透明度工具" ，在属性栏中选择"均匀透明度"方式，设置"透明度"为 50，效果如图 8-76 所示。接着选中对象，按住 Shift 键并按住鼠标左键将对象向中心缩放，确定好大小之后在松开鼠标左键前单击鼠标右键，将对象向中心复制一份，再去掉透明效果，最后填充颜色为白色，如图 8-77 所示。

04 选中白色的圆形，然后按快捷键 Ctrl+C 和快捷键 Ctrl+V 将对象原位复制一份，再选中复制的对象，单击"交互式填充工具" ，接着在属性栏中选择填充方式为"渐变填充"，设置"类型"为"圆锥形渐变填充"。设置节点位置为 0% 的色标颜色为（C:11，M:0，Y:54，K:0）、节点位置为 22% 的色标颜色为（C:82，M:55，Y:0，K:0）、节点位置为 35% 的色标颜色为（C:29，M:14，Y:0，K:0）、节点位置为 37% 的色标颜色为（C:4，M:4，Y:0，K:0）、节点位置为 39% 的色标颜色为（C:9，M:15，Y:0，K:0）、节点位置为 50% 的色标颜色为（C:32，M:45，Y:0，K:0）、节点位置为 64% 的色标颜色为（C:0，M:79，Y:71，K:0）、节点位置为 76% 的色标颜色为（C:49，M:0，Y:36，K:0）、节点位置为 84% 的色标颜色为（C:26，M:0，Y:16，K:0）、节点位置为87% 的色标颜色为（C:7，M:0，Y:4，K:0）、节点位置为 88% 的色标颜色为（C:30，M:0，Y:15，K:0）、节点位置为 91% 的色标颜色为（C:55，M:0，Y:31，K:0）、节点位置为 100% 的色标颜色为（C:11，M:0，Y:54，K:0）。最后适当调整节点的位置，效果如图 8-78 所示。

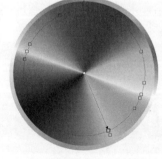

图 8-78

05 选中彩色圆形对象，然后单击"透明度工具" ，接着在属性栏中选择"均匀透明度"方式，设置"透明度"为 70，效果如图 8-79 所示。再选中最大的圆形向中心复制缩放一份，如图8-80 所示。

图 8-79   图 8-80

06 选中对象向中心复制缩放一份，然后去掉透明效果，填充颜色为（C:0，M:0，Y:0，K:5），如图 8-81 所示。接着导入"素材文件 >CH08>04.cdr"文件，将对象拖曳到页面中合适的位置，如图 8-82 所示。

07 选中最大的圆形对象向中心复制缩放一份，如图 8-83 所示。然后选中白色圆形对象向中心复制缩放一份，接着填充颜色为（C:0，M:0，Y:0，K:0），最终效果如图 8-84 所示。

图 8-81   图 8-82

图 8-83   图 8-84

实战 094 渐变的重复和镜像

实例位置	实例文件>CH08>实战094.cdr
素材位置	无
实用指数	★★★★★
技术掌握	排列的重复和镜像的使用

☞ **操作步骤**

01 绘制一个对象，然后单击"交互式填充工具" ，接着在属性栏上选择填充方式为"渐变填充"，设置"类型"为"椭圆

形渐变填充"，再设置节点位置为 0% 的色标颜色为（R:255，G:252，B:102）、节点位置为 100% 的色标颜色为（R:92，G:220，B:255），最后适当调整节点的位置，效果如图 8-85 所示。

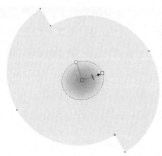

图 8-85

02 选中填充好的对象，然后单击"交互式填充工具" ，接着在属性栏上设置"排列"为"重复和镜像"，如图 8-86 所示。效果如图 8-87 所示。

03 "线性渐变填充""圆锥形渐变填充"和"矩形渐变填充"方式的"重复和镜像"效果如图 8-88~图 8-90 所示。

图 8-86

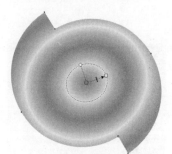

图 8-87   图 8-88

图 8-89   图 8-90

实战 095 重复的渐变填充

实例位置	实例文件>CH08>实战095.cdr
素材位置	无
实用指数	★★★★★
技术掌握	排列的重复的使用

☞ **操作步骤**

01 绘制一个对象，然后单击"交互式填充工具" ，接着在属

性栏上选择填充方式为"渐变填充"，设置"类型"为"线性渐变填充"。再设置节点位置为0%的色标颜色为（R:250, G:146, B:0）、节点位置为100%的色标颜色为（R:252，G:234，B:161），最后适当调整节点的位置，效果如图8-91所示。

图8-91

02 选中填充好的对象，然后单击"交互式填充工具" 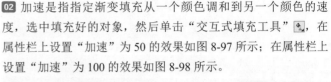 ，接着在属性栏上设置"排列"为"重复"，效果如图8-92所示。

03 "椭圆形渐变填充""圆锥形渐变填充"和"矩形渐变填充"方式的"重复"效果如图8-93~图8-95所示。

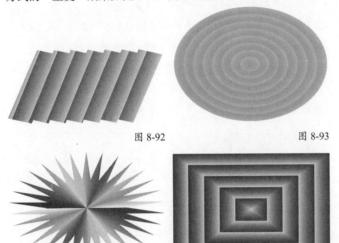

图8-92　　　　　　　　图8-93

图8-94　　　　　　　　图8-95

☞ **操作步骤**

01 绘制一个对象，然后单击"交互式填充工具" ，接着在属性栏上选择填充方式为"渐变填充"，设置"类型"为"线性渐变填充"。再设置节点位置为0%的色标颜色为（C:0, M:96, Y:100, K:0）、节点位置为50%的色标颜色为（C:0, M:0, Y:100, K:0）、节点位置为100%的色标颜色为（C:60, M:0, Y:100, K:0）。最后适当调整节点的位置，在属性栏上显示"加速"为0的效果如图8-96所示。

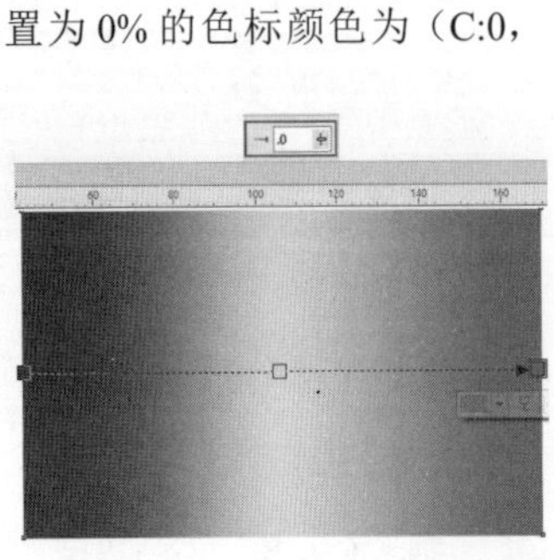

图8-96

02 加速是指指定渐变填充从一个颜色调和到另一个颜色的速度，选中填充好的对象，然后单击"交互式填充工具" ，在属性栏上设置"加速"为50的效果如图8-97所示；在属性栏上设置"加速"为100的效果如图8-98所示。

　　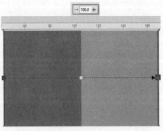

图8-97　　　　　　　　图8-98

03 "椭圆形渐变填充""圆锥形渐变填充"和"矩形渐变填充"方式的"加速"为80的效果如图8-99~图8-101所示。

图8-99

图8-100　　　　　　　　图8-101

☞ **操作步骤**

01 绘制一个对象，然后单击"交互式填充工具" ，接着在属性栏上选择填充方式为"渐变填充"，设置"类型"为"线性渐变填充"。最后设置节点位置为0%的色标颜色为（R:255, G:0, B:0）、节点位置为17%的色标颜色为（R:255, G:150, B:0）、节点位置为34%的色标颜色为（R:255, G:255, B:0）、节点位置为50%的色标颜色为（R:150, G:200, B:0）、节点位置为66%的色标颜色为（R:0, G:255, B:255）、节点位置为83%的色标颜色为（R:0, G:150, B:255）、节点位置为100%的色标颜色为（R:80, G:80, B:0），效果如图8-102所示。

图 8-102

02 在属性栏中单击"编辑填充"按钮 ▣，打开"编辑填充"对话框，"渐变步长"为灰色不可编辑状态，如图 8-103 所示。要先单击该选项后面的按钮 🔒 进行解锁，然后才能进行步长值的设置，渐变步长是指设置各个颜色之间的过渡数量，数值越大，渐变的层次越多，渐变颜色越细腻；数值越小，渐变层次越少，渐变越粗糙。

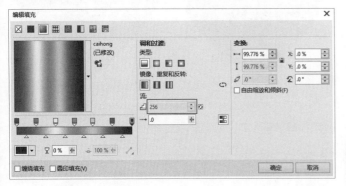

图 8-103

03 在"编辑填充"对话框中单击"设置为默认值" ▣ 按钮，取消默认值设置，然后设置"渐变步长"为 30，再单击"确定"按钮 确定 ，如图 8-104 所示，效果如图 8-105 所示。接着在"编辑填充"对话框中设置"渐变步长"为 7，最后单击"确定"按钮 确定 ，效果如图 8-106 所示。

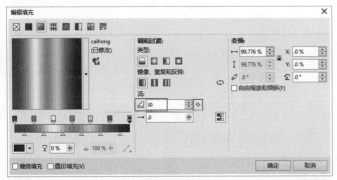

图 8-104

图 8-105　　　　　　　　图 8-106

04 "椭圆形渐变填充""圆锥形渐变填充"和"矩形渐变填充"方式的"渐变步长"为 7 的效果如图 8-107~图 8-109 所示。

图 8-107　　　　图 8-108　　　　图 8-109

> **提示** ✍
>
> 除了在"交互式填充工具"的属性栏中单击"编辑填充"按钮 ▣ 打开"编辑填充"对话框，还可以选中已填充颜色的对象，双击状态栏中的"填充工具" ◈ 打开"编辑填充"对话框。

实战 098　使用网状填充工具绘制圣诞贺卡

实例位置	实例文件>CH08>实战098.cdr
素材位置	素材文件>CH08>05.cdr
实用指数	★★★★☆
技术掌握	网状填充工具的使用

圣诞贺卡效果如图 8-110 所示。

图 8-110

☞ **基础回顾**

使用"网状填充工具" ▦ 可以设置不同的网格数量和调节点位置给对象填充不同颜色的混合效果，通过学习"网状填充"属性栏的设置等，可以掌握"网状填充工具" ▦ 的基本使用方法。

● **属性栏的设置**

"网状填充工具" ▦ 属性栏选项如图 8-111 所示。

图 8-111

①网格大小：可分别设置水平方向上和垂直方向上网格的数目。

②选取模式：单击该选项，可以在该选项的列表中选择"矩形"或"手绘"作为选定内容的选取框。

③添加交叉点🔗：单击该按钮，可以在网状填充的网格中添加一个交叉点（使用鼠标左键单击填充对象的空白处此时会出现一个黑点，表示该按钮可用），如图8-112所示。

④删除节点🔲：删除所选节点，改变曲线对象的形状。

⑤转换为线条🖊：将所选节点处的曲线转换为直线，如图8-113所示。

⑥转换为曲线🖋：将所选节点对应的直线转换为曲线，转换为曲线后的线段会出现两个控制柄，通过调整控制柄更改曲线的形状，如图8-114所示。

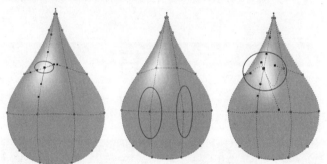

图8-112　　　　　图8-113　　　　　图8-114

⑦尖突节点🔺：单击该按钮可以将所选节点转换为尖突节点。

⑧平滑节点🔻：单击该按钮可以将所选节点转换为平滑节点，提高曲线的圆润度。

⑨对称节点🔷：将同一曲线形状应用到所选节点的两侧，使节点两侧的曲线形状相同。

⑩对网状颜色填充进行取样🖊：从文档窗口中对选定节点进行颜色选取。

⑪网状填充颜色：为选定节点选择填充颜色，如图8-115所示。

⑫透明度🔳：设置所选节点透明度，单击透明度选项出现透明度滑块，然后拖动滑块，即可设置所选节点区域的透明度。

⑬曲线平滑度🔽：更改节点数量调整曲线的平滑度。

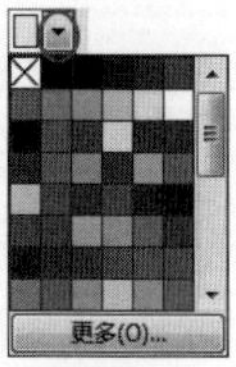

图8-115

⑭平滑网状颜色🔳：减少网状填充中的硬边缘，使填充颜色过渡更加柔和。

⑮复制网状填充🔳：将文档中另一个对象的网状填充属性应用到所选对象。

⑯清除网状🔳：移除对象中的网状填充。

● 基本使用方法

在页面空白处，绘制一个图形，然后单击"网状填充工具"🔳，接着在属性栏上设置"行数"为5、"列数"为5，如图8-116

所示。再单击对象高光位置的节点，填充较之前更亮的颜色，按照以上方法填充暗部。最后按住鼠标左键移动节点位置并调整控制柄，如图8-117所示，效果如图8-118所示。

图8-116

图8-117

图8-118

☞ 操作步骤

01 新建空白文档，然后在"创建新文档"对话框中设置"名称"为"绘制圣诞贺卡"、"大小"为A4、页面方向为"横向"，接着单击"确定"按钮 确定 ，如图8-119所示。

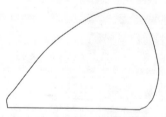

图8-119

02 使用"钢笔工具"🖊绘制对象，如图8-120所示。然后选中对象，单击"网状填充工具"🔳，接着在属性栏中设置"网格大小"为4×4，设置完成后按Enter键完成，如图8-121所示。最后选中所有节点，填充颜色为（C:0，M:0，Y:0，K:38），如图8-122所示。

图8-120

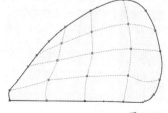

图8-121

图8-122

03 下面来填充亮部的颜色。单击"网状填充工具" ，然后按住 Shift 键分别选中亮部节点，接着填充颜色为（C:0，M:68，Y:40，K:0），效果如图 8-123 所示。再按住 Shift 键——选中暗部节点，最后填充颜色为（C:43，M:100，Y:100，K:15），效果如图 8-124 所示。

色标颜色为（C:18，M:100，Y:100，K:0）、节点位置为 54% 的色标颜色为（C:0，M:68，Y:41，K:0）、节点位置为 70% 的色标颜色为（C:0，M:68，Y:41，K:0）、节点位置为 82% 的色标颜色为（C:0，M:100，Y:100，K:0）、节点位置为 100% 的色标颜色为（C:55，M:100，Y:100，K:45）。最后适当调整节点的位置，去掉轮廓线，效果如图 8-131 所示。

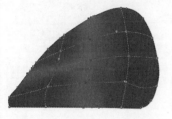

图 8-123　　　　　　　　　图 8-124

04 使用"网状填充工具" 分别选中节点，然后调整节点的位置并调整控制柄，接着去掉轮廓线，如图 8-125 所示。效果如图 8-126 所示。

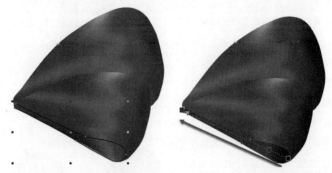

图 8-128　　　　　　　　　图 8-129

图 8-125　　　　　　　　　图 8-126

05 单击"选择工具" ，选中对象，将对象向下拖曳复制一份，然后将复制的对象进行适当的缩放和旋转，如图 8-127 所示。

图 8-127

06 使用"钢笔工具" 绘制对象，如图 8-128 所示。然后单击"交互式填充工具" ，接着在属性栏中选择填充方式为"渐变填充"，设置"类型"为"线性渐变填充"。再设置节点位置为 0% 的色标颜色为（C:65，M:98，Y:100，K:62）、节点位置为 18% 的色标颜色为（C:8，M:93，Y:76，K:0）、节点位置为 100% 的色标颜色为（C:42，M:100，Y:100，K:16）。最后适当调整节点的位置，去掉轮廓线，效果如图 8-129 所示。

07 使用"钢笔工具" 绘制对象，如图 8-130 所示。然后单击"交互式填充工具" ，接着在属性栏中选择填充方式为"渐变填充"，设置"类型"为"线性渐变填充"。再设置节点位置为 0% 的色标颜色为（C:55，M:100，Y:100，K:45）、节点位置为 18% 的

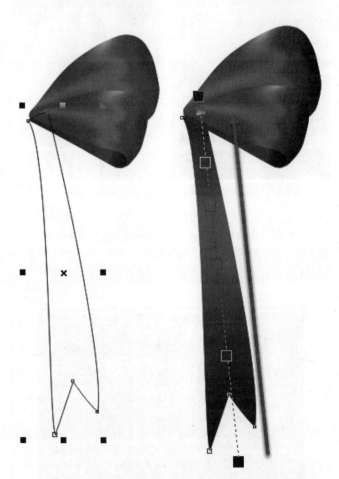

图 8-130　　　　　　　　　图 8-131

08 选中所有对象，然后向左水平复制一份，接着单击属性栏中的"水平镜像"按钮 ，效果如图 8-132 所示。

151

09 使用"钢笔工具"✎绘制对象，然后单击"交互式填充工具"✦，接着在属性栏中选择填充方式为"渐变填充"，设置"类型"为"线性渐变填充"。设置节点位置为0%的色标颜色为（C:65，M:98，Y:100，K:62）、节点位置为19%的色标颜色为（C:0，M:93，Y:77，K:0）、节点位置为57%的色标颜色为（C:0，M:70，Y:44，K:0）、节点位置为81%的色标颜色为（C:0，M:93，Y:76，K:0）、节点位置为100%的色标颜色为（C:55，M:100，Y:100，K:45），再适当调整节点的位置，去掉轮廓线，如图8-133所示。最后选中所有对象进行群组，效果如图8-134所示。

图 8-132

图 8-134

图 8-133

10 导入"素材文件 >CH08>05.cdr"文件，然后将对象拖曳到页面中合适的位置，如图8-135所示。接着双击"矩形工具"▢创建与页面大小相同的矩形，再填充颜色为（C:65，M:98，Y:100，K:62），最后去掉轮廓线，如图8-136所示。

图 8-135

图 8-136

11 使用"矩形工具"▢绘制一个矩形，然后在属性栏中设置"轮廓宽度"为10.0mm，接着使用"形状工具"⬧调整矩形的圆角，如图8-137所示。填充轮廓颜色为（C:65，M:98，Y:100，K:62），如图8-138所示。再选中蝴蝶结对象，在属性栏中设置"旋转角度"为315，最后将其拖曳到页面中合适的位置，最终效果如图8-139所示。

图 8-137

图 8-138

图 8-139

实战 099　滴管工具

实例位置	实例文件>CH08>实战099.cdr
素材位置	无
实用指数	★★★★★
技术掌握	滴管工具的使用

☞ 操作步骤

01 滴管工具包括"颜色滴管工具"🖊和"属性滴管工具"🖊,滴管工具可以复制对象颜色样式和属性样式,并且可以将吸取的颜色或属性应用到其他对象上。单击"颜色滴管工具"🖊,待光标变为滴管形状🖋时,使用鼠标左键单击想要取样的对象吸取颜色,如图 8-140 所示。

图 8-140

02 当光标变为油漆桶形状🖌时,将其悬停在需要填充的对象上,直到出现纯色色块,如图 8-141 所示。然后单击鼠标左键即可为对象填充,填充效果如图 8-142 所示。若要填充对象轮廓颜色,光标则悬停在对象轮廓上,单击鼠标左键即可为对象轮廓填充颜色。

图 8-141　　　　　　　图 8-142

03 若要继续吸取颜色,按住 Shift 键,当光标变为滴管形状🖋时,可重新吸取颜色,如图 8-143 所示,效果如图 8-144 所示。

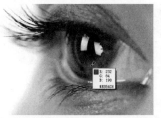

图 8-143　　　　　　　　　　　　图 8-144

04 使用"属性滴管工具"🖊,可以复制对象的属性,并将复制的属性应用到其他对象上。单击"属性滴管工具"🖊,然后在属性栏上分别单击"属性"按钮 属性▾、"变换"按钮 变换▾ 和"效果"按钮 效果▾,打开相应的选项,勾选想要复制的属性复选框,接着单击"确定"按钮 确定 添加相应属性,如图 8-145~图 8-147 所示。待光标变为滴管形状🖋时,即可在文档窗口内进行属性取样,光标变为油漆桶形状🖌时,单击想要应用的对象,即可进行属性应用。

05 使用"复杂星形工具"✿绘制一个星形,然后在属性栏中设置"轮廓宽度"为 1.5mm、轮廓颜色为(C:0, M:20, Y:100, K:0),接着为其填充渐变颜色,效果如图 8-148 所示。

图 8-145　　图 8-146　　图 8-147　　　　　图 8-148

06 使用"基本形状工具"🖺在星形的右侧绘制一个对象,如图 8-149 所示。然后单击"属性滴管工具"🖊,在"属性"列表中勾选"轮廓"和"填充"的复选框、"变换"列表中勾选"大小"和"位置"的复选框,如图 8-150 和图 8-151 所示。接着分别单击"确定"按钮 确定 添加所选属性,再将光标移动到星形上单击鼠标左键进行属性取样,当光标变为油漆桶形状🖌时,单击笑脸对象,应用属性后的效果如图 8-152 所示。

图 8-149

图 8-150　　　　　　图 8-151　　　　　　图 8-152

实战 100 整体调整颜色

实例位置	实例文件>CH08>实战100.cdr
素材位置	无
实用指数	★★★☆☆
技术掌握	颜色样式的使用

☞ **操作步骤**

01 选中一个完成填充颜色的对象，如图 8-153 所示。执行"窗口 > 泊坞窗 > 颜色样式"菜单命令，打开"颜色样式"泊坞窗，然后将对象拖曳到泊坞窗"添加颜色样式"处，如图 8-154 所示，泊坞窗如图 8-155 所示。

图 8-153

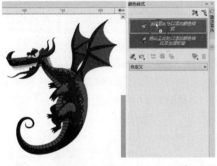

图 8-154　　图 8-155

02 选中"添加颜色样式"中的所有颜色，然后拖曳到"和谐文件夹"中，接着在"和谐文件夹"中选中一个颜色，打开"和谐编辑器"，如图 8-156 所示。

03 单击"和谐编辑器"中的空白处选中所有颜色，然后按住鼠标左键进行拖曳，调整整体颜色，确定好颜色之后松开鼠标完成整体颜色的调整，如图 8-157 所示。继续拖曳"和谐编辑器"可以再次更改整体颜色，如图 8-158 所示。

图 8-156

图 8-157

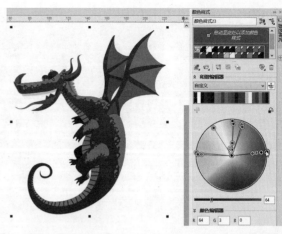

图 8-158

实战 101 绘制红酒海报

实例位置	实例文件>CH08>综合实例101.cdr
素材位置	素材文件>CH08>06.cdr~08.cdr、09.jpg、10.jpg、11.psd、12.psd
实用指数	★★★★★
技术掌握	交互式填充工具的使用

红酒海报效果如图 8-159 所示。

图 8-159

☞ **操作步骤**

01 新建空白文档，然后在"创建新文档"对话框中设置"名称"为"绘制红酒海报"、"大小"为 A4、页面方向为"横向"，接着单击"确定"按钮　确定　，如图 8-160 所示。

图 8-160

02 使用"钢笔工具" ▲ 绘制出红酒瓶的外轮廓，如图 8-161 所示。然后填充颜色为（C:0，M:0，Y:0，K:100），接着去除轮廓，效果如图 8-162 所示。

03 使用"钢笔工具" ▲ 绘制出红酒瓶左侧反光区域的轮廓，如图 8-163 所示。然后单击"交互式填充工具" ◈，接着在属性栏中选择"渐变填充"方式，设置"类型"为"线性渐变填充"。再设置节点位置为 0% 的色标颜色为（C:0，M:0，Y:0，K:100）、节点位置为 15% 的色标颜色为（C:0，M:0，Y:0，K:81）、节点位置为 64% 的色标颜色为（C:0，M:0，Y:0，K:90）、节点位置为 100% 的色标颜色为（C:0，M:0，Y:0，K:100），填充完毕后去除轮廓，最后适当调整节点位置，效果如图 8-164 所示。

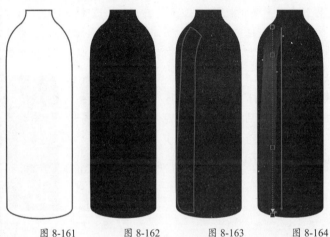

图 8-161　　　　图 8-162　　　　图 8-163　　　　图 8-164

04 使用"钢笔工具" ▲ 绘制出红酒瓶右侧反光区域的轮廓，如图 8-165 所示。然后单击"交互式填充工具" ◈，接着在属性栏中选择"渐变填充"方式，设置"类型"为"线性渐变填充"。再设置节点位置为 0% 的色标颜色为（C:0，M:0，Y:0，K:80）、节点位置为 50% 的色标颜色为（C:0，M:0，Y:0，K:100）、节点位置为 100% 的色标颜色为（C:0，M:0，Y:0，K:100），填充完毕后去除轮廓，最后适当调整节点位置，效果如图 8-166 所示。

图 8-165　　　　图 8-166

05 绘制出红酒瓶颈部的左侧反光区域的轮廓，如图 8-167 所示。然后单击"交互式填充工具" ◈，接着在属性栏中选择"渐变填充"方式，设置"类型"为"线性渐变填充"。再设置节点位置为 0% 的色标颜色为（C:0，M:0，Y:0，K:70）、节点位置为 85% 的色标颜色为（C:0，M:0，Y:0，K:100）、节点位置为 100% 的色标颜色为（C:0，M:0，Y:0，K:90），填充完毕后去除轮廓，最后

适当调整节点位置，效果如图 8-168 所示。

图 8-167　　　　　　　　　图 8-168

06 绘制出红酒瓶颈部右侧的反光区域的轮廓，如图 8-169 所示。然后单击"交互式填充工具" ◈，接着在属性栏中选择"渐变填充"方式，设置"类型"为"线性渐变填充"。再设置节点位置为 0% 的色标颜色为（C:0，M:0，Y:0，K:100）、节点位置为 100% 的色标颜色为（C:0，M:0，Y:0，K:70），填充完毕后去除轮廓，最后适当调整节点位置，效果如图 8-170 所示。

图 8-169　　　　　　　　　图 8-170

07 绘制出红酒瓶右侧边缘的反光区域的轮廓，如图 8-171 所示。然后单击"交互式填充工具" ◈，接着在属性栏中选择"渐变填充"方式，设置"类型"为"线性渐变填充"。再设置节点位置为 0% 的色标颜色为（C:55，M:49，Y:48，K:14）、节点位置为 85% 的色标颜色为（C:0，M:0，Y:0，K:90）、节点位置为 100% 的色标颜色为（C:0，M:0，Y:0，K:100），填充完毕后去除轮廓，最后适当调整节点位置，效果如图 8-172 所示。

08 绘制出红酒瓶左侧上方边缘的反光区域的轮廓，如图 8-173 所示。然后单击"交互式填充工具" ◈，接着在属性栏中选择"渐变填充"方式，设置"类型"为"线性渐变填充"。再设置节点位置为 0% 的色标颜色为（C:78，M:74，Y:71，K:44）、节点位置为 100% 的色标颜色为（C:86，M:85，Y:79，K:100），填充完毕后去除轮廓，最后适当调整节点位置，效果如图 8-174 所示。

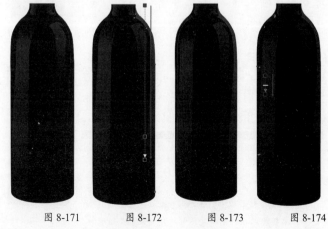

图 8-171　　　　图 8-172　　　　图 8-173　　　　图 8-174

09 绘制出红酒瓶左侧下方边缘的反光区域的轮廓，如图 8-175

所示，然后单击"交互式填充工具" ，接着在属性栏中选择"渐变填充"方式，设置"类型"为"线性渐变填充"。再设置节点位置为0%的色标颜色为（C:85，M:86，Y:79，K:100）、节点位置为77%的色标颜色为（C:0，M:0，Y:0，K:100）、节点位置为100%的色标颜色为（C:0，M:0，Y:0，K:70），填充完毕后去除轮廓，最后适当调整节点位置，效果如图8-176所示。

10 使用"矩形工具" 绘制出瓶盖的外轮廓，首先绘制两个交叉的矩形，如图8-177所示。然后在下方绘制一个矩形，接着在上方绘制一个"圆角"为0.77mm的矩形，最后将绘制的矩形全部选中按C键使其垂直居中对齐，效果如图8-178所示。

  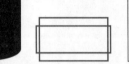

图8-175 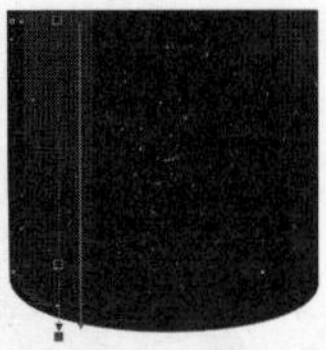　　图8-176　　图8-177 　　图8-178

11 选中前面绘制的矩形中最下方的矩形，然后按快捷键Ctrl+Q将其转换为曲线，接着使用"形状工具" 调整外形，再选中这4个矩形，最后按快捷键Ctrl+G组合对象，效果如图8-179所示。

12 选中前面组合的对象，然后单击"交互式填充工具" ，接着在属性栏中选择"渐变填充"方式，设置"类型"为"线性渐变填充"。再设置节点位置为0%的色标颜色为（C:42，M:90，Y:75，K:65）、节点位置为21%的色标颜色为（C:35，M:85，Y:77，K:42）、节点位置为43%的色标颜色为（C:44，M:89，Y:90，K:11）、节点位置为76%的色标颜色为（C:56，M:87，Y:82，K:86）、节点位置为100%的色标颜色为（C:56，M:87，Y:79，K:85），填充完毕后去除轮廓，最后适当调整节点位置，效果如图8-180所示。

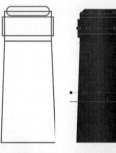

图8-179　　　图8-180

13 使用"矩形工具" 绘制一个矩形长条，然后填充颜色为（C:49，M:87，Y:89，K:80），接着去除轮廓，如图8-181所示。最后复制3个分别放置在瓶盖中图形的衔接处，效果如图8-182所示。

图8-181

提示

在以上操作步骤中，将矩形长条放置在图形衔接处时，要根据所在的衔接处图形的宽度来调整矩形的宽度，矩形的宽度要与衔接处图形的宽度一致。

图8-182

14 使用"矩形工具" 绘制矩形，然后单击"交互式填充工具" ，接着在属性栏中选择"渐变填充"方式，设置"类型"为"线性渐变填充"。再设置节点位置为0%的色标颜色为（C:27，M:51，Y:94，K:8）、节点位置为28%的色标颜色为（C:2，M:14，Y:58，K:0）、节点位置为49%的色标颜色为（C:0，M:0，Y:0，K:0）、节点位置为67%的色标颜色为（C:43，M:38，Y:74，K:8）、节点位置为80%的色标颜色为（C:5，M:15，Y:58，K:0）、节点位置为100%的色标颜色为（C:47，M:42，Y:75，K:13），最后去掉轮廓线，效果如图8-183所示。

图8-183

15 选中前面填充渐变色的矩形，然后按快捷键Ctrl+Q进行转曲，接着将其拖曳到瓶盖下方，最后使用"形状工具" 调整外形使矩形左右两侧的边缘与瓶盖左右两侧边缘重合，效果如图8-184所示。

16 导入"素材文件>CH08>06.cdr"文件，然后将其移动到瓶盖下方，接着适当调整大小，效果如图8-185所示。

图8-184　　　图8-185

17 选中瓶盖上的所有内容，然后按快捷键Ctrl+G进行对象组合，接着将其拖曳到瓶身上方，最后适当调整位置，效果如图8-186所示。

18 使用"矩形工具" 在瓶身上面绘制一个矩形作为瓶贴，如图8-187所示。然后单击"交互式填充工具" ，接着在属性栏中选择"渐变填充"方式，设置"类型"为"线性渐变填充"。再设置节点位置为0%的色标颜色为（C:47，M:39，Y:64，K:0）、节点位置为23%的色标颜色为（C:4，M:0，Y:25，K:0）、节点位置为53%的色标颜色为（C:42，M:35，Y:62，K:0）、节点位置为83%的色标颜色为（C:16，M:15，Y:58，K:0）、节点位置为100%的色标颜色为（C:60，M:53，Y:94，K:8），最后去掉轮廓线，效果如图8-188所示。

图8-186　　图8-187　　图8-188

19 将前面绘制的瓶贴复制两份，然后将复制的第 2 个瓶贴适当缩小，接着稍微拉长高度，如图 8-189 所示。再选中两个矩形，单击属性栏中的"移除前面对象"按钮，即可制作出边框，效果如图 8-190 所示。

20 单击"属性滴管工具"，然后在属性栏上单击"属性"按钮，勾选"填充"，如图 8-191 所示。接着使用鼠标左键在瓶盖的金色渐变色条上进行属性取样，待光标变为 ◇ 形状时单击矩形框，使金色色条的"填充"属性应用到矩形边框，效果如图 8-192 所示。

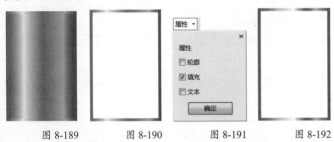

图 8-189　　　　图 8-190　　　　图 8-191　　　　图 8-192

21 选中矩形边框，然后将其移动到瓶贴上面，接着适当调整位置，效果如图 8-193 所示。

22 导入"素材文件 >CH08>07.cdr"文件，然后适当调整大小并将其放置在瓶贴上方，效果如图 8-194 所示。

23 导入"素材文件 >CH08>08.cdr"文件，然后适当调整大小并将其放置在瓶贴下方，如图 8-195 所示。最后选中红酒瓶包含的所有对象按快捷键 Ctrl+G 组合对象。

图 8-193　　　　图 8-194　　　　图 8-195

24 导入"素材文件 >CH08>09.jpg"文件，然后按 P 键将其移动到页面中心，接着导入"素材文件 >CH08>10.jpg"文件，最后将对象拖曳到页面下方，效果如图 8-196 所示。

图 8-196

25 导入"素材文件 >CH08>11.psd"文件，然后将其拖曳到页面左下方，如图 8-197 所示。接着将酒瓶拖曳到葡萄后面，再将酒瓶复制一份移动到叶子后面，效果如图 8-198 所示。

图 8-197　　　　　　　　　　图 8-198

26 导入"素材文件 >CH08>12.psd"文件，然后将其拖曳到页面中合适的位置，接着将对象移动到背景前面，再将酒瓶的标志复制一份进行缩放，最后将标志拖曳到标志右上方，最终效果如图 8-199 所示。

图 8-199

实战 102　流淌字体设计

实例位置	实例文件>CH08>综合实例102.cdr
素材位置	素材文件>CH08>13.cdr、14.psd
实用指数	★★★★★
技术掌握	交互式填充工具的使用

流淌字体效果如图 8-200 所示。

图 8-200

☞ **操作步骤**

01 新建空白文档，然后在"创建新文档"对话框中设置"名称"为"流淌字体设计"、"大小"为 A4、页面方向为"横向"，接着单击"确定"按钮，如图 8-201 所示。

02 导入"素材文件 >CH08>13.cdr"文件，如图 8-202 所示。然

后选中上面的文本，填充颜色为黄色，接着选中下面的文本，填充颜色为洋红，如图 8-203 所示。

图 8-201

图 8-202

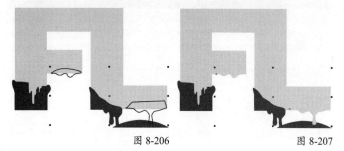

图 8-203

03 使用"钢笔工具" ![pen]绘制流淌形状，如图 8-204 所示。然后填充颜色为洋红，接着去掉轮廓线，如图 8-205 所示。

图 8-204　　　　　　　　图 8-205

04 使用"钢笔工具" ![pen]绘制流淌形状，如图 8-206 所示。然后填充颜色为黄色，接着去掉轮廓线，如图 8-207 所示。

图 8-206　　　　　　　　图 8-207

05 使用"钢笔工具" ![pen]绘制流淌形状，如图 8-208 所示。然后填充颜色为黄色，接着去掉轮廓线，如图 8-209 所示。

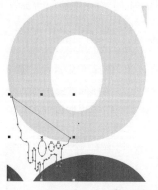
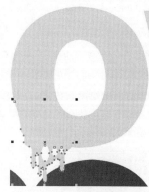

图 8-208　　　　　　　　图 8-209

06 使用"钢笔工具" ![pen]绘制流淌形状，如图 8-210 所示。然后填充颜色为黄色，接着去掉轮廓线，如图 8-211 所示。

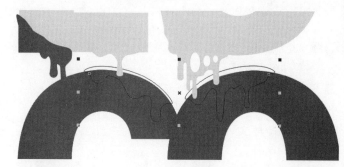

图 8-210

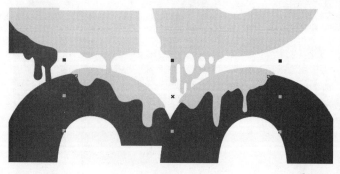

图 8-211

07 使用"钢笔工具" ![pen]绘制流淌形状，如图 8-212 所示。然后填充颜色为洋红，接着去掉轮廓线，如图 8-213 所示。

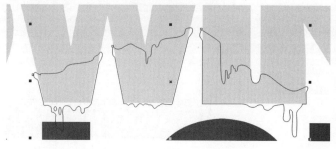

图 8-212

图 8-213

08 使用"钢笔工具" 绘制流淌形状，如图 8-214 所示。然后填充颜色为黄色，接着去掉轮廓线，如图 8-215 所示。

图 8-217

图 8-214　　　　　　　　　　　　　　图 8-215

09 使用"钢笔工具" 绘制流淌形状，如图 8-216 所示。然后填充颜色为洋红，接着去掉轮廓线，如图 8-217 所示。

10 使用"钢笔工具" 绘制流淌形状，如图 8-218 所示。然后填充颜色为洋红，接着去掉轮廓线，如图 8-219 所示。

图 8-218　　　　　　　　　　　　　　图 8-219

11 使用"钢笔工具" 绘制流淌形状，如图 8-220 所示。然后填充颜色为洋红，接着去掉轮廓线，如图 8-221 所示。文字的流淌效果如图 8-222 所示。

12 选中所有对象，然后将对象错位复制一份，接着将下面的对象填充颜色为（C:100，M:100，Y:100，K:100），作为阴影效果，如图 8-223 所示。

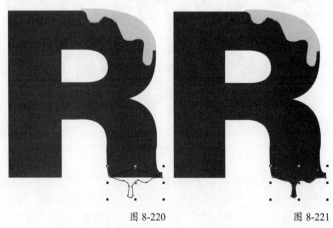

图 8-216

图 8-220　　　　　　　　　　　　　　图 8-221

图 8-222

图 8-223

13 选中所有黄色对象，在属性栏中单击"合并"按钮，然后选中合并后的对象，单击"交互式填充工具"，在属性栏上选择填充方式为"渐变填充"，再设置"类型"为"线性渐变填充"。接着设置节点位置为 0% 的色标颜色为（C:0，M:30，Y:100，K:0）、节点位置为 41% 的色标颜色为黄色、节点位置为 59% 的色标颜色为黄色、节点位置为 100% 的色标颜色为（C:0，M:20，Y:100，K:0），最后适当调整节点位置，如图 8-224 所示。

图 8-224

14 选中字母 CO 的所有洋红色对象，在属性栏中单击"合并"按钮，然后选中合并后的对象，单击"交互式填充工具"，在属性栏上选择填充方式为"渐变填充"，再设置"类型"为"线

性渐变填充"。接着设置节点位置为 0% 的色标颜色为黄色、节点位置为 100% 的色标颜色为洋红，最后适当调整节点位置，如图 8-225 所示。

图 8-225

15 选中字母 LO 的所有洋红色对象，在属性栏中单击"合并"按钮，然后选中合并后的对象，单击"交互式填充工具"，在属性栏上选择填充方式为"渐变填充"，再设置"类型"为"线性渐变填充"。接着设置节点位置为 0% 的色标颜色为青色、节点位置为 100% 的色标颜色为洋红，最后适当调整节点位置，如图 8-226 所示。

16 选中字母 R 的所有洋红色对象，在属性栏中单击"合并"按钮，然后选中合并后的对象，单击"交互式填充工具"，在属性栏上选择填充方式为"渐变填充"，再设置"类型"为"线性渐变填充"。接着设置节点位置为 0% 的色标颜色为黄色、节点位置为 100% 的色标颜色为洋红，最后适当调整节点位置，如图 8-227 所示，效果如图 8-228 所示。

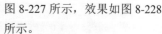

图 8-226

图 8-227

材文件 >CH08>14.psd"文件，再使用"透明度工具"，在属性栏中设置"类型"为"均匀透明度"、"透明度"为 10，如图 8-232 所示。最后将流淌字体拖曳到页面中合适的位置，最终效果如图 8-233 所示。

图 8-228

17 选中所有彩色对象，拖曳复制一份，然后选中所有对象，单击属性栏中的"合并"按钮，再填充颜色为黑色，如图 8-229 所示。接着将黑色对象错位复制一份，最后单击属性栏中的"移除前面对象"按钮修剪对象，效果如图 8-230 所示。

图 8-231

图 8-229

图 8-232

图 8-230

18 选中修剪后的对象，然后将其拖曳到页面中合适的位置作为流淌字体的亮部，再填充颜色为白色，接着单击"透明度工具"，在属性栏中设置"类型"为"均匀透明度"、"透明度"为 30，最后将所有对象进行群组，效果如图 8-231 所示。

19 双击"矩形工具"创建与页面大小相同的矩形，然后填充颜色为（C:0，M:0，Y:0，K:100），去掉轮廓线，接着导入"素

图 8-233

第 9 章 其他填充操作

实战　提示　疑难问答　技术专题　知识链接　商业实例

实战 103 利用位图图样填充制作服饰

实例位置	实例文件>CH09>实战103.cdr
素材位置	素材文件>CH09>01.cdr
实用指数	★★★★☆
技术掌握	位图图样填充的使用

服饰效果如图 9-1 所示。

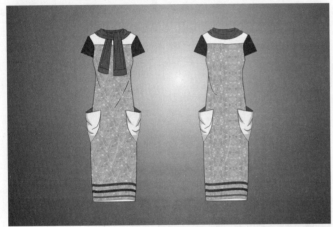

图 9-1

操作步骤

01 新建空白文档，然后在“创建新文档”对话框中设置“名称”为“绘制服饰”、“大小”为 A5、页面方向为“横向”，接着单击“确定”按钮 确定 ，如图 9-2 所示。

02 导入“素材文件 >CH09>01.cdr”文件，然后按 P 键将对象放置在页面中心，接着单击属性栏上的“取消组合对象”按钮，如图 9-3 所示。

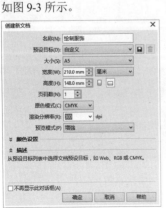

图 9-2

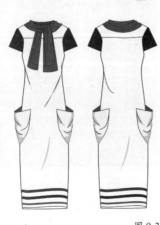

图 9-3

03 选中对象，单击“交互式填充工具”，接着在属性栏中选择“位图图样填充”方式，单击“填充挑选器”，双击需要填充的图样，如图 9-4 所示。再单击“调和过度”按钮，勾选“边缘匹配”和“亮度”复选框，如图 9-5 所示。最后按 Enter 键完成填充，效果如图 9-6 所示。

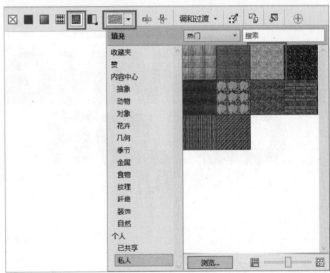

图 9-4

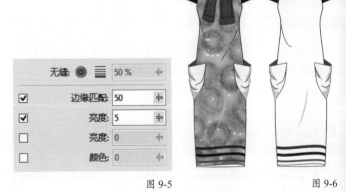

图 9-5

图 9-6

04 选中对象，然后单击“底纹填充”属性栏中的“编辑填充”按钮，打开“编辑填充”对话框，接着设置“填充宽度”和“填充高度”为 10.0mm，如图 9-7 所示。最后单击“确定”按钮 确定 ，效果如图 9-8 所示。

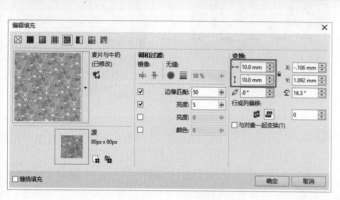

图 9-7

05 使用同样的方法，为服饰的背面添加填充，如图 9-9 所示。然后选中填充的对象，单击"透明度工具" ，接着在属性栏中设置"类型"为"均匀透明度"、"合并模式"为"常规"、"透明度"为 35，效果如图 9-10 所示。

图 9-8

图 9-9　　　　　　图 9-10

06 双击"矩形工具" 创建与页面大小相同的矩形，然后单击"交互式填充工具" ，在属性栏上选择填充方式为"渐变填充"，接着设置"类型"为"椭圆形渐变填充"。再设置节点位置为 0%

的色标颜色为（C:60，M:40，Y:0，K:40）、节点位置为 100% 的色标颜色为白色，最后将对象轮廓线去掉，最终效果如图 9-11 所示。

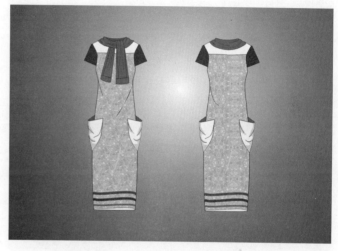

图 9-11

实战 104　利用双色图样填充制作复古胸针

实例位置	实例文件>CH09>实战104.cdr
素材位置	素材文件>CH09>02.cdr
实用指数	★★★★☆
技术掌握	双色图样填充的使用

复古胸针效果如图 9-12 所示。

图 9-12

操作步骤

01 新建空白文档，然后在"创建新文档"对话框中设置"名称"为"制作复古胸针"、"大小"为A4、页面方向为"纵向"，接着单击"确定"按钮 確定，如图9-13所示。

图 9-13

02 使用"椭圆形工具" ⊙绘制一个圆形，单击"交互式填充工具" ◈，然后在属性栏中选择"双色图样填充"方式，单击"填充挑选器"，选择要填充的图样，再设置"前景颜色"为黑色、"背景颜色"为（C:87，M:56，Y:61，K:10），如图9-14所示。接着适当调整颜色节点，最后单击鼠标右键去掉轮廓线，效果如图9-15所示。

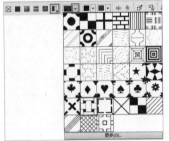

图 9-14

图 9-15

03 选中对象，然后按快捷键Ctrl+C和Ctrl+V原位复制对象，接着单击"交互式填充工具" ◈，在属性栏上选择填充方式为"渐变填充"，再设置"类型"为"线性渐变填充"。设置节点位置为0%的色标颜色为（C:11，M:0，Y:10，K:0）、节点位置为100%的色标颜色为（C:100，M:100，Y:100，K:100），最后适当调整节点的位置，如图9-16所示。

04 选中对象，然后单击"透明度工具" ◈，接着在属性栏中设置"类型"为"均匀透明度"、"合并模式"为"常规"、"透明度"为30，效果如图9-17所示。

图 9-16

图 9-17

05 按住Alt键选中最后面的圆形对象，然后按住Shift键再按鼠标左键向中心拖曳缩放，缩放至合适大小后，在松开鼠标左键之前单击鼠标右键完成复制，如图9-18所示。接着选中透明圆形对象，用同样的方法复制对象，效果图如图9-19所示。

图 9-18

图 9-19

06 选中最前面的透明对象，然后单击"交互式填充工具" ◈，再单击属性栏中的"反转填充"按钮 ⟲，效果如图9-20所示。接着导入"素材文件 >CH09>02.cdr"文件，调整至合适的大小，最后将对象拖曳到页面中合适的位置，最终效果如图9-21所示。

图 9-20

图 9-21

实战105 利用底纹填充制作海报背景

实例位置	实例文件>CH09>实战105.cdr
素材位置	素材文件>CH09>03.cdr
实用指数	★★★★☆
技术掌握	底纹填充的使用

海报背景效果如图9-22所示。

图 9-22

☞ 操作步骤

01 新建空白文档，然后在"创建新文档"对话框中设置"名称"为"制作海报背景"、"大小"为 A4、页面方向为"纵向"，接着单击"确定"按钮 **确定**，如图 9-23 所示。

02 双击"矩形工具" □ 创建一个与页面相同大小的矩形，如图 9-24 所示。然后单击"交互式填充工具" ，在属性栏中选择"底纹填充"方式，设置"底纹库"为"样本 6"，在"填充挑选器"中选择要填充的图样，如图 9-25 所示，效果如图 9-26 所示。

03 选中对象，单击"底纹填充"属性栏中的"水平镜像平铺" 和"垂直镜像平铺" 按钮，效果如图 9-27 所示。

04 选中对象，然后单击"底纹填充"属性栏中的"编辑填充" 按钮，打开"编辑填充"对话框，接着设置"底纹"为 6260、"环数"为 5、"最小环宽"为 200、"最大环宽"为 300、"相位偏移"为 40、"波纹密度"为 100、色调为（R:0，G:0，B:102）、亮度为（R:0，G:255，B:255），最后单击"确定"按钮 **确定**，如图 9-28 所示，效果如图 9-29 所示。

05 选中对象，然后单击"交互式填充工具" ，适当调整对象节点位置，如图 9-30 所示。接着导入"素材文件 >CH09>03.cdr"文件，最后按 P 键将对象置于页面中心，最终效果如图 9-31 所示。

图 9-23

图 9-24

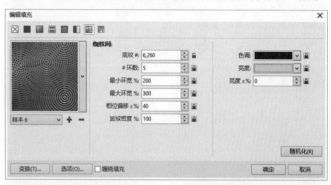

图 9-28

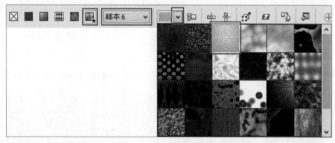

图 9-25

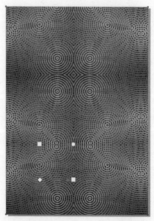

图 9-29

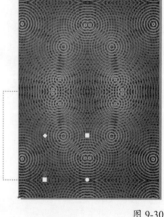

图 9-30

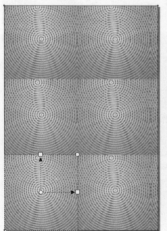

图 9-26

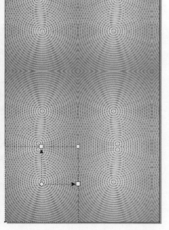

图 9-27

图 9-31

提示 ✍

在"底纹填充"属性栏中单击"底纹选项"按钮 ，在弹出的"底纹选项"对话框中可以设置"位图分辨率"和"最大平铺宽度"。"位图分辨率"和"最大平铺宽度"的数值越大，填充的纹理图案越清晰；数值越小，填充的纹理越模糊，如图9-32所示。

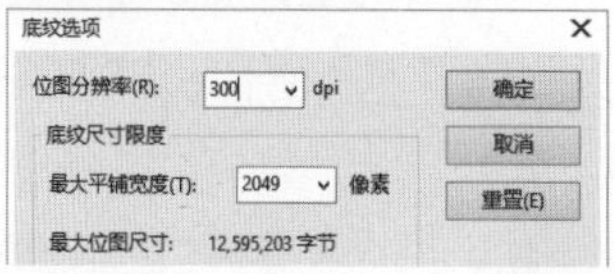

图 9-32

实战 106 利用 PostScript 填充制作 Logo 背景

实例位置	实例文件>CH09>实战106.cdr
素材位置	素材文件>CH09>04.cdr
实用指数	★★★★☆
技术掌握	PostScript填充的使用

Logo 背景效果如图 9-33 所示。

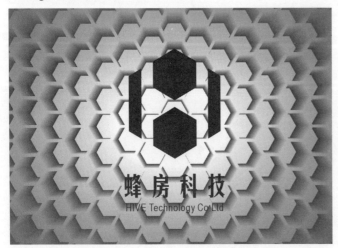

图 9-33

操作步骤

01 新建空白文档，然后在“创建新文档”对话框中设置“名称”为“绘制 Logo 背景”、“大小”为 A4、页面方向为“横向”，接着单击“确定”按钮 确定 ，如图 9-34 所示。

图 9-34

02 双击“矩形工具”创建一个与页面相同大小的矩形，如图 9-35 所示。然后单击“交互式填充工具”，在属性栏中选择“PostScript 填充”方式，设置“PostScript 填充底纹”为“蜂房”，如图 9-36 所示，效果如图 9-37 所示。

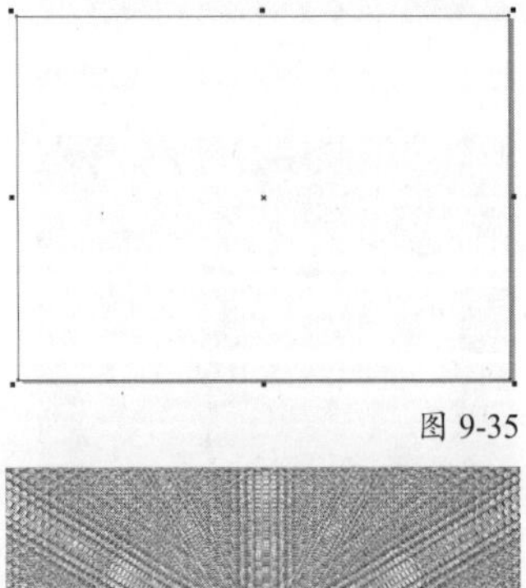

图 9-35

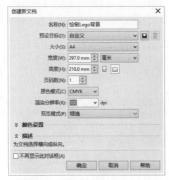

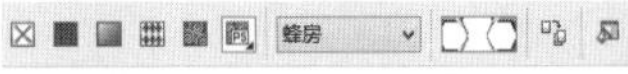

图 9-36

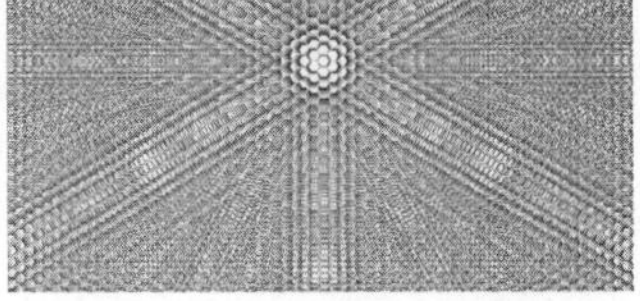

图 9-37

提 示

当选择“填充类型”为“无填充”“均匀填充”“PostScript填充”时无法在填充对象上直接对填充样式进行编辑。

03 选中对象，然后单击“PostScript 填充”属性栏中的“编辑填充”按钮，打开“编辑填充”对话框，接着设置“频度”为0、“后灰”为 80、“前灰”为 0、“比例”为 90、“行宽”为 100，再单击“确定”按钮 确定 ，如图 9-38 所示。最后去掉轮廓线，效果如图 9-39 所示。

04 将矩形原位复制一份，然后填充颜色为（C:100，M:0，Y:0，K:0），如图 9-40 所示。接着单击“透明度工具”，在属性栏中设置“类型”为“渐变透明度”、“合并模式”为“常规”、“渐变方式”为“椭圆形渐变透明度”。再设置节点位置为 0% 的透明度为 0、节点位置为 79% 的透明度为 100、节点位置为 100% 的透明度为 100，最后适当调整节点位置，如图 9-41 所示，效果如图 9-42 所示。

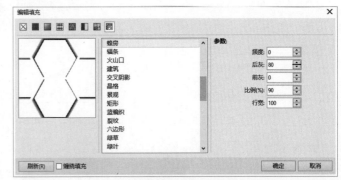

图 9-38

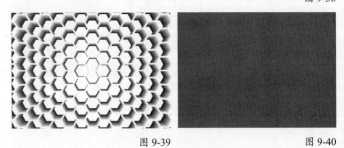

图 9-39

图 9-40

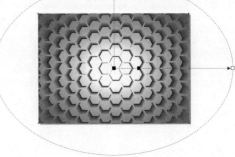

图 9-41

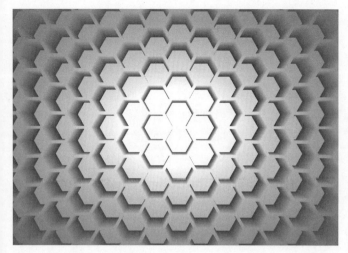

图 9-42

05 使用"多边形工具"□绘制正六边形，然后向下垂直拖曳复制一份，接着使用"钢笔工具"□在正六边形两边绘制对象，如图 9-43 所示。再填充颜色为（C:100，M:100，Y:0，K:0），去掉轮廓线，最后选中所有对象进行群组，如图 9-44 所示。

06 将群组对象拖曳到页面中合适的位置，然后导入"素材文件>CH09>04.cdr"文件，接着将对象拖曳到 Logo 下方，最终效果如图 9-45 所示。

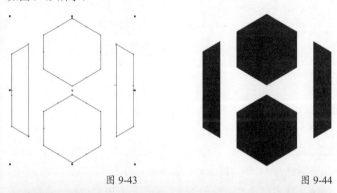

图 9-43　　　　　　　　　　　　图 9-44

图 9-45

实战 107　利用智能填充制作电视标版

实例位置	实例文件>CH09>实战107.cdr
素材位置	素材文件>CH09>05.cdr
实用指数	★★★★☆
技术掌握	智能填充的使用

电视标版效果如图 9-46 所示。

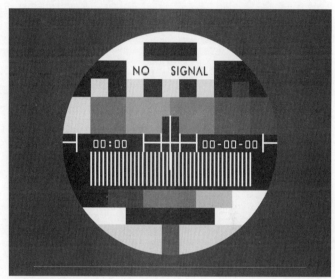

图 9-46

☞ **基础回顾**

使用"智能填充工具"□既可以对单一图形填充颜色，也可以对多个图形填充颜色，还可以对图形的交叉区域填充颜色。

● **单一对象填充**

选中要填充的对象，如图 9-47 所示。然后使用"智能填充工具"□在对象内单击，即可为对象填充颜色，如图 9-48 所示。

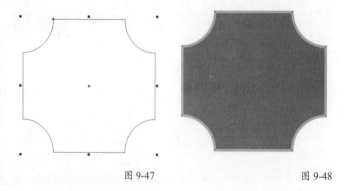

图 9-47　　　　　　　　　　　　图 9-48

● **多个对象合并填充**

使用"智能填充工具"□可以将多个重叠对象合并填充为一个路径。使用"矩形工具"□在页面中任意绘制多个重叠的矩形，如图 9-49 所示。然后使用"智能填充工具"[图]在页面空白处单击，就可以将重叠的矩形填充为一个独立对象，如图 9-50 所示。

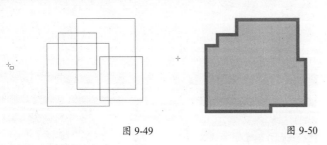

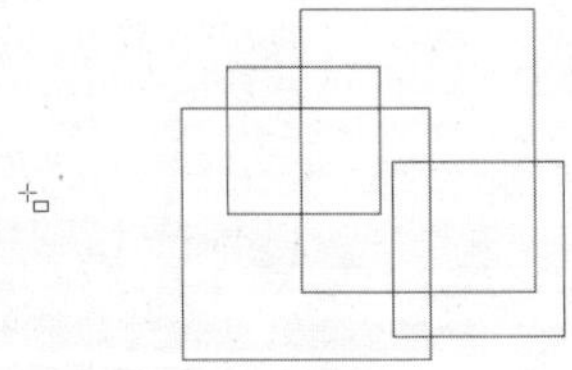

图 9-49　　　　　　　　　　　图 9-50

疑难问答 (?)

问：多个对象合并填充时会改变原始对象吗？

答：多个对象合并填充时，填充后的对象为一个独立对象。当使用"选择工具"[图]移动填充形成的图形时，可以观察到原始对象不会发生任何改变，如图9-51所示。

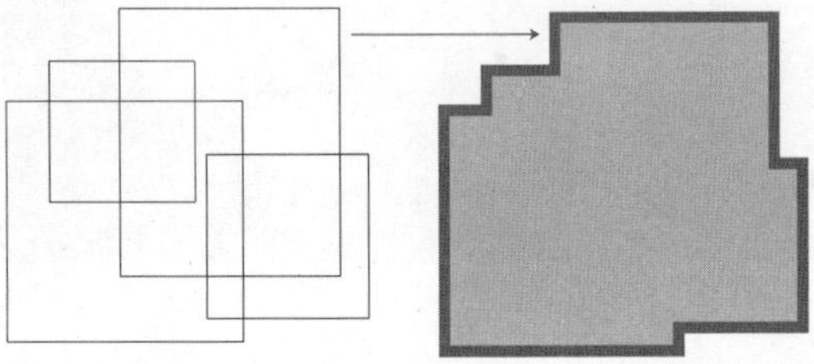

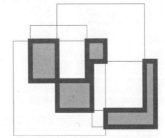

图 9-51

● **交叉区域填充**

使用"智能填充工具"[图]可以将多个重叠对象形成的交叉区域填充为一个独立对象。使用"智能填充工具"[图]在多个图形的交叉区域内部单击，即可为该区域填充颜色，如图9-52 所示。

图 9-52

● **参数介绍**

"智能填充工具"[图]的属性栏如图 9-53 所示。

图 9-53

①填充选项：将选择的填充属性应用到新对象，包括"使用默认值""指定"和"无填充"3 个选项，如图 9-54 所示。

②填充色：为对象设置内部填充颜色，该选项只有"填充选项"设置为"指定"时才可用。

③轮廓选项：将选择的轮廓属性应用到对象，包括"使用默认值""指定"和"无轮廓"3 个选项，如图 9-55 所示。

图 9-54　　　　　　　图 9-55

④轮廓宽度：为对象设置轮廓宽度。

⑤轮廓色：为对象设置轮廓颜色，该选项只有"轮廓选项"设置为"指定"时才可用。

疑难问答 (?)

问：还有其他填充颜色的方法吗？

答：除了使用属性栏上的颜色填充选项外，还可以使用操作界面右侧调色板上的颜色进行填充。使用"智能填充工具"[图]选中要填充的区域，然后用鼠标左键单击调色板上的色样即可为对象内部填充颜色；用鼠标右键单击即可为对象轮廓填充颜色。

☞ **操作步骤**

01 新建空白文档，然后在"创建新文档"对话框中设置"名称"为"绘制电视版版"、"大小"为 A4、页面方向为"纵向"，接着单击"确定"按钮[确定]，如图 9-56 所示。

图 9-56

02 双击"矩形工具"[图]创建一个与页面大小相同的矩形，然后填充颜色为（C:0，M:0，Y:0，K:80），再去掉轮廓线，如图 9-57 所示。接着使用"椭圆形工具"[图]在页面中间绘制一个圆，填充颜色为白色，接着去掉轮廓线，效果如图 9-58 所示。

　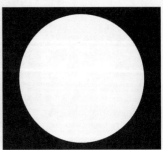

图 9-57　　　　　　　　　　图 9-58

03 使用"矩形工具"[图]绘制出多个矩形，然后设置"轮廓宽度"为 0.2mm、轮廓颜色为（C:0，M:100，Y:100，K:0），接着选

中所有矩形，按快捷键 Ctrl+Q
将对象转换为曲线，效果如图
9-59 所示。

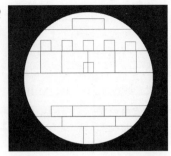

图 9-59

04 使用"形状工具" 调整矩形轮廓，完成后的效果如图 9-60
所示。然后选中所有对象进行群组。

05 单击"智能填充工具" ，然后在属性栏上设置"填充选项"
为"指定"、"填充色"为（C:100，M:100，Y:100，K:100）、"轮
廓选项"为"无轮廓"，接着在图形中的部分区域内单击鼠标左键，
进行智能填充，效果如图 9-61 所示。

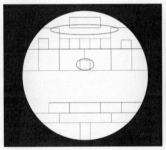

图 9-60   图 9-61

06 在属性栏上设置"填充色"为（C:0，M:0，Y:100，K:0），然
后在图形中的部分区域内单击，进行智能填充，效果如图 9-62 所示。

07 在属性栏上设置"填充色"为（C:0，M:100，Y:100，K:0），
然后在图形中的部分区域内单击，进行智能填充，效果如图 9-63
所示。

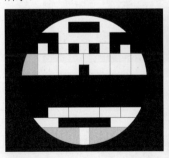

图 9-62   图 9-63

08 在属性栏上设置"填充色"为（C:0，M:0，Y:0，K:10），
然后在图形中的部分区域内单击，进行智能填充，效果如图 9-64
所示。

09 在属性栏上设置"填充色"为（C:100，M:0，Y:0，K:0），
然后在图形中的部分区域内单击，进行智能填充，效果如图 9-65
所示。

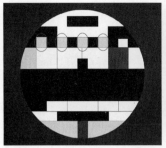

图 9-64   图 9-65

10 在属性栏上设置"填充色"为（C:40，M:0，Y:100，K:0），
然后在图形中的部分区域内单击，进行智能填充，效果如图 9-66
所示。

11 在属性栏上设置"填充色"为（C:0，M:60，Y:0，K:0），
然后在图形中的部分区域内单击，进行智能填充，效果如图 9-67
所示。

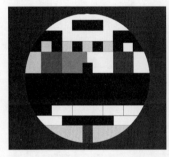

图 9-66   图 9-67

12 在属性栏上设置"填充色"为（C:0，M:0，Y:0，K:80），
然后在图形中的部分区域内单击，进行智能填充，效果如图 9-68
所示。

13 在属性栏上设置"填充色"为（C:100，M:50，Y:0，K:0），
然后在图形中的部分区域内单击，进行智能填充，效果如图 9-69
所示。

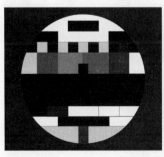

图 9-68   图 9-69

14 在属性栏上设置"填充色"为（C:0，M:0，Y:0，K:50），
然后在图形中的部分区域内单击，进行智能填充，效果如图 9-70
所示。

15 在属性栏上设置"填充色"为（C:0，M:0，Y:0，K:20），
然后在图形中的部分区域内单击，进行智能填充，效果如图 9-71
所示。

图 9-70   图 9-71

16 选中填充对象后的矩形轮廓，然后按 Delete 键将其删除，如图 9-72 所示。导入"素材文件 >CH09>05.cdr"文件，接着将对象拖曳到页面中合适的位置，最终效果如图 9-73 所示。

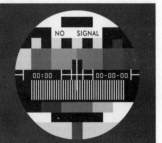

图 9-72   图 9-73

实战 108 绘制请柬

实例位置	实例文件>CH09>实战108.cdr
素材位置	素材文件>CH09>06.cdr、07.psd
实用指数	★★★★★
技术掌握	交互式填充工具的使用

请柬效果如图 9-74 所示。

图 9-74

☞ 操作步骤

01 新建空白文档，然后在"创建新文档"对话框中设置"名称"为"绘制请柬"、"宽度"为 270.0mm、"高度"为 95.0mm，接着单击"确定"按钮 **确定**，如图 9-75 所示。

图 9-75

02 双击"矩形工具"□创建一个与页面大小相同的矩形，如图 9-76 所示。然后单击"交互式填充工具" ，接着在属性栏中选择"双色图样填充"方式，单击"填充挑选器"，选择要填充的图样。再设置"前景颜色"为（C:1, M:100, Y:95, K:30）、"背景颜色"为（C:0, M:100, Y:100, K:0），如图 9-77 所示。接着适当调整颜色节点，最后单击鼠标右键去掉轮廓线，效果如图 9-78 所示。

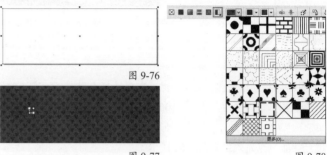

图 9-76

图 9-77   图 9-78

03 将矩形原位复制一份，然后填充颜色为（C:0, M:100, Y:100, K:60），再去掉轮廓线，如图 9-79 所示。接着单击"透明度工具" ，在属性栏中设置"类型"为"渐变透明度"、"渐变方式"为"椭圆形渐变透明度"。再设置节点位置为 0% 的透明度为 0、节点位置为 100% 的透明度为 100。最后适当调整节点和中点的位置，如图 9-80 所示，效果如图 9-81 所示。

图 9-79

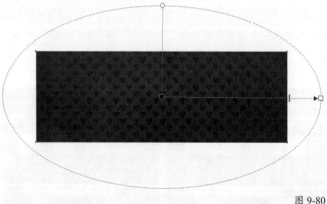

图 9-80

图 9-81

04 使用"钢笔工具" 在页面左上方绘制对象，如图 9-82 所示。然后填充颜色为（C:0, M:100, Y:100, K:60），接着去掉轮廓线，如图 9-83 所示。

图 9-82　　　　　　　　　　　　图 9-83

05 使用"钢笔工具" 在页面左上方绘制对象,如图 9-84 所示。然后单击"交互式填充工具" ,在属性栏上选择"渐变填允"方式,再设置"类型"为"线性渐变填充"。接着设置节点位置为 0% 的色标颜色为(C:0,M:20,Y:60,K:20)、节点位置为 50% 的色标颜色为(C:0,M:0,Y:20,K:0)、节点位置为 100% 的色标颜色为(C:0,M:20,Y:60,K:20),最后调整节点的位置,去掉轮廓线,效果如图 9-85 所示。

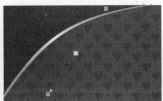

图 9-84　　　　　　　　　　　　图 9-85

06 选中前面绘制的对象进行群组,然后向右拖曳复制一份,接着选中复制的对象,单击属性栏中的"垂直镜像" 按钮,再单击"水平镜像"按钮 ,最后适当调整位置,效果如图 9-86 所示。

图 9-86

07 使用"矩形工具" 绘制一个矩形,然后单击"交互式填充工具" ,在属性栏上选择"渐变填充"方式,再设置"类型"为"线性渐变填充"。接着设置节点位置为 0% 的色标颜色为(C:0,M:20,Y:60,K:20)、节点位置为 44% 的色标颜色为(C:0,M:0,Y:40,K:0)、节点位置为 100% 的色标颜色为(C:0,M:20,Y:60,K:20),最后调整节点的位置,去掉轮廓线,效果如图 9-87 所示。

08 使用"矩形工具" 绘制一个矩形,然后单击"交互式填充工具" ,在属性栏上选择"渐变填充"方式,再设置"类型"为"线性渐变填充"。接着设置节点位置为 0% 的色标颜色为(C:0,M:20,Y:60,K:20)、节点位置为 50% 的色标颜色为(C:0,M:0,Y:20,K:0)、节点位置为 100% 的色标颜色为(C:0,M:20,Y:60,K:20),最后调整节点的位置,去掉轮廓线,效果如图 9-88 所示。

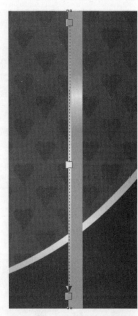

图 9-87　　　　　　　　　　　　图 9-88

09 将前面绘制的对象向右水平拖曳复制一份,效果如图 9-89 所示。

图 9-89

10 导入"素材文件 >CH09>06.cdr"文件,然后分别将对象拖曳到页面中合适的位置,如图 9-90 所示。接着导入"素材文件 >CH09>07.psd"文件,将对象拖曳至页面的右下方,最终效果如图 9-91 所示。

图 9-90

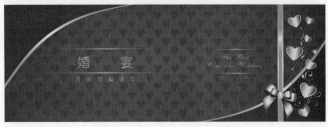

图 9-91

第 10 章 轮廓美化操作

实战 提示 疑难问答 技术专题 知识链接 商业实例

实战 109 通过调整轮廓宽度绘制生日贺卡

实例位置	实例文件>CH10>实战109.cdr
素材位置	素材文件>CH10>01.cdr~03.cdr
实用指数	★★★★★
技术掌握	调整轮廓宽度的方法

生日贺卡效果如图 10-1 所示。

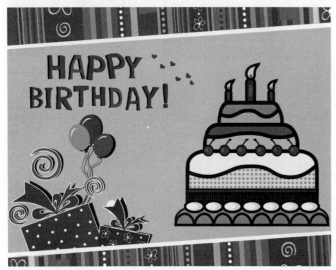

图 10-1

基础回顾

选中对象，在属性栏上“轮廓宽度”后面的输入框中输入数值进行修改，或在下拉选项中进行修改，如图 10-2 所示。数值越大轮廓线越宽，效果如图 10-3 所示。

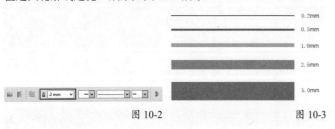

图 10-2

图 10-3

操作步骤

01 新建空白文档，然后在“创建新文档”对话框中设置“名称”为“绘制生日贺卡”、“大小”为 A4、页面方向为“横向”，接着单击“确定”按钮确定，如图 10-4 所示。

图 10-4

02 首先绘制蛋糕的底座。使用“矩形工具”绘制矩形，然后在属性栏中设置矩形上边“圆角”为 12mm，如图 10-5 所示。

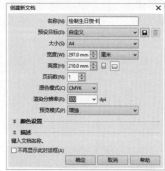

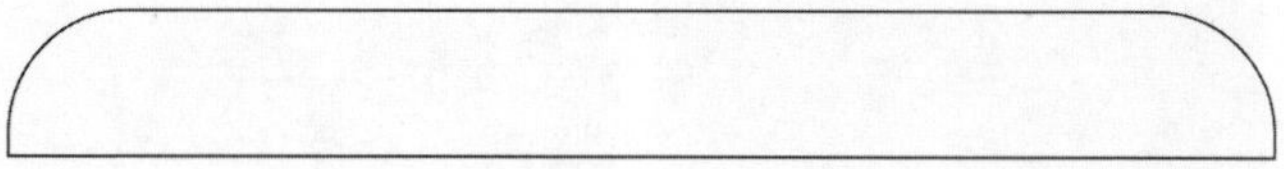

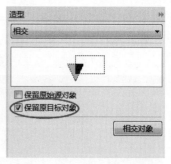

图 10-5

03 使用“椭圆形工具”绘制一个椭圆，然后将其拖曳到矩形上，接着在“造型”泊坞窗上勾选“保留原目标对象”选项，再单击“相交对象”按钮相交对象，如图 10-6 所示。最后选择目标对象单击完成相交，如图 10-7 所示。

图 10-6

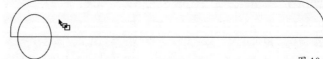

图 10-7

04 将相交的半圆进行复制，如图 10-8 所示。然后选中矩形，填充为粉色，再设置“轮廓宽度”为 2mm，如图 10-9 所示。接着将半圆全选群组，填充颜色为（C:0，M:40，Y:100，K:0），最后设置“轮廓宽度”为 2.0mm，如图 10-10 所示。

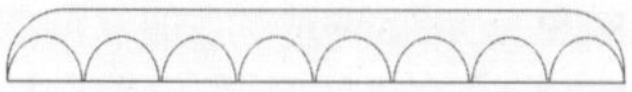

图 10-8

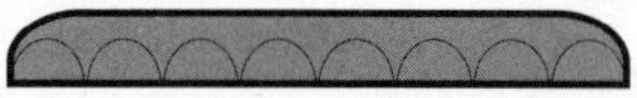

图 10-9

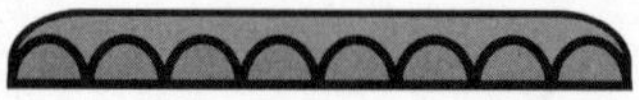

图 10-10

05 使用“椭圆形工具”在矩形上边绘制一个椭圆，如图 10-11

所示。然后填充颜色为（C:0，M:0，Y:60，K:0），接着设置"轮廓宽度"为2mm，最后水平向右复制6个，如图10-12所示。

图 10-11　　　　　　　　　图 10-12

06 在黄色椭圆上绘制椭圆，然后填充颜色为白色，接着去掉轮廓线，如图10-13所示。最后将对象进行复制，拖曳到后面的椭圆形中，如图10-14所示。

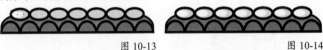

图 10-13　　　　　　　　　图 10-14

07 下面制作第一层蛋糕。使用"矩形工具"□绘制矩形，然后在属性栏中设置矩形上边的"圆角"为10mm，接着将对象复制一份，如图10-15所示。

图 10-15

08 下面绘制奶油。使用"钢笔工具"在矩形上半部分绘制曲线，然后用曲线来修剪矩形，如图10-16所示。接着将制作好的矩形拆分，再删除下半部分，最后使用"形状工具"调整上半部分的形状，如图10-17所示。

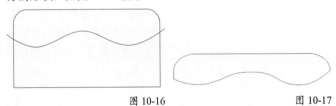

图 10-16　　　　　　　　　图 10-17

09 将之前复制的矩形选中，然后填充颜色为（C:0，M:0，Y:60，K:0），设置"轮廓宽度"为3.0mm，如图10-18所示。接着选中奶油对象，填充颜色为（C:0，M:0，Y:20，K:0），再设置"轮廓宽度"为3mm，最后将其拖曳到矩形上面，如图10-19所示。

图 10-18　　　　　　　　　图 10-19

10 使用"矩形工具"□绘制矩形，如图10-20所示。然后在矩形上绘制矩形，如图10-21所示。接着在"步长和重复"泊坞窗上设置"水平设置"类型为"对象之间的间距"、"距离"为0mm、"方向"为"右"、"份数"为45，最后单击"应用"按钮［　应用　］进行水平复制，如图10-22所示。

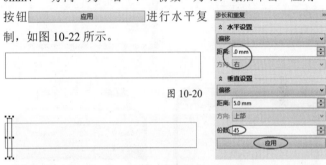

图 10-20

图 10-21　　　　　　　　　图 10-22

11 将复制的矩形组合对象，如图10-23所示。然后全选对象进行左对齐，执行"对象>造形>相交"菜单命令，保留相交的区域，接着在对象上面绘制一个矩形，进行居中对齐，如图10-24所示。再将对象拖放到蛋糕底部，如图10-25所示。最后填充颜色为（C:0，M:60，Y:60，K:40），设置"轮廓宽度"为1.5mm，如图10-26所示。

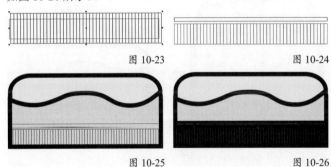

图 10-23　　　　　　　　　图 10-24

图 10-25　　　　　　　　　图 10-26

12 使用"椭圆形工具"○绘制一个椭圆，然后水平复制多份，群组后进行垂直复制，接着全选填充颜色为（C:0，M:0，Y:40，K:0），删除轮廓线，如图10-27所示。再将点状拖曳到蛋糕身上并进行缩放，如图10-28所示。最后组合对象并将其拖曳到蛋糕底座后面居中对齐，如图10-29所示。

图 10-27

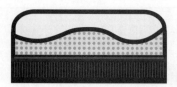

图 10-28　　　　　　图 10-29

13 下面制作第二层蛋糕。选中蛋糕身的矩形，然后将对象复制缩放一份，填充颜色为（C:0，M:20，Y:20，K:0），如图10-30所示。接着将奶油也复制一份进行缩放，填充颜色为（C:0，M:80，Y:40，K:0），再拖曳到蛋糕上方，如图10-31所示。最后将第二层蛋糕拖曳到第一层蛋糕后面，居中对齐，效果如图10-32所示。

图 10-30

图 10-31　　　　　　图 10-32

14 下面绘制顶层蛋糕。将第二层蛋糕复制缩放一份，然后填充蛋糕身颜色为（C:0，M:20，Y:100，K:0），接着填充奶油对象的颜色为（C:0，M:40，Y:80，K:0），如图10-33所示。最后将顶层蛋糕拖曳到第二层蛋糕后面，居中对齐，效果如图10-34所示。

图 10-33　　　　　　图 10-34

15 下面制作蜡烛。使用"钢笔工具" 绘制蜡烛，如图10-35所示。然后填充蜡烛颜色为红色，设置"轮廓宽度"为2.0mm，再填充火苗颜色为黄色，设置"轮廓宽度"为2.0mm，接着填充蜡烛高光颜色为（C:0，M:67，Y:37，K:0），删除轮廓线，效果如图10-36所示。最后将蜡烛组合对象复制两份进行缩放，如图10-37所示。

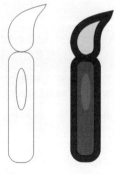

图 10-35　　　图 10-36

图 10-37

16 把绘制好的蜡烛组合对象放在蛋糕后面，如图10-38所示。然后使用"钢笔工具" 绘制樱桃，如图10-39所示。接着填充樱桃颜色为红色，高光颜色为（C:0，M:67，Y:37，K:0），再设置樱桃和梗的"轮廓宽度"为1.0mm，如图10-40所示。最后将樱桃组合对象进行复制，如图10-41所示。

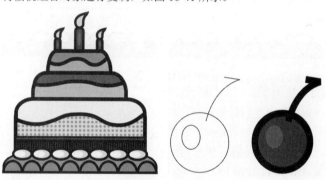

图 10-38　　　　图 10-39　　　　图 10-40

图 10-41

17 下面修饰蛋糕。将樱桃拖曳到第一层蛋糕上，然后进行居中对齐，如图10-42所示。接着在烛火中绘制椭圆，再填充颜色为橘色，单击鼠标右键去掉轮廓线，如图10-43所示。最后选中所有蛋糕对象进行群组。

图 10-42　　　　　　图 10-43

18 双击"矩形工具" 创建与页面大小相同的矩形，然后填充颜色为（C:0，M:20，Y:20，K:0），再去掉轮廓线，如图 10-44 所示。接着导入"素材文件 >CH10>01.cdr"文件，将对象向上复制一份，最后单击属性栏中的"垂直镜像"按钮，效果如图 10-45 所示。

图 10-44   图 10-45

19 导入"素材文件 >CH10>02.cdr"文件，然后将对象向后移动，如图 10-46 所示。接着选中导入的所有对象，最后执行"对象 >图框精确裁剪 >置于图文框内部"菜单命令，将对象置于矩形中，效果如图 10-47 所示。

图 10-46   图 10-47

20 导入"素材文件 >CH10>03.cdr"文件，然后将对象拖曳到页面中合适的位置，如图 10-48 所示。接着将蛋糕对象拖曳到页面中合适的位置，最终效果如图 10-49 所示。

图 10-48   图 10-49

实战 110 通过设置轮廓颜色制作杯垫

实例位置	实例文件>CH10>实战110.cdr
素材位置	素材文件>CH10>04.jpg、05.cdr、06.cdr
实用指数	★★★★★
技术掌握	轮廓颜色的设置方法

杯垫效果如图 10-50 所示。

图 10-50

☞ **基础回顾**

设置轮廓线的颜色可以将轮廓与对象区分开，也可以使轮廓线效果更丰富，设置轮廓线颜色的方法有 3 种。

第 1 种：单击选中对象，在右边的默认调色板中单击鼠标右键进行修改，默认情况下，单击鼠标左键为填充对象，单击鼠标右键为填充轮廓线，我们可以利用调色板进行快速填充，如图 10-51 所示。

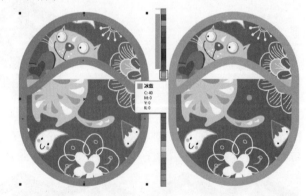

图 10-51

第 2 种：选中对象，然后双击状态栏上的 △，打开"轮廓笔"对话框，然后在"轮廓笔"对话框中选择颜色，如图 10 52 所示。

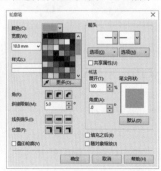

图 10-52

第3种：选中对象，然后执行"窗口>泊坞窗>彩色"菜单命令，接着打开"颜色泊坞窗"面板，再单击选取颜色输入数值，最后单击"轮廓"按钮 轮廓(O) 进行填充，如图10-53所示。

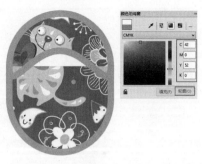

图 10-53

操作步骤

01 新建空白文档，然后在"创建新文档"对话框中设置"名称"为"绘制杯垫"、"大小"为A4、页面方向为"横向"，接着单击"确定"按钮 确定，如图10-54所示。

02 使用"星形工具" 绘制正星形，然后在属性栏中设置"点数或边数"为6、"锐度"为33，再使用"多边形工具" 绘制正六边形，如图10-55所示。接着选中所有对象，最后在属性栏中设置"轮廓宽度"为6.0mm，效果如图10-56所示。

图 10-54　　　　　　图 10-55　　　　　　图 10-56

03 选中多边形对象，然后向右水平拖曳复制一份，如图10-57所示。接着将复制的多边形进行缩放并复制，如图10-58所示。

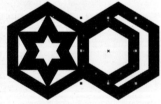

图 10-57　　　　　　　　图 10-58

04 选中复制的两份对象，然后将对象的旋转中心拖曳到星形对象的中心，如图10-59所示。执行"对象>变换>旋转"菜单命令，接着在"变换"泊坞窗中设置"旋转角度"为60.0、"副本"为5，勾选"相对中心"复选框，如图10-60所示。最后单击"应用"按钮 应用，效果如图10-61所示。

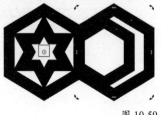

图 10-59

图 10-60　　　　　　　　　　图 10-61

05 选中多个对象进行群组，然后在调色板中单击鼠标右键填充轮廓颜色，设置"轮廓颜色"为（C:0，M:0，Y:40，K:0），效果如图10-62所示。接着导入"素材文件>CH10>04.jpg"文件，再将对象复制3份，最后将复制的对象排放在页面中，如图10-63所示。

06 双击"矩形工具" 绘制与页面大小相同的矩形，然后选中所有复制的对象，接着执行"对象>图框精确裁剪>置于图文框内部"菜单命令，将所有对象置于矩形内。最后设置矩形轮廓颜色为无，效果如图10-64所示。

图 10-62

图 10-63　　　　　　　　图 10-64

07 选中对象，然后在属性栏中设置"轮廓宽度"为3.0mm，效果如图10-65所示。再将对象适当缩放，设置轮廓颜色为（C:20，M:0，Y:40，K:40），如图10-66所示。接着复制一份，填充轮廓颜色为（C:13，M:0，Y:30，K:0），作为杯垫的厚度效果，效果如图10-67所示。

图 10-65　　　　　　图 10-66　　　　　　图 10-67

08 将绘制好的杯垫复制 2 份，然后分别选中对象，设置轮廓颜色为（C:23，M:0，Y:0，K:0）、（C:49，M:20，Y:16，K:0）、（C:0，M:22，Y:0，K:0）和（C:53，M:73，Y:38，K:0），效果如图 10-68 和图 10-69 所示。接着将绘制好的杯垫拖曳到页面中合适的位置，如图 10-70 所示。

图 10-68　　　　　图 10-69

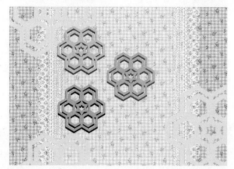

图 10-70

09 将前面编辑好的杯垫拖曳复制一份，然后设置"轮廓宽度"为 2.5mm、轮廓颜色为（C:0，M:27，Y:50，K:0），接着将对象进行缩放，如图 10-71 所示。最后将对象拖曳到页面右下角位置，效果如图 10-72 所示。

 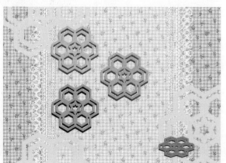

图 10-71　　　　　　　　　　图 10-72

10 导入"素材文件 >CH10>05.cdr"文件，然后将杯子缩放拖曳到杯垫上，如图 10-73 所示。接着导入"素材文件 >CH10>06.cdr"文件，然后将文本拖曳到页面中合适的位置，最终效果如图 10-74 所示。

图 10-73　　　　　　　　　　图 10-74

实战 111　通过设置轮廓线样式制作餐厅 Logo

实例位置	实例文件>CH10>实战111.cdr
素材位置	素材文件>CH10>07.cdr、08.cdr
实用指数	★★★★☆
技术掌握	轮廓线样式的设置

餐厅 Logo 效果如图 10-75 所示。

图 10-75

☞ 基础回顾

设置轮廓线的样式可以提升图形美观度，也可以起到醒目和提示作用。改变轮廓线样式的方法有两种。

第 1 种：选中对象，在属性栏中的"线条样式"的下拉选项中选择相应样式进行变更轮廓线样式，如图 10-76 所示。

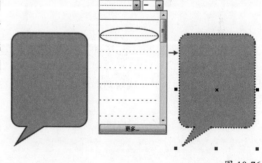

图 10-76

第 2 种：选中对象后，双击状态栏下的"轮廓笔工具" ，打开"轮廓笔"对话框，在对话框"样式"下面选择相应的样式进行修改，如图 10-77 所示。

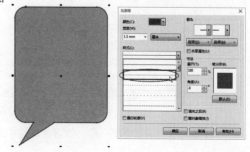

图 10-77

☞ 操作步骤

01 新建空白文档，然后在"创建新文档"对话框中设置"名称"为"绘制餐厅 Logo"、"宽度"为 210.0mm、"高度"为 250.0mm，接着单击"确定"按钮 **确定**，如图 10-78 所示。

图 10-78

02 双击"矩形工具" ▢绘制与页面大小相同的矩形，然后填充颜色为（C:3，M:41，Y:0，K:0），去掉轮廓线，如图 10-79 所示。导入"素材文件 >CH10>07.cdr"文件，接着将对象拖曳到页面上方，再使用"矩形工具" ▢在页面下方绘制两个矩形，最后填充颜色为（C:15，M:23，Y:10，K:0），如图 10-80 所示。

图 10-79　　　　　　　　　　图 10-80

03 使用"椭圆形工具" ◯绘制圆形，然后填充颜色为（C:15，M:23，Y:10，K:0），再去掉轮廓线，如图 10-81 所示。接着将对象向中心缩放复制一份，最后填充颜色为白色，如图 10-82 所示。

图 10-81　　　　　　　　　　图 10-82

04 将圆形向中心缩放复制一份，然后在属性栏中设置"轮廓宽度"为 2.0mm、轮廓颜色为（C:15，M:23，Y:10，K:0），再选

择合适的"线条样式"，填充颜色为无，如图 10-83 所示。接着将最外层的圆形向中心缩放并复制一份，最后填充颜色为（C:0，M:0，Y:0，K:10），如图 10-84 所示。

图 10-83　　　　　　　　　　图 10-84

05 导入"素材文件 >CH10>08.cdr"文件，然后选中对象，执行"对象 > 对齐和分布 > 在页面水平居中"菜单命令，接着选中对象按住 Shift 键上下调整位置，效果如图 10-85 所示。

图 10-85

06 下面绘制蝴蝶结。使用"钢笔工具" ◢绘制暗部对象，然后填充颜色为（C:27，M:38，Y:17，K:0），如图 10-86 所示。再绘制亮部对象，填充颜色为（C:14，M:31，Y:7，K:0），如图 10-87 所示。接着绘制飘带对象，填充颜色为（C:14，M:31，Y:7，K:0），最后将飘带对象向后移动，效果如图 10-88 所示。

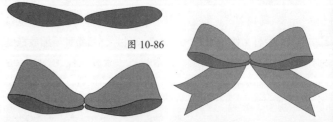

图 10-86

图 10-87　　　　　　　　　　图 10-88

07 使用"钢笔工具" ◢绘制结对象，然后填充颜色为（C:27，M:38，Y:17，K:0），接着选中所有蝴蝶结对象，单击鼠标右键去掉轮廓线，如图 10-89 所示。再使用"钢笔工具" ◢绘制线条，最后在属性栏中设置"轮廓宽度"为 0.75mm，轮廓颜色为白色，效果如图 10-90 所示。

图 10-89 　　　　　　图 10-90

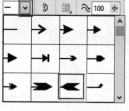

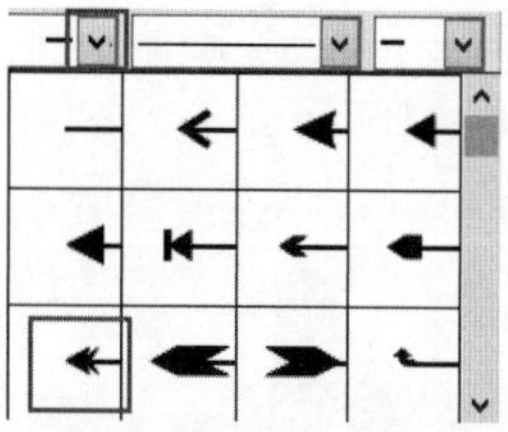

图 10-95　　　　　　图 10-96

08 选中线条对象，然后双击状态栏中的"轮廓笔工具" ，接着在"轮廓笔"对话框中选择合适的"样式"，如图 10-91 所示，再单击"确定"按钮 确定 ，效果如图 10-92 所示。最后将蝴蝶结对象拖曳到页面中合适的位置，最终效果如图 10-93 所示。

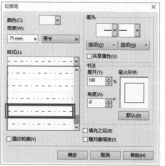

图 10-91

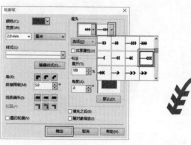

图 10-97　　　　　　图 10-98

03 除了在属性栏中设置外，还可以双击状态栏中的"轮廓笔工具" ，然后在"轮廓笔"对话框中选择合适的"箭头"，如图 10-99 所示。接着单击"确定"按钮 确定 ，效果如图 10-100 所示。

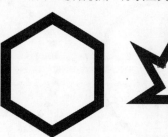

图 10-99　　　　　　图 10-100

图 10-92 　　　　　　图 10-93

实战 112 轮廓线箭头设置

实例位置	实例文件>CH10>实战112.cdr
素材位置	无
实用指数	★★★☆☆
技术掌握	设置轮廓线箭头的方法

操作步骤

01 使用"手绘工具" 绘制线条对象，然后在属性栏中设置"轮廓宽度"为 2.0mm、轮廓颜色为（C:100，M:0，Y:0，K:0）如图 10-94 所示。

图 10-94

02 选中线条对象，然后在属性栏中单击"起始箭头"，接着挑选合适的箭头，如图 10-95 所示，效果如图 10-96 所示。最后选择合适的"终止箭头"，如图 10-97 所示，效果如图 10-98 所示。

实战 113 轮廓边角调整

实例位置	实例文件>CH10>实战113.cdr
素材位置	无
实用指数	★★★☆☆
技术掌握	调整轮廓边角的方法

操作步骤

01 使用"多边形工具" 绘制一个正六边形，然后在属性栏中设置"轮廓宽度"为 5.0mm、轮廓颜色为（C40，M:0，Y:20，K:60），如图 10-101 所示。接着使用"形状工具" 选中对象的一个节点进行拖曳，最后调整对象的形状，效果如图 10-102 所示。

图 10-101 　　　　　　图 10-102

02 选中对象，然后双击状态栏中的"轮廓笔工具" △，接着在"轮廓笔"对话框中选择合适的"角"，如图 10-103 所示，最后单击"确定"按钮 确定 ，效果如图 10-104 所示。

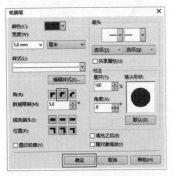

图 10-103　　　　　　　　　　　　图 10-104

03 选中对象，然后双击状态栏中的"轮廓笔工具" △，接着在"轮廓笔"对话框中选择合适的"角"，如图 10-105 所示。最后单击"确定"按钮 确定 ，效果如图 10-106 所示。

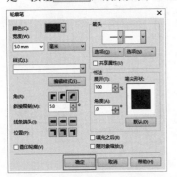

图 10-105　　　　　　　　　　　　图 10-106

实战 114 轮廓端头设置

实例位置	实例文件>CH10>实战114.cdr
素材位置	无
实用指数	★★★☆☆
技术掌握	设置轮廓端头的方法

☞ 操作步骤

01 使用"椭圆形工具" ○绘制圆形，然后在属性栏中设置"轮廓宽度"为 5.0mm、轮廓颜色（C20，M:60，Y:0，K:0），如图 10-107 所示。接着选择合适的"线条样式"，如图 10-108 所示。

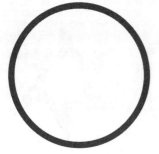

图 10-107　　　　　　　　　　图 10-108

02 选中对象，然后双击状态栏中的"轮廓笔工具" △，接着在"轮廓笔"对话框中选择合适的"线条端头"，如图 10-109 所示。最后单击"确定"按钮 确定 ，效果如图 10-110 所示。

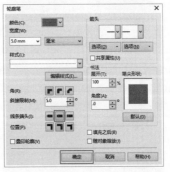

图 10-109　　　　　　　　　　　　图 10-110

03 选中对象，然后双击状态栏中的"轮廓笔工具" △，接着在"轮廓笔"对话框中选择合适的"线条端头"，如图 10-111 所示。最后单击"确定"按钮 确定 ，效果如图 10-112 所示。

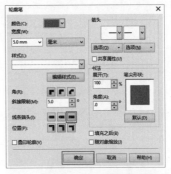

图 10-111　　　　　　　　　　　　图 10-112

实战 115 利用轮廓线转对象制作渐变字

实例位置	实例文件>CH10>实战115.cdr
素材位置	素材文件>CH10>09.cdr、10.cdr
实用指数	★★★★★
技术掌握	轮廓线转对象的使用

渐变字效果如图 10-113 所示。

图 10-113

180

基础回顾

在 CorelDRAW X7 软件中，针对轮廓线只能进行宽度调整、颜色均匀填充、样式变更等操作，如果在编辑对象的过程中需要对轮廓线进行对象操作，可以将轮廓线转换为对象，然后进行添加渐变色、添加纹样等操作。

选中要进行编辑的轮廓，如图 10-114 所示。执行"对象 > 将轮廓转换为对象"菜单命令，将轮廓线转换为对象进行编辑，转为对象后，可以进行形状修改、渐变填充、图案填充等操作，如图 10-115 ~ 图 10-117 所示。

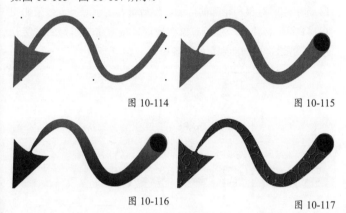

图 10-114　　　　　　　　　　　　图 10-115

图 10-116　　　　　　　　　　　　图 10-117

操作步骤

01 新建空白文档，然后在"创建新文档"对话框中设置"名称"为"绘制渐变字"、"大小"为 A4、页面方向为"横向"，接着单击"确定"按钮 ▭，如图 10-118 所示。

02 导入"素材文件 >CH05>09.cdr"文件，如图 10-119 所示。然后选中英文文本，设置"轮廓宽度"为 2.0mm，如图 10-120 所示。接着执行"对象 > 将轮廓转换为对象"菜单命令，再将轮廓线转为对象，最后将对象拖曳到一边，如图 10-121 所示。

图 10-118

图 10-119

图 10-120　　　　　　　　　　　　图 10-121

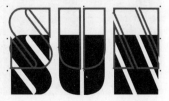

03 再次选中英文文本，然后设置"轮廓宽度"为 5.0mm，如图 10-122 所示。接着执行"对象 > 将轮廓转换为对象"菜单命令，再将轮廓线转为对象，最后将对象拖曳到一边，如图 10-123 所示。

图 10-122　　　　　　　　　　　　图 10-123

04 选中最粗的文本轮廓，然后单击"交互式填充工具" 🖰，在属性栏上选择填充方式为"渐变填充"，再设置"类型"为"线性渐变填充"。接着设置节点位置为 0% 的色标颜色为（C:0，M:100，Y:0，K:0）、节点位置为 31% 的色标颜色为（C:100，M:100，Y:0，K:0）、节点位置为 56% 的色标颜色为（C:60，M:0，Y:20，K:0）、节点位置为 84% 的色标颜色为（C:40，M:0，Y:100，K:0）、节点位置为 100% 的色标颜色为（C:0，M:0，Y:100，K:0）。最后适当调整节点位置，效果如图 10-124 所示。

图 10-124

05 选中填充好的粗轮廓对象，然后按住鼠标右键将其拖曳到细轮廓对象上，如图 10-125 所示。松开鼠标右键在弹出的菜单中执行"复制所有属性"命令，如图 10-126 所示，复制效果如图 10-127 所示。

06 选中粗轮廓对象，然后单击"透明度工具" 🖰，在属性栏中设置"透明度类型"为"均匀透明度"、"透明度"为 60，效果如图 10-128 所示。

图 10-125　　　　　　　　　　　　图 10-126

图 10-127　　　　　　　　　　　　图 10-128

07 将英文文本复制一份拖曳到粗轮廓对象上，居中对齐，如图 10-129 所示。然后执行"对象 > 造形 > 合并"菜单命令，效果如图 10-130 所示。

图 10-129    图 10-130

08 选中英文文本，然后使用"透明度工具" 🔲拖动透明度效果，如图 10-131 所示。接着将编辑好的英文文本和轮廓全选，最后居中对齐，如图 10-132 所示。注意，透明轮廓对象在底层，细轮廓在顶层。

图 10-131   图 10-132

09 下面编辑数字对象。选中数字文本，然后设置"轮廓宽度"为 1.5mm，如图 10-133 所示。接着执行"对象＞将轮廓转换为对象"菜单命令将轮廓线转为对象，最后删除数字对象，如图 10-134 所示。

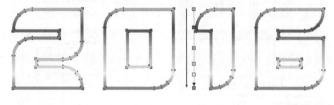

图 10-133 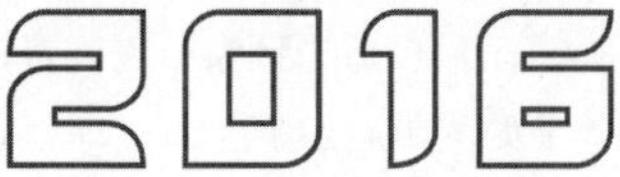   图 10-134

10 选中轮廓对象，然后单击"交互式填充工具" 🔲，在属性栏上选择填充方式为"渐变填充"，再设置"类型"为"线性渐变填充"。接着设置节点位置为 0% 的色标颜色为（C:0，M:24，Y:0，K:0）、节点位置为 23% 的色标颜色为（C:42，M:29，Y:0，K:0）、节点位置为 49% 的色标颜色为（C:27，M:0，Y:5，K:0）、节点位置为 83% 的色标颜色为（C:10，M:0，Y:40，K:0）、节点位置为 100% 的色标颜色为（C:0，M:38，Y:7，K:0）。最后适当调整节点位置，效果如图 10-135 所示。

图 10-135

11 将轮廓复制一份，然后选中前面绘制的较细的英文轮廓对象，接着按住鼠标右键将其拖曳到复制的数字轮廓上，如图 10-136 所示。再松开鼠标右键在弹出的菜单中执行"复制所有属性"命令，效果如图 10-137 所示。最后单击"交互式填充工具" 🔲，适当调整节点位置，如图 10-138 所示。

图 10-136

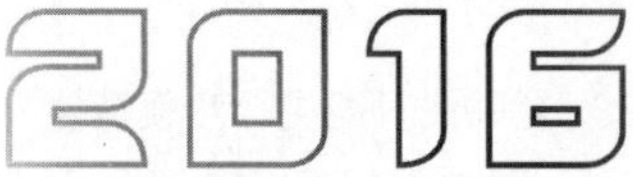

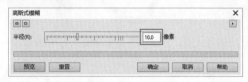

图 10-137 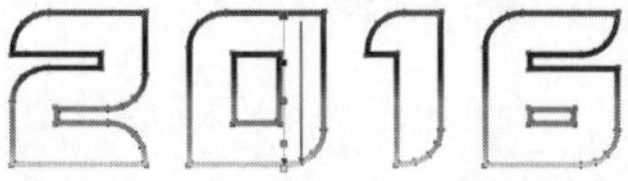   图 10-138

12 选中鲜艳颜色的轮廓对象，然后执行"位图＞转换为位图"菜单命令将对象转换为位图，接着执行"位图＞模糊＞高斯模糊"菜单命令，再打开"高斯式模糊"对话框，设置"半径"为 10.0 像素，如图 10-139 所示。最后单击"确定"按钮 确定 完成模糊，效果如图 10-140 所示。

13 选中轮廓对象和轮廓的位图，然后将其居中对齐，效果如图 10-141 所示。注意，模糊对象在底层，接着将制作好的文字分别进行群组，再拖动到页面外备用。

图 10-139

 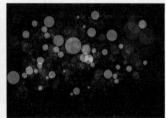

图 10-140    图 10-141

14 双击"矩形工具" 🔲创建与页面大小相同的矩形，然后填充颜色为（C:99，M:100，Y:65，K:54），再去掉轮廓线，如图 10-142 所示。接着导入"素材文件＞CH10＞10.cdr"文件，最后将对象拖曳到页面中，如图 10-143 所示。

图 10-142   图 10-143

15 将前面绘制好的文字拖曳到页面中，如图 10-144 所示。然后使用"椭圆形工具" 🔲绘制一个圆，再设置"轮廓宽度"为 1.0mm，如图 10-145 所示。接着执行"对象＞将轮廓转换为对象"菜单命令将轮廓线转为对象，最后将圆形删除。

图 10-144   图 10-145

16 将圆环进行复制，然后调整圆环的大小和位置，并进行合并，如图 10-146 所示。接着单击"交互式填充工具" ，在属性栏上选择填充方式为"渐变填充"，设置"类型"为"线性渐变填充"。再设置节点位置为 0% 的色标颜色为（C:0，M:100，Y:0，K:0）、节点位置为 16% 的色标颜色为（C:100，M:100，Y:0，K:0）、节点位置为 34% 的色标颜色为（C:100，M:0，Y:0，K:0）、节点位置为 53% 的色标颜色为（C:40，M:0，Y:100，K:0）、节点位置为 75% 的色标颜色为（C:0，M:0，Y:100，K:0）、节点位置为 100% 的色标颜色为（C:0，M:100，Y:100，K:0），最后适当调整节点位置，效果如图 10-147 所示。

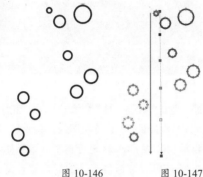

图 10-146　　　　图 10-147

17 将对象向左水平复制一份，然后单击属性栏中的"水平镜像"按钮 ，接着选中两个对象向下复制一份，并适当调整对象的大小，如图 10-148 所示。再选中所有对象，最后单击"透明度工具" ，在属性栏中设置"透明度类型"为"均匀透明度"、"透明度"为 40，效果如图 10-149 所示。

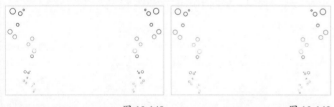

图 10-148　　　　图 10-149

18 将透明对象拖曳到文本四周，最终效果如图 10-150 所示。

图 10-150

实战 116　绘制海报

实例位置	实例文件>CH10>实战116.cdr
素材位置	素材文件>CH10>11.psd~14.psd、15.cdr、16.jpg
实用指数	★★★★★
技术掌握	轮廓线转对象的使用

海报效果如图 10-151 所示。

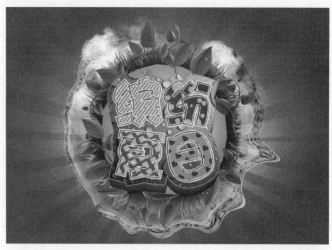

图 10-151

☞ 操作步骤

01 新建空白文档，然后在"创建新文档"对话框中设置"名称"为"绘制海报"、"大小"为 A4、页面方向为"横向"，接着单击"确定"按钮 ，如图 10-152 所示。

图 10-152

02 双击"矩形工具" 创建与页面等大小的矩形，如图 10-153 所示。然后单击"交互式填充工具" ，在属性栏上选择填充方式为"渐变填充"，再设置"类型"为"线性渐变填充"。接着设置节点位置为 0% 的色标颜色为（C:71，M:24，Y:11，K:0）、节点位置为 100% 的色标颜色为白色，最后去掉轮廓线，如图 10-154 所示。

图 10-153

图 10-154

03 导入"素材文件 >CH10>11.psd"文件，然后将其拖曳到页面中合适的位置，如图 10-155 所示。接着导入"素材文件 >CH10>12.psd"文件，将对象进行适当的旋转，并拖曳到页面中合适的位置，再将对象复制一份，最后选中复制的对象，单击属性栏中的"水平镜像"按钮■使对象翻转，效果如图 10-156 所示。

图 10-161

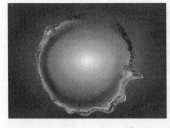 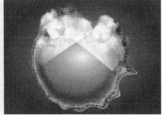

图 10-155   图 10-156

04 导入"素材文件 >CH10>13.psd"文件，然后将其拖曳到页面中合适的位置，如图 10-157 所示。接着使用"椭圆形工具"回绘制椭圆，单击"交互式填充工具"，在属性栏上选择填充方式为"渐变填充"，再设置"类型"为"椭圆形渐变填充"。接着设置节点位置为 0% 的色标颜色为（C:68，M:17，Y:100，K:4）、节点位置为 8% 的色标颜色为（C:43，M:0，Y:100，K:0）、节点位置为 37% 的色标颜色为（C:19，M:0，Y:98，K:0）、节点位置为 100% 的色标颜色为（C:19，M:0，Y:98，K:0），最后去掉轮廓线，如图 10-158 所示。

06 使用"矩形工具"回绘制矩形，然后填充颜色为（C:0，M:0，Y:100，K:0），去掉轮廓线，接着将对象向右水平复制一个，再按快捷键 Ctrl+D 进行再制，效果如图 10-162 所示。最后选中所有矩形进行群组，然后再进行适当的旋转，如图 10-163 所示。

07 使用"椭圆形工具"回绘制多个圆形，然后填充颜色为（C:30，M:0，Y:0，K:0），接着去掉轮廓线，最后选中圆形对象进行群组，如图 10-164 所示。

 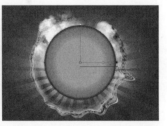

图 10-157   图 10-158

05 导入"素材文件 >CH10>14.psd"文件，然后将其拖曳到页面中合适的位置，如图 10-159 所示。接着导入"素材文件 >CH10>15.cdr"文件，将对象进行适当的旋转，再拖曳到页面中合适的位置，如图 10-160 所示。最后分别为对象填充颜色为（C:0，M:40，Y:80，K:0）、（C:100，M:20，Y:0，K:0）、（C:60，M:0，Y:60，K:20）和（C:0，M:40，Y:0，K:0），效果如图 10-161 所示。

图 10-162

图 10-163   图 10-164

08 使用"矩形工具"回绘制一个正方形，然后填充颜色为（C:20，M:0，Y:60，K:0），去掉轮廓线，接着将对象向右水平复制一个，按快捷键 Ctrl+D 进行再制，如图 10-165 所示。再选中所有对象向下垂直复制一份，按快捷键 Ctrl+D 进行再制，最后选中所有对象进行群组，适当调整旋转角度，效果如图 10-166 所示。

09 使用"基本形状工具"回绘制心形，然后填充颜色为红色，再去掉轮廓线，接着使用上述方法复制对象，最后选中所有对

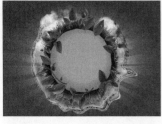 

图 10-159   图 10-160

象进行群组，适当调整旋转角度，效果如图 10-167 所示。

图 10-165

图 10-166   图 10-167

为"使用立体化颜色"，最后设置"从"的颜色为（C:100，M:20，Y:0，K:0）、"到"的颜色为（C:100，M:60，Y:0，K:20），如图 10-174 所示，效果如图 10-175 所示。

10 选中第一个群组对象，然后执行"对象 > 图框精确裁剪 > 置于图文框内部"菜单命令，将对象置于文本内部，如图 10-168 所示。接着将绘制的另外 3 个对象分别置于文本内，效果如图 10-169 所示。

图 10-168   图 10-169

11 选中所有文本，然后在属性栏中设置"轮廓宽度"为 20.0mm，如图 10-170 所示。接着执行"对象 > 将轮廓转换为对象"菜单命令，再单击属性栏中的"合并"按钮 🔲，最后使用"形状工具" 🔧 调整合并后的对象，效果如图 10-171 所示。

图 10-172   图 10-173

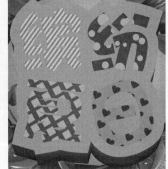

图 10-174   图 10-175

13 选中所有文本，然后在属性栏中设置"轮廓宽度"为 18.0mm，接着执行"对象 > 将轮廓转换为对象"菜单命令，再单击属性栏中的"合并"按钮 🔲，最后使用"形状工具" 🔧 调整合并后的对象，效果如图 10-176 所示。

图 10-170   图 10-171

12 选中对象，填充颜色为（C:40，M:0，Y:0，K:0），然后将对象移动到文本后面，如图 10-172 所示。再使用"立体化工具" 🔧 拖曳立体效果，如图 10-173 所示。接着在属性栏中设置"深度"为 5，单击"立体化颜色"按钮 🔳，选择"颜色"

图 10-176

14 选中对象，然后将对象移动到文本后面，如图 10-177 所示。接着导入"素材文件 >CH10>16.jpg"文件，最后执行"对象 > 图框精确裁剪 > 置于图文框内部"菜单命令，将图片置于对象内，如图 10-178 所示。

图 10-177　　　　　　图 10-178

图 10-183　　　　　　图 10-184

15 选中所有文本，然后在属性栏中设置"轮廓宽度"为 6.0mm，轮廓颜色为（C:0，M:0，Y:40，K:0），如图 10-179 所示。接着执行"对象 > 将轮廓转换为对象"菜单命令，最后将对象移动到文本后面，效果如图 10-180 所示。

16 选中所有文本，然后在属性栏中设置"轮廓宽度"为 2.0mm，如图 10-181 所示。接着执行"对象 > 将轮廓转换为对象"菜单命令，再将对象转换为位图，最后执行"位图 > 模糊 > 高斯式模糊"，设置"羽化半径"为 5，效果如图 10-182 所示。

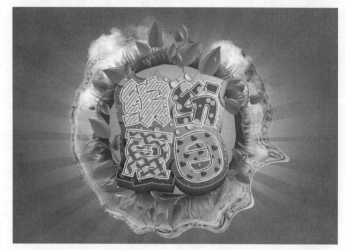

图 10-185

图 10-179　　　　　　图 10-180

图 10-181　　　　　　图 10-182

17 选中模糊对象，然后将对象移动到文本后面，如图 10-183 所示。接着设置文本"轮廓宽度"为 1.0mm，轮廓颜色为白色，如图 10-184 所示，最终效果如图 10-185 所示。

实战 117　绘制登山鞋

实例位置	实例文件>CH10>实战117.cdr
素材位置	素材文件>CH10>17.jpg、18.jpg、19.png
实用指数	★★★★★
技术掌握	轮廓笔的使用

登山鞋效果如图 10-186 所示。

图 10-186

操作步骤

01 新建空白文档，然后在"创建新文档"对话框中设置"名称"为"绘制登山鞋"、"大小"为A4、页面方向为"横向"，接着单击"确定"按钮 确定，如图 10-187 所示。

图 10-187

02 首先绘制鞋底。使用"钢笔工具" 绘制鞋底厚度，然后单击"交互式填充工具" ，在属性栏上选择填充方式为"渐变填充"，再设置"类型"为"线性渐变填充"。接着设置节点位置为 0% 的色标颜色为（C:45，M:58，Y:73，K:2）、节点位置为 100% 的色标颜色为（C:57，M:75，Y:95，K:31），适当调整节点位置，最后设置"轮廓宽度"为 0.5mm、轮廓线颜色为（C:69，M:86，Y:100，K:64），如图 10-188 所示。

03 使用"钢笔工具" 绘制鞋底厚度，然后填充颜色为（C:68，M:86，Y:100，K:63），接着单击鼠标右键去掉轮廓线，如图 10-189 所示。

图 10-188   图 10-189

04 使用"钢笔工具" 绘制鞋底和鞋面的连接处，然后填充颜色为（C:53，M:69，Y:100，K:16），再设置"轮廓宽度"为 0.75mm、轮廓线颜色为（C:58，M:86，Y:100，K:46），如图 10-190 所示。接着绘制缝纫线，设置"轮廓宽度"为 1mm、轮廓线颜色为（C:0，M:0，Y:20，K:0），最后选择合适的"线条样式"，如图 10-191 所示。

图 10-190   图 10-191

05 使用"钢笔工具" 绘制鞋面，然后设置"轮廓宽度"为 0.5mm、轮廓线颜色为（C:58，M:85，Y:100，K:46），如图 10-192 所示。接着导入"素材文件 >CH10>17.jpg"文件，最后执行"对象 >

图框精确裁剪 > 置于图文框内部"菜单命令，把布料放置在鞋面中，如图 10-193 所示。

图 10-192   图 10-193

06 使用"钢笔工具" 绘制鞋面块面，然后设置"轮廓宽度"为 1.0mm、轮廓线颜色为（C:58，M:85，Y:100，K:45），如图 10-194 所示。接着使用"钢笔工具" 绘制块面阴影，再填充颜色为（C:58，M:85，Y:100，K:45），最后去掉轮廓线，如图 10-195 所示。

图 10-194   图 10-195

07 使用"钢笔工具" 绘制鞋面缝纫线，然后设置"轮廓宽度"为 1.0mm、颜色为（C:58，M:84，Y:100，K:45），再选择合适的"线条样式"，如图 10-196 所示。接着将缝纫线复制一份，填充轮廓线颜色为白色，最后将白色缝纫线放在深色缝纫线上面，如图 10-197 所示。

图 10-196   图 10-197

08 使用"钢笔工具" ✎ 绘制鞋舌，如图 10-198 所示。然后选中导入的布料执行"效果 > 调整 > 颜色平衡"菜单命令，打开"颜色平衡"对话框，接着勾选"中间色调"复选框，再设置"青 -- 红"为 28、"品红 -- 绿"为 -87、"黄 -- 蓝"为 -65，最后单击"确定"按钮 确定 完成设置，如图 10-199 所示。

图 10-198

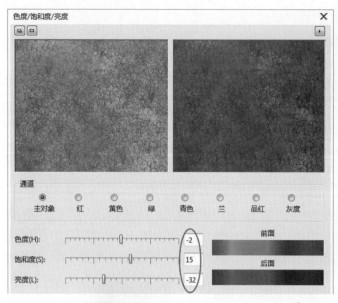

图 10-200

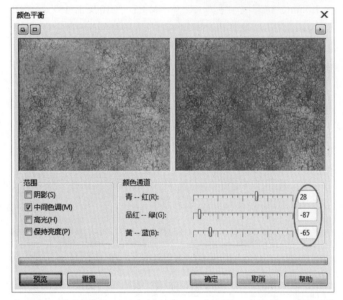

图 10-199

09 选中布料，然后执行"效果 > 调整 > 色度 / 饱和度 / 亮度"菜单命令，打开"色度 / 饱和度 / 亮度"对话框，再选择"主对象"，设置"色度"为 -2、"饱和度"为 15、"亮度"为 -32，接着单击"确定"按钮 确定 完成设置，如图 10-200 所示。最后将调整好的布料置入鞋舌中，效果如图 10-201 所示。

10 下面绘制脚踝部分。使用"钢笔工具" ✎ 绘制脚踝处轮廓，如图 10-202 所示。然后在"编辑填充"对话框中选择"渐变填充"方式，设置"类型"为"线性渐变填充"、"镜像、重复和反转"为"默认渐变填充"。接着设置节点位置为 0% 的色标颜色为黑色、节点位置为 100% 的色标颜色为（C:69，M:83，Y:94，K:61），最后单击"确定"按钮 确定 完成填充，如图 10-203 所示。

11 使用"钢笔工具" ✎ 绘制鞋面与鞋舌的阴影处，然后填充颜色为（C:68，M:86，Y:100，K:63），接着单击鼠标右键去掉轮廓线，如图 10-204 所示。

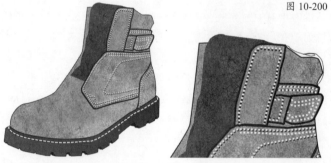

图 10-201 　　　　　　　　　　　　图 10-202

 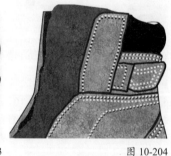

图 10-203 　　　　　　　　　　　　图 10-204

12 使用"钢笔工具" ✎ 绘制鞋舌阴影，然后填充颜色为黑色，如图 10-205 所示。接着使用"透明度工具" ▨ 拖动透明度效果，如图 10-206 所示。

图 10-205 　　　　　　　　　　　　图 10-206

13 使用"钢笔工具" 绘制鞋面转折区，然后填充颜色为（C:60，M:75，Y:98，K:38），如图 10-207 所示。接着使用"透明度工具" 拖动透明度效果，如图 10-208 所示。

图 10-207　　　　　　　　图 10-208

14 使用"钢笔工具" 绘制鞋面前段鞋带穿插处，然后将布料置入对象中，接着设置"轮廓宽度"为 1.0mm、轮廓线颜色为（C:58，M:84，Y:100，K:45），如图 10-209 所示。

图 10-209

15 使用"钢笔工具" 绘制缝纫线，然后设置"轮廓宽度"为 0.5mm、轮廓线颜色为（C:0，M:0，Y:0，K:40），接着绘制阴影，再填充颜色为（C:51，M:79，Y:100，K:21），如图 10-210 所示。最后为对象添加缝纫线，效果如图 10-211 所示。

图 10-210　　　　　　　　图 10-211

16 下面绘制鞋面阴影。使用"钢笔工具" 绘制阴影部分，然后从深到浅依次填充颜色为（C:68，M:86，Y:100，K:63）、（C:60，M:75，Y:98，K:38），接着单击鼠标右键去掉轮廓线，如图 10-212 所示。最后使用"透明度工具" 拖动透明度效果，如图 10-213 所示。

图 10-212　　　　　　　　图 10-213

17 使用"椭圆形工具" 绘制圆形，然后向内进行复制，再合并为圆环，接着填充颜色为（C:44，M:60，Y:75，K:2），最后设置"轮廓宽度"为 1.0mm，如图 10-214 所示。

18 使用"椭圆形工具" 绘制椭圆，然后单击"交互式填充工具" ，在属性栏上选择填充方式为"渐变填充"，再设置"类型"为"椭圆形渐变填充"，接着设置节点位置为 0% 的色标颜色为黑色、节点位置为 100% 的色标颜色为（C:0，M:20，Y:20，K:60），最后适当调整节点位置，去掉轮廓线，如图 10-215 所示。

图 10-214　　　　　　　　图 10-215

19 将前面绘制的圆环和纽扣拖曳到鞋子上，如图 10-216 所示。然后使用"矩形工具" 绘制矩形，接着设置"圆角" 为 2.8mm，如图 10-217 所示。

图 10-216　　　　　　　　图 10-217

20 选中矩形，然后单击"交互式填充工具" ，在属性栏上选择填充方式为"渐变填充"，再设置"类型"为"线性渐变填充"。接着设置节点位置为 0% 的色标颜色为黑色、节点位置为 34% 的色标颜色为（C:55，M:67，Y:94，K:17）、节点位置为 56% 的色标颜色为黑色、节点位置为 100% 的色标颜色为（C:55，M:67，Y:94，K:17），最后适当调整节点位置，如图 10-218 所示，将矩形复制一份拖曳到下方，如图 10-219 所示。

图 10-218　　　　　　　　图 10-219

189

21 使用"钢笔工具"绘制鞋舌上的标志形状，然后填充颜色为黑色，再去掉轮廓线，接着绘制缝纫线，最后设置"轮廓宽度"为0.5mm、轮廓线颜色为白色，选择合适的"线条样式"，如图10-220所示。

22 使用"钢笔工具"绘制标志上的形状，然后从上到下依次填充颜色为（C:0，M:20，Y:20，K:60）和（C:20，M:0，Y:20，K:40），接着去掉轮廓线，如图10-221所示。

图 10-220   图 10-221

23 使用"钢笔工具"绘制标志上的形状，然后单击"交互式填充工具"，在属性栏上选择填充方式为"渐变填充"，再设置"类型"为"线性渐变填充"。接着设置节点位置为0%的色标颜色为（C:0，M:20，Y:100，K:0）、节点位置为19%的色标颜色为（C:41，M:79，Y:100，K:5）、节点位置为42%的色标颜色为（C:35，M:70，Y:100，K:7）、节点位置为100%的色标颜色为（C:0，M:20，Y:100，K:0），最后适当调整节点位置，效果如图10-222所示。

24 使用"钢笔工具"绘制鞋带穿插，然后设置"轮廓宽度"为4.0mm，接着从深到浅依次填充轮廓颜色为（C:57，M:86，Y:100，K:44）、（C:50，M:77，Y:91，K:18），如图10-223所示。

图 10-222   图 10-223

25 使用"钢笔工具"绘制鞋带勾，然后单击"交互式填充工具"，在属性栏上选择填充方式为"渐变填充"，再设置"类型"为"线性渐变填充"。接着设置节点位置为0%的色标颜色为黑色、节点位置为34%的色标颜色为（C:54，M:67，Y:92，K:16）、节点位置为56%的色标颜色为黑色、节点位置为100%的色标颜色为（C:55，M:67，Y:94，K:17），最后适当调整节点位置，去掉轮廓线，如图10-224所示。

26 使用"钢笔工具"绘制鞋带勾底座，然后单击"交互式填充工具"，在属性栏上选择填充方式为"渐变填充"，再设置"类型"为"线性渐变填充"。接着设置节点位置为0%的色标颜色为黑色、节点位置为56%的色标颜色为（C:100，M:100，Y:100，K:100）、节点位置为100%的色标颜色为（C:55，M:67，Y:97，K:18），最后适当调整节点位置，去掉轮廓线，如图10-225所示。

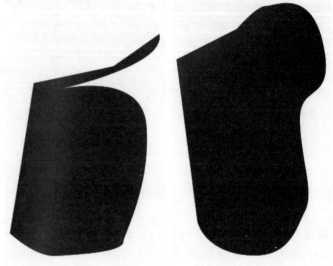

图 10-224   图 10-225

27 使用"椭圆形工具"绘制椭圆，然后单击"交互式填充工具"，在属性栏上选择填充方式为"渐变填充"，再设置"类型"为"线性渐变填充"。接着设置节点位置为0%的色标颜色为（C:54，M:66，Y:90，K:15）、节点位置为56%的色标颜色为（C:71，M:84，Y:93，K:64）、节点位置为100%的色标颜色为（C:54，M:66，Y:90，K:15），最后适当调整节点位置，去掉轮廓线，如图10-226所示。

28 将编辑好的对象组合在一起，如图10-227所示。然后绘制侧面的鞋带钩，接着使用"属性滴管工具"吸取颜色属性，填充在绘制的侧面鞋带钩上，如图10-228所示。最后将鞋带钩拖曳到鞋子上，如图10-229所示。

图 10-226   图 10-227

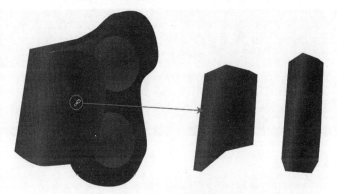

图 10-228

图 10-229

图 10-232

图 10-233

31 导入"素材文件 >CH10>18.jpg"文件,然后按 P 键将对象置于页面中心。接着使用"矩形工具" 绘制矩形,填充颜色为白色,去掉轮廓线,再使用"透明度工具" 为矩形添加透明效果,"透明度"为 50。最后导入"素材文件 >CH10>19.png"文件,将对象拖曳到透明矩形中,效果如图 10-234 所示。

图 10-234

29 使用"钢笔工具" 绘制鞋舌上的布条,然后填充颜色为(C:69,M:86,Y:98,K:64),接着设置"轮廓宽度"为 0.5mm,最后填充暗部颜色为黑色,如图 10-230 所示。

30 使用"钢笔工具" 绘制布条上的条纹,然后填充颜色为(C:43,M:78,Y:100,K:7),再去掉轮廓线,如图 10-231 所示。接着绘制缝纫线,设置"轮廓宽度"为 0.5mm、轮廓线颜色为(C:43,M:78,Y:100,K:7),如图 10-232 所示,最后使用"文本工具" 输入"xiezi",设置文字的样式并调整大小,填充文本颜色为(C:71,M:85,Y:97,K:65),最终效果如图 10-233 所示。

32 将前面绘制好的登山鞋拖曳到页面中合适的位置,然后双击"矩形工具" 创建与页面大小形同的矩形,接着填充颜色为(C:62,M:77,Y:100,K:45),最后去掉轮廓线,最终效果如图 10-235 所示。

图 10-230

图 10-231

图 10-235

实战 118 利用美术文本制作书籍封套

实例位置	实例文件>CH11>实战118.cdr
素材位置	素材文件>CH11>01.jpg
实用指数	★★★★★
技术掌握	美术文本的输入方法

书籍封套效果如图 11-1 所示。

图 11-1

☞ 基础回顾

文本在平面设计作品中起到解释说明的作用，它在 CorelDRAW X7 中主要以美术字和段落文本这两种形式存在，美术字具有矢量图形的属性，可用于添加断行的文本。

● 创建美术字

单击"文本工具"📝，然后在页面内使用鼠标左键单击建立一个文本插入点，即可输入文本，如图 11-2 所示，所输入的文本即为美术字，文字颜色默认为黑色（C:0, M:0, Y:0, K:100），如图 11-3 所示。

图 11-2

图 11-3

● 选择文本

在设置文本属性之前，必须要将需要设置的文本选中。

选择单个字符：单击要选择的文本字符的起点位置，然后按住鼠标左键将其拖动到选择字符的终点位置，松开鼠标左键，如图 11-4 所示。

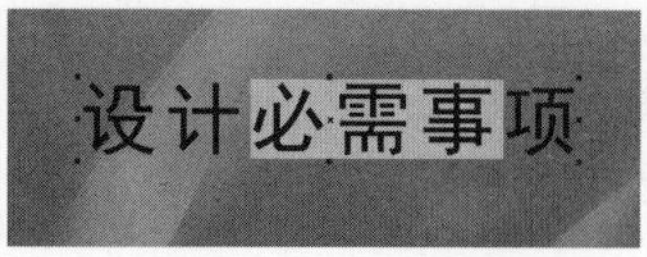

设计必需事项

图 11-4

选中整个文本：使用"选择工具"🔧单击输入的文本，可以直接选中该文本中的所有字符。

● 美术文本转换为段落文本

使用"选择工具"🔧选中美术文本，然后单击鼠标右键，接着在弹出的快捷菜单中选择"转换为段落文本"命令，即可将美术文本转换为段落文本，也可以直接按快捷键 Ctrl+F8 进行转换，如图 11-5 所示。

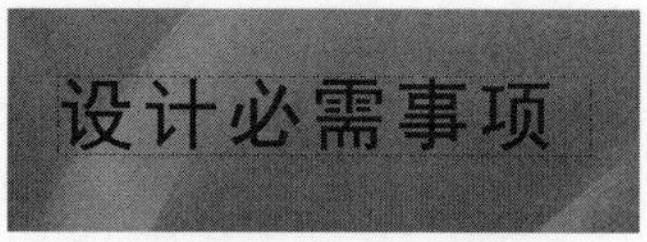

设计必需事项

图 11-5

> 提示 📝
> 除了使用以上方法，还可以执行"文本>转换为段落文本"菜单命令，将美术文本转换为段落文本。

● 文本属性字符参数介绍

使用 CorelDRAW X7 可以更改文本中文字的字体、字号和添加下划线等字符属性。需要修改时，单击属性栏上的"文本属性"按钮🅰或是执行"文本>文本属性"菜单命令，打开"文本属性"泊坞窗，然后展开"字符"设置面板，如图 11-6 所示。

图 11-6

①字体列表：可以在弹出的字体列表中选择需要的字体样式，如图 11-7 所示。

②字体大小：设置字体的字号，单击该选项，即可在打开的列表中选择字号，也可以在该选项框中输入数值，如图11-8所示。

③填充类型：用于选择字符的填充类型，类型有无填充、均匀填充、渐变填充、双色图样、向量图样、位图图样、底纹填充和PostScript填充，如图11-9所示。

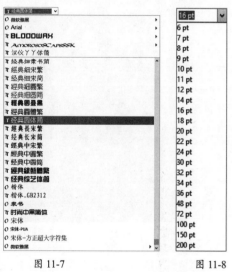

图11-7　　　　　　　　图11-8　　　　　　　　图11-9

④文本颜色：可以填充文本的颜色。

⑤背景填充类型：用于选择字符背景的填充类型，类型与填充类型相同。

⑥文本背景颜色：选择一种颜色以填充文本背后和周围的区域。

提示

除了"文本属性"泊坞窗可以填充文本颜色外，单击页面右边的调色板也可以进行文本颜色的填充。

⑦轮廓宽度：可以在该选项的下拉列表中选择系统预设的宽度值作为文本字符的轮廓宽度，也可以在该选项数值框中输入数值进行设置，如图11-10所示。

⑧轮廓颜色：可以选择字符的轮廓颜色。

图11-10

技术专题　字库的安装

在平面设计中，只用Windows系统自带的字体，很难满足设计需求，因此需要在Windows系统中安装系统外的字体。

从计算机C盘安装

用鼠标左键单击需要安装的字体，然后按快捷键Ctrl+C进行复制，接着单击"我的电脑"，打开C盘，依次单击打开文件夹"Windows>Fonts"，再单击字体列表的空白处，按快捷键Ctrl+V粘贴字体，最后安装的字体会以蓝色选中样式在字体列表中显示，如图11-11所示。待刷新页面后重新打开CorelDRAW X7，即可在该软件的"字体列表"中找到装入的字体，如图11-12所示。

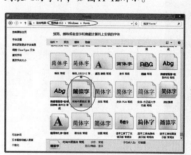

图11-11　　　　　　　　图11-12

从控制面板安装

用鼠标左键单击需要安装的字体，然后按快捷键Ctrl+C进行复制，接着依次单击"电脑设置>控制面板"，再双击"字体"打开字体列表，如图11-13所示。此时在字体列表空白处单击，按快捷键Ctrl+V将字体进行粘贴，最后安装的字体会以蓝色选中样式在字体列表中显示，如图11-14所示。待刷新页面后重新打开CorelDRAW X7，即可在该软件的"字体列表"中找到装入的字体，如图11-15所示。

图11-13

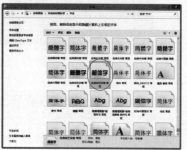

图11-14　　　　　　　　图11-15

01 新建空白文档，然后在"创建新文档"对话框中设置"名称"为"制作书籍封套"、"宽度"为 128.0mm、"高度"为 165.0mm，接着单击"确定"按钮 确定 ，如图 11-16 所示。

图 11-16

02 双击"矩形工具" 创建与页面大小相同的矩形，然后选中对象，填充颜色为（C:49, M:85, Y:30, K:0），再去掉轮廓线，如图 11-17 所示。接着执行"位图>转换为位图"菜单命令，在弹出的对话框中单击"确定"按钮 确定 将对象转换为位图，如图 11-18 所示。

图 11-17　　　　　　　　　　图 11-18

03 选中对象，然后执行"位图>杂点>添加杂点"菜单命令，弹出"添加杂点"对话框，如图 11-19 所示。接着单击"确定"按钮 确定 ，对象效果如图 11-20 所示。

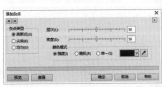

图 11-19　　　　　　　　　　图 11-20

04 使用"矩形工具" 创建一个与页面等宽的矩形如图 11-21 所示。然后使用"椭圆形工具" 在矩形上绘制一个椭圆形，如图 11-22 所示。接着选中椭圆对象，执行"编辑>步长和重复"菜单命令，在"步长和重复"泊坞窗中设置"水平设置"为"对象之间的间距"、"距离"为 0.1mm、"方向"为"右"、"份数"为 12，如图 11-23 所示。

再单击"应用"按钮 应用 ，效果如图 11-24 所示。

图 11-21　　　　　　　　　　图 11-22

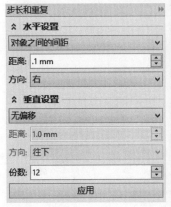

图 11-23　　　　　　　　　　图 11-24

05 选中椭圆形，垂直向下复制一份，如图 11-25 所示。然后选中矩形和所有椭圆形对象，在属性栏中单击"合并"按钮 ，如图 11-26 所示。接着导入"素材文件 >CH11>01.jpg"文件，再选中对象，执行"对象>图框精确裁剪>置于图文框内部"菜单命令，当光标变为"黑色箭头" 时，单击合并对象，将对象置入到合并的对象中，如图 11-27 所示。

06 使用"矩形工具" 绘制一个矩形，然后填充颜色为（C:49, M:85, Y:30, K:0），再去掉轮廓线，如图 11-28 所示。接着选中对象，最后将对象复制缩放一份，填充颜色为（C:12, M:46, Y:0, K:0），如图 11-29 所示。

图 11-25

图 11-26　　　　　　图 11-27

图 11-28　　　　　　图 11-29

07 选中粉色矩形对象，然后执行"位图 > 转换为位图"菜单命令，在弹出的对话框中单击"确定"按钮 确定 ，如图 11-30 所示。接着执行"位图 > 杂点 > 添加杂点"菜单命令，在弹出的对话框中单击"确定"按钮 确定 ，效果如图 11-31 所示。

图 11-30　　　　　　图 11-31

08 使用"椭圆形工具" ⊙ 在桃红色矩形上绘制一个椭圆形，如图 11-32 所示。然后选中椭圆对象，执行"编辑 > 步长和重复"菜单命令，在"步长和重复"泊坞窗中设置"水平设置"为"对

象之间的间距"、"距离"为 1.0mm、"方向"为"右"、"份数"为 9，如图 11-33 所示。接着单击"应用"按钮 应用 ，效果如图 11-34 所示。

图 11-32

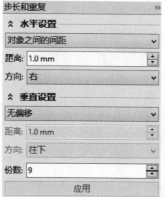

图 11-33　　　　　　图 11-34

09 选中椭圆对象，然后垂直向下复制一份，如图 11-35 所示。接着选中页面中间的桃红色矩形和椭圆形，再在属性栏中单击"移除前面对象"按钮 ，如图 11-36 所示。

图 11-35　　　　　　图 11-36

10 使用"矩形工具" □ 在页面左右各绘制一个矩形，然后填充颜色为（C:9，M:9，Y:25，K:0），并去掉轮廓线，如图 11-37 所示。接着将两个矩形复制一份，填充颜色为（C:0，M:0，Y:0，K:80），再执行"对象 > 顺序 > 置于此对象后"菜单命令，将复制对象移动到原对象后，选中复制对象，将其调整到适当的位置作为阴影，如图 11-38 所示。

图 11-37　　　　　　图 11-38

11 使用"文本工具"[字]在粉色矩形中输入美术文本，然后使用"选择工具"[箭]选中文本，单击属性栏上的"文本属性"按钮[A]，打开"文本属性"泊坞窗，接着在展开的"字符"设置面板上设置"字体列表"为 Adobe 仿宋 Std R、"字体大小"为18pt、文本颜色为白色，如图11-39所示。再展开"段落"设置面板，最后设置"字符间距"为-10.0%，如图11-40所示，效果如图11-41所示。

图 11-39

图 11-40

图 11-41

12 使用"文本工具"[字]在文本的上下方分别输入新文本，然后使用"选择工具"[箭]选中新文本，在"文本属性"泊坞窗中展开"字符"设置面板，再设置"字体列表"为 AF TOMMY HILFIGER、"字体大小"为8pt、文本颜色为白色，如图11-42所示。接着展开"段落"设置面板，设置"字符间距"为-20.0%，如图11-43所示，效果如图11-44所示。

13 选中所有文本，将文本复制一份，然后填充文本颜色为（C:0，M:0，Y:0，K:80），再执行"对象>顺序>置于此对象后"菜单命令，将复制文本移动到原文本后面，接着将其调整到适当的位置作为阴影，如图11-45所示。

图 11-42

图 11-43

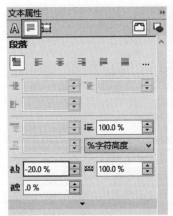

图 11-44

图 11-45

14 使用"矩形工具"[口]在页面下方绘制3个与页面等宽的矩形，然后填充颜色为（C:24，M:57，Y:11，K:11），再去掉轮廓线，如图11-46所示。

15 使用"文本工具"[字]在矩形对象上输入美术文本，然后选中文本，在"文本属性"泊坞窗中展开"字符"设置面板，再设置"字体列表"为 Adobe 仿宋 Std R、"字体大小"为13.619pt文本颜色为（C:0 M:0 Y:0，K:10），如图11-47所示。最后展开"段落"设置面板，设置"字符间距"为-20.0%，如图11-48所示，最终效果如图11-49所示。

图 11-46

图 11-47

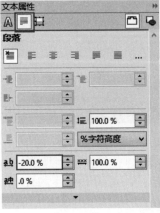

图 11-48

图 11-49

实战 119 利用段落文本制作歌词页

实例位置	实例文件>CH11>实战119.cdr
素材位置	素材文件>CH11>02.cdr
实用指数	★★★★★
技术掌握	段落文本的输入方法

歌词页效果如图 11-50 所示。

图 11-50

基础回顾

段落文本可以用于对格式要求更高的、篇幅较长的文本，也可以将文字当作图形来进行设计，使平面设计的内容更广泛。

● 输入段落文本

单击"文本工具"，然后在页面内按住鼠标左键拖动，待松开鼠标后生成文本框，如图 11-51 所示。此时输入的文本即为段落文本，在段落文本框内输入文本，排满一行后将自动换行，如图 11-52 所示。

图 11-51　　　　　　　　　图 11-52

● 文本框编辑

除了可以使用"文本工具"在页面上拖动创建出文本框以外，还可以用页面上绘制出的任意图形来创建文本框。首先选中绘制的图形，然后单击鼠标右键执行"框类型>创建空文本框"菜单命令，即可将绘制的图形作为文本框，如图 11-53 所示，此时使用"文本工具"在对象内单击即可输入文本。

图 11-53

● 文本框的调整

段落文本只能在文本框内显示，若超出文本框的范围，文本框下方的控制点内会出现一个黑色三角箭头，向下拖动该箭头，使文本框扩大，可以显示被隐藏的文本，如图 11-54 和图 11-55 所示。也可以按住鼠标左键拖曳文本框中任意的一个控制点，调整文本框的大小，使隐藏的文本完全显示。

图 11-54　　　　　　　　　图 11-55

疑难问答 ?

问：段落文本可以转换为美术文本吗？

答：可以。首先选中段落文本，然后单击鼠标右键，接着在弹出的快捷菜单中使用鼠标左键单击"转换为美术字"，即可将段落文本转换为美术文本；也可以执行"文本>转换为美术字"菜单命令或者按快捷键 Ctrl+F8。

● 文本属性中段落设置

使用 CorelDRAW X7 可以更改文本中文字的字距、行距和段落文本断行等段落属性。执行"文本>文本属性"菜单命令，打开"文本属性"泊坞窗，然后展开"段落"设置面板，如图 11-56 所示。

①无水平对齐：使文本不与文本框对齐（该选项为默认设置）。

②左对齐：使文本与文本框左侧对齐，如图 11-57 所示。

图 11-56

③居中：使文本置于文本框左右两侧之间的中间位置，如图 11-58 所示。

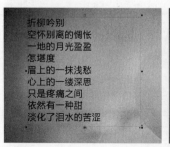

图 11-57　　　　　　　　　图 11-58

④右对齐▤：使文本与文本框右侧对齐，如图 11-59 所示。

⑤两端对齐▤：使文本与文本框两侧对齐（最后一行除外），如图 11-60 所示。

②垂直对齐：可以选择垂直文本对齐的方式。

③栏数：可以添加到文本框中的栏的数量，如图 11-64 所示。

④文本方向：设置文本框中文本的方向，如图 11-65 所示。

图 11-59　　　　　　　图 11-60

图 11-64　　　　　　　图 11-65

提示📝

设置文本的对齐方式为"两端对齐"时，如果在输入的过程中按 Enter 键进行过换行，则设置该选项后"文本对齐"为"左对齐"样式。

⑥强制两端对齐▤：使文本与文本框的两侧同时对齐，如图 11-61 所示。

⑦调整间距设置▥：单击该按钮，可以打开"间距设置"对话框，在该对话框中可以进行文本间距的自定义设置，如图 11-62 所示。

☞ 操作步骤

01 新建空白文档，然后在"创建新文档"对话框中设置"名称"为"制作歌词页"、"宽度"为 152.0mm、"高度"为 210.0mm，接着单击"确定"按钮，如图 11-66 所示。

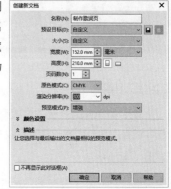

图 11-66

图 11-61　　　　　　　图 11-62

● 文本属性中图文框设置

除了可以更改文本中文字的字距、行距和段落文本断行等段落属性，还可以将段落文本框填充颜色、分栏和对齐等设置。执行"文本 > 文本属性"菜单命令，打开"文本属性"泊坞窗，然后展开"图文框"设置面板，如图 11-63 所示。

02 双击"矩形工具"▢创建与页面大小相同的矩形，然后填充颜色为（C:50，M:50，Y:65，K:25），再去掉轮廓线，如图 11-67 所示。接着选中对象，将对象复制缩放一份，填充颜色为（C:24，M:2，Y:2，K:0），如图 11-68 所示。

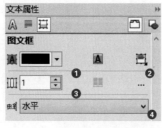

图 11-63

①背景颜色：可以更改段落文本框的背景颜色。

图 11-67

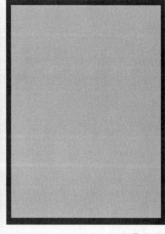

图 11-68

03 单击"文本工具"▥，然后按住鼠标左键进行拖动，再松开鼠标生成文本框，如图 11-69 所示。接着在文本框内输入文本，如图 11-70 所示。

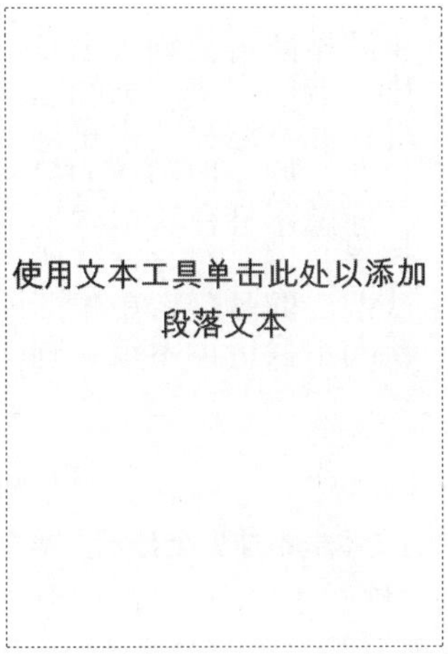
使用文本工具单击此处以添加
段落文本

图 11-69

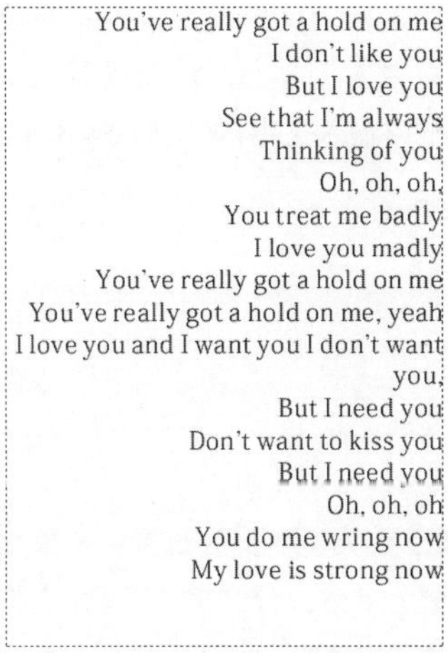
You've really got a hold on me
I don't like you
But I love you
See that I'm always
Thinking of you
Oh, oh, oh,
You treat me badly
I love you madly
You've really got a hold on me
You've really got a hold on me, yeah
I love you and I want you I don't want
you,
But I need you
Don't want to kiss you
But I need you
Oh, oh, oh
You do me wring now
My love is strong now

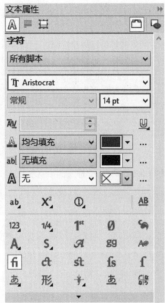

图 11-70

04 使用“选择工具”选中文本框，然后单击属性栏上的“文本属性”按钮，在“文本属性”泊坞窗中展开“字符”设置面板，再设置“字体列表”为 Aristocrat、“字体大小”为 14pt、文本颜色为（C:0，M:80，Y:80，K:40），如图 11-71 所示。接着展开“段落”设置面板，单击“右对齐”按钮，并设置“段前间距”为 105.0%、“行间距”为 120.0%，参数及文本效果如图 11-72 和图 11-73 所示。

文本属性
字符
所有脚本
Aristocrat
常规
14 pt
均匀填充
无填充
无

图 11-71

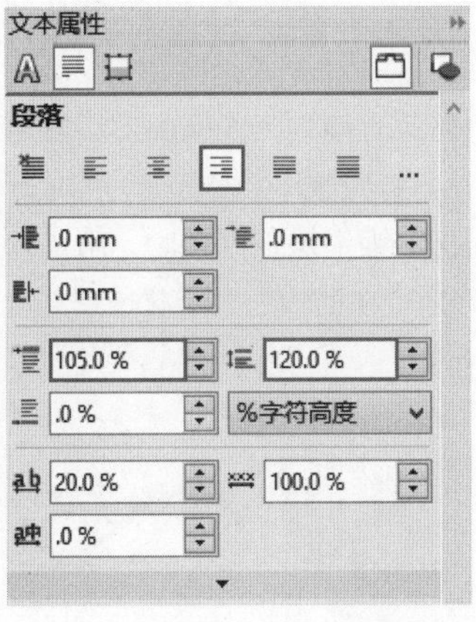
文本属性
段落
.0 mm
.0 mm
.0 mm
105.0 %
120.0 %
.0 %
%字符高度
20.0 %
100.0 %
.0 %

图 11-72

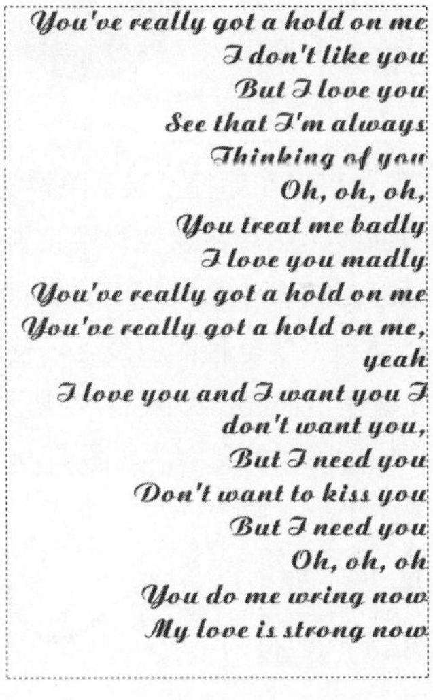
You've really got a hold on me
I don't like you
But I love you
See that I'm always
Thinking of you
Oh, oh, oh,
You treat me badly
I love you madly
You've really got a hold on me
You've really got a hold on me,
yeah
I love you and I want you I
don't want you,
But I need you
Don't want to kiss you
But I need you
Oh, oh, oh
You do me wring now
My love is strong now

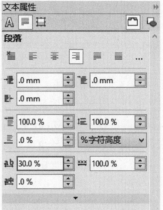

图 11-73

05 使用“文本工具”创建文本框，然后在文本框内输入文本，接着在“文本属性”泊坞窗中展开“字符”设置面板，设置“字体列表”为 Adobe Hebrew、“字体大小”为 9pt、文本颜色为（C:0，M:20，Y:20，K:60），如图 11-74 所示。再展开“段落”设置面板，单击“右对齐”按钮，并设置“字符间距”为 30.0%，面板参数及文本效果如图 11-75 和图 11-76 所示。

文本属性
字符
所有脚本
Adobe Hebrew
常规
9 pt
均匀填充
无填充
无

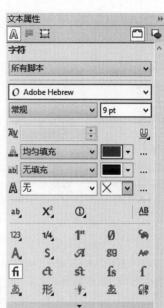

图 11-74

文本属性
段落
.0 mm
.0 mm
.0 mm
100.0 %
100.0 %
.0 %
%字符高度
30.0 %
100.0 %
.0 %

图 11-75

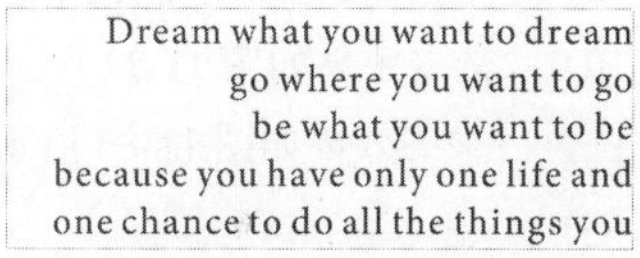
Dream what you want to dream
go where you want to go
be what you want to be
because you have only one life and
one chance to do all the things you

图 11-76

06 选中文本框，然后将其分别拖曳到页面中合适的位置，如图 11-77 所示。接着导入“素材文件 >CH11>02.cdr”文件，将对象拖曳到页面左侧，如图 11-78 所示。

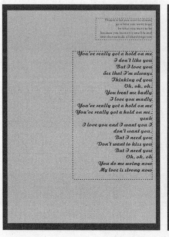

图 11-77

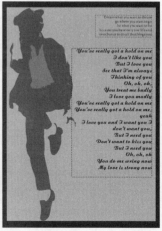

图 11-78

07 使用“文本工具”输入美术文本，然后选中文本，在“字符”设置面板上设置“字体列表”为 Ash、“字体大小”为 14pt、文本颜色为（C:20，M:40，Y:60，K:0），如图 11-79 所示。接着在属性栏中设置"旋转角度"为 10.0，再将文本拖曳到页面下方，如图 11-80 所示。

图 11-79

图 11-80

08 使用"文本工具" 🖫 输入美术文本，然后使用"选择工具" 🗘 选中文本，在"字符"设置面板上设置"字体列表"为 CuttyFruty、"字体大小"为 24pt、文本颜色为（C:0, M:80, Y:40, K:0），如图 11-81 所示。接着在属性栏中设置"旋转角度"为 10.0，文本效果如图 11-82 所示。再将文本拖曳到页面中的适当位置，最终效果如图 11-83 所示。

图 11-81

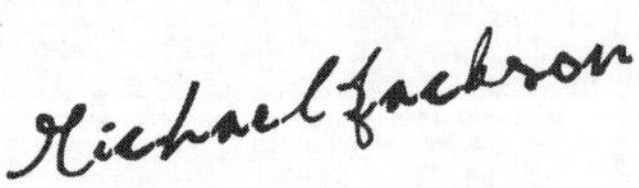

图 11-82

图 11-83

实战 120 段落文本链接

实例位置	实例文件>CH11>实战120.cdr
素材位置	无
实用指数	★★★☆☆
技术掌握	段落文本链接的使用方法

☞ **操作步骤**

01 首先创建段落文本。单击"文本工具" 🖫，然后在页面内按住鼠标左键拖动，接着松开鼠标生成文本框，再在段落文本框内输入文本，如图 11-84 所示。

图 11-84

02 因为文本内容过多，所以绘制的文本框不能完全显示文本内容，导致部分文字被隐藏。用鼠标左键单击文本框下方的黑色三角箭头 🔽，此时光标变为 🖫，如图 11-85 所示。然后在文本框以外的空白处用鼠标左键单击将会产生另一个文本框，新的文本框内将会显示前一个文本框中被隐藏的文字，如图 11-86 所示。

图 11-85

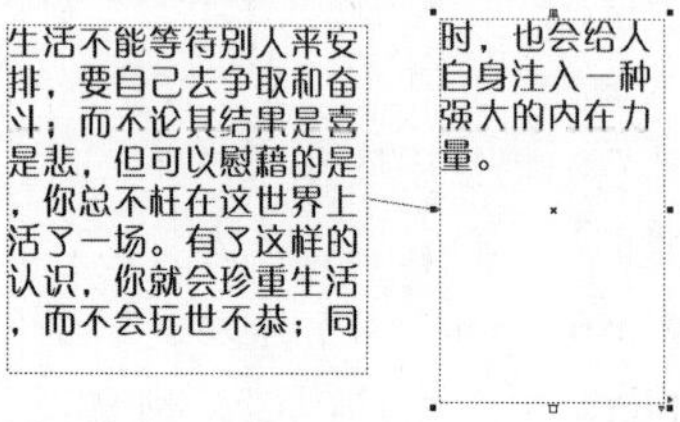

图 11-86

03 除了可以绘制新的文本框显示被隐藏的文字外，还可以将文字显示在闭合的路径链接对象上。用鼠标左键单击文本框下方的黑色三角箭头 🔽，当光标变为 🖫 时，移动到想要链接的对象上，然后待光标变为箭头形状 ➡ 时，用鼠标左键单击链接对象，如图 11-87 所示。接着对象内会显示前一个文本框中被隐藏的文字，如图 11-88 所示。

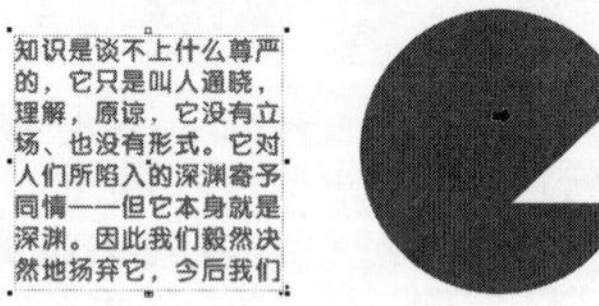

图 11-87

图 11-88

04 也可以在路径上显示隐藏文字。使用"钢笔工具" 🖈 绘制一条曲线，然后在属性栏中设置"轮廓宽度"为 5.0mm，接着用鼠标左键单击文本框下方的黑色三角箭头 🔽，当光标变为 🖫 时，移动到将要链接的曲线上，待光标变为箭头形状 ➡ 时，用鼠标左键单击曲线，如图 11-89 所示，即可在曲线上显示前一个文本框中被隐藏的文字，如图 11-90 所示。

图 11-89

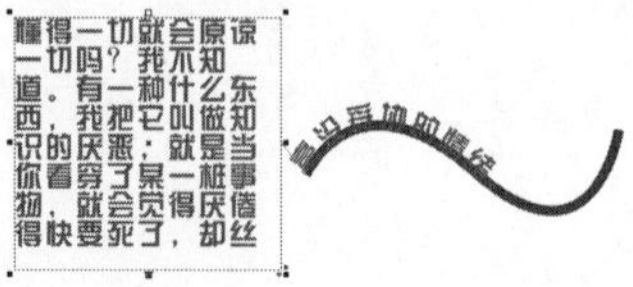

图 11-90

提示 ✍

　　将文本链接到开放的路径时，路径上的文本就具有"沿路径文本"的特性。当选中该路径文本时，属性栏的设置和"沿路径文本"的属性栏相同，此时可以在属性栏中对该路径上的文本进行属性设置。

实战 121　利用竖排文本制作竖版名片

实例位置	实例文件>CH11>实战121.cdr
素材位置	素材文件>CH11>03.cdr~05.cdr
实用指数	★★★★☆
技术掌握	竖排文本的使用方法

竖版名片效果如图 11-91 所示。

图 11-91

☞ 操作步骤

01 新建空白文档，然后在"创建新文档"对话框中设置"名称"为"制作竖版名片"、"宽度"为 105.0mm、"高度"为95.0mm，接着单击"确定"按钮 确定 ，如图 11-92 所示。

图 11-92

02 使用"矩形工具" □绘制一个矩形，然后在属性栏中设置"宽度"为50.0mm、"高度"为90.0mm，再填充颜色为（C:0,M:0,Y:0,K:10），并去掉轮廓线，如图 11-93 所示。接着选中对象，将对象水平向右复制一份，如图 11-94 所示。

图 11-93　　　　　　　　　　　图 11-94

03 首先绘制名片正面。导入"素材文件>CH11>03.cdr、04.cdr"文件，然后将圆形对象复制一份，接着分别拖曳对象到矩形对象中合适的位置，如图 11-95 所示。接着选中对象，执行"对象>图框精确裁剪>置于图文框内部"菜单命令，将

图 11-95　　　　　　　　　　　图 11-96

04 使用"文本工具" 字输入文本，然后使用"选择工具" ▷选中文本，在属性栏中设置"字体列表"为"汉仪雪君体简"、"字体大小"为 12pt，再填充文本颜色为（C:100,M:100,Y:0,K:0），如图 11-97 所示。接着单击属性栏上的"将文本更改为垂直方向"按钮 ⊞，将文字变为竖向，最后将文本拖曳到矩形中，如图 11-98 所示。

图 11-97　　　　　　　　　　　图 11-98

05 使用"文本工具" 字输入新文本，然后使用"选择工具" ▷选中文本，在属性栏中设置"字体列表"为 PrivaFourItalicPro、"字体大小"为 8pt，再填充文本颜色为（C:100,M:100,Y:0,K:0），如图 11-99 所示。接着单击属性栏上的"将文本更改为垂直方向"按钮 ⊞，最后将文本拖曳到矩形中，如图 11-100 所示。

06 下面绘制名片背面。导入"素材文件 >CH11>05.cdr"文件，然后分别选中对象和复制的圆形对象进行排放，如图 11-101 所示。接着选中排放好的对象，将对象置入矩形中，如图 11-102 所示。

Blue and white porcelain Co.,Ltd.

图 11-99　　　　　图 11-100

图 11-101　　　　　图 11-102

07 使用"文本工具"输入文本，然后选中文本，在属性栏中设置"字体列表"为"汉仪雪君体简"、"字体大小"为 18pt，再填充文本颜色为（C:100，M:100，Y:0，K:0），如图 11-103 所示。接着选中"总经理"文本，在属性栏中设置"字体大小"为 10pt，最后将文本进行排放，如图 11-104 所示。

08 选中文本，然后单击属性栏中的"将文本更改为垂直方向"按钮，如图 11-105 所示。接着将文本拖曳到页面中合适的位置，如图 11-106 所示。

图 11-103　　　图 11-104　图 11-105　　　　图 11-106

09 使用"文本工具"输入文本，然后在属性栏中设置"字体列表"为"黑体"、"字体大小"为 7pt，再填充文本颜色为（C:100，M:100，Y:0，K:0），接着单击属性栏上的"将文本更改为垂直方向"按钮，如图 11-107 所示。

10 选中文本，然后在"文本属性"泊坞窗中展开"段落"设置面板，设置"行间距"为 150.0%，如图 11-108 所示。接着将文本拖曳到页面左下角，效果如图 11-109 所示。

图 11-107　　　　　图 11-108　　　　　图 11-109

11 选中所有对象，然后将对象进行群组，在属性栏中设置"旋转角度"为 10.0，接着双击"矩形工具"创建与页面大小相同的矩形，再填充颜色为（C:69，M:64，Y:58，K:11），并去掉轮廓线，最后将群组对象拖曳到页面中心，如图 11-110 所示。

图 11-110

实战 122 利用文本路径制作徽章

实例位置	实例文件>CH11>实战122.cdr
素材位置	无
实用指数	★★★★★
技术掌握	文本路径的使用

徽章效果如图 11-111 所示。

图 11-111

☞ 基础回顾

在输入文本时，可以让文本沿着开放路径或闭合路径的形状进行分布，以创建不同排列形态的文本效果。

● 直接填入路径

绘制一个矢量对象，然后单击"文本工具" ，接着将光标移动到对象路径的边缘，待光标变为I时，单击对象的路径，即可在对象的路径上直接输入文字，输入的文字依路径的形状进行分布，如图 11-112 所示。

图 11-112

● 执行菜单命令

选中某一美术文本，然后执行"文本 > 使文本适合路径"菜单命令，当光标变为时，移动到要填入的路径，在对象上移动光标可以改变文本沿路径的距离和相对路径终点和起点的偏移量（还会显示与路径距离的数值），如图 11-113 所示。

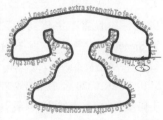

图 11-113

● 右键填入文本

选中美术文本，然后按住鼠标右键拖动文本到要填入的路径，待光标变为时，松开鼠标右键，弹出菜单面板，接着用鼠标左键单击"使文本适合路径"，即可在路径中填入文本，如图 11-114 所示。

图 11-114

● 参数设置

"使文本适合路径"的属性栏如图 11-115 所示。

图 11-115

①文本方向：指定文本的总体朝向。

②与路径的距离：指定文本和路径间的距离，当参数为正值时，文本向外扩散，如图 11-116 所示；当参数为负值时，文本向内收缩，如图 11-117 所示。

③偏移：通过指定正值或负值来移动文本，使其靠近路径的终点或起点，当参数为正值时，文本按顺时针方向旋转偏移，如图 11-118 所示；当参数为负值时，文本按逆时针方向偏移，如图 11-119 所示。

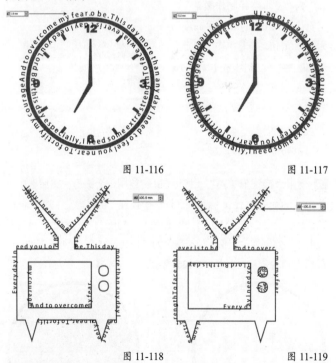

图 11-116   图 11-117

图 11-118   图 11-119

④水平镜像文本：单击该按钮可以使文本从左到右翻转，效果如图 11-120 所示。

⑤垂直镜像文本：单击该按钮可以使文本从上到下翻转，效果如图 11-121 所示。

图 11-120　　　　　　　　　　图 11-121

⑥贴齐标记 贴齐标记 ：指定文本到路径间的距离，单击该按钮，弹出"贴齐标记"选项面板，如图 11-122 所示。单击"打开贴齐标记"即可在"记号间距"数值框中设置贴齐的数值，此时调整文本与路径之间的距离时会按照设置的"记号间距"自动捕捉文本与路径之间的距离，单击"关闭贴齐标记"即可关闭该功能。

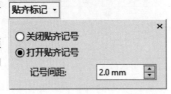

图 11-122

☞ **操作步骤**

01 新建空白文档，然后在"创建新文档"对话框中设置"名称"为"文本路径制作徽章"、"宽度"为 100.0mm、"高度"为 100.0mm，接着单击"确定"按钮 确定 ，如图 11-123 所示。

图 11-123

02 使用"椭圆形工具" ○ 按住 Ctrl 键绘制一个圆形，然后选中对象，填充颜色为白色，接着在属性栏中设置"轮廓宽度"为 2.0mm、轮廓颜色为（C:60，M:0，Y:40，K:40），如图 11-124 所示。再将对象向中心复制缩放一份，填充颜色为（C:40，M:0，Y:40，K:0），最后去掉轮廓线，如图 11-125 所示。

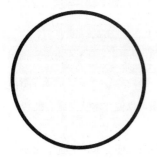

图 11-124　　　　　　　　　图 11-125

03 选中外层对象，然后向中心复制缩放一份，接着在属性栏中设置"轮廓宽度"为 1.0mm、轮廓颜色为（C:60，M:0，Y:40，K:20），如图 11-126 所示。

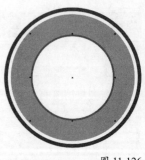

图 11-126

04 使用"钢笔工具" ♦ 绘制树叶轮廓，如图 11-127 所示，然后填充颜色为（C:71，M:0，Y:96，K:0），再去掉轮廓线，如图 11-128 所示。

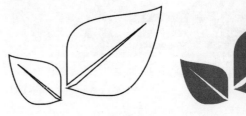

图 11-127　　　　　　　　　图 11-128

05 使用"文本工具" 字 输入文本，然后选中文本，在属性栏中设置"字体列表"为 Ash、"字体大小"为 10.5pt，再填充文本颜色为（C:60，M:0，Y:60，K:20），如图 11-129 所示。接着将树叶对象和文本拖曳到页面中合适的位置，如图 11-130 所示。

图 11-129　　　　　　　　　图 11-130

06 使用"文本工具" 字 输入文本，然后选中文本，在属性栏中设置"字体列表"为 Stencil、"字体大小"为 22pt，再填充文本颜色为（C:60，M:0，Y:60，K:20），接着在"文本属性"泊坞窗中展开"段落"设置面板，设置"字符间距"为 -20.0%，如图 11-131 所示，效果如图 11-132 所示。

图 11-131

A POT OF WARM TEA A WARM FAMILY

图 11-132

07 使用 "椭圆形工具" 按住 Ctrl 键在页面中绘制一个圆形，如图 11-133 所示。接着选中文本，执行 "文本 > 使文本适合路径" 菜单命令，当光标变为 ➴时，移动到圆形对象的路径上，如图 11-134 所示，再单击鼠标左键，效果如图 11-135 所示。

图 11-133

图 11-134

图 11-135

08 选中文本，然后在属性栏中设置 "与路径的距离" 为 -2.0mm，如图 11-136 所示。再双击圆形选中对象，接着按 Delete 键将圆形对象删除，效果如图 11-137 所示。

图 11-136

图 11-137

09 单击 "标题形状工具" ，然后在属性栏中设置 "完美形状" 为 ，按住鼠标左键拖动标题形状，如图 11-138 所示。接着填充颜色为（C:60, M:0, Y:60, K:20），再设置 "轮廓宽度" 为 0.75mm，轮廓颜色为（C:60, M:0, Y:400, K:40），如图 11-139 所示。

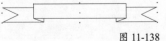

图 11-138

图 11-139

10 选中对象，然后按快捷键 Ctrl+Q 将对象转曲，接着使用 "形状工具" 对对象左右两边形状进行调整，如图 11-140 所示。再使用 "封套工具" 调整对象形状，如图 11-141 所示。最后将对象拖曳到页面下方，如图 11-142 所示。

图 11-140

图 11-141

图 11-142

11 使用 "文本工具" 输入文本，然后选中文本，在属性栏中设置 "字体列表" 为 Ash、"字体大小" 为 11pt，如图 11-143 所示。接着使用 "椭圆形工具" 在标题对象上绘制一个椭圆形，如图 11-144 所示。再选中文本，使用同样的方法将文本移动到椭圆形对象的路径上，最后填充文本颜色为白色，如图 11-145 所示。

DELICIOUS DRINK

图 11-143

图 11-144

图 11-145

12 选中文本，然后在属性栏中设置 "偏移" 为 0.003mm，接着双击选中圆形对象，按 Delete 键将对象删除，如图 11-146 所示。

图 11-146

13 选中所有对象，然后单击属性栏上的 "创建边界" 按钮，接着填充颜色为（C:0, M:0, Y:0, K:80），并去掉轮廓线，再按快捷键 Ctrl+End 使对象移动到页面背面，最后调整对象位置作为阴影效果，如图 11-147 所示。

14 双击 "矩形工具" 创建与页面大小相同的矩形，然后填充颜色为（C:0, M:0, Y:0, K:2），再去掉轮廓线，最终效果如图 11-148 所示。

图 11-147 　　　　　　　　　　　图 11-148

实战 123　利用文本转对象制作广告贴纸

实例位置	实例文件>CH11>实战123.cdr
素材位置	素材文件>CH11>06.jpg、07.cdr~09.cdr
实用指数	★★★★★
技术掌握	文本转对象的编辑方法

广告贴纸效果如图 11-149 所示。

图 11-149

☞ **基础回顾**

美术文本和段落文本都可以转换为曲线，转曲后的文字无法再进行文本的编辑。但是，转曲后的文字具有曲线的特性，可以使用编辑曲线的方法对其进行编辑。

● **文本转曲的方法**

选中美术文本或段落文本，然后单击鼠标右键在弹出的菜单中左键单击"转换为曲线"菜单命令，即可将选中的文本转换为曲线，如图 11-150 所示。也可以执行"对象>转换为曲线"菜单命令；还可以直接按快捷键 Ctrl+Q 转换为曲线，转曲后的文字可以使用"形状工具" 🖎进行编辑，如图 11-151 所示。

图 11-150

图 11-151

● **艺术字体设计**

艺术字体设计表达的含意丰富多彩，常用于表现产品属性和企业经营性质。运用夸张、明暗、增减笔画形象以及装饰等手法，以丰富的想象力，重构字形，既加强了文字的特征，又丰富了标准字体的内涵。艺术字广泛应用于宣传、广告、商标、标语、企业名称、展览会，以及商品包装和装潢等。在 CorelDRAW X7 中，利用文本转曲的方法，可以在原有字体样式上对文字进行编辑和再创作，如图 11-152 所示。

图 11-152

☞ **操作步骤**

01 新建空白文档，然后在"创建新文档"对话框中设置"名称"为"制作广告贴纸"、"宽度"为 168.0mm、"高度"为 100.0mm，接着单击"确定"按钮，如图 11-153 所示。

图 11-153

02 双击"矩形工具" 回创建与页面大小相同的矩形，然后导入"素材文件>CH11>06.jpg"文件，将对象置入矩形中，并去掉轮廓线，如图 11-154 所示。接着导入"素材文件>CH11>07.cdr"文件，将对象拖曳到页面下方，如图 11-155 所示。

图 11-154　　　　　　　　　　图 11-155

03 使用"文本工具"字输入文本，然后选中文本，在属性栏中设置"字体列表"为"经典综艺体简"、"字体大小"为54pt，接着填充文本颜色为（C:29，M:52，Y:76，K:0），如图 11-156 所示。

快乐下午茶

图 11-156

04 选中文本，然后按快捷键 Ctrl+Q，将文本转曲，如图 11-157 所示。接着使用"形状工具"，对"茶"对象的形状进行调整，如图 11-158 所示。

快乐下午茶

图 11-157

05 单击"椭圆形工具"按 Ctrl 键在"茶"对象上绘制一个圆，然后单击属性栏上的"弧"按钮，如图 11-159 所示。接着使用"形状工具"对弧对象的节点进行调整，如图 11-160 所示。

图 11-158

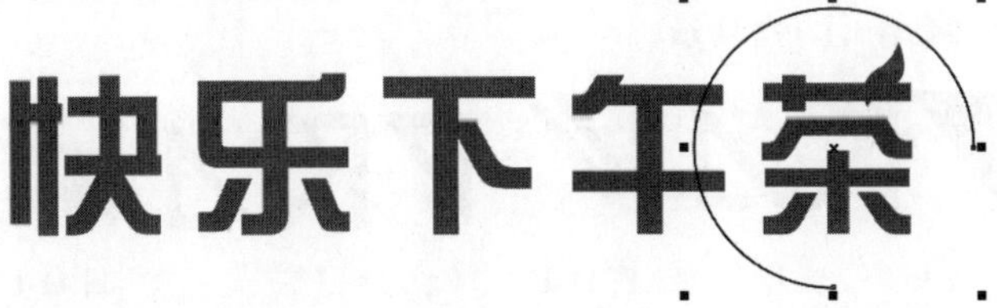

快乐下午茶

图 11-159

快乐下午茶

图 11-160

06 选中对象，然后按F12键打开"轮廓笔"对话框，设置颜色为（C:60，M:0，Y:60，K:20）、"宽度"为1.0mm、"线条端头"为"圆形端头"，如图 11-161 所示，再单击"确定"按钮 确定，效果如图 11-162 所示。接着选中对象，拖曳到页面左上方，如图 11-163 所示。最后导入"素材文件 >CH11>08.cdr"文件，将对象拖曳到页面中合适的位置，如图 11-164 所示。

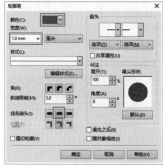

图 11-161

快乐下午茶

图 11-162

图 11-163

图 11-164

07 使用"矩形工具"绘制一个矩形，然后在属性栏中设置"圆角"为 3.5mm，填充颜色为（C:0，M:40，Y:60，K:20），并去掉轮廓线，如图 11-165 所示。接着导入"素材文件 >CH11>09.cdr"文件，将对象拖曳到矩形左上角，如图 11-

166 所示。再使用"钢笔工具"
绘制一个对象，填充颜色为
（C:0，M:40，Y:60，K:20），
最后去掉轮廓线，如图 11-167
所示。

图 11-165

图 11-166

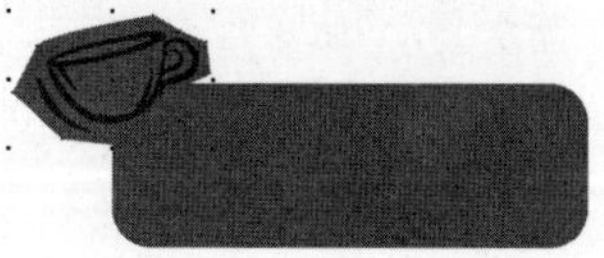

图 11-167

08 使用"文本工具" 字 输入文本，然后选中文本，在属性栏
中设置"字体列表"为"时尚中黑简体"、"字体大小"为
11pt，如图 11-168 所示。接着填充文本颜色为（C:0，M:40，Y:60，
K:20），并拖曳到圆角矩形上方，
如图 11-169 所示。

图 11-168

图 11-169

09 使用"文本工具" 字 输入文本，然后选中文本，在属性栏
中设置"字体列表"为"时尚中黑简体"、"字体大小"为
13.5pt，如图 11-170 所示。接着填充文本颜色为白色，并拖曳到
圆角矩形中，如图 11-171 所示。最后选中绘制好的对象，拖曳
到页面左下角，最终效果如图 11-172 所示。

图 11-170

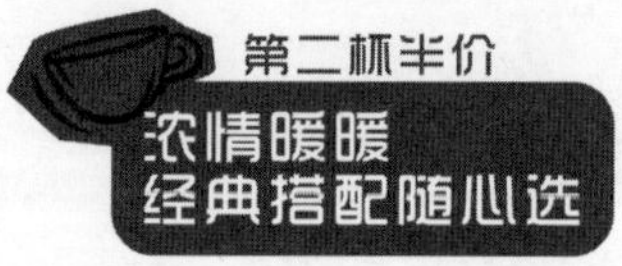

图 11-171

图 11-172

实战 124　绘制金属字体

实例位置	实例文件>CH11>实战124.cdr
素材位置	素材文件>CH11>10.jpg、11.jpg
实用指数	★★★★★
技术掌握	文本转对象的方法

金属字体效果如图 11-173 所示。

图 11-173

☞ **操作步骤**

01 新建空白文档，然后在"创建新文档"对话框中设置"名
称"为"绘制金属字体"、"宽度"为 204.0mm、"高度"为
204.0mm，接着单击"确定"按钮 确定 ，如图 11-174 所示。

02 使用"文本工具" 字 输入文本，然后选中文本，接着在属性
栏中设置"字体列表"为 Astra、"字体大小"为 150pt，如图
11-175 所示。再按快捷键 Ctrl+Q 将文本转曲，如图 11-176 所示。

图 11-175

图 11-174

图 11-176

03 选中对象，然后单击属性栏上的"拆分"按钮，闭合路径
的对象，中间会显示为黑色，如图 11-177 所示。接着分别选中
闭合路径的对象，单击属性栏上的"合并"按钮 合并对象，
效果如图 11-178 所示。

图 11-177

图 11-178

04 选中第 3 个对象，然后使用"形状工具" 选中对象下方的
节点，接着将节点向下拖曳，如图 11-179 所示。再选中第 4 个
对象，使用"形状工具" 选
中对象上方的节点，并将节点
向上拖曳，如图 11-180 所示。
最后适当调整对象的位置，如
图 11-181 所示。

图 11-179

图 11-180   图 11-181

05 使用"文本工具" 🄯输入文本，然后选中文本，在属性栏中设置"字体列表"为 Astra、"字体大小"为 55.5pt，如图 11-182 所示。再按快捷键 Ctrl+Q 将文本转曲，接着选中对象，单击属性栏上的"折分"按钮🄯，最后依次选中闭合路径对象，单击属性栏上的"合并"按钮🄯合并对象，效果如图 11-183 所示。

图 11-182   图 11-183

06 选中对象，然后使用"形状工具" 🄯选中对象下方的节点，将对象的节点向下拖曳，如图 11-184 所示。接着将所有对象进行排放，再将对象群组，如图 11-185 所示。

图 11-184   图 11-185

07 导入"素材文件 >CH11>10.jpg"文件，然后使用"矩形工具"🄯创建与对象大小相同的矩形，填充颜色为白色，去掉轮廓线。接着单击"透明度工具" 🄯，在属性栏中设置透明方式为"渐变透明度"，再设置"透明度类型"为"线性渐变透明度"，最后调整节点位置，效果如图 11-186 所示。

图 11-186

08 使用"矩形工具"🄯绘制一个矩形，然后在属性栏中设置"旋转角度"为 23.0，如图 11 187 所示。再填充颜色为白色，接着去掉轮廓线，如图 11-188 所示。

图 11-187   图 11-188

09 选中对象，然后使用"透明度工具" 🄯拖曳透明效果，如图

11-189 所示。接着将对象向右上复制一份，再将对象进行群组，如图 11-190 所示。

图 11-189   图 11-190

10 选中群组对象，向右复制缩放多份，然后使用"透明度工具" 🄯调整对象的透明效果，效果如图 11-191 所示。

图 11-191

11 选中所有对象，然后执行"对象 > 图框精确裁剪 > 置于图文框内部"菜单命令，将对象置入文本对象中，效果如图 11-192 所示。接着导入"素材文件 >CH11>11 .jpg"文件，然后按 P 键将对象置于页面中心，再将文本对象拖曳到页面中，如图 11-193 所示。

图 11-192   图 11-193

12 选中文本对象，然后使用"阴影工具" 🄯拖动阴影效果，在属性栏中设置"阴影的不透明度"为 95、"阴影羽化"为 5、"羽化方向"为"向外"、"阴影颜色"为（C:100，M:100，Y:0，K:0）、"合并模式"为"乘"，如图 11-194 所示，最终的效果如图 11-195 所示。

图 11-194   图 11-195

第 12 章 绘制表格

✿ 实战 — 💬 提示 — ✦ 疑难问答 — 📖 技术专题 — ⟳ 知识链接 — ✖ 商业实例

实战 125 通过创建表格制作信纸

实例位置	实例文件>CH12>实战125.cdr
素材位置	素材文件>CH12>01.jpg、02.cdr
实用指数	★★★★★
技术掌握	表格的创建方法

信纸效果如图 12-1 所示。

图 12-1

👉 基础回顾

在创建表格时，既可以直接使用工具进行创建，又可以直接在菜单中使用相关命令创建。

● 表格工具创建

单击"表格工具"▦，当光标变为⁺▭时，在页面中按住鼠标左键进行拖曳，即可创建表格，如图 12-2 所示。创建表格后可以在属性栏中修改表格的行数、列数和颜色。

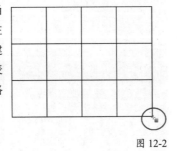

图 12-2

● 菜单命令创建

执行"表格 > 创建新表格"菜单命令，在弹出的"创建

新表格"对话框中可以对将要创建的表格进行"行数""栏数""高度"以及"宽度"的设置。设置好对话框中的选项后，单击"确定"按钮 确定，如图 12-3 所示，即可创建表格，效果如图 12-4 所示。

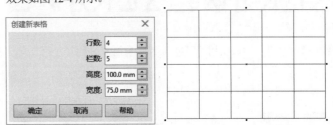

图 12-3   图 12-4

● 参数介绍

"表格工具"▦的属性栏如图 12-5 所示。

图 12-5

①行数和列数：设置表格的行数和列数。

②填充色：设置表格背景的填充颜色，如图 12-6 所示，填充效果如图 12-7 所示。

③编辑填充🖫：单击该按钮可以打开"编辑填充"对话框，在该对话框中可以对已填充的颜色进行设置，也可以重新选择颜色为表格背景填充。

④轮廓宽度：单击该选项按钮，可以在列表中选择表格的轮廓宽度，也可以在该选项的数值框中输入数值。

⑤边框选择▦：用于调整显示在表格内部和外部的边框，单击该按钮，可以在列表中选择所要调整的表格边框，默认选择为外部，如图 12-8 所示。

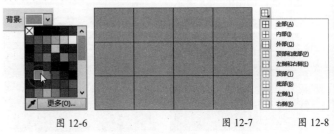

图 12-6   图 12-7   图 12-8

⑥轮廓颜色：设置表格轮廓颜色。

⑦表格选项：可以在列表中设置"在键入数据时自动调整单元格大小"或"单独的单元格边框"。

操作步骤

01 新建空白文档，然后在"创建新文档"对话框中设置"名称"为"制作信纸"、"宽度"为 190.0mm、"高度"为 265.0mm，接着单击"确定"按钮 **确定** ，如图 12-9 所示。

图 12-9

02 双击"矩形工具" ▣ 创建与页面大小相同的矩形，然后导入"素材文件 >CH12>01.jpg"，接着选中对象，执行"对象 > 图框精确裁剪 > 置于图文框内部"菜单命令，当光标变为"黑色箭头" ➡ 时，单击矩形，将对象置入矩形中，最后去掉轮廓线，如图 12-10 所示。

03 单击"表格工具" ▦，然后在属性栏上设置"行数和列数"为 8 和 1，接着在页面中按住鼠标左键进行拖曳，绘制出表格，如图 12-11 所示。

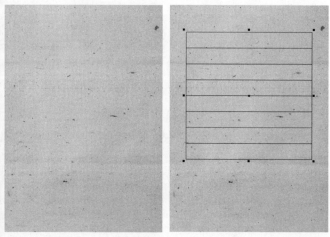

图 12-10　　　　　　　　图 12-11

04 使用"选择工具" ▵ 选中表格，然后单击属性栏上的"边框选择"按钮 ▦，在打开的列表中选择"左侧和右侧"，接着设置"轮廓宽度"为"无"，如图 12-12 所示，效果如图 12-13 所示。

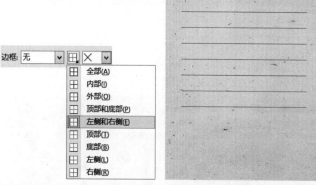

图 12-12　　　　　　　　图 12-13

05 选中表格，然后单击属性栏上的"边框选择"按钮 ▦，在打开的列表中选择"内部"，接着按 F12 键打开"轮廓笔"对话框，设置"宽度"为 0.5mm，再选择合适的"样式"，如图 12-14 所示。最后单击"确定"按钮 **确定** ，效果如图 12-15 所示。

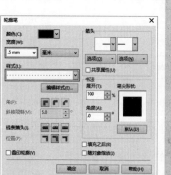

图 12-14　　　　　　　　图 12-15

06 选中表格，然后单击属性栏上的"边框选择"按钮 ▦，在打开的列表中选择"顶部和底部"，接着按 F12 键打开"轮廓笔"对话框，设置"宽度"为 0.5mm，再选择合适的"样式"，如图 12-16 所示。最后单击"确定"按钮 **确定** ，效果如图 12-17 所示。

07 导入"素材文件 >CH12>02.cdr"，然后将对象分别拖曳到页面中合适的位置，再将对象进行群组，最后将群组对象置入矩形中，如图 12-18 所示。

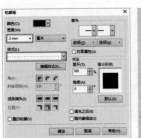

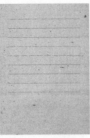

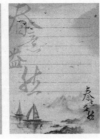

图 12-16

图 12-17

图 12-18

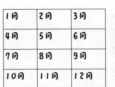

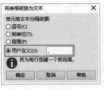

实战 126 利用表格文本互换制作日历书签

实例位置	实例文件>CH12>实战126.cdr
素材位置	无
实用指数	★★★★★
技术掌握	表格文本互换的方法

日历书签效果如图 12-19 所示。

图 12-19

☞ 基础回顾

创建完表格以后，可以将表格转换为纯文本，当然也可以将得到的纯文本转换为表格。

● 表格转文本

执行“表格＞创建新表格”菜单命令，在弹出的“创建新表格”对话框中设置“行数”为 4、“栏数”为 3、“宽度”为 100.0mm、高度为 130.0mm，最后单击“确定”按钮 确定 ，如图 12-20 所示。

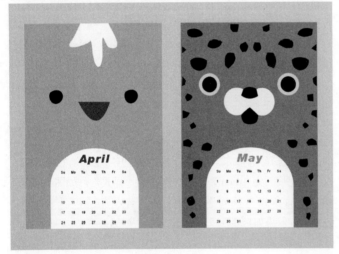

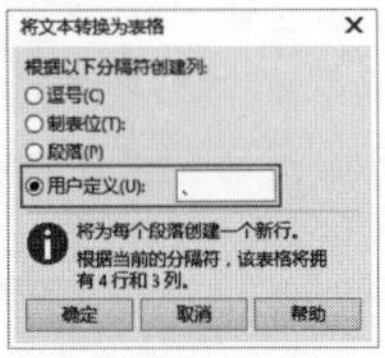

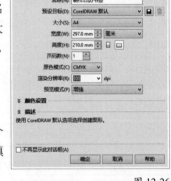

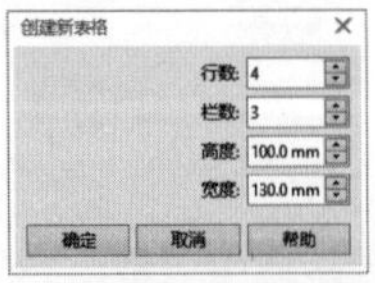

图 12-20

使用“文本工具”字在表格的单元格中输入文本，如图 12-21 所示。然后执行“表格＞将表格转换为文本”菜单命令，在弹出的“将表格转换为文本”对话框中勾选“用户定义”选项，再输入符号“、”，最后单击“确定”按钮，如图 12-22 所示，转换后的效果如图 12-23 所示。

1月	2月	3月
4月	5月	6月
7月	8月	9月
10月	11月	12月

图 12-21

图 12-22

1月、2月、3月
4月、5月、6月
7月、8月、9月
10月、11月、12月

图 12-23

> 提示
>
> 在表格的单元格中输入文本，可以使用“表格工具”单击该单元格，当单元格中显示一个文本插入点时，即可输入文本；也可以使用“文本工具”字单击该单元格，当单元格中显示一个文本插入点和文本框时，即可输入文本。

● 表格转文本

选中前面转换的文本，然后执行“表格＞文本转换为表格”菜单命令，弹出“将文本转换为表格”对话框，接着勾选“用户定义”选项，再输入符号“、”，最后单击“确定”按钮 确定 ，如图 12-24 所示，转换后的效果如图 12-25 所示。

图 12-24

1月	2月	3月
4月	5月	6月
7月	8月	9月
10月	11月	12月

图 12-25

☞ 操作步骤

01 新建空白文档，然后在“创建新文档”对话框中设置“名称”为“制作日历书签”、“大小”为 A4、页面方向为“横向”，接着单击“确定”按钮 确定 ，如图 12-26 所示。

图 12-26

02 双击“矩形工具”创建一个与页面大小相同的矩形，然后填充颜色为(C:0, M:0, Y:0, K:10)，接着去掉轮廓线,如图 12-27 所示。

03 使用“矩形工具”绘制一个矩形，然后填充颜色为（C:0，M:10，Y:100，K:0），再去掉轮廓线，接着将矩形向右水平复制一份，最后填充颜色为（C:0，M:30，Y:100，K:0），如图 12-28 所示。

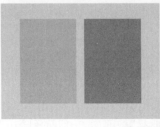

图 12-27

图 12-28

04 下面绘制小鸡。使用"钢笔工具" 在黄色矩形上绘制卡通小鸡的头发、眼睛和嘴巴，如图 12-29 所示。然后填充头发为白色、眼睛为黑色、鼻子为（C:0，M:60，Y:100，K:0），接着去掉轮廓线，如图 12-30 所示。

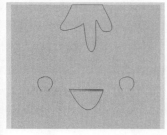

图 12-29　　　　　　　　　图 12-30

05 下面绘制小花豹。使用"钢笔工具" 绘制斑点，然后填充颜色为黑色，如图 12-31 所示。接着使用"椭圆形工具" 绘制眼睛，如图 12-32 所示。最后填充外层的圆为（C:0，M:0，Y:60，K:0）、内层的圆为黑色，如图 12-33 所示。

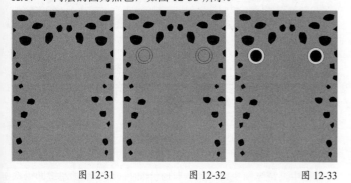

图 12-31　　　　　　图 12-32　　　　　　图 12-33

06 下面绘制嘴巴。使用"椭圆形工具" 按住 Ctrl 键绘制两个圆形，然后使用"矩形工具" 在圆形中间绘制一个矩形，如图 12-34 所示。接着选中对象，单击属性栏上的"合并"按钮 将对象合并，填充颜色为（C:0，M:0，Y:20，K:0），如图 12-35 所示。再使用"钢笔工具"绘制对象，并填充颜色为黑色，最后选中所有对象，去掉轮廓线，如图 12-36 所示。

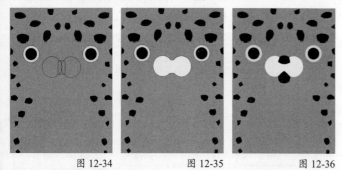

图 12-34　　　　　　图 12-35　　　　　　图 12-36

07 使用"矩形工具" 绘制一个矩形，然后使用"椭圆形工具" 在矩形上方绘制一个椭圆形，如图 12-37 所示。接着选中两个对象，单击属性栏上的"合并"按钮 ，再填充颜色为白色，并去掉轮廓线，最后将对象复制一份，分别将对象拖曳到小鸡和

小花豹的下方，如图 12-38 所示。

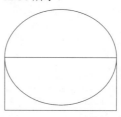

图 12-37　　　　　　　　　图 12-38

08 下面绘制 4 月日历表。使用"文本工具" 绘制两个文本框，然后在文本框内输入星期的英文文本，文本之间使用符号"，"隔开，再使用"文本工具" 选中文本，在属性栏上设置合适的字体和字体大小，如图 12-39 所示。接着在文本框内输入日期文本，最后将周末日期的文本颜色填充为红色，如图 12-40 所示。

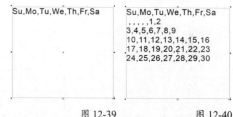

图 12-39　　　　　　　　　图 12-40

09 使用"选择工具" 选中文本框，然后执行"表格 > 文本转换为表格"菜单命令，弹出"将文本转换为表格"对话框，接着勾选"逗号"选项，如图 12-41 所示。最后单击"确定"按钮 确定 ，效果如图 12-42 所示。

图 12-41

Su	Mo	Tu	We	Th	Fr	Sa
					1	2
3	4	5	6	7	8	9
10	11	12	13	14	15	16
17	18	19	20	21	22	23
24	25	26	27	28	29	30

图 12-42

10 选中表格，然后在属性栏中设置"宽度"为 55.0mm、"高度"为 45.0mm，效果如图 12-43 所示。接着使用"文本工具" 在表格上方输入 4 月英文文本，再填充文本颜色为（C:0，M:60，Y:100，K:0），最后选择合适的字体和大小，如图 12-44 所示。

Su	Mo	Tu	We	Th	Fr	Sa
					1	2
3	4	5	6	7	8	9
10	11	12	13	14	15	16
17	18	19	20	21	22	23
24	25	26	27	28	29	30

图 12-43

April

Su	Mo	Tu	We	Th	Fr	Sa
					1	2
3	4	5	6	7	8	9
10	11	12	13	14	15	16
17	18	19	20	21	22	23
24	25	26	27	28	29	30

图 12-44

11 选中表格，然后单击属性栏上的"边框选择"按钮⊞，在打开的列表中选择"全部"，接着设置"轮廓宽度"为"无"，如图 12-45 所示。

April

Su	Mo	Tu	We	Th	Fr	Sa
					1	2
3	4	5	6	7	8	9
10	11	12	13	14	15	16
17	18	19	20	21	22	23
24	25	26	27	28	29	30

图 12-45

12 下面绘制 5 月日历表。使用"文本工具"字绘制一个文本框，然后使用同样的方法在文本框内输入 5 月的日历文本，再设置文本的字体、大小和颜色，如图 12-46 所示。接着选中文本框，执行"表格 > 文本转换为表格"菜单命令，将文本转换为表格，再选中表格，设置表格"宽度"为 55.0mm、"高度"为 45.0mm，如图 12-47 所示。

```
Su,Mo,Tu,We,Th,Fr,Sa
1,2,3,4,5,6,7
8,9,10,11,12,13,14
15,16,17,18,19,20,21
22,23,24,25,26,27,28
29,30,31
```

图 12-46

Su	Mo	Tu	We	Th	Fr	Sa
1	2	3	4	5	6	7
8	9	10	11	12	13	14
15	16	17	18	19	20	21
22	23	24	25	26	27	28
29	30	31				

图 12-47

13 使用"文本工具"字在表格上方输入 5 月英文文本，然后填充文本颜色为（C:0，M:20，Y:100，K:0），并选择合适的字体和大小，如图 12-48 所示。接着选中表格，单击属性栏上的"边框选择"按钮⊞，在打开的列表中选择"全部"，再设置"轮廓宽度"为"无"，如图 12-49 所示。最后将绘制好的日历表分别拖曳到小鸡和小花豹下方，如图 12-50 所示。

May

Su	Mo	Tu	We	Th	Fr	Sa
1	2	3	4	5	6	7
8	9	10	11	12	13	14
15	16	17	18	19	20	21
22	23	24	25	26	27	28
29	30	31				

图 12-48

May

Su	Mo	Tu	We	Th	Fr	Sa
1	2	3	4	5	6	7
8	9	10	11	12	13	14
15	16	17	18	19	20	21
22	23	24	25	26	27	28
29	30	31				

图 12-49

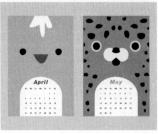

图 12-50

214

实战 127 通过设置单元格制作课程表

实例位置	实例文件>CH12>实战127.cdr
素材位置	素材文件>CH12>03.jpg、04.cdr
实用指数	★★★★★
技术掌握	单元格的操作方法

课程表效果如图 12-51 所示。

图 12-51

☞ 基础回顾

创建完表格以后，可以对单元格进行设置，以满足实际工作需求。

● 选择单元格

当使用"表格工具"⊞选中表格时，移动光标到要选择的单元格中，待光标变为"加号"形状✚时，单击鼠标左键即可选中该单元格。如果拖曳光标，可将光标经过的单元格按行、按列选择，如图 12-52 所示；如果表格不处于选中状态，可以使用"表格工具"⊞单击要选择的单元格，然后按住鼠标左键拖曳光标至表格右下角，即可选中所在单元格；如果拖曳光标至其他单元格，即可将光标经过的单元格按行、按列选择。

当使用"表格工具"⊞选中表格时，移动光标到表格左侧，待光标变为箭头形状➡时，单击鼠标左键，即可选中当行单元格，如图 12-53 所示；移动光标到表格上方，待光标变为向下的箭头⬇时，单击鼠标左键，即可选中当列单元格，如图 12-54 所示。如果按住鼠标左键拖曳，可将光标经过的单元格选中。

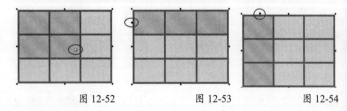

图 12-52　　　　　图 12-53　　　　　图 12-54

● 参数介绍

单击"表格工具"⊞，然后选中表格中的单元格，属性栏如图 12-55 所示。

图 12-55

①页边距：指定所选单元格内的文字到 4 个边的距离，单击中间的按钮，即可对其他 3 个选项进行不同的数值设置，如图 12-56 所示。

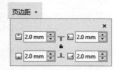

图 12-56

②合并单元格：将多个单元格合并成一个单元格。

③水平拆分单元格：单击该按钮，弹出"拆分单元格"对话框，选择的单元格将按照该对话框中设置的行数进行拆分，如图 12-57 所示，效果如图 12-58 所示。

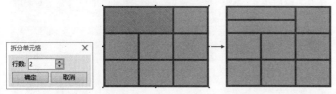

图 12-57　　　　　　　　　　　　　　　图 12-58

④垂直拆分单元格：单击该按钮，弹出"拆分单元格"对话框，选择的单元格将按照该对话框中设置的栏数进行拆分，如图 12-59 所示，效果如图 12-60 所示。

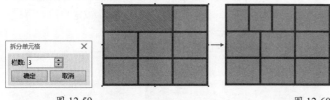

图 12-59　　　　　　　　　　　　　　　图 12-60

⑤撤销合并：单击该按钮，可以将当前单元格还原为没合并之前的状态，只有选中合并过的单元格，该按钮才可用。

☞ 操作步骤

01 新建空白文档，然后在"创建新文档"对话框中设置"名称"为"制作课程表"、"大小"为 A4、页面方向为"横向"，接着单击"确定"按钮，如图 12-61 所示。

02 单击"表格工具"，然后在页面中按住鼠标左键进行拖曳，绘制出一个表格，接着在属性栏中设置"行数和列数"为 10 和 6，如图 12-62 所示。

图 12-61　　　　　　　　　　　　　　　图 12-62

03 单击"表格工具"，然后在单元格上按住鼠标左键进行拖曳，将单元格选中，如图 12-63 所示。接着单击属性栏上的"合并单元格"按钮，将单元格进行合并，如图 12-64 所示。再使用同样的方法将下方的单元格进行合并，如图 12-65 所示。

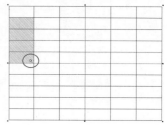

图 12-63

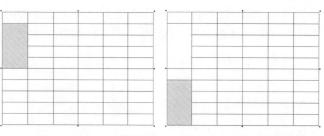

图 12-64　　　　　　　　　　　　　　　图 12-65

04 单击"表格工具"，然后将光标移动到表格的第 6 行，接着将第 6 行单元格选中，如图 12-66 所示。最后单击属性栏上的"合并单元格"按钮进行合并，表格效果如图 12-67 所示。

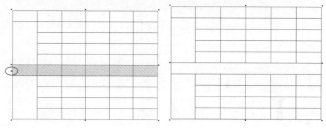

图 12-66　　　　　　　　　　　　　　　图 12-67

05 选中表格，然后单击属性栏上的"边框选择"按钮，在打开的列表中选择"全部"，接着设置"轮廓宽度"为 0.5mm，再填充轮廓颜色为（C:60，M:40，Y:0，K:40），如图 12-68 所示。最后设置背景色为（C:0，M:0，Y:0，K:10），如图 12-69 所示。

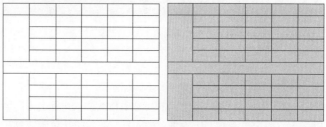

图 12-68　　　　　　　　　　　　　　　图 12-69

06 使用"表格工具"单击合并的单元格，然后单击属性栏上的"将文本更改为垂直方向"按钮，接着在单元格内输入文本，再选中文本，设置文本颜色为（C:20，M:0，Y:0，K:40），并选择合适的字体和大小，如图 12-70 所示。最后使用同样的方法，在其余的单元格内输入文本，如图 12-71 所示。

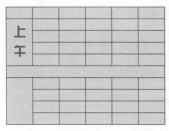

图 12-70 图 12-71

07 使用"钢笔工具" 绘制对象，然后填充颜色为白色，如图12-72所示。接着选中对象，将对象复制缩放一份，最后选中复制对象，单击属性栏上的"水平镜像"按钮 ，如图 12-73 所示。

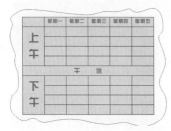 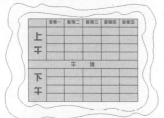

图 12-72 图 12-73

08 导入"素材文件>CH12>03.jpg"，然后将对象置入镜像对象中，接着去掉绘制对象的轮廓线，如图12-74所示。最后导入"素材文件>CH12>04.cdr"，将对象拖曳到页面中进行排放，如图12-75所示。

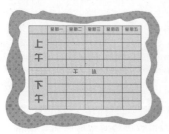 

图 12-74 图 12-75

实战 128 插入单元格

实例位置	实例文件>CH12>实战128.cdr
素材位置	无
实用指数	★★★★☆
技术掌握	插入单元格的操作方法

☞ **操作步骤**

01 选中任意一个单元格，然后执行"表格>插入>行上方"菜单命令，所选单元格的上方将会插入行，插入的行与所选单元格所在的行属性相同（例如，填充颜色、轮廓宽度、高度和宽度等），如图12-76所示。

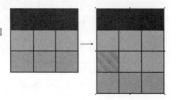

图 12-76

02 选中任意一个单元格，然后执行"表格>插入>列左侧"菜单命令，所选单元格的左侧插入列，并且插入的列与所选单元格所在的列属性相同，如图12-77所示。

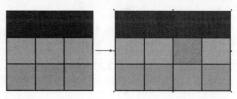

图 12-77

03 选中任意一个单元格，然后执行"表格>插入>插入行"菜单命令，弹出"插入行"对话框，接着设置"行数"为2，再勾选"在选定行上方"，如图12-78所示。最后单击"确定"按钮 确定 ，如图12-79所示。

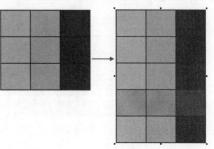

图 12-78 图 12-79

04 选中任意一个单元格，然后执行"表格>插入>插入列"菜单命令，弹出"插入列"对话框，接着设置"栏数"为2，再勾选"在选定列右侧"，如图12-80所示。最后单击"确定"按钮 确定 ，如图12-81所示。

图 12-80 图 12-81

实战 129 删除单元格

实例位置	实例文件>CH12>实战129.cdr
素材位置	无
实用指数	★★★★☆
技术掌握	删除单元格的操作方法

☞ **操作步骤**

01 将表格中多余的单元格删除。使用"表格工具" 将要删除的单元格选中，如图12-82所示。然后按Delete键，效果如图12-83所示。

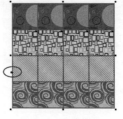 

图 12-82 图 12-83

可以改变边框位置，如图 12-90 所示。

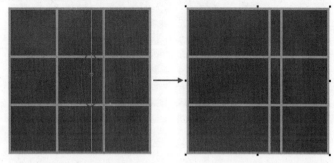

图 12-90

提 示 📝

如果使用"表格工具"🔲选中的单元格不是一整行或者一整列，而是选择一个或者多个单元格，按Delete键将会删除整个表格。

02 使用菜单栏命令也可以进行删除。使用"表格工具"🔲将要删除的单元格选中，如图 12-84 所示。然后执行"表格 > 删除 > 列"菜单命令，选中单元格所在的列进行删除，如图 12-85 所示，效果如图 12-86 所示。

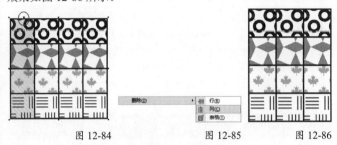

| 图 12-84 | 图 12-85 | 图 12-86 |

03 使用"表格工具"🔲选择多个单元格，如图 12-87 所示。然后执行"表格 > 删除 > 行"菜单命令，选中单元格所在的行进行删除，如图 12-88 所示；执行"列"或"表格"菜单命令，即可对选中单元格所在的列或表格进行删除。

| 图 12-87 | 图 12-88 |

实战 130　通过移动边框制作格子背景

实例位置	实例文件>CH12>实战130.cdr
素材位置	素材文件>CH12>05.cdr
实用指数	★★★★☆
技术掌握	移动表格边框的方法

格子背景效果如图 12-89 所示。

图 12-89

👉 基础回顾

使用"表格工具"🔲选中表格，然后移动光标至表格边框，待光标变为垂直箭头 ↕ 或水平箭头 ↔ 时，按住鼠标左键拖曳，

将光标移动到单元格边框的交叉点上，待光标变为倾斜箭头 ↖ 时，按住鼠标左键拖曳，可以改变交叉点上两条边框的位置，如图 12-91 所示。

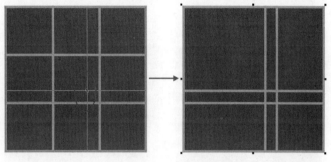

图 12-91

👉 操作步骤

01 新建空白文档，然后在"创建新文档"对话框中设置"名称"为"制作格子背景"、"宽度"为 400.0mm、"高度"为 400.0mm，接着单击"确定"按钮 [确定]，如图 12-92 所示。

02 导入"素材文件 >CH12>05.cdr"，然后按 P 键将对象置于页面中心，如图 12-93 所示。

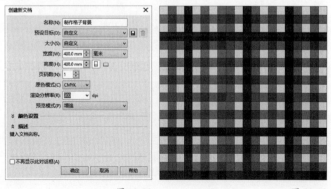

| 图 12-92 | 图 12-93 |

03 下面对表格竖格进行绘制。使用"表格工具"🔲选中表格，然后移动光标至表格竖格边框，待光标变为水平箭头 ↔ 时，按住鼠标左键进行拖曳，如图 12-94 所示。接着使用同样的方法对竖格其余边框进行拖曳，如图 12-95 所示。

图 12-94　　　　　　　　　　图 12-95

04 下面对表格横格进行绘制。使用"表格工具" 🔲 选中表格，然后移动光标至表格横格边框，待光标变为垂直箭头 ↕ 时，按住鼠标左键进行拖曳，如图 12-96 所示。接着使用同样的方法对横格其余边框进行拖曳，最终效果如图 12-97 所示。

图 12-96　　　　　　　　　　图 12-97

实战 131　分布命令

实例位置	实例文件>CH12>实战131.cdr
素材位置	无
实用指数	★★★★★
技术掌握	表格分布命令的操作方法

☞ **操作步骤**

01 用"表格工具" 🔲 选中表格中所有的单元格，如图 12-98 所示。然后执行"表格 > 分布 > 行均分"菜单命令，将表格中所有分布不均的行调整为均匀分布，如图 12-99 所示。

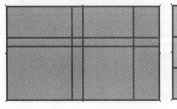
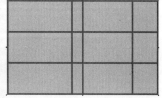

图 12-98　　　　　　　　　　图 12-99

02 用"表格工具" 🔲 选中所有单元格，如图 12-100 所示。然后执行"表格 > 分布 > 列均分"菜单命令，可将表格中所有分布不均的列调整为均匀分布，如图 12-101 所示。

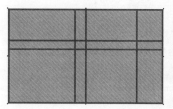

图 12-100　　　　　　　　　　图 12-101

> 提示 🖉
>
> 在执行表格的"分布"菜单命令时，选中的单元格行数和列数必须要在两个或两个以上，"行均分"和"列均分"菜单命令才可以同时执行。如果选中的多个单元格中只有一行，则"行均分"菜单命令不可用；如果选中的多个单元格中只有一列，则"列均分"菜单命令不可用。

实战 132　利用表格填充制作国际象棋

实例位置	实例文件>CH12>实战132.cdr
素材位置	素材文件>CH12>06.cdr
实用指数	★★★★★
技术掌握	表格填充的使用方法

国际象棋效果如图 12-102 所示。

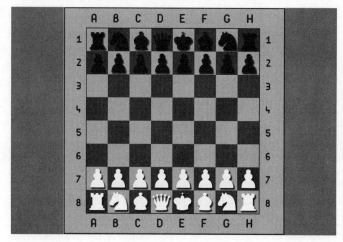

图 12-102

☞ **基础回顾**

使用"表格工具" 🔲 选中表格中的任意一个单元格或整个表格，然后在调色板上单击鼠标左键，即可为选中的单元格或整个表格填充单一颜色，如图 12-103 所示；也可以双击状态栏下的"填充工具" 💠，打开不同的填充对话框，然后在相应的对话框中为所选单元格或整个表格填充渐变颜色、向量、位图等，如图 12-104~ 图 12-106 所示。

图 12-103　　　　图 12-104　　　　图 12-105　　　　图 12-106

操作步骤

01 新建空白文档，然后在"创建新文档"对话框中设置"名称"为"制作国际象棋"、"宽度"为400.0mm、"高度"为400.0mm，接着单击"确定"按钮 确定 ，如图12-107所示。

图 12-107

02 单击"表格工具" ，然后在页面中按住鼠标左键进行拖曳，绘制出一个表格，接着在属性栏中设置"行数和列数"为8和8，如图12-108所示。

03 使用"表格工具" 选中单元格，如图12-109所示。然后在属性栏上设置"填充色"为（C:9，M:18，Y:34，K:0），如图12-110所示。接着使用"表格工具" 将剩余的单元格选中，再设置"填充色"为（C:41，M:78，Y:100，K:5），如图12-111所示。

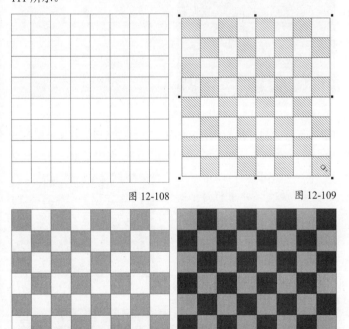

图 12-108   图 12-109

图 12-110   图 12-111

04 选中表格，然后单击属性栏上的"边框选择"按钮 ，在打开的列表中选择"内部"，再设置"轮廓宽度"为"无"，如图12-112所示。接着单击属性栏上的"边框选择"按钮 ，在打开的列表中选择"外部"，最后设置"轮廓宽度"为1.0mm，如图12-113所示。

图 12-112   图 12-113

05 双击"矩形工具" 创建与页面大小相同的矩形，然后在属性栏中设置"轮廓宽度"为1.5mm，接着填充颜色为（C:9，M:18，Y:34，K:0），如图12-114所示。

图 12-114

06 使用"文本工具" 在页面下方输入英文文本，然后选中文本，在属性栏中设置"字体列表"为Arista Ligeht、"字体大小"为68pt，接着在"文本属性"泊坞窗中展开"段落"设置面板，设置"字符间距"为450.0%，如图12-115所示。最后将文本垂直向上复制一份，效果如图12-116所示。

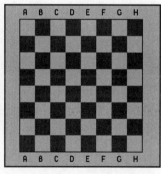

图 12-115   图 12-116

07 使用"文本工具" 在页面左侧输入数字文本，然后选中文本，在属性栏中设置"字体列表"为Arista Ligeht、"字体大小"为56pt，再单击属性栏上的"将文本更改为垂直方向"按钮 ，接着在"文本属性"泊坞窗中展开"段落"设置面板，设置"行间距"为205.0%，如图12-117所示。最后将文本向右水平复制一份，效果如图12-118所示。

图 12-117　　　　　　图 12-118

08 导入"素材文件 >CH12>06.cdr",然后将对象拖曳到页面合适的位置,如图 12-119 所示。接着使用"阴影工具" 在对象上拖动出阴影效果,最后在属性栏中设置"阴影的不透明度"为 85、"阴影羽化"为 1、"羽化方向"为"平均"、"合并模式"为"乘",如图 12-120 所示,最终的效果如图 12-121 所示。

图 12-119　　　　图 12-120　　　　图 12-121

实战 133　绘制明信片

实例位置	实例文件>CH12>实战133.cd
素材位置	素材文件>CH12>07.cdr~09.cdr
实用指数	★★★★★
技术掌握	表格工具的使用

明信片效果如图 12-122 所示。

图 12-122

☞ **操作步骤**

01 新建空白文档,然后在"创建新文档"对话框中设置"名称"为"绘制明信片"、"宽度"为 210.0mm、"高度"为 150.0mm,接着单击"确定"按钮 确定 ,如图 12-123 所示。

图 12-123

02 使用"矩形工具" 绘制一个矩形,然后在属性栏中设置"圆角" 为 1.5mm,如图 12-124 所示。接着单击"交互式填充工具" ,在属性栏上选择填充方式为"渐变填充",设置"类型"为"椭圆形渐变填充",再设置节点位置为 0% 的色标颜色为(C:8,M:11,Y:13,K:0)、节点位置为 54% 的色标颜色为(C:8,M:11,Y:13,K:0)、节点位置为 100% 的色标颜色为(C:17,M:27,Y:38,K:0),最后去掉对象的轮廓线,效果如图 12-125 所示。

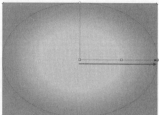

图 12-124　　　　　　图 12-125

03 选中对象,然后将对象复制一份,接着填充颜色为(C:67,M:72,Y:80,K:39),如图 12-126 所示。最后将对象移动到渐变对象右下方作为阴影效果,如图 12-127 所示。

图 12-126　　　　　　图 12-127

04 导入"素材文件 >CII12>07.cdr"文件,然后将对象拖曳到页面中合适的位置,如图 12-128 所示。接着选中对象,将对象复制一份,再单击属性栏上的"水平镜像"按钮 ,并将对象拖曳至页面右上方,如图 12-129 所示。最后选中所有对象,将对象置入渐变对象中,如图 12-130 所示。

图 12-128

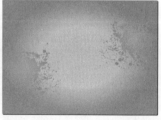

图 12-129　　　　　　图 12-130

05 使用"矩形工具" 绘制多个矩形,如图 12-131 所示。然后选中对象,单击属性栏中的"合并"按钮 ,接着填充颜色为

（C:30，M:36，Y:45，K:0），最后去掉轮廓线，如图 12-132 所示。

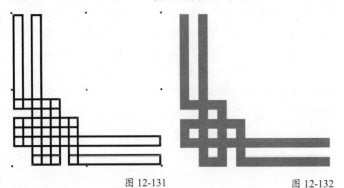

图 12-131　　　　　　　　　图 12-132

06 选中对象，然后将对象拖曳到页面左下角，如图 12-133 所示。接着选中对象，将对象垂直向上复制一份，并单击属性栏上的"垂直镜像"按钮，再选中两个对象，将对象向右水平复制一份，最后单击属性栏上的"水平镜像"按钮，如图 12-134 所示。

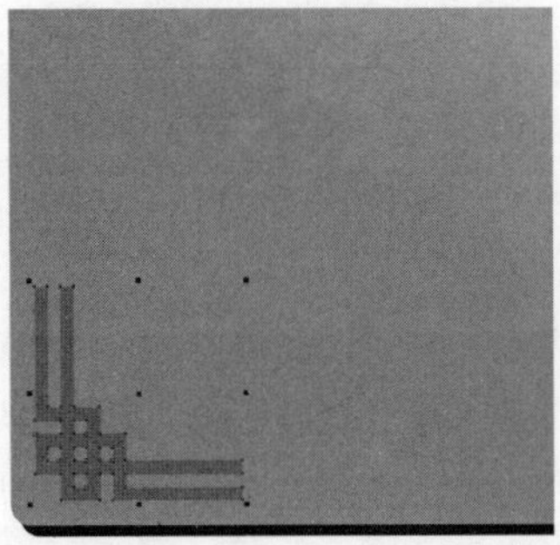

图 12-133 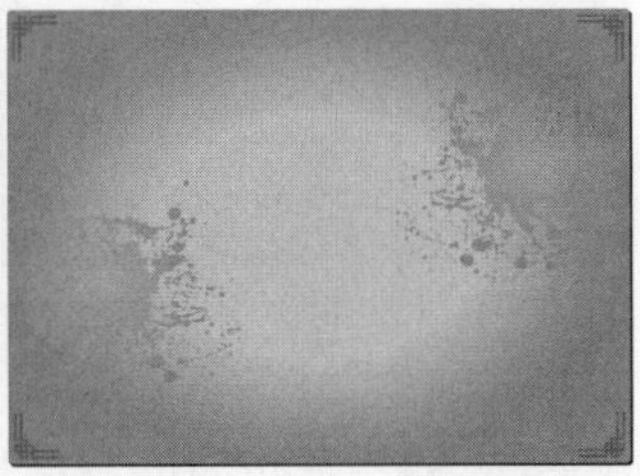　　　　　　　　　图 12-134

07 使用"矩形工具"在对象中间绘制两个矩形，如图 12-135 所示。然后选中对象，将对象向下水平复制一份，如图 12-136 所示。接着将对象复制缩放两份，再在属性栏中设置"旋转角度"为 90.0，最后将复制对象拖曳到页面中合适的位置，如图 12-137 所示。

图 12-135

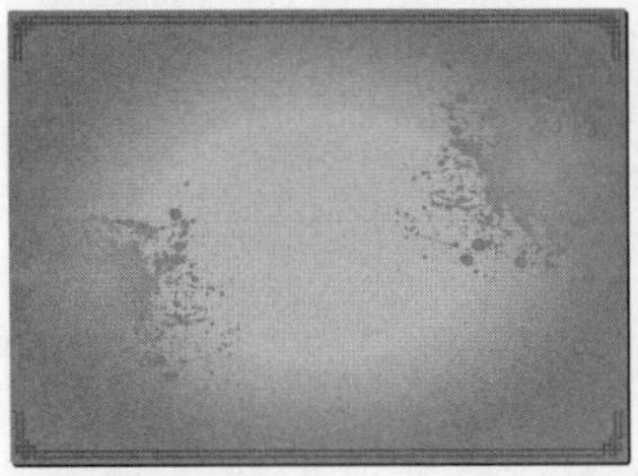

图 12-136　　　　　　　　　图 12-137

08 使用"文本工具"输入文本，然后选中文本，在属性栏中设置"字体列表"为 Brush Script MT、"字体大小"为 31pt，如图 12-138 所示。接着单击"文本工具"，分别将文本首字

母选中，设置"字体大小"为 48pt，如图 12-139 所示。再选中文本，填充文本颜色为（C:60，M:67，Y:76，K:20），如图 12-140 所示。最后将对象拖曳到页面左上方，如图 12-141 所示。

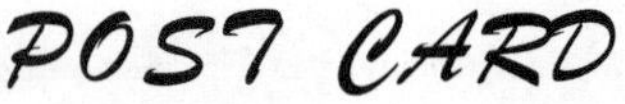

POST CARD *POST CARD*

图 12-138 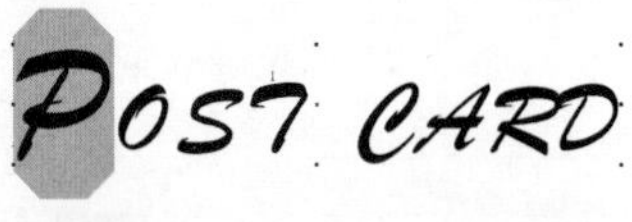　　　　　　　　　图 12-139

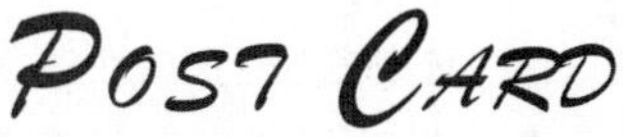

POST CARD

图 12-140　　　　　　　　　图 12-141

09 使用"文本工具"输入文本，然后选中文本，在属性栏中设置"字体列表"为 Book Antiqua、"字体大小"为 10pt，接着填充文本颜色为（C:67，M:72，Y:80，K:39），如图 12-142 所示。再将文本拖曳到页面中文本的下方，如图 12-143 所示。最后导入"素材文件 >CH12>08.cdr"文件，拖曳到文本下方，如图 12-144 所示。

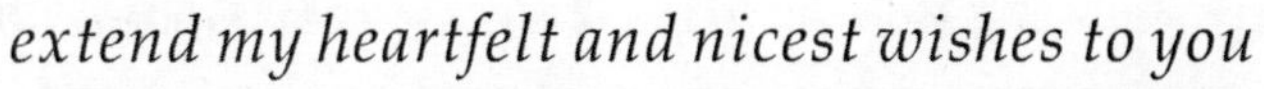

extend my heartfelt and nicest wishes to you

图 12-142

图 12-143　　　　　　　　　图 12-144

10 单击"表格工具"，然后在属性栏上设置"行数和列数"为 7 和 1，接着在页面中按住鼠标左键进行拖曳，绘制出表格，如图 12-145 所示。再选中表格，单击属性栏上的"边框选择"按钮，在打开的列表中选择"外部"，最后设置"轮廓宽度"为"无"，如图 12-146 所示。

图 12-145 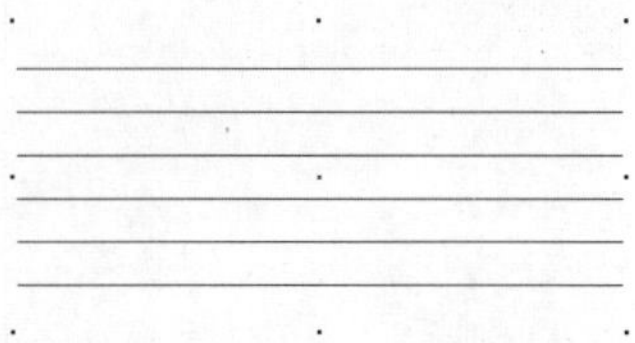　　　　　　　　　图 12-146

11 选中表格，然后单击属性栏上的"边框选择"按钮，在打开的列表中选择"内部",接着按 F12 键打开"轮廓笔"对话框，再选择合适的"样式"，如图 12-147 所示。最后将表格拖曳到页面的右侧，效果如图 12-148 所示。

图 12-147　　　　　　　　　图 12-148

12 使用"文本工具"字输入文本，然后选中文本，在属性栏中设置"字体列表"为 Embassy BT、"字体大小"为 30pt，如图 12-149 所示。接着将文本拖曳到表格上，如图 12-150 所示。

图 12-149　　　　　　　　　图 12-150

13 单击"表格工具"▦，然后在属性栏上设置"行数和列数"为 1 和 6，在页面中按住鼠标左键进行拖曳，绘制出表格，接着选中表格，单击属性栏上的"边框选择"按钮▦，在打开的列表中选择"全部"，再填充颜色为（C:60，M:67，Y:76，K:20），如图 12-151 所示。最后将表格拖曳到页面右下角，如图 12-152 所示。

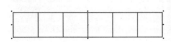

图 12-151　　　　　　　　　图 12-152

14 使用"矩形工具"□在页面右上角绘制一个矩形，然后设置属性栏中的"旋转角度"为 350.0，"轮廓宽度"为 0.5mm，如图 12-153 所示。接着填充颜色为（C:60，M:67，Y:76，K:20），如图 12-154 所示。

图 12-153　　　　　　　　　图 12-154

15 使用"钢笔工具"☑绘制一条曲线，然后选中对象，在属性栏中设置"轮廓宽度"为 5.0mm，填充颜色为（C:30，M:36，Y:45，K:0），如图 12-155 所示。接着按 F12 键打开"轮廓笔"对话框，选择"线条端头"为"圆形端头"，再将对象向下水平复制缩放 4 份，如图 12-156 所示，最后拖曳到页面右上角，如图 12-157 所示。

16 导入"素材文件 >CH12>09.cdr"文件，然后将对象拖曳到页面左下方，最终效果如图 12-158 所示。

图 12-155　　　　　　　　　图 12-156

图 12-157　　　　　　　　　图 12-158

实战 134　绘制挂历

实例位置	实例文件>CH12>实战134.cd
素材位置	素材文件>CH12>10.png~12.png、13.cdr、14.cdr
实用指数	★★★★★
技术掌握	表格文本互换的使用

挂历效果如图 12-159 所示。

图 12-159

☞ **操作步骤**

01 新建空白文档,然后在"创建新文档"对话框中设置"名称"为"绘制挂历"、"宽度"为210.0mm、"高度"为280.0mm,接着单击"确定"按钮 确定,如图12-160所示。

02 导入"素材文件 >CH12>10.png"文件,然后按 P 键将对象置于页面中心,如图12-161所示。

图 12-160　　　　　　　　　　　图 12-161

03 使用"钢笔工具" 拿绘制对象,如图12-162所示。然后将对象向右水平复制多份,如图12-163所示。接着选中所有对象,单击属性栏上的"合并"按钮 拿,如图12-164所示。

图 12-162

图 12-163

图 12-164

04 导入"素材文件 >CH12>11.png"文件,然后将对象置入绘制对象中,并去掉轮廓线,如图12-165所示。再将对象拖曳到页面上方,接着导入"素材文件 >CH12>12.png"文件,选中对象,将对象复制一份,最后将对象拖曳到页面中合适的位置,如图12-166所示。

05 使用"椭圆形工具" 拿按住 Ctrl 键绘制一个圆形,然后单击"交互式填充工具" 拿,在属性栏上选择填充方式为"渐变填充",接着设置"类型"为"椭圆形渐变填充"。最后设置节点位置为0%的色标颜色为黑色、位置为0%的色标透明度为50%、节点位置为100%的色标颜色为白色,如图12-167所示。

图 12-165

图 12-166

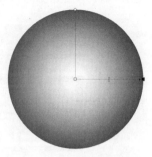

图 12-167

06 选中对象,然后单击"透明度工具" 拿,在属性栏中设置透明方式为"渐变透明度",接着设置"透明度类型"为"椭圆形渐变透明度"、"合并模式"为"常规"。最后设置节点位置为0%的色标透明度为50、节点位置为100%的色标透明度为100,如图12-168所示。

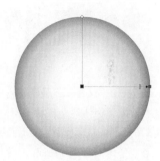

图 12-168

07 选中对象,然后将对象拖曳到页面中合适的位置,如图12-169所示,接着导入"素材文件 >CH12>13.cdr"文件,将对象拖曳到透明对象中间,如图12-170所示。

图 12-169　　　　　　　　　　　图 12-170

08 使用"矩形工具" 拿按住 Ctrl 键绘制一个矩形,然后填充颜色为(C:0, M:18, Y:78, K:0),接着去掉轮廓线,如图12-171所示,最后选中对象,垂直向下复制3份,如图12-172所示。

09 使用"文本工具" 拿分别输入文本,然后选中文本,在属性栏中设置"字体列表"为"方正综艺简体"、"字体大小"为

24pt，如图 12-173 所示。接着填充颜色为（C:0，M:100，Y:100，K:0），再分别将文本拖曳到矩形中，如图 12-174 所示。最后选中所有对象，将对象拖曳到页面中合适的位置，如图 12-175 所示。

图 12-171

图 12-172

二
〇
一
六

图 12-173

二
〇
一
六

图 12-174

福
福
金猴賀歲
HAPPY
NEW YEAR

图 12-175

10 使用“文本工具”输入中文文本，然后选中文本，在属性栏设置“字体列表”为“黑体”、“字体大小”为 14pt，如图 12-176 所示，接着使用“文本工具”输入英文文本，在属性栏中设置“字体列表”为 Arial、“字体大小”为 10pt，如图 12-177 所示。

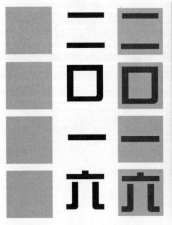

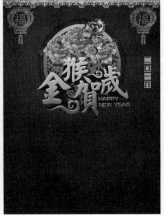

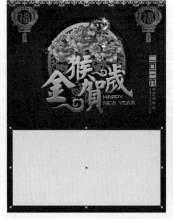

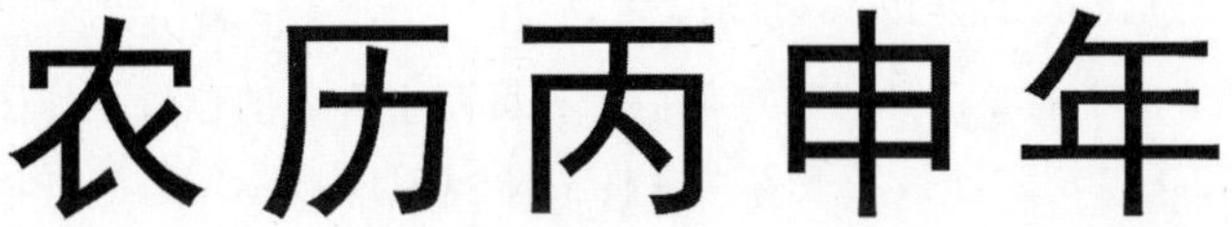

农历丙申年

图 12-176

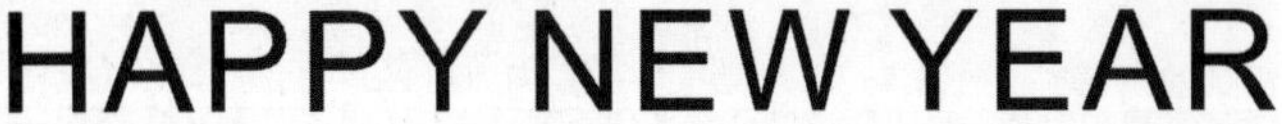

HAPPY NEW YEAR

图 12-177

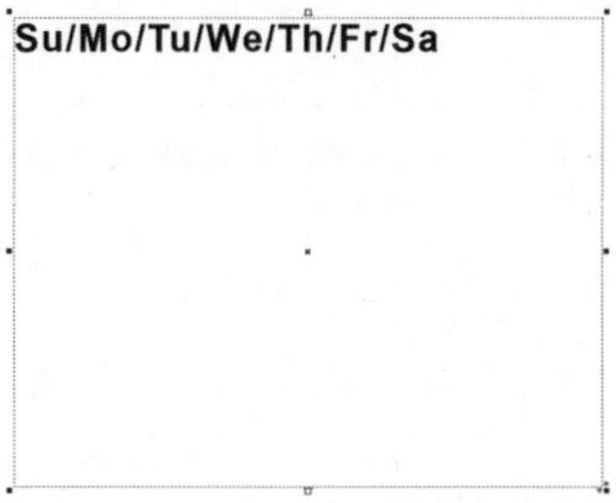

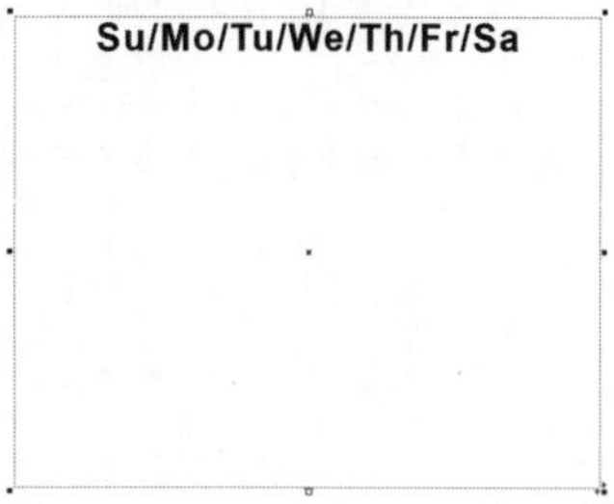

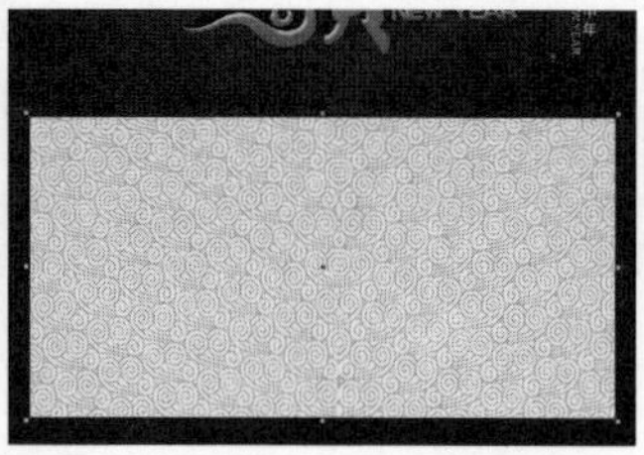

11 选中文本，然后填充颜色为（C:0，M:0，Y:100，K:0），如图 12-178 所示。接着单击属性栏上的“将文本更改为垂直方向”按钮，将文字变为竖向，最后将文本拖曳到页面中合适的位置，如图 12-179 所示。

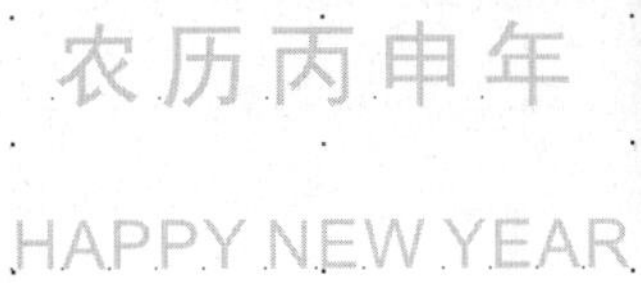

农历丙申年
HAPPY NEW YEAR

图 12-178

福
福
金猴賀歲
HAPPY
NEW YEAR

图 12-179

12 使用“矩形工具”按住 Ctrl 键绘制一个矩形，然后填充颜色为（C:2，M:0，Y:30，K:0），接着去掉轮廓线，如图 12-180 所示。最后导入“素材文件 >CH12>14.jpg”文件，将对象置入矩形中，如图 12-181 所示。

福
福
金猴賀歲
HAPPY
NEW YEAR

图 12-180

图 12-181

13 下面绘制 5 月日历表。使用“文本工具”绘制一个文本框，然后在文本框内输入星期的英文文本，文本之间使用符号“/”隔开。接着使用“文本工具”选中文本内容，在属性栏中设置“字体列表”为 Arial、“字体大小”为 16pt，再单击属性栏中的“粗体”按钮，如图 12-182 所示。最后选中文本，单击属性栏中的“文本对象”按钮，设置文本为居中，如图 12-183 所示。

Su/Mo/Tu/We/Th/Fr/Sa

图 12-182

Su/Mo/Tu/We/Th/Fr/Sa

图 12-183

14 使用“文本工具”继续在文本框内输入日期文本，日期文本之间用符号“/”隔开，接着选中日期文本，在属性栏中设置“字体列表”为 Arial、“字体大小”为 16pt，如图 12-184 所示。最后选中周末日期的文本，填充颜色为（C:0，M:100，Y:100，K:0），如图 12-185 所示。

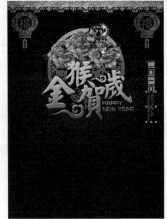

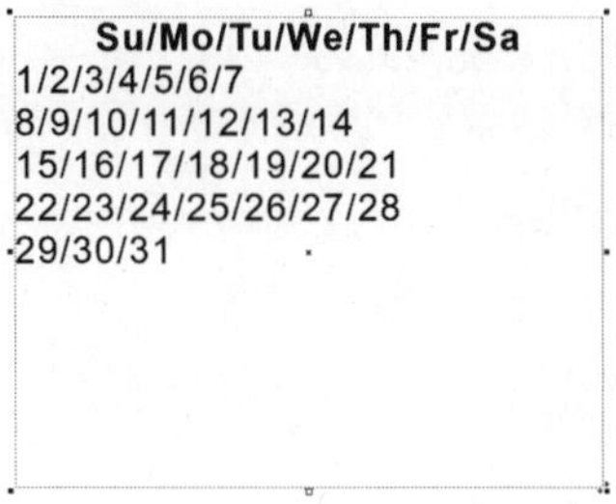

Su/Mo/Tu/We/Th/Fr/Sa
1/2/3/4/5/6/7
8/9/10/11/12/13/14
15/16/17/18/19/20/21
22/23/24/25/26/27/28
29/30/31

图 12-184

Su/Mo/Tu/We/Th/Fr/Sa
1/2/3/4/5/6/7
8/9/10/11/12/13/14
15/16/17/18/19/20/21
22/23/24/25/26/27/28
29/30/31

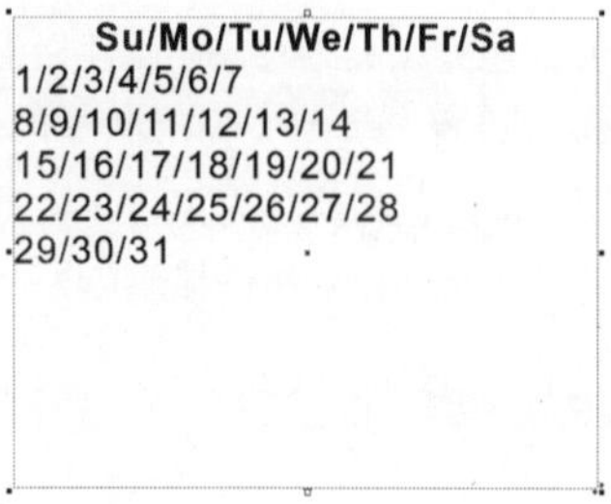

图 12-185

15 使用"选择工具" 选中文本框，然后执行"表格 > 文本转换为表格"菜单命令，弹出"将文本转换为表格"对话框，接着勾选"用户定义"选项，设置为符号"/"，如图 12-186 所示，接着单击"确定"按钮 ，效果如图 12-187 所示。最后设置表格的"宽度"为 90.0mm、"高度"为 70.0mm，如图 12-188 所示。

16 下面绘制 6 月日历表。使用"文本工具" 输入段落文本，文本之间使用符号"/"隔开，然后设置文本的字体、字体大小和颜色，如图 12-189 所示。再使用同样的方法将文本转换为表格，如图 12-190 所示，接着设置表格的"宽度"为 90.0mm、"高度"为 70.0mm，如图 12-191 所示。最后将绘制好的日历拖曳到页面中合适的位置，如图 12-192 所示。

将文本转换为表格

根据以下分隔符创建列：
- ○ 逗号(C)
- ○ 制表位(T)
- ○ 段落(P)
- ● 用户定义(U)： /

将为每个段落创建一个新行。
根据当前的分隔符，该表格将拥有 6 行和 7 列。

确定　　取消　　帮助

图 12-186

Su	Mo	Tu	We	Th	Fr	Sa
1	2	3	4	5	6	7
8	9	10	11	12	13	14
15	16	17	18	19	20	21
22	23	24	25	26	27	28
29	30	31				

图 12-187

Su	Mo	Tu	We	Th	Fr	Sa
1	2	3	4	5	6	7
8	9	10	11	12	13	14
15	16	17	18	19	20	21
22	23	24	25	26	27	28
29	30	31				

图 12-188

Su/Mo/Tu/We/Th/Fr/Sa
/ / /1/2/3/4
5/6/7/8/9/10/11
12/13/14/15/16/17/18
19/20/21/22/23/24/25
26/27/28/29/30//

图 12-189

Su	Mo	Tu	We	Th	Fr	Sa
			1	2	3	4
5	6	7	8	9	10	11
12	13	14	15	16	17	18
19	20	21	22	23	24	25
26	27	28	29	30		

图 12-190

Su	Mo	Tu	We	Th	Fr	Sa
			1	2	3	4
5	6	7	8	9	10	11
12	13	14	15	16	17	18
19	20	21	22	23	24	25
26	27	28	29	30		

图 12-191

图 12-192

17 使用"文本工具" 输入文本，然后在属性栏中设置"旋转角度"为 5.0、"字体列表"为 American Life、"字体大小"为 355pt，再填充颜色为（C:0, M:100, Y:100, K:0），如图 12-193 所示。接着单击"透明度工具" ，在属性栏设置"透明度类型"为"均匀透明度"、"透明度"为 85，最后将对象拖曳到页面中合适的位置，如图 12-194 所示。

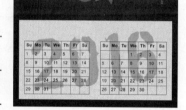

图 12-193　　　　　　　　　　图 12-194

18 使用"文本工具" 分别输入文本，然后在属性栏中设置"字体列表"为"叶根友特楷简体"、"字体大小"为 54pt，如图 12-195 所示。接着填充颜色为（C:24, M:82, Y:67, K:0），再分别将文本拖曳到页面中合适的位置，最终效果如图 12-196 所示。

图 12-195

图 12-196

第 13 章 位图相关操作

⚙ 实战 💬 提示 🔧 疑难问答 📋 技术专题 🔄 知识链接 ✖ 商业实例

实战 135 矢量图转位图

实例位置	实例文件>CH13>实战135.cdr
素材位置	素材文件>CH13>01.cdr
实用指数	★★★★★
技术掌握	矢量图转位图的使用

操作步骤

01 导入"素材文件>CH13>01.cdr"文件，然后按 P 键将对象置于页面中心，如图 13-1 所示。再选中要转换为位图的对象，接着执行"位图>转换为位图"菜单命令，打开"转换为位图"对话框，如图 13-2 所示。最后单击"确定"按钮 确定 完成转换，效果如图 13-3 所示。

图 13-1　　　　　　图 13-2　　　　　图 13-3

> 💡 提示
>
> 　　对象转换为位图后可以进行位图的相应操作，而无法进行矢量编辑，需要编辑时可以使用描摹来转换回矢量图。

02 在"转换为位图"对话框中设置不同的参数可以得到不同效果的位图，设置"分辨率"为 72dpi，如图 13-4 所示。数值越大相片越清晰，数值越小图像越模糊，会出现马赛克边缘，效果如图 13-5 所示。

03 在"转换为位图"对话框中有 6 种颜色模式可以选择，包括"黑白（1 位）""16 色（4 位）""灰度（8 位）""调色板色（8 位）""RGB 色（24 位）""CMYK 色（32 位）"，如图 13-6 所示。颜色位数越少，颜色丰富程度越低，不同的颜色模式效果如图 13-7 所示。

图 13-4　　　　　　图 13-5　　　　　图 13-6

图 13-7

04 在"转换为位图"对话框中可以勾选"递色处理的"复选框，该选项在可使用颜色位数少时激活，如"颜色模式"为 8 位色或更少。勾选该选项后转换的位图以颜色块来丰富颜色效果，如图 13-8 所示。该选项未勾选时，转换的位图以选择的颜色模式显示，如图 13-9 所示。

图 13-8　　　　　　　　　图 13-9

实战 136 快速描摹

实例位置	实例文件>CH13>实战136.cdr
素材位置	素材文件>CH13>02.jpg
实用指数	★★★★★
技术掌握	快速描摹的使用方法

操作步骤

01 快速描摹可以进行一键描摹，快速描摹出对象，将位图描摹为相对简单的矢量图对象。导入"素材文件>CH13>02.jpg"，然后选中位图对象，接着单击属性栏上"描摹位图"下拉菜单中的"快速描摹"命令，如图13-10所示。

图 13-10

02 描摹完成后，会在位图对象上面出现描摹的矢量图，将矢量图拖曳至一边，如图13-11所示。

03 将描摹后的矢量图拆分之后可以对对象进行编辑。选中矢量图，然后单击属性栏中的"取消组合所有对象"按钮，接着选中背景，按Delete键删除背景，效果图如图13-12所示。

图 13-11　　　　　　图 13-12

实战 137 中心线描摹

实例位置	实例文件>CH13>实战137.cdr
素材位置	素材文件>CH13>03.jpg
实用指数	★★★★☆
技术掌握	中心线描摹的使用方法

☞ **操作步骤**

01 中心线描摹也可以称为笔触描摹，可以将对象以线描的形式描摹出来，用于技术图解、线描画和拼版等。中心线描摹方式包括"技术图解"和"线条画"。导入"素材文件>CH13>03

.jpg"，选中位图对象，然后单击属性栏上"描摹位图"下拉菜单中的"中心线描摹>技术图解"命令，如图13-13所示。

图 13-13

02 打开"PowerTRACE"对话框，在"PowerTRACE"对话框中调节"细节""平滑"和"拐角平滑度"的数值，来设置线稿描摹的精细程度，然后在预览视图上查看调节效果，如图13-14所示。

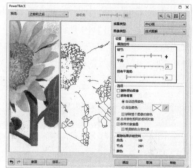

图 13-14

03 调整好效果之后单击"确定"按钮 确定 完成描摹，效果如图13-15所示。将描摹的对象取消群组，使用"形状工具" 可以调整对象的节点，如图13-16所示。

图 13-15　　　　　　图 13-16

实战 138 轮廓描摹

实例位置	实例文件>CH13>实战138.cdr
素材位置	素材文件>CH13>04.jpg
实用指数	★★★★★
技术掌握	轮廓描摹的使用方法

☞ **操作步骤**

01 轮廓描摹也可以称为填充描摹，使用无轮廓的闭合路径描摹对象。适用于描摹相片、剪贴画等。轮廓描摹包括"线条图""徽标""详细徽标""剪贴画""低品质图像"和"高品质图像"。导入"素材文件>CH13>04.jpg"，选中位图对象，然后执行属性栏"描摹位图"下拉菜单中的"轮廓描摹>低品质图像"命令，如图13-17所示。

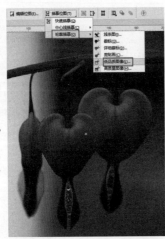

图 13-17

02 打开"PowerTRACE"对话框，在"PowerTRACE"对话框中设置"细节""平滑"和"拐角平滑度"的数值，调整描摹的精细程度，然后在预览视图上查看调整效果，如图13-18所示。调整好效果之后单击"确定"按钮 确定 完成描摹，低品质图像用于描摹细节量不多或相对模糊的对象，可以减少不必要的细节，效果如图13-19所示。

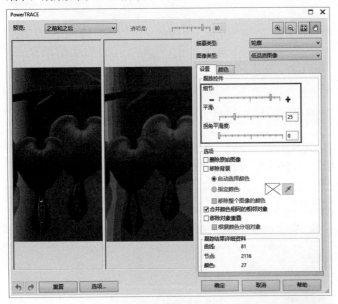

图 13-18

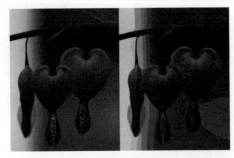

图 13-19

03 选中位图对象，然后执行属性栏"描摹位图"下拉菜单中的"轮廓描摹>线条图"命令，接着在"PowerTRACE"对话框中设置"细节""平滑"和"拐角平滑度"的数值，调整好效果之后单击"确定"按钮 确定 完成描摹，线条图突出描摹对象的轮廓效果，效果如图13-20所示。

04 选中位图对象，然后执行属性栏"描摹位图"下拉菜单中的"轮廓描摹>徽标"命令，接着在"PowerTRACE"对话框中设置"细节""平滑"和"拐角平滑度"的数值，调整好效果之后单击"确定"按钮 确定 完成描摹，徽标描摹细节和颜色相对少些的简单徽标，效果如图13-21所示。

图 13-20   图 13-21

05 选中位图对象，然后执行属性栏"描摹位图"下拉菜单中的"轮廓描摹>详细徽标"命令，接着在"PowerTRACE"对话框中设置"细节""平滑"和"拐角平滑度"的数值，调整好效果之后单击"确定"按钮 确定 完成描摹，详细徽标描摹细节和颜色较精细的徽标，效果如图13-22所示。

06 选中位图对象，然后执行属性栏"描摹位图"下拉菜单中的"轮廓描摹>剪贴画"命令，接着在"PowerTRACE"对话框中设置"细节""平滑"和"拐角平滑度"的数值，调整好效果之后单击"确定"按钮 确定 完成描摹，剪贴画根据复杂程度、细节量和颜色数量来描摹对象，效果如图13-23所示。

图 13-22   图 13-23

07 选中位图对象，然后执行属性栏"描摹位图"下拉菜单中的"轮廓描摹>高品质图像"命令，接着在"PowerTRACE"对话框中设置"细节""平滑"和"拐角平滑度"的数值，调整好效果之后单击"确定"按钮 确定 完成描摹，高品质图像用于描摹精细的高质量图片，描摹质量很高，效果如图13-24所示。

图 13-24

实战 139 矫正位图

实例位置	实例文件>CH13>实战139.cdr
素材位置	素材文件>CH13>05.jpg
实用指数	★★★☆☆
技术掌握	矫正位图的使用方法

☞ 操作步骤

01 导入"素材文件 >CH13>05.jpg"文件，然后按 P 键将对象置于页面中心，如图 13-25 所示。接着执行"位图 > 矫正图像"菜单命令，打开"矫正图像"对话框，如图 13-26 所示。

图 13-25

图 13-26

02 在"矫正图像"对话框中移动"旋转图像"下的滑块适当纠正旋转角度，再通过查看裁切边缘和网格的间距，在后面的文字框内进行微调，如图 13-27 所示。

图 13-27

03 调整好"旋转图像"后勾选"裁剪并重新取样为原始大小"选项，将预览改为修剪效果进行查看，如图 13-28 所示。接着单击"确定"按钮 [确定] 完成矫正，效果如图 13-29 所示。

图 13-28

图 13-29

实战 140 位图边框扩充

实例位置	实例文件>CH13>实战140.cdr
素材位置	素材文件>CH13>06.jpg
实用指数	★★★☆☆
技术掌握	位图边框扩充的使用方法

☞ 操作步骤

01 在编辑位图时，会对位图进行边框扩充操作，形成边框效果。执行"位图 > 位图边框扩充 > 自动扩充位图边框"菜单命令，当前面出现对钩时为激活状态，如图 13-30 所示。在系统默认情况下该选项为激活状态，导入的位图对象均自动扩充边框。

图 13-30

02 位图边框扩充包括"自动扩充位图边框"和"手动扩充位图边框"。导入"素材文件 >CH13>06.jpg"文件，然后按 P 键将对象置于页面中心，如图 13-31 所示。然后执行"位图 > 位图边框扩充 > 手动扩充位图边框"菜单命令，打开"位图边框扩充"对话框，接着在对话框更改"宽度"和"高度"，最后单击"确定"按钮 确定 完成边框扩充，如图 13-32 所示。

图 13-31　　　　　　　图 13-32

03 在"位图边框扩充"对话框中，勾选"位图边框扩充"对话框中的"保持纵横比"选项，可以按原图的宽高比例进行扩充。扩充后，对象的扩充区域为白色，效果如图 13-33 所示。

图 13-33

实战 141 转换黑白图像

实例位置	实例文件>CH13>实战141.cdr
素材位置	素材文件>CH13>07.jpg
实用指数	★★★★☆
技术掌握	转换黑白图像的使用方法

☞ **操作步骤**

01 黑白模式的图像每个像素只有 1 位深度，显示颜色只有黑白颜色，任何位图都可以转换成黑白模式。导入"素材文件 >CH13>07.jpg"文件，然后按 P 键将对象置于页面中心，如图 13-34 所示。

图 13-34

02 选中导入的位图，然后执行"位图 > 模式 > 黑白（1 位）"菜单命令，打开"转换为 1 位"对话框，在对话框中进行设置后单击"预览"按钮 预览 在右边视图中查看效果，接着单击"确定"按钮 确定 完成转换，如图 13-35 所示，效果如图 13-36 所示。

图 13-35　　　　　　　图 13-36

03 在"半色调"转换方法下，可以在"转换为 1 位"对话框中选择相应的"屏幕类型"来丰富转换效果，还可以在下面调整图案的"角度""线数"和"单位"，包括"正方形""圆角""线条""交叉""固定的 4×4"和"固定的 8×8"6 种"屏幕类型"，如图 13-37 所示。效果如图 13-38～图 13-43 所示。

图 13-37

图 13-38　　　　　　　图 13-39

图 13-40　　　　　　　图 13-41

图 13-42　　　　　　　图 13-43

04 在"转换为1位"对话框中可以设置不同的转换方法,包括"线条图""顺序""Jarvis""Stucki""Floyd-Steinberg""半色调"和"基数分布"7种转换效果,如图13-44所示。

图 13-44

05 在"转换为1位"对话框中设置"转换方法"为"线条图",线条图可以产生对比明显的黑白效果,如图13-45所示。设置适当的"强度",数值越小扩散越小,反之越大,如图13-46所示。

图 13-45

图 13-46

06 在"转换为1位"对话框中设置"转换方法"为"顺序",顺序可以产生比较柔和的效果,突出纯色,使图像边缘变硬,如图13-47所示。设置适当的"阈值",值越小变为黑色区域的灰阶越少,值越大变为黑色区域的灰阶越多,如图13-48所示。

图 13-47

图 13-48

07 在"转换为1位"对话框中设置"转换方法"为"Jarvis",Jarvis可以对图像进行Jarvis运算,形成独特的偏差扩散,多用于摄影图像,如图13-49所示。

08 在"转换为1位"对话框中设置"转换方法"为"Stucki",Stucki可以对图像进行Stucki运算,形成独特的偏差扩散,多用于摄影图像,比Jarvis计算细腻,如图13-50所示。

图 13-49　　　　　　　　　　　　　　图 13-50

09 在"转换为1位"对话框中设置"转换方法"为"Floyd-Steinberg",Floyd-Steinberg可以对图像进行Floyd-Steinberg运算,形成独特的偏差扩散,多用于摄影图像,比Stucki计算细腻,如图13-51所示。

图 13-51

10 在"转换为1位"对话框中设置"转换方法"为"半色调",半色调通过改变图中的黑白图案来创建不同的灰度,如图13-52所示。

11 在"转换为1位"对话框中设置"转换方法"为"基数分布",基数分布将计算后的结果分布到屏幕上,来创建带底纹的外观,如图13-53所示。

图 13-52　　　　　　　　　　　　　　图 13-53

--- 技术专题 🔧 灰度与取消饱和 ---

　　在CorelDRAW X7中用户可以快速将位图转换为包含灰色区域的黑白图像,使用灰度模式可以产生黑白照片的效果。选中要转换的位图,然后执行"位图>模式>灰度(8位)"菜单命令,就可以将灰度模式应用到位图上,如图13-54所示。

图 13-54

　　"取消饱和"用于将位图中每种颜色饱和度都减为零,转化为黑白图像。选中位图,然后执行"效果>调整>取消饱和"菜单命令,即可将位图转换为黑白图像,如图13-55所示。

图 13-55

"灰度"图像和"取消饱和"图像的不同之处在于"灰度"图像的颜色模式为"灰",而"取消饱和"图像的颜色模式为"RGB",如图 13-56 所示。

图 13-56

实战 142 转换双色图像

实例位置	实例文件>CH13>实战142.cdr
素材位置	素材文件>CH13>08.jpg
实用指数	★★★★☆
技术掌握	转换双色图像的使用方法

☞ **操作步骤**

01 双色模式可以将位图以选择的一种或多种颜色混合显示。导入"素材文件>CH13>08.jpg"文件，然后按 P 键将对象置于页面中心，如图 13-57 所示。

02 选中要转换的位图，然后执行"位图>模式>双色（8位）"菜单命令，打开"双色调"对话框，选择"类型"为"单色调"，再双击下面的颜色变更颜色，接着在右边曲线上调整效果。调整完成后单击"确定"按钮 [预览] 进行预览，如图 13-58 所示。

图 13-57

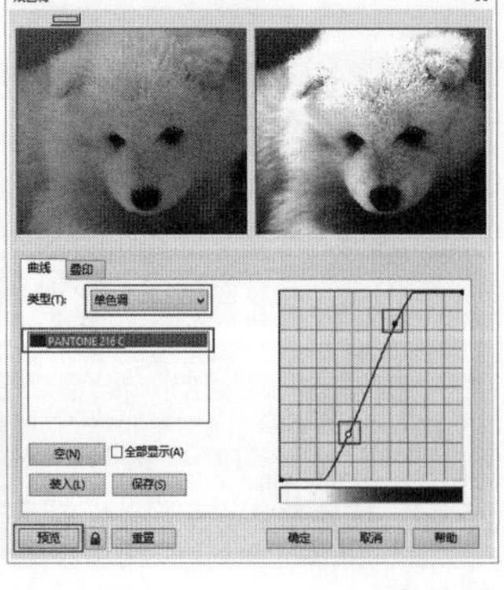

图 13-58

03 通过曲线调整可以使默认的双色效果更丰富，在调整得不满意时，单击"空"按钮 [空(N)] 可以将曲线上的调节点删除，方便重新进行调整。调整完成后单击"确定"按钮 [确定]，效果

如图 13-59 所示。

图 13-59

04 在"双色调"对话框中，除了可以转换"单色调"，还可以选择"类型"为"双色调""三色调"和"四色调"，为双色模式添加丰富的颜色，如图 13-60 所示。

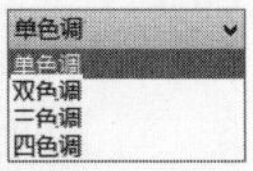

图 13-60

05 选中位图，然后执行"位图>模式>双色（8位）"菜单命令，打开"双色调"对话框，再选择"类型"为"四色调"，接着选中黑色，右边曲线显示当前选中颜色的曲线，调整颜色的程度，如图 13-61 所示，效果如图 13-62 所示。

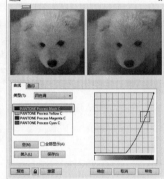

图 13-61

图 13-62

06 选中灰色对象，然后执行"位图>模式>双色（8位）"菜单命令，打开"双色调"对话框，再选择"类型"为"四色调"，接着选中黄色，右边曲线显示黄色的曲线，调整颜色的程度，如图 13-63 所示。接着将洋红和蓝色的曲线进行调节，如图 13-64 和图 13-65 所示。

图 13-63

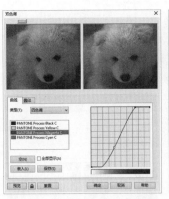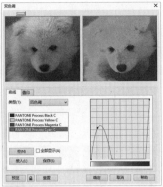

图 13-64　　　　　　　　　　图 13-65

07 调整完成后单击"确定"按钮 确定 完成模式转换，效果如图 13-66 所示。"双色调"和"三色调"的调整方法和"四色调"一样。

图 13-66

> **提示**
>
> 曲线调整中左边的点为高光区域，中间为灰度区域，右边的点为暗部区域。在调整时注意调节点在3个区域的颜色比例和深浅度，在预览视图中可以查看调整效果。

实战 143　转换其他图像

实例位置	实例文件>CH13>实战143.cdr
素材位置	素材文件>CH13>09.jpg
实用指数	★★★☆☆
技术掌握	转换其他图像的使用方法

操作步骤

01 导入"素材文件 >CH13>09.jpg"文件，然后选中对象，执行"位图 > 模式 > 调色板色（8位）"菜单命令，打开"转换至调色板色"对话框，选择"递色处理的"为"Floyd-Steinberg"，接着调节"抵色强度"，最后单击"确定"按钮 确定 完成模式转换，如图 13-67 所示。

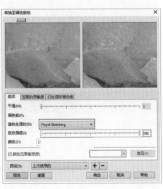

图 13-67

02 完成转换后位图出现磨砂的感觉，效果如图 13-68 所示。

图 13-68

03 CMYK 模式的图像可以转换为 RGB 模式，RGB 模式的图像也可以转换为 CMYK 模式，通常情况下 RGB 模式比 CMYK 模式的图像颜色鲜亮，CMYK 模式要偏暗一些，如图 13-69 所示。

图 13-69

实战 144　三维效果

实例位置	实例文件>CH13>实战144.cdr
素材位置	素材文件>CH13>10.jpg
实用指数	★★★★★
技术掌握	三维效果的使用方法

操作步骤

01 三维效果滤镜组可以对位图添加三维特殊效果，使位图具有空间和深度效果。三维效果的操作命令包括"三维旋转""柱面""浮雕""卷页""透视""挤远 / 挤近"和"球面"，如图 13-70 所示。导入"素材文件 >CH13>10.jpg"文件，然后按 P 键将对象置于页面中心，如图 13-71 所示。

图 13-70　　　　　　　　　　图 13-71

02 选中位图，然后执行"位图 > 三维效果 > 三维旋转"菜单命令，打开"三维旋转"对话框，接着使用鼠标左键拖动三维效果，或者设置"垂直"和"水平"的参数可以精确调整，在预览图中查看效果。最后单击"确定"按钮 确定 完成调整，如

图 13-72 所示。

03 选中位图，然后执行"位图 > 三维效果 > 柱面"菜单命令，打开"柱面"对话框，接着选择"柱面模式"，再调整拉伸的百分比，在预览图中查看效果。最后单击"确定"按钮 确定 完成调整，如图 13-73 所示。

图 13-72　　　　　　　　　　　　图 13-73

04 选中位图，然后执行"位图 > 三维效果 > 浮雕"菜单命令，打开"浮雕"对话框，接着调整"深度""层次"和"方向"，再选择浮雕的颜色，在预览图中查看效果。最后单击"确定"按钮 确定 完成调整，如图 13-74 所示。

图 13-74

05 选中位图，然后执行"位图 > 三维效果 > 卷页"菜单命令，打开"卷页"对话框，接着选择卷页的方向、"定向""纸张"和"颜色"，再调整卷页的"宽度"和"高度"，在预览图中查看效果，最后单击"确定"按钮 确定 完成调整，如图 13-75 所示。

06 选中位图，然后执行"位图 > 三维效果 > 透视"菜单命令，打开"透视"对话框，接着选择透视的"类型"，再使用鼠标左键拖动透视效果，在预览图中查看效果。最后单击"确定"按钮 确定 完成调整，如图 13-76 所示。

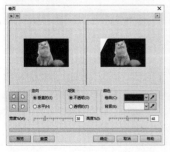

图 13-75　　　　　　　　　　　　图 13-76

07 选中位图，然后执行"位图 > 三维效果 > 挤远 / 挤近"菜单命令，打开"挤远 / 挤近"对话框，接着调整挤压的数值，在预览图中

查看效果。最后单击"确定"按钮 确定 完成调整，如图 13-77 所示。

08 选中位图，然后执行"位图 > 三维效果 > 球面"菜单命令，打开"球面"对话框，接着选择"优化"类型，再调整球面效果的百分比，在预览图中查看效果。最后单击"确定"按钮 确定 完成调整，如图 13-78 所示。

图 13-77　　　　　　　　　　　　图 13-78

实战 145　艺术笔触

实例位置	实例文件>CH13>实战145.cdr
素材位置	素材文件>CH13>11.jpg
实用指数	★★★★☆
技术掌握	艺术笔触的使用方法

操作步骤

01 "艺术笔触"用于将位图以手工绘画的方法进行转换，创造不同的绘画风格。包括"炭笔画""单色蜡笔画""蜡笔画""立体派""印象派""调色刀""彩色蜡笔画""钢笔画""点彩派""木版画""素描""水彩画""水印画""波纹纸画"14 种。导入"素材文件 >CH13>11.jpg"文件，然后按 P 键将对象置于页面中心，如图 13-79 所示。

02 选中位图，然后执行"位图 > 艺术笔触 > 炭笔画"菜单命令，打开"炭笔画"对话框，接着设置"大小"和"边缘"，在预览图中查看效果。最后单击"确定"按钮 确定 完成调整，效果如图 13-80 所示。

图 13-79　　　　　　　　　　　　图 13-80

03 选中位图，然后执行"位图 > 艺术笔触 > 单色蜡笔画"菜单命令，打开"单色蜡笔画"对话框，接着设置"单色""纸张

颜色""压力"和"底纹",在预览图中查看效果。最后单击"确定"按钮 确定 完成调整,效果如图 13-81 所示。

04 选中位图,然后执行"位图 > 艺术笔触 > 蜡笔画"菜单命令,打开"蜡笔画"对话框,接着设置"大小"和"轮廓",在预览图中查看效果。最后单击"确定"按钮 确定 完成调整,效果如图 13-82 所示。

图 13-81　　　　　　　　　　图 13-82

05 选中位图,然后执行"位图 > 艺术笔触 > 立体派"菜单命令,打开"立体派"对话框,接着设置"大小""亮度"和"纸张色",在预览图中查看效果。最后单击"确定"按钮 确定 完成调整,效果如图 13-83 所示。

图 13-83

06 选中位图,然后执行"位图 > 艺术笔触 > 印象派"菜单命令,打开"印象派"对话框,接着选择"样式"为"笔触"或"色块",再设置"笔触"或"色块"的参数,在预览图中查看效果。最后单击"确定"按钮 确定 完成调整,效果如图 13-84 所示。

07 选中位图,然后执行"位图 > 艺术笔触 > 调色刀"菜单命令,打开"调色刀"对话框,接着设置"刀片尺寸""柔和边缘"和"角度",在预览图中查看效果。最后单击"确定"按钮 确定 完成调整,效果如图 13-85 所示。

图 13-84　　　　　　　　　　图 13-85

08 选中位图,然后执行"位图 > 艺术笔触 > 彩色蜡笔画"菜单命令,打开"彩色蜡笔画"对话框,接着选择"彩色蜡笔类型"为"柔性"或"油性",再设置"笔触大小"和"色度变化",在预览图中查看效果。最后单击"确定"按钮 确定 完成调整,

效果如图 13-86 所示。

09 选中位图,然后执行"位图 > 艺术笔触 > 钢笔画"菜单命令,打开"钢笔画"对话框,接着选择"样式"为"交叉阴影"或者"点画",再设置"密度"和"墨水",在预览图中查看效果。最后单击"确定"按钮 确定 完成调整,效果如图 13-87 所示。

图 13-86　　　　　　　　　　图 13-87

10 选中位图,然后执行"位图 > 艺术笔触 > 点彩派"菜单命令,打开"点彩派"对话框,接着设置"大小"和"亮度",在预览图中查看效果。最后单击"确定"按钮 确定 完成调整,效果如图 13-88 所示。

图 13-88

11 选中位图,然后执行"位图 > 艺术笔触 > 木版画"菜单命令,打开"木版画"对话框,接着选择"刮痕至"为"颜色"或"白色",再设置"密度"和"大小",在预览图中查看效果。最后单击"确定"按钮 确定 完成调整,效果如图 13-89 所示。

12 选中位图,然后执行"位图 > 艺术笔触 > 素描"菜单命令,打开"素描"对话框,接着选择"铅笔类型"为"碳色"或者"颜色",再设置"碳色"或"颜色"的参数,在预览图中查看效果。最后单击"确定"按钮 确定 完成调整,效果如图 13-90 所示。

图 13-89　　　　　　　　　　图 13-90

13 选中位图,然后执行"位图 > 艺术笔触 > 水彩画"菜单命令,打开"水彩画"对话框,接着设置"画刷""粒状""水量""出血"和"亮度",在预览图中查看效果。最后单击"确定"按

钮 [确定] 完成调整，效果如图 13-91 所示。

14 选中位图，然后执行"位图 > 艺术笔触 > 水印画"菜单命令，打开"水印画"对话框，接着选择"变化"为"默认""顺序"或者"随机"，再设置"大小"和"颜色变化"，在预览图中查看效果。最后单击"确定"按钮 [确定] 完成调整，效果如图 13-92 所示。

图 13-91　　　　　　　　图 13-92

15 选中位图，然后执行"位图 > 艺术笔触 > 波纹纸画"菜单命令，打开"波纹纸画"对话框，接着选择"笔刷颜色模式"为"颜色"或"黑白"，再设置"笔刷压力"，最后单击"确定"按钮 [确定] 完成调整，效果如图 13-93 所示。

图 13-93

实战 146 模糊

实例位置	实例文件>CH13>实战146.cdr
素材位置	素材文件>CH13>12.jpg
实用指数	★★★★★
技术掌握	模糊的使用方法

☞ **操作步骤**

01 "模糊"是绘图中最为常用的效果，方便用户添加特殊光照效果，选择相应的模糊类型为对象添加模糊效果，包括"定向平滑""高斯式模糊""锯齿状模糊""低通滤波器""动态模糊""放射式模糊""平滑""柔和""缩放"和"智能模糊"10 种。导入"素材文件 >CH13>12.jpg"文件，然后按 P 键将对象置于页面中心，如图 13-94 所示。

02 选中位图，然后执行"位图 > 模糊 > 定向平滑"菜单命令，打开"定向平滑"对话框，接着设置"百分比"，在预览图中查看效果。最后单击"确定"按钮 [确定] 完成调整，效果如图 13-95 所示。

图 13-94　　　　　　　　图 13-95

03 选中位图，然后执行"位图 > 模糊 > 高斯式模糊"菜单命令，打开"高斯式模糊"对话框，接着设置"半径像素"，在预览图中查看效果。最后单击"确定"按钮 [确定] 完成调整，效果如图 13-96 所示。

04 选中位图，然后执行"位图 > 模糊 > 锯齿状模糊"菜单命令，打开"锯齿状模糊"对话框，接着设置"宽度"和"高度"，在预览图中查看效果。最后单击"确定"按钮 [确定] 完成调整，效果如图 13-97 所示。

图 13-96　　　　　　　　图 13-97

05 选中位图，然后执行"位图 > 模糊 > 低通滤波器"菜单命令，打开"低通滤波器"对话框，接着设置"百分比"和"半径"，在预览图中查看效果。最后单击"确定"按钮 [确定] 完成调整，效果如图 13-98 所示。

06 选中位图，然后执行"位图 > 模糊 > 动态模糊"菜单命令，打开"动态模糊"对话框，接着设置"间距"和"方向"，在预览图中查看效果。最后单击"确定"按钮 [确定] 完成调整，效果如图 13-99 所示。

图 13-98　　　　　　　　图 13-99

07 选中位图，然后执行"位图 > 模糊 > 放射式模糊"菜单命令，打开"放射式模糊"对话框，接着设置"数量"，在预览图中查看效果。最后单击"确定"按钮 [确定] 完成调整，效果如图 13-100 所示。

08 选中位图,然后执行"位图 > 模糊 > 平滑"菜单命令,打开"平滑"对话框,接着设置"百分比",在预览图中查看效果。最后单击"确定"按钮 确定 完成调整,效果如图 13-101 所示。

图 13-100　　　　　　　　　　图 13-101

09 选中位图,然后执行"位图 > 模糊 > 柔和"菜单命令,打开"柔和"对话框,接着设置"百分比",在预览图中查看效果。最后单击"确定"按钮 确定 完成调整,效果如图 13-102 所示。

10 选中位图,然后执行"位图 > 模糊 > 缩放"菜单命令,打开"缩放"对话框,接着设置"数量",在预览图中查看效果。最后单击"确定"按钮 确定 完成调整,效果如图 13-103 所示。

图 13-102　　　　　　　　　　图 13-103

11 选中位图,然后执行"位图 >模糊 > 智能模糊"菜单命令,打开"智能模糊"对话框,接着设置"数量",在预览图中查看效果。最后单击"确定"按钮 确定 完成调整,效果如图 13-104 所示。

图 13-104

提示

模糊滤镜中最为常用的是"高斯式模糊"和"动态模糊"这两种,可以制作光晕效果和速度效果。

实战 147 相机

实例位置	实例文件>CH13>实战147.cdr
素材位置	素材文件>CH13>13.jpg
实用指数	★★★★☆
技术掌握	相机的使用方法

操作步骤

01 "相机"可以为图像添加相机产生的光感效果,为图像去除存在的杂点,给照片添加颜色效果,包括"着色""扩散""照片过滤器""棕褐色色调"和"延时"5 种。可以选择相应的滤镜效果打开对话框进行数值调节。导入"素材文件 >CH13>13.jpg"文件,然后按 P 键将对象置于页面中心,如图 13-105 所示。

02 选中位图,然后执行"位图 > 相机 > 着色"菜单命令,打开"着色"对话框,接着设置"色度"和"饱和度",在预览图中查看效果。最后单击"确定"按钮 确定 完成调整,如图 13-106 所示。

图 13-105　　　　　　　　　　图 13-106

03 选中位图,然后执行"位图 > 相机 > 扩散"菜单命令,打开"扩散"对话框,接着设置"层次",在预览图中查看效果。最后单击"确定"按钮 确定 完成调整,如图 13-107 所示。

图 13-107

04 选中位图,然后执行"位图 > 相机 > 照片过滤器"菜单命令,打开"照片过滤器"对话框,接着设置"颜色"和"密度",再勾选"保持亮度"复选框,在预览图中查看效果。最后单击"确定"按钮 确定 完成调整,如图 13-108 所示。

05 选中位图,然后执行"位图 > 相机 > 棕褐色色调"菜单命令,打开"棕褐色色调"对话框,接着设置"老化量",在预览图中查看效果。最后单击"确定"按钮 确定 完成调整,如图 13-109 所示。

图 13-108　　　　　　　　　　图 13-109

06 选中位图,然后执行"位图 > 相机 > 延时"菜单命令,打开"延时"对话框,接着设置"强度""相机年代",再勾选"照片边缘"复选框,在预览图中查看效果。最后单击"确定"按钮 确定 完成调整,如图 13-110 所示。

图 13-110

实战 148 颜色转换

实例位置	实例文件>CH13>实战148.cdr
素材位置	素材文件>CH13>14.jpg
实用指数	★★★★☆
技术掌握	颜色转换的使用方法

☞ **操作步骤**

01 "颜色转换"可以将位图分为 3 个颜色平面进行显示，也可以为图像添加彩色网版效果，还可以转换色彩效果，包括"位平面""半色调""梦幻色调"和"曝光"4 种。可以选择相应的颜色转换类型打开对话框进行数值调节。导入"素材文件>CH13>14.jpg"文件，然后按 P 键将对象置于页面中心，如图 13-111 所示。

图 13-111

02 选中位图，然后执行"位图>颜色转换>位平面"菜单命令，打开"位平面"对话框，接着勾选"应用于所有位面"，再设置"红""绿"和"蓝"，在预览图中查看效果。最后单击"确定"按钮 确定 完成调整，如图 13-112 所示。

03 选中位图，然后执行"位图>颜色转换>半色调"菜单命令，打开"半色调"对话框，接着分别设置"青""品红""黄"和"最大点半径"在预览图中查看效果。最后单击"确定"按钮 确定 完成调整，如图 13-113 所示。

图 13-112

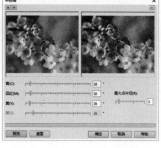

图 13-113

04 选中位图，然后执行"位图>颜色转换>梦幻色调"菜单命令，打开"梦幻色调"对话框，接着设置"层次"，在预览图中查看效果。最后单击"确定"按钮 确定 完成调整，如图 13-114 所示。

05 选中位图，然后执行"位图>颜色转换>曝光"菜单命令，打开"曝光"对话框，接着设置"层次"，在预览图中查看效果。最后单击"确定"按钮 确定 完成调整，如图 13-115 所示。

图 13-114

图 13-115

实战 149 轮廓图

实例位置	实例文件>CH13>实战149.cdr
素材位置	素材文件>CH13>15.jpg
实用指数	★★★★☆
技术掌握	轮廓图的使用方法

☞ **操作步骤**

01 "轮廓图"用于处理位图的边缘和轮廓，可以突出显示图像边缘，包括"边缘检测""查找边缘"和"描摹轮廓"3 种。可以选择相应的类型打开对话框进行数值调节。导入"素材文件>CH13>15.jpg"文件，然后按 P 键将对象置于页面中心，如图 13-116 所示。

02 选中位图，然后执行"位图>轮廓图>边缘检测"菜单命令，打开"边缘检测"对话框，接着设置"背景色"和"灵敏度"，在预览图中查看效果。最后单击"确定"按钮 确定 完成调整，如图 13-117 所示。

图 13-116

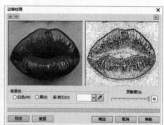

图 13-117

03 选中位图，然后执行"位图>轮廓图>查找边缘"菜单命令，打开"边缘检测"对话框，接着设置"边缘类型"和"层次"，在预览图中查看效果。最后单击"确定"按钮 确定 完成调整，如图 13-118 所示。

04 选中位图，然后执行"位图>轮廓图>描摹轮廓"菜单命令，打开"描摹轮廓"对话框，接着设置"层次"，再选择"边缘类型"，在预览图中查看效果。最后单击"确定"按钮 确定 完成调整，如图 13-119 所示。

定"按钮 确定 完成调整，如图 13-123 所示。

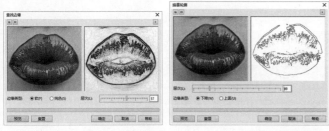

图 13-118   图 13-119

05 选中位图，然后执行"位图>创造性>框架"菜单命令，打开"框架"对话框，接着设置"选择"和"修改"的参数，在预览图中查看效果。最后单击"确定"按钮 确定 完成调整，如图 13-124 所示。

实战 150 创造性

实例位置	实例文件>CH13>实战150.cdr
素材位置	素材文件>CH13>16.jpg
实用指数	★★★★☆
技术掌握	创造性的使用方法

☞ **操作步骤**

01 "创造性"为用户提供了丰富的底纹和形状，包括"工艺""晶体化""织物""框架""玻璃砖""儿童游戏""马赛克""粒子""散开""茶色玻璃""彩色玻璃""虚光""漩涡"和"天气"14 种。导入"素材文件>CH13>16.jpg"文件，然后按 P 键将对象置于页面中心，如图 13-120 所示。

图 13-120

02 选中位图，然后执行"位图>创造性>工艺"菜单命令，打开"工艺"对话框，接着设置"样式"和"大小"，再设置"完成""亮度"和"旋转"，在预览图中查看效果。最后单击"确定"按钮 确定 完成调整，如图 13-121 所示。

03 选中位图，然后执行"位图>创造性>晶体化"菜单命令，打开"晶体化"对话框，接着设置"大小"，在预览图中查看效果。最后单击"确定"按钮 确定 完成调整，如图 13-122 所示。

图 13-121   图 13-122

04 选中位图，然后执行"位图>创造性>织物"菜单命令，打开"织物"对话框，接着设置"样式"和"大小"，再设置"完成""亮度"和"旋转"，在预览图中查看效果。最后单击"确

图 13-123   图 13-124

06 选中位图，然后执行"位图>创造性>玻璃砖"菜单命令，打开"玻璃砖"对话框，接着设置"块宽度"和"块高度"，在预览图中查看效果。最后单击"确定"按钮 确定 完成调整，如图 13-125 所示。

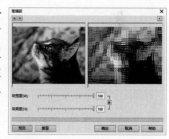

图 13-125

07 选中位图，然后执行"位图>创造性>儿童游戏"菜单命令，打开"儿童游戏"对话框，接着选择"游戏"类型，再设置"详细资料"和"亮度"，在预览图中查看效果。最后单击"确定"按钮 确定 完成调整，如图 13-126 所示。

08 选中位图，然后执行"位图>创造性>马赛克"菜单命令，打开"马赛克"对话框，接着设置"大小"和"背景色"，再勾选"虚光"复选框，在预览图中查看效果。最后单击"确定"按钮 确定 完成调整，如图 13-127 所示。

图 13-126   图 13-127

09 选中位图，然后执行"位图>创造性>粒子"菜单命令，打开"粒子"对话框，接着设置"样式"为"星星"或"气泡"，再设置"星星"或"气泡"的参数，在预览图中查看效果。最后单击"确定"按钮 确定 完成调整，如图 13-128 所示。

10 选中位图，然后执行"位图>创造性>散开"菜单命令，打开"散开"对话框，接着设置"水平"和"垂直"，在预览图中查看效果。最后单击"确定"按钮 确定 完成调整，如图 13-129 所示。

开"天气"对话框，接着设置"预报""浓度"和"大小"，在预览图中查看效果。最后单击"确定"按钮 确定 完成调整，如图 13-134 所示。

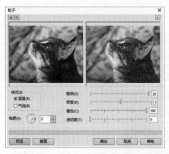

图 13-128　　　　　　　　　图 13-129

11 选中位图，然后执行"位图>创造性>茶色玻璃"菜单命令，打开"茶色玻璃"对话框，接着设置"淡色"和"模糊"，再设置"颜色"，在预览图中查看效果。最后单击"确定"按钮 确定 完成调整，如图 13-130 所示。

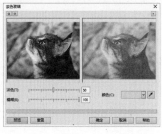

图 13-130

12 选中位图，然后执行"位图>创造性>彩色玻璃"菜单命令，打开"彩色玻璃"对话框，接着设置"大小"和"光源强度"，再设置"焊接宽度"和"焊接颜色"，勾选"三维照明"复选框，在预览图中查看效果。最后单击"确定"按钮 确定 完成调整，如图 13-131 所示。

13 选中位图，然后执行"位图>创造性>虚光"菜单命令，打开"虚光"对话框，接着设置"颜色"和"形状"，再设置"偏移"和"褪色"，在预览图中查看效果。最后单击"确定"按钮 确定 完成调整，如图 13-132 所示。

图 13-131　　　　　　　　　图 13-132

14 选中位图，然后执行"位图>创造性>漩涡"菜单命令，打开"漩涡"对话框，接着设置"样式"和"粗细"，再设置"内部方向"和"外部方向"，在预览图中查看效果。最后单击"确定"按钮 确定 完成调整，如图 13-133 所示。

15 选中位图，然后执行"位图>创造性>天气"菜单命令，打

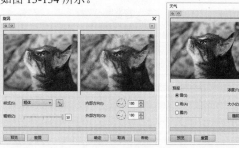

图 13-133　　　　　　　　　图 13-134

实战 151　自定义

实例位置	实例文件>CH13>实战151.cdr
素材位置	素材文件>CH13>17.jpg
实用指数	★★★☆☆
技术掌握	自定义的使用方法

操作步骤

01 "自定义"可以为位图添加图像画笔效果，包括"Alchemy"和"凹凸贴图"两种。可以选择相应的类型打开对话框进行选择和调节，利用"自定义"效果可以添加图像的画笔效果。导入"素材文件>CH13>17.jpg"文件，然后按 P 键将对象置于页面中心，如图 13-135 所示。

图 13-135

02 选中位图，然后执行"位图>自定义>Alchemy"菜单命令，打开"Alchemy"对话框，接着设置"笔刷""颜色""大小""角度"和"透明度"参数，在预览图中查看效果。最后单击"确定"按钮 确定 完成调整，效果如图 13-136 所示。

03 选中位图，然后执行"位图>自定义>凹凸贴图"菜单命令，打开"凹凸贴图"对话框，接着选择"样式"，再设置"凹凸贴图""表面"和"灯光"参数，在预览图中查看效果。最后单击"确定"按钮 确定 完成调整，效果如图 13-137 所示。

图 13-136　　　　　　　　　图 13-137

实战 152 扭曲

实例位置	实例文件>CH13>实战152.cdr
素材位置	素材文件>CH13>18.jpg
实用指数	★★★☆
技术掌握	扭曲的使用方法

☞ 操作步骤

01 "扭曲"可以使位图产生变形扭曲效果,包括"块状""置换""网孔扭曲""偏移""像素""龟纹""漩涡""平铺""湿笔画""涡流"和"风吹效果"11 种。导入"素材文件>CH13>18.jpg"文件,然后按 P 键将对象置于页面中心,如图 13-138 所示。

02 选中位图,然后执行"位图>扭曲>块状"菜单命令,打开"块状"对话框,接着选择"未定义区域",再设置"块宽度""块高度"和"最大偏移",在预览图中查看效果。最后单击"确定"按钮 确定 完成调整,效果如图 13-139 所示。

图 13-138　　　　　　　　　　图 13-139

03 选中位图,然后执行"位图>扭曲>置换"菜单命令,打开"置换"对话框,接着选择"缩放模式"和"未定义区域",再设置"水平"和"垂直",在预览图中查看效果。最后单击"确定"按钮 确定 完成调整,效果如图 13-140 所示。

04 选中位图,然后执行"位图>扭曲>网孔扭曲"菜单命令,打开"网孔扭曲"对话框,接着设置"网格线",再选择"样式",在预览图中查看效果。最后单击"确定"按钮 确定 完成调整,效果如图 13-141 所示。

图 13-140　　　　　　　　　　图 13-141

05 选中位图,然后执行"位图>扭曲>偏移"菜单命令,打开"偏移"对话框,接着选择"未定义区域",再设置"水平"和"垂直",在预览图中查看效果。最后单击"确定"按钮 确定 完成调整,效果如图 13-142 所示。

06 选中位图,然后执行"位图>扭曲>像素"菜单命令,打开"像素"对话框,接着选择"像素化模式",再设置"宽度""高度"和"不透明",在预览图中查看效果。最后单击"确定"按钮 确定 完成调整,效果如图 13-143 所示。

图 13-142　　　　　　　　　　图 13-143

07 选中位图,然后执行"位图>扭曲>龟纹"菜单命令,打开"龟纹"对话框,接着设置"周期"和"振幅",在预览图中查看效果。最后单击"确定"按钮 确定 完成调整,效果如图 13-144 所示。

08 选中位图,然后执行"位图>扭曲>漩涡"菜单命令,打开"漩涡"对话框,接着选择"定向"和"优化",再设置"整体旋转"和"附加度",在预览图中查看效果。最后单击"确定"按钮 确定 完成调整,效果如图 13-145 所示。

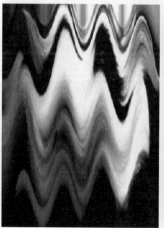 

图 13-144　　　　　　　　　　图 13-145

09 选中位图,然后执行"位图>扭曲>平铺"菜单命令,打开"平铺"对话框,接着设置"水平平铺""垂直平铺""重叠",

在预览图中查看效果。最后单击"确定"按钮 确定 完成调整，效果如图13-146所示。

10 选中位图，然后执行"位图>扭曲>湿笔画"菜单命令，打开"湿笔画"对话框，接着设置"湿润"和"百分比"，在预览图中查看效果。最后单击"确定"按钮 确定 完成调整，效果如图13-147所示。

图 13-146   图 13-147

11 选中位图，然后执行"位图>扭曲>涡流"菜单命令，打开"涡流"对话框，接着选择"样式"，再设置"间距""擦拭长度""扭曲"和"条纹细节"，在预览图中查看效果。最后单击"确定"按钮 确定 完成调整，效果如图13-148所示。

12 选中位图，然后执行"位图>扭曲>风吹效果"菜单命令，打开"风吹效果"对话框，接着设置"浓度""不透明"和"角度"，在预览图中查看效果。最后单击"确定"按钮 确定 完成调整，效果如图13-149所示。

图 13-148   图 13-149

实战 153 杂点

实例位置	实例文件>CH13>实战153.cdr
素材位置	素材文件>CH13>19.jpg
实用指数	★★★☆☆
技术掌握	杂点的使用方法

☞ **操作步骤**

01 "杂点"可以为图像添加颗粒，并调整添加颗粒的程度，包括"添加杂点""最大值""中值""最小""去除龟纹"和"去除杂点"6种。可以选择相应的类型打开对话框进行选择和调节，利用"杂点"可以创建背景，也可以添加刮痕效果。导入"素材文件>CH13>19.jpg"文件，然后按P键将对象置于页面中心，如图13-150所示。

图 13-150

02 选中位图，然后执行"位图>杂点>添加杂点"菜单命令，打开"添加杂点"对话框，接着选择"杂点类型"和颜色模式，再设置"层次"和"密度"，在预览图中查看效果。最后单击"确定"按钮 确定 完成调整，效果如图13-151所示。

03 选中位图，然后执行"位图>杂点>最大值"菜单命令，打开"最大值"对话框，接着设置"百分比"和"半径"，在预览图中查看效果。最后单击"确定"按钮 确定 完成调整，效果如图13-152所示。

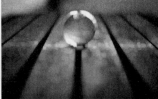

图 13-151   图 13-152

04 选中位图，然后执行"位图>杂点>中值"菜单命令，打开"中值"对话框，接着设置"半径"，在预览图中查看效果。最后单击"确定"按钮 确定 完成调整，效果如图13-153所示。

05 选中位图，然后执行"位图>杂点>最小"菜单命令，打开"最小"对话框，接着设置"百分比"和"半径"，在预览图中查看效果。最后单击"确定"按钮 确定 完成调整，效果如图13-154所示。

图 13-153   图 13-154

06 选中位图,然后执行"位图>杂点>去除龟纹"菜单命令,打开"去除龟纹"对话框,接着设置"数量",在预览图中查看效果。最后单击"确定"按钮 确定 完成调整,效果如图13-155所示。

07 选中位图,然后执行"位图>杂点>去除杂点"菜单命令,打开"去除杂点"对话框,接着设置"阈值",在预览图中查看效果。最后单击"确定"按钮 确定 完成调整,效果如图13-156所示。

图 13-155　　　　　　　　　　图 13-156

实战 154　鲜明化

实例位置	实例文件>CH13>实战154.cdr
素材位置	素材文件>CH13>20.jpg
实用指数	★★★☆☆
技术掌握	鲜明化的使用方法

☞ 操作步骤

01 "鲜明化"可以突出强化图像边缘,修复图像中缺损的细节,使模糊的图像变得更清晰,包括"适应非鲜明化""定向柔化""高通滤波器""鲜明化""非鲜明化遮罩"5种。选择相应的类型打开对话框进行选择和调节,可以提升图像显示的效果。导入"素材文件>CH13>20.jpg"文件,然后按P键将对象置于页面中心,如图13-157所示。

02 选中位图,然后执行"位图>鲜明化>适应非鲜明化"菜单命令,打开"适应非鲜明化"对话框,接着设置"百分比",在预览图中查看效果。最后单击"确定"按钮 确定 完成调整,效果如图13-158所示。

图 13-157　　　　　　　　　　图 13-158

03 选中位图,然后执行"位图>鲜明化>定向柔化"菜单命令,打开"定向柔化"对话框,接着设置"百分比",在预览图中查看效果。最后单击"确定"按钮 确定 完成调整,效果如图13-159所示。

04 选中位图,然后执行"位图>鲜明化>高通滤波器"菜单命令,打开"高通滤波器"对话框,接着设置"百分比"和"半径",在预览图中查看效果。最后单击"确定"按钮 确定 完成调整,效果如图13-160所示。

图 13-159　　　　　　　　　　图 13-160

05 选中位图,然后执行"位图>鲜明化>鲜明化"菜单命令,打开"鲜明化"对话框,接着设置"边缘层次"和"阈值",在预览图中查看效果。最后单击"确定"按钮 确定 完成调整,效果如图13-161所示。

06 选中位图,然后执行"位图>鲜明化>非鲜明化遮罩"菜单命令,打开"非鲜明化遮罩"对话框,接着设置"百分比""半径"和"阈值",在预览图中查看效果。最后单击"确定"按钮 确定 完成调整,效果如图13-162所示。

图 13-161　　　　　　　　　　图 13-162

实战 155　底纹

实例位置	实例文件>CH13>实战155.cdr
素材位置	素材文件>CH13>21.jpg
实用指数	★★★★☆
技术掌握	底纹的使用方法

☞ 操作步骤

01 "底纹"为用户提供了丰富的底纹肌理效果,包括"鹅卵石""折皱""蚀刻""塑料""浮雕""石头"6种。导入"素材文件>CH13>21.jpg"文件,然后按P键将对象置于页面中心,如图13-163所示。

图 13-163

02 选中位图,然后执行"位图>底纹>鹅卵石"菜单命令,打开"鹅卵石化"对话框，接着设置"粗糙度""大小""泥浆宽度"和"光源方向"，在预览图中查看效果。最后单击"确定"按钮 确定 完成调整，效果如图 13-164 所示。

03 选中位图，然后执行"位图 > 底纹 > 折皱"菜单命令，打开"折皱"对话框，接着设置"年龄颜色"，在预览图中查看效果。最后单击"确定"按钮 确定 完成调整，效果如图 13-165 所示。

图 13-164　　　　　　　　　图 13-165

04 选中位图，然后执行"位图 > 底纹 > 蚀刻"菜单命令，打开"蚀刻"对话框，接着设置"详细资料""深度""光源方向"和"表面颜色"，在预览图中查看效果。最后单击"确定"按钮 确定 完成调整，效果如图 13-166 所示。

05 选中位图，然后执行"位图 > 底纹 > 塑料"菜单命令，打开"塑料"对话框，接着设置"突出显示""深度""平滑度""光源方向"和"光源颜色"，在预览图中查看效果。最后单击"确定"按钮 确定 完成调整，效果如图 13-167 所示。

图 13-166　　　　　　　　　图 13-167

06 选中位图，然后执行"位图 > 底纹 > 浮雕"菜单命令，打开"浮雕"对话框，接着设置"详细资料""深度""平滑度""光源方向"和"表面颜色"，在预览图中查看效果。最后单击"确定"按钮 确定 完成调整，效果如图 13-168 所示。

07 选中位图，然后执行"位图 > 底纹 > 石头"菜单命令，打开"石头"对话框，接着设置"粗糙度""详细资料"和"光源方向"，在预览图中查看效果。最后单击"确定"按钮 确定 完成调整，效果如图 13-169 所示。

图 13-168　　　　　　　　　图 13-169

实战 156　高反差

实例位置	实例文件>CH13>实战156.cdr
素材位置	素材文件>CH13>22.jpg
实用指数	★★★★☆
技术掌握	高反差的使用方法

操作步骤

01 "高反差"通过重新划分从最暗区到最亮区颜色的浓淡，来调整位图阴影区、中间区域和高光区域。保证在调整对象亮度、对比度和强度时高光区域和阴影区域的细节不丢失。导入"素材文件 >CH13>22.jpg"文件，然后按 P 键将对象置于页面中心，如图 13-170 所示。

图 13-170

02 选中导入的位图，然后执行"效果 > 调整 > 高反差"菜单命令，打开"高反差"对话框，然后通过设置"通道"类型，再调整"输入值裁剪"和"输出范围压缩"的滑块来添加图片的效果，也可以输入"输入值裁剪"和"输出范围压缩"的值，如图 13-171 所示。

03 在"高反差"对话框中设置"通道"为"RGB 通道"，然后调整"输入值裁剪"左右两边的滑块，再调整"输出范围压缩"右边的滑块，如图 13-172 所示，效果如图 13-173 所示。

 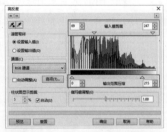

图 13-171　　　　　　　　　图 13-172

图 13-173

04 在"高反差"对话框中设置"通道"为"红色通道",然后调整"输出范围压缩"左边的滑块,如图 13-174 所示,效果如图 13-175 所示。

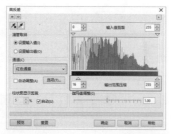

图 13-174

图 13-175

05 在"高反差"对话框中设置"通道"为"绿色通道",然后调整"输出范围压缩"左边的滑块,如图 13-176 所示。调整完成后单击"确定"按钮 确定 ,效果如图 13-177 所示。

图 13-176

图 13-177

度"值,在预览窗口查看调整效果,如图 13-179 所示。调整后效果如图 13-180 所示。

图 13-179

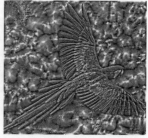

图 13-180

03 选中位图,然后执行"效果 > 调整 > 局部平衡"菜单命令,打开"局部平衡"对话框,接着将边缘对比的"宽度"和"高度"值调整到最高,在预览窗口查看调整效果,如图 13-181 所示。调整后效果如图 13-182 所示。

图 13-181

图 13-182

提示 📝
调整"宽度"和"高度"时,可以统一进行调整,也可以单击解开后面的锁头分别进行调整。

实战 157 局部平衡

实例位置	实例文件>CH13>实战157.cdr
素材位置	素材文件>CH13>23.jpg
实用指数	★★★★☆
技术掌握	局部平衡的使用方法

👉 **操作步骤**

01 "局部平衡"可以通过提高边缘附近的对比度来显示亮部和暗部的细节。导入"素材文件 >CH13>23.jpg"文件,然后按 P 键将对象置于页面中心,如图 13-178 所示。

图 13-178

02 选中位图,然后执行"效果 > 调整 > 局部平衡"菜单命令,打开"局部平衡"对话框,接着调整边缘对比的"宽度"和"高

实战 158 取样 / 目标平衡

实例位置	实例文件>CH13>实战158.cdr
素材位置	素材文件>CH13>24.jpg
实用指数	★★★★☆
技术掌握	取样/目标平衡的使用方法

👉 **操作步骤**

01 "取样 / 目标平衡"用于从图中吸取色样来参照调整位图颜色值,分别吸取暗色调、中间调和浅色调的色样,再将调整的目标颜色应用到每个色样区域中。导入"素材文件 >CH13>24.jpg"文件,然后按 P 键将对象置于页面中心,如图 13-183 所示。

图 13-183

02 选中位图,然后执行"效果 > 调整 > 取样 / 目标平衡"菜单命令,接着在"样本 / 目标平衡"对话框中使用"暗色调吸管"工具 🗗

吸取位图的暗部颜色，如图13-184所示。再使用"中间调吸管"工具吸取位图的中间色，最后使用"浅色调吸管"工具吸取位图的亮部颜色，在"示例"和"目标"中显示吸取的颜色，如图13-185所示。

提示 📝

在调整过程中无法进行撤销操作，用户可以单击"重置"按钮 重置 进行重做。

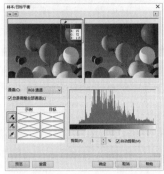

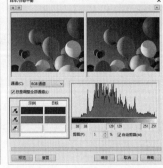

图13-184　　　　　　　　　　　图13-185

03 单击"目标"下的暗部颜色，在"选择颜色"对话框里更改"目标"颜色，如图13-186所示。单击"确定"按钮 确定 ，然后在预览窗口中查看调整效果，如图13-187所示。

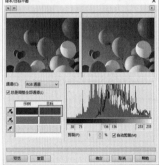

图13-186　　　　　　　　　　　图13-187

04 使用同样的方法更改中间颜色和浅色颜色，然后在预览窗口查看调整效果，如图13-188和图13-189所示。调整完成后单击"确定"按钮 确定 ，效果如图13-190所示。

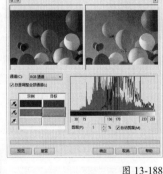

图13-188

图13-189　　　　　　　　　　　图13-190

实战 159 调和曲线

实例位置	实例文件>CH13>实战159.cdr
素材位置	素材文件>CH13>25.jpg
实用指数	★★★★☆
技术掌握	调和曲线的使用方法

☞ **操作步骤**

01 "调和曲线"通过改变图像中的单个像素值来精确校正位图颜色。通过分别改变阴影、中间色和高光部分，精确地修改图像局部的颜色。导入"素材文件>CH13>25.jpg"文件，然后按P键将对象置于页面中心，如图13-191所示。

02 选中位图，然后执行"效果>调整>调和曲线"菜单命令，打开"调和曲线"对话框，接着在"活动通道"的下拉选项中选择"红"通道，接着按住鼠标左键拖曳曲线进行调整，在预览窗口中进行查看对比，如图13-192所示。

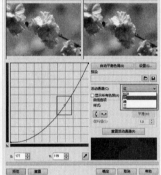

图13-191　　　　　　　　　　　图13-192

03 使用同样的方法调整"绿"和"蓝"通道的曲线，如图13-193和图13-194所示。

04 在调整完"红""绿""蓝"通道后，再选择"RGB"通道进行整体曲线调整，接着单击"确定"按钮 确定 完成调整，如图13-195所示，效果如图13-196所示。

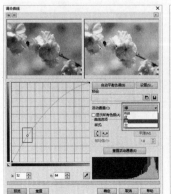

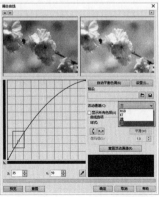

图13-193　　　　　　　　　　　图13-194

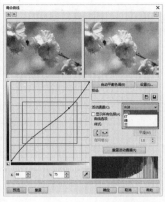

图 13-195　　　　　　　图 13-196

也可以在后面输入具体值调整。"对比度"值越大画面的亮暗对比越大，反之则越小，如图 13-200 和图 13-201 所示。

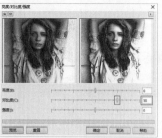 

图 13-200　　　　　　　图 13-201

04 在"亮度 / 对比度 / 强度"对话框中拖曳"强度"滑块，也可以在后面输入具体值调整。"强度"值越大画面感越强，反之则越弱，如图 13-202 和图 13-203 所示。

 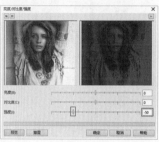

图 13-202　　　　　　　图 13-203

05 选中位图，然后执行"效果 > 调整 > 亮度 / 对比度 / 强度"菜单命令，打开"亮度 / 对比度 / 强度"对话框，接着调整"亮度"和"对比度"，再调整"强度"使变人物变得更立体，画面质感更强。最后单击"确定"按钮 确定 完成调整，如图 13-204 所示，效果如图 13-205 所示。

实战 160　亮度 / 对比度 / 强度

实例位置	实例文件>CH13>实战160.cdr
素材位置	素材文件>CH13>26.jpg
实用指数	★★★★☆
技术掌握	亮度/对比度/强度的使用方法

☞ **操作步骤**

01 "亮度 / 对比度 / 强度"用于调整位图的亮度以及深色区域和浅色区域的差异。导入"素材文件 >CH13>26.jpg"文件，然后按 P 键将对象置于页面中心，如图 13-197 所示。

图 13-197

02 选中位图，然后执行"效果 > 调整 > 亮度 / 对比度 / 强度"菜单命令，打开"亮度 / 对比度 / 强度"对话框，接着拖曳"亮度"滑块，也可以在后面输入具体值调整，"亮度"值越大画面越亮，反之则越暗，如图 13 198 和图 13 199 所示。

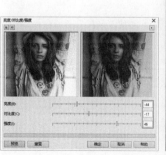

图 13-204　　　　　　　图 13-205

图 13-198　　　　　　　图 13-199

03 在"亮度 / 对比度 / 强度"对话框中拖曳"对比度"滑块，

实战 161　颜色平衡

实例位置	实例文件>CH13>实战161.cdr
素材位置	素材文件>CH13>27.jpg
实用指数	★★★★☆
技术掌握	颜色平衡的使用方法

操作步骤

01 "颜色平衡"用于将青色、红色、品红、绿色、黄色和蓝色添加到位图中，来添加颜色偏向。导入"素材文件>CH13>27.jpg"文件，然后按 P 键将对象置于页面中心，如图 13-206 所示。

02 选中位图，然后执行"效果 > 调整 > 颜色平衡"菜单命令，打开"颜色平衡"对话框，接着选择添加颜色偏向的范围，勾选"阴影"复选框，再调整"颜色通道"的颜色偏向，在预览窗口进行预览，如图 13-207 所示。

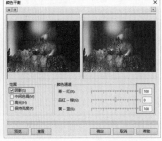

图 13-206　　　　　　　图 13-207

03 在"颜色平衡"对话框中选择添加颜色偏向的范围，勾选"中间色调"复选框，然后调整"颜色通道"的颜色偏向，在预览窗口进行预览，如图 13-208 所示；勾选"高光"复选框，再调整"颜色通道"的颜色偏向，在预览窗口进行预览，如图 13-209 所示。

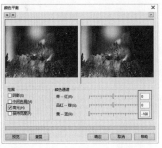

图 13-208　　　　　　　图 13-209

04 选中位图，然后执行"效果 > 调整 > 颜色平衡"菜单命令，打开"颜色平衡"对话框，接着选择添加颜色偏向的范围，勾选"阴影""中间色调"和"高光"复选框，再调整"颜色通道"的颜色偏向，在预览窗口进行预览，如图 13-210 所示。调整完成之后单击"确定"按钮 确定，效果如图 13-211 所示。

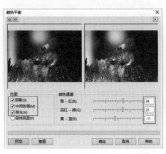

图 13-210　　　　　　　图 13-211

实战 162　伽玛值

实例位置	实例文件>CH13>实战162.cdr
素材位置	素材文件>CH13>28.jpg
实用指数	★★★★☆
技术掌握	伽玛值的使用方法

操作步骤

01 "伽玛值"用于在较低对比度的区域进行细节强化，不会影响高光和阴影。导入"素材文件 >CH13>28.jpg"文件，然后按 P 键将对象置于页面中心，如图 13-212 所示。

02 选中位图，然后执行"效果 > 调整 > 伽玛值"菜单命令，在"伽玛值"对话框中"伽玛值"为 1 时，与原图相同；大于 1 时对比度减弱，如图 13-213 所示；小于 1 时对比度加强，如图 13-214 所示。调整完成后单击"确定"按钮 确定，效果如图 13-215 所示。

图 13-212　　　　　　　图 13-213

图 13-214　　　　　　　图 13-215

实战 163　色度 / 饱和度 / 亮度

实例位置	实例文件>CH13>实战163.cdr
素材位置	素材文件>CH13>29.jpg
实用指数	★★★★☆
技术掌握	色度/饱和度/亮度的使用方法

操作步骤

01 "色度 / 饱和度 / 亮度"用于调整位图中的色频通道，并改变色谱中颜色的位置，这种效果可以改变位图的颜色、浓度和白色所占的比例。导入"素材文件 >CH13>29.jpg"文件，然后按 P 键将对象置于页面中心，如图 13-216 所示。

02 选中位图，然后执行"效果 > 调整 > 色度 / 饱和度 / 亮度"菜单命令，在"色度 / 饱和度 / 亮度"对话框中选择"通道"为"红"，接着设置"色度""饱和度"和"亮度"参数，在预览窗口进行预览，如图 13-217 所示。

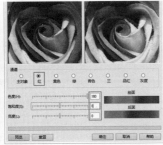

图 13-216　　　　　　图 13-217

03 选中位图，然后执行"效果 > 调整 > 色度 / 饱和度 / 亮度"菜单命令，在"色度 / 饱和度 / 亮度"对话框中选择"通道"为"黄色"，接着设置"色度""饱和度"和"亮度"参数，在预览窗口进行预览，如图 13-218 所示。

04 选中位图，然后执行"效果 > 调整 > 色度 / 饱和度 / 亮度"菜单命令，在"色度 / 饱和度 / 亮度"对话框中选择"通道"为"绿"，接着设置"色度""饱和度"和"亮度"参数，在预览窗口进行预览，如图 13-219 所示。

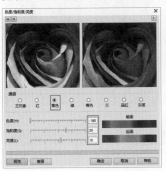
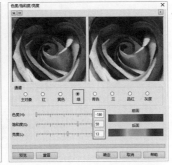

图 13-218　　　　　　图 13-219

05 选中位图，然后执行"效果 > 调整 > 色度 / 饱和度 / 亮度"菜单命令，在"色度 / 饱和度 / 亮度"对话框中选择"通道"为"青色"，接着设置"色度""饱和度"和"亮度"参数，在预览窗口进行预览，如图 13-220 所示。

06 选中位图，然后执行"效果 > 调整 > 色度 / 饱和度 / 亮度"菜单命令，在"色度 / 饱和度 / 亮度"对话框中选择"通道"为"兰"，接着设置"色度""饱和度"和"亮度"参数，在预览窗口进行预览，如图 13-221 所示。

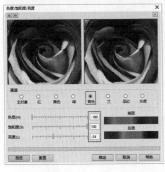
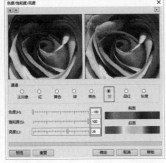

图 13-220　　　　　　图 13-221

07 选中位图，然后执行"效果 > 调整 > 色度 / 饱和度 / 亮度"菜单命令，在"色度 / 饱和度 / 亮度"对话框中选择"通道"为"品红"，接着设置"色度""饱和度"和"亮度"参数，在预览窗口进行预览，如图 13-222 所示。

08 选中位图，然后执行"效果 > 调整 > 色度 / 饱和度 / 亮度"菜单命令，在"色度 / 饱和度 / 亮度"对话框中选择"通道"为"灰度"，接着设置"色度""饱和度"和"亮度"参数，在预览窗口进行预览，如图 13-223 所示。

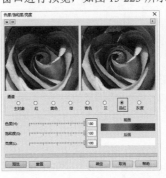
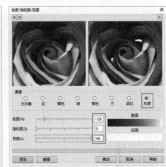

图 13-222　　　　　　图 13-223

09 选中位图，然后执行"效果 > 调整 > 色度 / 饱和度 / 亮度"菜单命令，在"色度 / 饱和度 / 亮度"对话框中选择"通道"为"主对象"，接着设置"色度""饱和度"和"亮度"参数，在预览窗口进行预览，如图 13-224 所示。调整完成后单击"确定"按钮　，效果如图 13-225 所示。

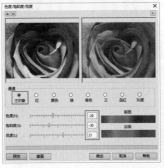

图 13-224　　　　　　图 13-225

实战 164　所选颜色

实例位置	实例文件>CH13>实战164.cdr
素材位置	素材文件>CH13>30.jpg
实用指数	★★★★☆
技术掌握	所选颜色的使用方法

操作步骤

01 "所选颜色"通过改变位图中的"红""黄""绿""青""蓝"和"品红"色谱的 CMYK 数值来改变颜色。导入"素材文件 >CH13>30.jpg"文件，然后按 P 键将对象置于页面中心，如图 13-226 所示。

02 选中位图，然后执行"效果 > 调整 > 所选颜色"菜单命令，接着在"所选颜色"对话框中选择"色谱"为"红",再设置"青""品红""黄"和"黑"相应的数值大小,在预览窗口进行查看对比,如图13-227所示。

图 13-226

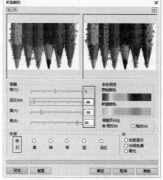

图 13-227

03 选中位图,然后执行"效果>调整>所选颜色"菜单命令,接着在"所选颜色"对话框中选择"色谱"为"黄",再设置"青""品红""黄"和"黑"相应的数值大小,在预览窗口进行查看对比,如图13-228所示。

04 选中位图,然后执行"效果>调整>所选颜色"菜单命令,接着在"所选颜色"对话框中选择"色谱"为"绿",再设置"青""品红""黄"和"黑"相应的数值大小,在预览窗口进行查看对比,如图13-229所示。

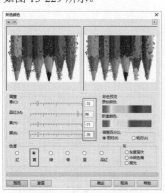

图 13-228

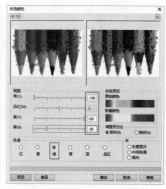

图 13-229

05 选中位图,然后执行"效果>调整>所选颜色"菜单命令,接着在"所选颜色"对话框中选择"色谱"为"青",再设置"青""品红""黄"和"黑"相应的数值大小,在预览窗口进行查看对比,如图13-230所示。

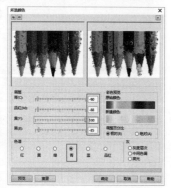

图 13-230

06 选中位图,然后执行"效果>调整>所选颜色"菜单命令,接着在"所选颜色"对话框中选择"色谱"为"蓝",再设置"青""品红""黄"和"黑"相应的数值大小,在预览窗口进行查看对比,如图13-231所示。

07 选中位图,然后执行"效果>调整>所选颜色"菜单命令,接着在"所选颜色"对话框中选择"色谱"为"品红",再设置"青""品红""黄"和"黑"相应的数值大小,在预览窗口进行预览,如图13-232所示。调整完成后单击"确定"按钮 确定 ,效果如图13-233所示。

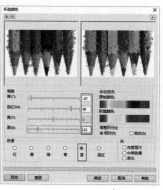

图 13-231

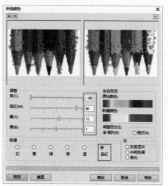

图 13-232

图 13-233

实战 165 替换颜色

实例位置	实例文件>CH13>实战165.cdr
素材位置	素材文件>CH13>31.jpg
实用指数	★★★★☆
技术掌握	替换颜色的使用方法

☞ **操作步骤**

01 "替换颜色"可以使用另一种颜色替换位图中所选的颜色。导入"素材文件>CH13>31.jpg"文件,然后按P键将对象置于页面中心,如图13-234所示。

图 13-234

02 选中位图,然后执行"效果>调整>替换颜色"菜单命令,接着在"替换颜色"对话框中单击"原颜色"后面的"吸管工具" 吸取位图上需要替换的颜色,再选择"新建颜色"的替换颜色,在预览窗口进行预览,如图13-235所示。最后单击"确定"按钮 确定 完成调整,效果如图13-236所示。

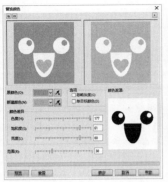
图 13-235

图 13-236

提示

在使用"替换颜色"编辑位图时,选择的位图必须是颜色区分明确的,如果选取的位图颜色区域有歧义,在替换颜色后会出现错误的颜色替换,如图13-237所示。

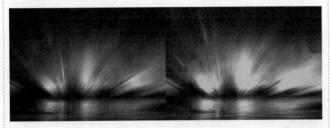
图 13-237

实战 166 通道混合器

实例位置	实例文件>CH13>实战166.cdr
素材位置	素材文件>CH13>32.jpg
实用指数	★★★★☆
技术掌握	通道混合器的使用方法

操作步骤

01 "通道混合器"通过改变不同颜色通道的数值来改变图像的色调。导入"素材文件>CH13>32.jpg"文件,然后按P键将对象置于页面中心,如图13-238所示。

图 13-238

02 选中位图,然后执行"效果>调整>通道混合器"菜单命令,接着在"通道混合器"对话框中设置"活动通道"为"红"("输出通道"为"红",通道"红"为100、其他通道为0时,输出的位图与原图一样),再选择相应的颜色通道进行分别设置,在预览窗口进行查看对比,如图13-239所示。

03 选中位图,然后执行"效果>调整>通道混合器"菜单命令,接着在"通道混合器"对话框中设置"活动通道"为"绿"("输出通道"为"绿",通道"绿"为100、其他通道为0时,输出

的位图与原图一样),再选择相应的颜色通道进行分别设置,在预览窗口进行查看对比,如图13-240所示。

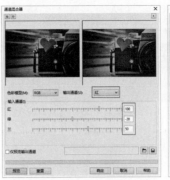
图 13-239

图 13-240

04 选中位图,然后执行"效果>调整>通道混合器"菜单命令,接着在"通道混合器"对话框中设置"活动通道"为"蓝"("输出通道"为"蓝",通道"蓝"为100、其他通道为0时,输出的位图与原图一样),再选择相应的颜色通道进行分别设置,在预览窗口进行查看对比,如图13-241所示。最后单击"确定"按钮 确定 完成调整,效果如图13-242所示。

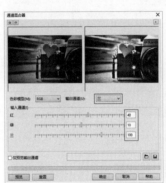
图 13-241

图 13-242

实战 167 变换效果

实例位置	实例文件>CH13>实战167.cdr
素材位置	素材文件>CH13>33.jpg
实用指数	★★★★☆
技术掌握	变换效果的使用方法

操作步骤

01 在菜单栏"效果>变换"命令下,我们可以选择"去交错""反显""极色化"操作来对位图的色调和颜色添加特殊效果。导入"素材文件>CH13>25.jpg"文件,然后按P键将对象置于页面中心,如图13-243所示。

图 13-243

02 "去交错"用于从扫描或隔行显示的图像中移除线条。选中位图,然后执行"效果>变换>去交错"菜单命令,打开"去

交错"对话框，在"扫描线"中选择样式"偶数行"或"奇数行"，再选择相应的"替换方法"，在预览图中查看效果，接着单击"确定"按钮 确定 完成调整，如图 13-244 所示。

03 "反显"可以反显图像的颜色。反显图像会形成摄影负片的外观。选中位图，然后执行"效果 > 变换 > 反显"菜单命令，即可将位图转换为反显图像，效果如图 13-245 所示。

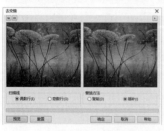

图 13-244   图 13-245

04 "极色化"用于减少位图中色调值的数量，从而减少颜色层次，会产生大面积缺乏层次感的颜色。选中位图，然后执行"效果 > 变换 > 极色化"菜单命令，打开"极色化"对话框，在"层次"后设置调整的颜色层次，在预览图中查看效果，接着单击"确定"按钮 确定 完成调整，如图 13-246 所示。

图 13-246

实战 168 绘制红酒瓶

实例位置	实例文件>CH13>实战168.cdr
素材位置	素材文件>CH13>34.cdr~36.cdr、37.jpg、38.cdr、39.cdr
实用指数	★★★★★
技术掌握	转换位图和模糊效果的使用

红酒瓶效果如图 13-247 所示。

图 13-247

📌 **操作步骤**

01 新建空白文档，然后在"创建新文档"对话框中设置"名称"为"绘制红酒瓶"、"大小"为A4、"方向"为"纵向"，接着单击"确定"按钮 确定 ，如图 13-248 所示。

图 13-248

02 使用"钢笔工具" ✎ 绘制酒瓶形状，然后填充颜色为黑色，如图 13-249 所示。接着复制两份进行错位排放，如图 13-250 所示。

03 选中两个复制的对象，在属性栏中单击"移除前面对象"按钮 ⊟ 修剪对象，如图 13-251 所示。最后使用同样的方法修剪形状，如图 13-252 所示。

图 13-249   图 13-250   图 13-251   图 13-252

04 将第 1 个修剪形状拖曳到瓶身上，然后填充颜色为（R:41，G:37，B:37），接着将第 2 个修剪形状拖曳到瓶身上，再填充颜色为（R:64，G:58，B:58），如图 13-253 和图 13-254所示。

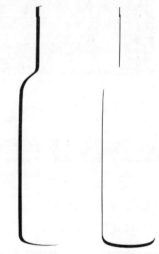

图 13-253   图 13-254

05 使用"钢笔工具"绘制瓶身反光区域，然后填充颜色为（R:182，G:182，B:182），如图 13-255 所示。接着绘制瓶颈上的反光区域，再填充同样的颜色，如图 13-256 所示。

06 使用"钢笔工具"绘制瓶口反光区域，然后填充同样的颜色，如图 13-257 所示。接着绘制反光形状，最后填充颜色为（R:41，G:37，B:37），如图 13-258 所示。

图 13-255

图 13-256

图 13-257　　图 13-258

07 复制瓶身，然后使用"矩形工具"绘制一个矩形，如图 13-259 所示。接着选中复制的瓶子和矩形，单击属性栏中的"相交"按钮，再删除瓶子和矩形对象，得到瓶盖形状，如图 13-260 所示。

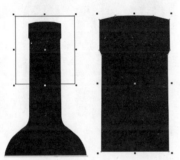
图 13-259　　图 13-260

08 选中反光区域，然后执行"位图 > 转换为位图"命令转换为位图，如图 13-261 所示。再执行"位图 > 模糊 > 高斯式模糊"菜单命令，打开"高斯式模糊"对话框，设置"半径"为 30 像素，如图 13-262 所示，效果如图 13-263 所示。

图 13-261

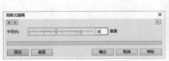
图 13-262　　图 13-263

09 使用同样的方法为另一边的反光添加模糊效果，如图 13-264 所示。然后使用"椭圆形工具"绘制椭圆，再填充颜色为白色，接着执行"位图 > 转换为位图"命令转换为位图，如图 13-265 所示。最后使用同样的方法添加模糊效果，效果如图 13-266 所示。

图 13-264　　图 13-265　　图 13-266

10 使用同样的方法为瓶颈和瓶口的反光添加模糊效果，如图 13-267 所示。然后使用"钢笔工具"绘制瓶口阴影的位置，如图 13-268 所示。再填充颜色为黑色，接着将阴影对象转换为位图，最后为阴影添加模糊效果，如图 13-269 所示。

图 13-267　　　　图 13-268　　　　图 13-269

11 使用"椭圆型工具"绘制椭圆，然后在属性栏中设置"轮廓宽度"为 1.0mm，如图 13-270 所示。接着将椭圆向内缩放，再填充轮廓线颜色为白色，如图 13-271 所示。

图 13-270　　　　图 13-271

12 导入"素材文件 >CH13>34.cdr"文件，如图 13-272 所示，然后填充文本颜色为黄色，接着执行"效果 > 图框精确裁剪 > 置于图文框内部"菜单命令，将图片放置在椭圆形中，如图 13-273 所示。再去掉椭圆的轮廓线，如图 13-274 所示。

图 13-272

图 13-273　　　　图 13-274

13 复制一个椭圆，然后在属性栏中设置"轮廓宽度"为 0.2mm、轮廓颜色为白色，如图 13-275 所示。接着使用"透明度工具"为椭圆添加透明度效果，如图 13-276 所示。再原位置复制一份，最后调整透明度效果，如图 13-277 所示。

图 13-275　　　　图 13-276　　　　图 13-277

14 导入"素材文件 >CH13>35.cdr"文件，然后将对象拖曳到页面中合适的位置，接着填充颜色为黄色，如图 13-278 所示。

15 使用"矩形工具"□绘制一个矩形，然后填充颜色为黄色，再去掉轮廓线，如图 13-279 所示。接着使用椭圆修剪矩形，如图 13-280 所示。

图 13-278　　　　　图 13-279　　　　　图 13-280

16 使用"形状工具"⟍修饰矩形形状，如图 13-281 所示。然后将编辑好的形状向下进行移动，如图 13-282 所示。接着使用"钢笔工具"⟍沿着黄色矩形外围绘制形状，如图 13-283 所示。

图 13-281　　　　　图 13-282　　　　　图 13-283

17 选中绘制的形状，然后单击"交互式填充工具"⬧，接着在属性栏中选择填充方式为"渐变填充"，设置"类型"为"线性渐变填充"。再设置节点位置为 0% 的色标颜色为（C:100，M:100，Y:100，K:100）、节点位置为 100% 的色标颜色为（C:76，M:73，Y:68，K:36），最后去掉轮廓线，效果如图 13-284 所示。

18 导入"素材文件 >CH13>36.cdr"文件，然后填充颜色为白色，再将其拖曳到页面中合适的位置，如图 13-285 所示。接着使用"钢笔工具"⟍在文本下方绘制选段，最后填充颜色为白色，如图 13-286 所示。

图 13-284　　　　　图 13-285　　　　　图 13-286

19 将瓶盖拖曳到瓶口上，然后填充颜色为黄色，多次按快捷键 Ctrl+PgDn 将瓶盖放置在反光下面，如图 13-287 和图 13-288 所示。接着使用"透明度工具"⬧调整暗部反光的透明度，如图 13-289 所示。

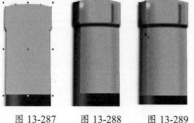

图 13-287　　　图 13-288　　　图 13-289

20 将编辑好的酒瓶群组，然后使用同样的方法绘制洋红色和蓝色的酒瓶包装，如图 13-290 所示。

21 导入"素材文件 >CH13>37.jpg"文件，如图 13-291 所示。然后使用"矩形工具"□绘制和图片大小相同的矩形，再使用"交互式填充工具"⬧为对象拖曳渐变效果。接着设置节点位置为 0% 的色标颜色为黑色、节点位置为 100% 的色标颜色为白色，效果如图 13-292 所示。最后使用"透明度工具"⬧为对象拖曳透明效果，如图 13-293 所示。

图 13-290　　　　　　　　　图 13-291

图 13-292　　　　　　　　　图 13-293

22 使用"矩形工具"□绘制和图片大小相同的矩形，然后单击"交互式填充工具"⬧，接着在属性栏中选择填充方式为"渐变填充"，设置"类型"为"椭圆形渐变填充"。再设置节点位置为 0% 的色标颜色为（C:0，M:100，Y:100，K:0）、节点位置为 16% 的色标颜色为（C:0，M:60，Y:100，K:0）、节点位置为 32% 的色标颜色为（C:0，M:0，Y:100，K:0）、节点位置为 50% 的色标颜色为（C:100，M:0，Y:100，K:0）、节点位置为 67% 的色标颜色为（C:100，M:0，Y:0，K:0）、节点位置为 83% 的色标颜色为（C:100，M:39，Y:0，K:0）、节点位置为 100% 的色标颜色为（C:20，M:80，Y:0，K:20），最后适当调整节点的位置，去掉轮廓线，效果如图 13-294 所示。

图 13-294

23 将矩形放置到图片上方，然后单击"透明度工具" ，在属性栏中设置"类型"为"渐变透明度"、"合并模式"为"叠加"，再适当调整节点位置，如图 13-295 所示。最后将绘制好的酒瓶旋转排放在页面左边，如图 13-296 所示。

图 13-295　　　　　　　　　图 13-296

24 使用"矩形工具" 在页面下方绘制两个矩形，然后单击"交互式填充工具" ，接着在属性栏中选择填充方式为"渐变填充"，设置"类型"为"线性渐变填充"。再设置节点位置为 0% 的色标颜色为（C:0，M:0，Y:0，K:100）、节点位置为 11% 的色标颜色为（C:0，M:0，Y:0，K:73）、节点位置为 24% 的色标颜色为（C:100，M:100，Y:100，K:100）、节点位置为 66% 的色标颜色为（C:0，M:0，Y:0，K:85）、节点位置为 100% 的色标颜色为（C:100，M:100，Y:100，K:100），最后适当调整节点的位置，去掉轮廓线，如图 13-297 所示。

25 使用"矩形工具" 绘制一个矩形，然后填充颜色为（C:100，M:100，Y:100，K:100），再去掉轮廓线，接着单击"透明度工具" ，在属性栏中设置"类型"为"均匀透明度"、

"透明度"为 60，如图 13-298 所示。最后导入"素材文件>CH13>38.cdr"文件，将文本填充为白色，拖曳到矩形中，如图 13-299 所示。

图 13-297

图 13-298　　　　　　　　　图 13-299

26 使用"矩形工具" 绘制两个矩形，然后填充颜色为（C:0，M:0，Y:0，K:0），再去掉轮廓线，接着单击"透明度工具" ，在属性栏中设置"类型"为"均匀透明度"、"合并模式"为"如果更亮"、"透明度"为 50，如图 13-300 所示。最后导入"素材文件>CH13>39.cdr"文件，将文本填充为黄色，拖曳到矩形中，最终效果如图 13-301 所示。

图 13-300　　　　　　　　　图 13-301

第 14 章 图像效果添加

实战 169　阴影预设

实例位置	实例文件>CH14>实战169.cdr
素材位置	素材文件>CH14>01.cdr
实用指数	★★★★☆
技术掌握	阴影预设的使用方法

☞ 操作步骤

01 CorelDRAW X7 为用户提供方便的创建阴影的工具，可以模拟各种光线的照射效果，也可以对多种对象添加阴影，包括位图、矢量图、美工文字、段落文本等。单击"阴影工具"🔲，然后在属性栏中单击"预设列表"，弹出阴影预设选项，如图 14-1 所示。将光标移动到选项上时，会出现该选项的阴影预设效果，如图 14-2 所示。

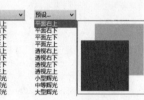

图 14-1　　　　　　图 14-2

02 导入"素材文件 >CH14>01.cdr"文件，然后选中对象，如图 14-3 所示。单击"阴影工具"🔲，然后在属性栏中单击"预设列表"，接着在弹出的阴影预设选项中选择"平面右上"，效果如图 14-4 所示。

图 14-3　　　　　　图 14-4

03 选中对象，单击"阴影工具"🔲，然后在属性栏中单击"预设列表"，接着在弹出的阴影预设选项中选择"平面右下"，效果如图 14-5 所示。

图 14-5

04 选中对象，单击"阴影工具"🔲，然后在属性栏中单击"预

设列表"，接着在弹出的阴影预设选项中选择"平面左下"，效果如图 14-6 所示。

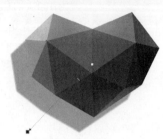

图 14-6

05 选中对象，单击"阴影工具"🔲，然后在属性栏中单击"预设列表"，接着在弹出的阴影预设选项中选择"平面左上"，效果如图 14-7 所示。

06 选中对象，单击"阴影工具"🔲，然后在属性栏中单击"预设列表"，接着在弹出的阴影预设选项中选择"透视右上"，效果如图 14-8 所示。

图 14-7　　　　　　图 14-8

07 选中对象，单击"阴影工具"🔲，然后在属性栏中单击"预设列表"，接着在弹出的阴影预设选项中选择"透视右下"，效果如图 14-9 所示。

08 选中对象，单击"阴影工具"🔲，然后在属性栏中单击"预设列表"，接着在弹出的阴影预设选项中选择"透视左下"，效果如图 14-10 所示。

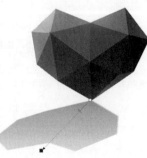

图 14-9　　　　　　图 14-10

09 选中对象，单击"阴影工具" 🔳，然后在属性栏中单击"预设列表" 预设...▼，接着在弹出的阴影预设选项中选择"透视左上"，效果如图 14-11 所示。

10 选中对象，单击"阴影工具" 🔳，然后在属性栏中单击"预设列表" 预设...▼，接着在弹出的阴影预设选项中选择"小型辉光"，效果如图 14-12 所示。

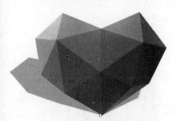
图 14-11

图 14-12

11 选中对象，单击"阴影工具" 🔳，然后在属性栏中单击"预设列表" 预设...▼，接着在弹出的阴影预设选项中选择"中等辉光"，效果如图 14-13 所示。

12 选中对象，单击"阴影工具" 🔳，然后在属性栏中单击"预设列表" 预设...▼，接着在弹出的阴影预设选项中选择"大型辉光"，效果如图 14-14 所示。

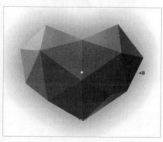
图 14-13

图 14-14

实战 170 阴影效果创建

实例位置	实例文件>CH14>实战170.cdr
素材位置	素材文件>CH14>02.cdr
实用指数	★★★★★
技术掌握	阴影效果创建的方法

☞ **操作步骤**

01 除了在属性栏中预设阴影效果外，还可以使用鼠标在对象不同

位置上拖曳出不同的阴影效果。中心创建，导入"素材文件>CH14>02.cdr"文件，然后单击"阴影工具" 🔳，再将光标移动到对象中间，按住鼠标左键进行拖曳，会出现蓝色实线进行预览，接着松开鼠标左键生成阴影，最后调整阴影方向，效果如图 14-15 所示。

02 底端创建。单击"阴影工具" 🔳，然后将光标移动到对象底端中间位置，再按住鼠标左键进行拖曳，会出现蓝色实线进行预览，接着松开鼠标左键生成阴影，最后调整阴影方向，效果如图 14-16 所示。

图 14-15

图 14-16

03 顶端创建。单击"阴影工具" 🔳，然后将光标移动到对象顶端中间位置，再按住鼠标左键进行拖曳，会出现蓝色实线进行预览，接着松开鼠标左键生成阴影，最后调整阴影方向，效果如图 14-17 所示。

04 左边创建。单击"阴影工具" 🔳，然后将光标移动到对象左边中间位置，再按住鼠标左键进行拖曳，会出现蓝色实线进行预览，接着松开鼠标左键生成阴影，最后调整阴影方向，效果如图 14-18 所示。

图 14-17

图 14-18

05 右边创建。单击"阴影工具" ，然后将光标移动到对象右边中间位置，再按住鼠标左键进行拖曳，会出现蓝色实线进行预览，接着松开鼠标左键生成阴影，最后调整阴影方向，效果如图 14-19 所示。

图 14-19

实战 171　绘制乐器阴影

实例位置	实例文件>CH14>实战171.cdr
素材位置	素材文件>CH14>03.cdr
实用指数	★★★★★
技术掌握	阴影效果的设置方法

乐器阴影效果如图 14-20 所示。

图 14-20

☞ **基础回顾**

可以通过更改属性栏上的参数设置使效果更自然。"阴影工具" 的属性栏如图 14-21 所示。

图 14-21

①预设 ：选择"预设列表"可以直接为对象添加预设的阴影效果，预设效果共有 11 种，如图 14-22 所示。

②阴影偏移 ：在 x 轴和 y 轴后面的输入框中输入数值，设置阴影与对象之间的偏移距离，正数为向上、向右偏移，负数为向左、向下偏移。"阴影偏移"在创建无角度阴影时才会激活，如图 14-23 所示。

图 14-22　　　　图 14-23

③阴影角度 ：在后面的输入框中输入数值，设置阴影与对象之间的角度。该设置只在创建呈角度透视阴影时激活，如图 14-24 所示。

④阴影延展 ：用于设置阴影的长度。在后面的输入框中输入数值，数值越大阴影的延伸越长，如图 14-25 所示。

图 14-24 　　　　　　　　　图 14-25

⑤阴影淡出 ：用于设置阴影边缘向外淡出的程度。在后面的输入框中输入数值，最大值为 100，最小值为 0，值越大向外淡出的效果越明显，如图 14-26 和图 14-27 所示。

图 14-26　　　　　　　　　图 14-27

⑥阴影的不透明度 ：在后面的输入框中输入数值，设置阴影的不透明度，值越大颜色越深，如图 14-28 所示；值越小颜色越浅，如图 14-29 所示。

图 14-28　　　　　　　　　图 14-29

⑦阴影羽化 ：在后面的输入框中输入数值，设置阴影的羽化程度，值越大阴影越模糊，如图 14-30 所示；值越小阴影越清晰，如图 14-31 所示。

图 14-30　　　　　　　　　图 14-31

⑧羽化方向 ：单击该按钮，在弹出的选项中选择羽化的方向。包括"向内""中间""向外"和"平均"4 种方式，如

图 14-32 所示。

⑨羽化边缘 ▣：单击该按钮，在弹出的选项中选择羽化的边缘类型。包括"线性""方形的""反白方形"和"平面"4 种方式，如图 14-33 所示。

⑩阴影颜色：用于设置阴影的颜色，在后面的下拉选项中选取颜色进行填充，填充的颜色会在阴影方向线的终端显示，如图 14-34 所示。

图 14-32　　　　图 14-33　　　　　　　图 14-34

⑪透明度操作：用于设置阴影和覆盖对象的颜色混合模式，可在下拉选项中选择进行设置，如图 14-35 所示。

⑫复制阴影效果属性 ▣：选中未添加阴影效果的对象，然后在属性栏中单击"复制阴影效果属性"按钮 ▣，当光标变为黑色箭头时，单击目标对象的阴影，如图 14-36 所示。即可复制该阴影属性到所选对象，如图 14-37 所示。

图 14-35　　　　　　　　　　　　　　　图 14-36

图 14-37

⑬清除阴影 ▣：单击"清除阴影"按钮可以去掉对象已添加的阴影效果，如图 14-38 所示。

图 14-38

☞ **操作步骤**

01 新建空白文档，然后在"创建新文档"对话框中设置"名称"为"绘制乐器阴影"、"大小"为 A4、页面方向为"横向"，接着单击"确定"按钮 确定 ，如图 14-39 所示。

图 14-39

02 双击"矩形工具" ▣ 创建与页面大小相同的矩形，然后填充颜色（C:0，M:6，Y:23，K:0），再去掉轮廓线，如图 14-40 所示。接着导入"素材文件 >CH14>03.cdr"文件，最后按 P 键将对象置于页面中心，如图 14-41 所示。

图 14-40　　　　　　　　　　　图 14-41

03 将导入的对象进行取消组合对象操作，然后选中对象，单击"阴影工具" ▣，将光标移动到对象底端中间位置，接着按住鼠标左键进行拖曳，会出现蓝色实线进行预览，如图 14-42 所示。最后松开鼠标左键生成阴影，效果如图 14-43 所示。

04 选中已添加阴影效果的对象，然后单击"阴影工具" ▣，在属性栏中设置"阴影的不透明度"为 70、"阴影羽化"为 3、"羽化方向"为"向外"、"羽化边缘"为"线性"、"阴影颜色"为（C:64，M:91，Y:100，K:59）、"合并模式"为"乘"，效果如图 14-44 所示。

图 14-42　　　　　　图 14-43　　　　　　图 14-44

05 选中对象，如图 14-45 所示。然后单击"阴影工具" ▣，在属性栏中单击"复制阴影效果属性"按钮 ▣，当光标变为黑色箭头时，单击目标对象的阴影，如图 14-46 所示，即可复制该阴影属性到所选对象，如图 14-47 所示。

图 14-45

图 14-46

图 14-47

06 使用相同的方法为其他对象复制阴影效果，效果如图 14-48 所示。

图 14-48

07 选中对象，然后单击"阴影工具" 🔲，将光标移动到对象底端中间位置拖曳阴影效果，如图 14-49 所示。接着在属性栏中设置"阴影的不透明度"为 70、"阴影羽化"为 3、"羽化方向"为"平均"、"阴影颜色"为（C:64，M:91，Y:100，K:59）、"合并模式"为"乘"，效果如图 14-50 所示。

图 14-49

图 14-50

08 使用相同的方法为剩下的对象复制第二种阴影效果，效果如图 14-51 所示。

图 14-51

09 选中对象，然后单击"阴影工具" 🔲，调整对象的阴影效果，如图 14-52 和图 14-53 所示。接着使用相同的方法分别为其他对象适当调整阴影效果，最终效果如图 14-54 所示。

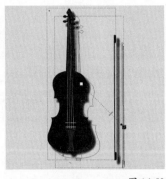
图 14-52

图 14-53

图 14-54

实战 172 轮廓图预设

实例位置	实例文件>CH14>实战172.cdr
素材位置	无
实用指数	★★★★☆
技术掌握	轮廓图预设的使用方法

操作步骤

01 轮廓图效果是指，通过拖曳为对象创建一系列渐进到对象内部或外部的同心线。单击"轮廓图工具" 🔲，然后在属性栏中单击"预设列表" 预设... ∨，弹出轮廓图预设选项，如图 14-55 所示。将光标移动到选项上时，会出现该选项的轮廓图预设效果，如图 14-56 所示。

图 14-55

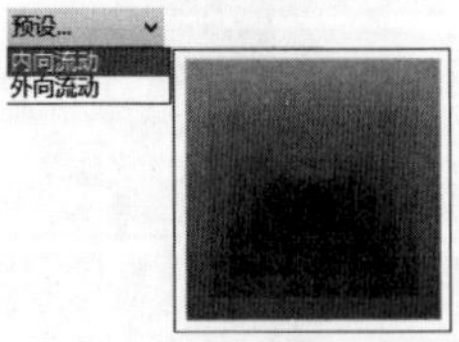

图 14-56

02 使用"文本工具" 🔲 输入文本，然后填充颜色为（C:60，M:60，Y:0，K:0），如图 14-57 所示。接着单击"轮廓图工具" 🔲，在属性栏中单击"预设列表" 预设... ∨，在弹出的轮廓图预设选项中选择"内向流动"，最后在属性栏中设置"填充色"为（C:40，M:0，Y:40，K:0），效果如图 14-58 所示。

图 14-57

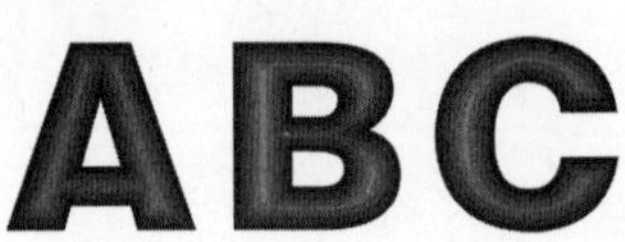

图 14-58

03 使用"文本工具"[字]输入文本，然后填充颜色为（C:0，M:0，Y:60，K:0），如图 14-59 所示。接着单击"轮廓图工具"[图]，在属性栏中单击"预设列表"[预设...▼]，在弹出的轮廓图预设选项中选择"内外流动"，最后在属性栏中设置"填充色"为（C:20，M:80，Y:0，K:0），效果如图 14-60 所示。

图 14-59　　　　　　　　　　图 14-60

实战 173 轮廓图效果创建

实例位置	实例文件>CH14>实战173.cdr
素材位置	无
实用指数	★★★★★
技术掌握	创建轮廓图的方法

☞ **操作步骤**

01 CorelDRAW X7 中提供的轮廓图效果主要为 3 种："到中心""内部轮廓"和"外部轮廓"。使用"星形工具"[图]绘制一个正星形，然后填充颜色为（C:0，M:60，Y:100，K:0），再去掉轮廓线，如图 14-61 所示。

02 下面创建中心轮廓图。选中对象，然后单击"轮廓图工具"[图]，再单击属性栏中的"到中心"按钮[图]，对象则自动生成到中心依次渐变的层次效果，效果如图 14-62 所示。

图 14-61　　　　　　　　　　图 14-62

03 下面创建内部轮廓图。选中对象，然后使用"轮廓图工具"[图]在星形轮廓处按住鼠标左键向内拖动，如图 14-63 所示。松开鼠标左键完成创建，效果如图 14-64 所示。还可以直接单击属性栏中的"内部轮廓"图标[图]，对象则自动生成内部轮廓图效果。

图 14-63　　　　　　　　　　图 14-64

提示📝

　　"到中心"和"内部轮廓"的区别主要有两点。
　　第1点：在轮廓图层次少的时候，"到中心"轮廓图的最内层还是位于中心位置，如图 14-65 所示。而"内部轮廓"则更贴近对象边缘，如图14-66所示。

图 14-65　　　　　　　　　　图 14-66

　　第2点："到中心"只能使用"轮廓图偏移"进行调节，而"内部轮廓"则使用"轮廓图步长"和"轮廓图偏移"进行调节。

04 下面创建外部轮廓图。选中对象，然后使用"轮廓图工具"[图]在星形轮廓处按住鼠标左键向外拖动，如图 14-67 所示。松开鼠标左键完成创建，效果如图 14-68 所示。还可以直接单击属性栏中的"外部轮廓"图标[图]，对象则自动生成外部轮廓图效果。

图 14-67　　　　　　　　　　图 14-68

提示📝

　　轮廓图效果除了手动拖曳创建、在属性栏中单击创建之外，还可以执行"效果>轮廓图"菜单命令打开"轮廓图"泊坞窗，在"轮廓图"泊坞窗进行单击创建，如图14-69所示。

图 14-69

实战 174 通过拆分轮廓图制作海报背景

实例位置	实例文件>CH14>实战174.cdr
素材位置	素材文件>CH14>04.cdr
实用指数	★★★★☆
技术掌握	拆分轮廓图的方法

海报背景效果如图 14-70 所示。

图 14-70

☞ **基础回顾**

选中轮廓图，如图 14-71 所示。然后单击鼠标右键，在弹出的快捷菜单中执行"拆分轮廓图群组"命令，如图 14-72 所示。注意，拆分后的对象只是将生成的轮廓图和原对象进行分离，还不能分别移动，如图 14-73 所示。

选中轮廓图，单击鼠标右键，在弹出的快捷菜单中执行"取消组合对象"命令，此时可以将对象分别移动进行编辑，如图 14-74 所示。

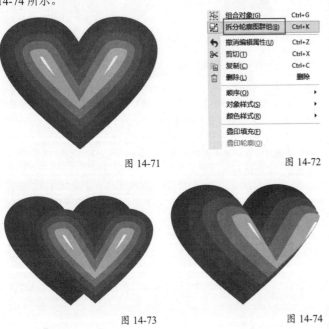

图 14-71　　　　　　　　图 14-72

图 14-73　　　　　　　　图 14-74

☞ **操作步骤**

01 新建空白文档，然后在"创建新文档"对话框中设置"名称"为"制作海报背景"、"宽度"为 260.0mm、"高度"为 260.0mm，接着单击"确定"按钮 确定 ，如图 14-75 所示。

图 14-75

02 双击"矩形工具" 创建一个与页面大小相同的矩形，然后填充为（R:0，G:0，B:0），再去掉轮廓线，如图 14-76 所示，接着选中矩形，使用"轮廓图工具" 拖曳轮廓图效果。最后在属性栏中设置"轮廓图步长"为 5、"填充色"为（R:240，G:240，B:255），效果如图 14-77 所示。

图 14-76　　　　　　　　图 14-77

03 选中对象，然后单击鼠标右键，在弹出的快捷菜单中执行"拆分轮廓图群组"命令，将对象轮廓图进行拆分，接着将黑色矩形删除，如图 14-78 所示。再使用"透明度工具" 为对象添加透明效果。最后设置"透明度"为 50，效果如图 14-79 所示。

图 14-78　　　　　　　　图 14-79

04 选中对象，将对象取消全部群组，然后分别将对象拖曳到页面中合适的位置，如图 14-80 所示。接着双击"矩形工具" 创建一个与页面大小相同的矩形，再去掉矩形轮廓线。最后将透明对象置于最大的矩形中，效果如图 14-81 所示。

262

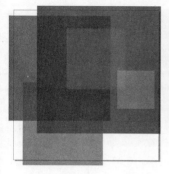

图 14-80　　　　　　　　　　　图 14-81

05 使用"椭圆形工具" ◎绘制圆形，然后填充颜色为（R:255，G:51，B:153），再去掉轮廓线，如图 14-82 所示。接着使用"轮廓图工具" ◎拖曳轮廓图效果。最后在属性栏中设置"轮廓图步长"为 5、"填充色"为（R:255，G:255，B:204），效果如图 14-83 所示。

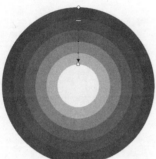

图 14-82　　　　　　　　　　　图 14-83

06 使用"椭圆形工具" ◎绘制圆形，然后填充颜色为（R:51，G:102，B:153），再去掉轮廓线，接着使用"轮廓图工具" ◎拖曳轮廓图效果。最后在属性栏中设置"轮廓图步长"为 4、"填充色"为（R:153，G:255，B:204），效果如图 14-84 所示。

07 使用"椭圆形工具" ◎绘制圆形，然后填充颜色为（R:102，G:51，B:255），再去掉轮廓线，接着使用"轮廓图工具" ◎拖曳轮廓图效果。最后在属性栏中设置"轮廓图步长"为 5、"填充色"为（R:255，G:255，B:204），效果如图 14-85 所示。

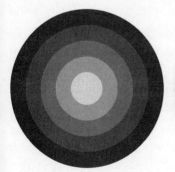

图 14-84　　　　　　　　　　　图 14-85

08 使用"椭圆形工具" ◎绘制圆形，然后填充颜色为（R:255，G:153，B:102），再去掉轮廓线，接着使用"轮廓图工具" ◎拖曳轮廓图效果。最后在属性栏中设置"轮廓图步长"为 4、"填充色"为（R:204，G:255，B:204），效果如图 14-86 所示。

09 使用"椭圆形工具" ◎绘制圆形，然后填充颜色为（R:255，G:102，B:153），再去掉轮廓线，接着使用"轮廓图工具" ◎拖曳轮廓图效果。最后在属性栏中设置"轮廓图步长"为 6、"填充色"为（R:153，G:255，B:255），效果如图 14-87 所示。

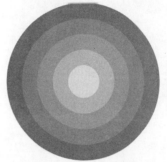
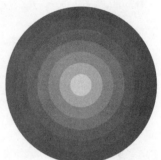

图 14-86　　　　　　　　　　　图 14-87

10 使用"椭圆形工具" ◎绘制圆形，然后填充颜色为（R:204，G:204，B:255），再去掉轮廓线，接着使用"轮廓图工具" ◎拖曳轮廓图效果。最后在属性栏中设置"轮廓图步长"为 5、"填充色"为（R:0，G:255，B:0），效果如图 14-88 所示。

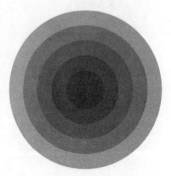

图 14-88

11 分别选中轮廓图，然后单击鼠标右键，在弹出的快捷菜单中执行"拆分轮廓图群组"命令，接着选中所有对象，单击属性栏中的"取消组合所有对象"按钮 ◎，将所有对象取消群组，此时可以将对象分别移动进行编辑，如图 14-89 所示。

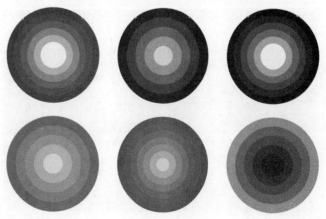

图 14-89

12 选中所有对象，然后使用"透明度工具"  为对象添加透明效果，接着设置"透明度"为50，如图14-90所示。再将对象排放在页面中合适的位置，最后将所有圆形对象进行群组，效果如图14-91所示。

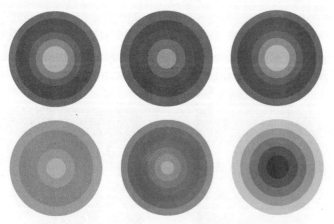

图 14-90

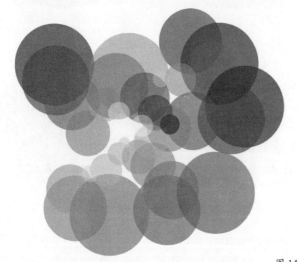

图 14-91

13 选中圆形群组对象，然后将对象置于前面绘制的矩形中，如图14-92所示。接着导入"素材文件 >CH14>04.cdr"文件，选中对象，按P键将对象移动到页面中心，最终效果如图14-93所示。

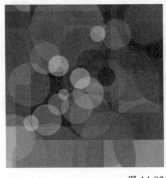

图 14-92

图 14-93

☞ **操作步骤**

01 使用"椭圆形工具"  绘制一个椭圆，填充颜色为（R:0，G:255，B:0），再去掉轮廓线，接着使用"矩形工具" 绘制一个矩形，填充颜色为（R:255，G:204，B:0），最后去掉轮廓线，如图14-94所示。

02 选中两个对象，然后单击"调和工具"，接着在属性栏中单击"预设列表"，弹出调和预设选项，如图14-95所示。最后在"预设列表"中选择"直接8步长"，效果如图14-96所示。

预设... ▼
直接 8 步长
直接 10 步长
直接 20 步长减速
旋转 90 度
环绕调和

图 14-94　　　图 14-95　　　　图 14-96

03 选中两个对象，然后单击"调和工具"，接着在属性栏中单击"预设列表"，弹出调和预设选项，最后在"预设列表"中选择"直接10步长"，效果如图14-97所示。

04 选中两个对象，然后单击"调和工具"，接着在属性栏中单击"预设列表"，弹出调和预设选项，最后在"预设列表"中选择"直接20步长减速"，效果如图14-98所示。

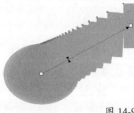

图 14-97　　　　　　　　图 14-98

05 选中两个对象，然后单击"调和工具"，接着在属性栏中单击"预设列表"，弹出调和预设选项，最后在"预设列表"中选择"旋转90度"，效果如图14-99所示。

06 选中两个对象，然后单击"调和工具"，接着在属性栏中单击"预设列表"，弹出调和预设选项，最后在"预设列表"中选择"环绕调和"，效果如图14-100所示。

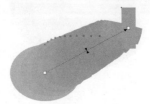

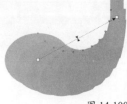

图 14-99　　　　　　　　图 14-100

实战 176 调和效果创建

实例位置	实例文件>CH14>实战176.cdr
素材位置	无
实用指数	★★★★★
技术掌握	调和效果创建的方法

操作步骤

01 "调和工具"通过创建中间的一系列对象，以颜色序列来调和两个原对象，原对象的位置、形状、颜色会直接影响调和效果。使用"星形工具"绘制星形，然后填充颜色为（R:255，G:51，B:153），再去掉轮廓线，接着使用"文本工具"输入文本，填充颜色为（R:102，G:255，B:204），最后去掉轮廓线，如图14-101所示。

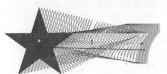

图 14-101

02 直线调和。单击"调和工具"，将光标移动到起始对象，按住鼠标左键不放向终止对象进行拖动，会出现一列对象的虚框进行预览，如图14-102所示。确定无误后松开鼠标左键完成调和，效果如图14-103所示。

图 14-102　　　　　图 14-103

> **提示**
> 在调和时两个对象的位置大小会影响中间系列对象的形状变化，两个对象的颜色决定中间系列对象的颜色渐变的范围。

03 曲线调和。使用"椭圆形工具"绘制圆形，然后填充颜色为（R:153，G:153，B:255），再去掉轮廓线，接着使用"钢笔工具"绘制对象，填充颜色为（R:255，G:255，B:102），最后去掉轮廓线，如图14-104所示。

图 14-104

04 单击"调和工具"，将光标移动到起始对象，先按住 Alt 键不放，然后按住鼠标左键向终止对象拖动出曲线路径，出现一列对象的虚框进行预览，如图14-105所示。松开鼠标左键完成调和，效果如图14-106所示。

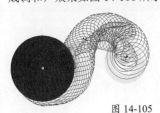

图 14-105

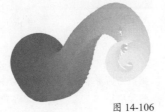

图 14-106

> **提示**
> 在创建曲线调和选取起始对象时，必须先按住Alt键再进行选取绘制路径，否则无法创建曲线调和，绘制的路径的弧度与长短会影响到中间系列对象的形状、颜色变化。

05 复合调和。绘制 3 个几何对象，然后填充颜色为（R:0，G:51，B:153）、（R:255，G:51，B:153）和（R:153，G:255，B:255），再去掉轮廓线，如图14-107所示。然后单击"调和工具"，将光标移动到矩形起始对象上，按住鼠标左键向椭圆对象拖动直线调和，如图14-108所示。

图 14-107　　　　　图 14-108

06 在空白处单击取消直线路径的选择，然后选择椭圆对象，按住鼠标左键向标题形状对象拖动直线调和，如图14-109所示。如果需要创建曲线调和，可以按住 Alt 键选中圆形向标题形状创建曲线调和，如图14-110所示。

图 14-109　　　　　图 14-110

> **技术专题** 调和线段对象
>
> "调和工具"也可以创建轮廓线的调和，创建两条曲线，填充不同颜色，如图14-111所示。
>
> 单击"调和工具"选中蓝色曲线按住鼠标左键拖动到终止曲线，当出现预览线后松开鼠标左键完成调和，如图14-112和图14-113所示。
>
>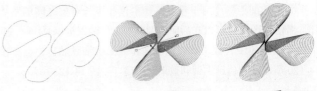
>
> 图 14-111　　　图 14-112　　　图 14-113
>
> 当线条形状和轮廓线"宽度"都不同时，也可以进行调和，调和的中间对象会进行形状和宽度渐变，如图14-114和图14-115所示。
>
>
>
> 图 14-114　　　　　图 14-115

实战 177 使用调和工具绘制荷花

实例位置	实例文件>CH14>实战177.cdr
素材位置	素材文件>CH14>05.jpg
实用指数	★★★★★
技术掌握	调和工具的使用方法

荷花效果如图 14-116 所示。

图 14-116

☞ 基础回顾

"调和工具" 的属性栏设置如图 14-117 所示。

图 14-117

①调和步长 ：用于设置调和效果中的调和步长数和形状之间的偏移距离。激活该图标，可以在后面"调和对象"输入框 10 中输入相应的步长数，数值越大调和效果越细腻越自然，如图 14-118 所示；数值越小调和效果越粗糙，如图 14-119 所示。

图 14-118　　　　　　　　图 14-119

②调和间距 ：用于设置路径中调和步长对象之间的距离开。激活该图标，可以在后面"调和对象"输入框 10.0 mm 中输入相应的步长数，数值越小调和效果越细腻越自然，如图 14-120 所示；数值越大调和效果越粗糙，如图 14-121 所示。

图 14-120　　　　　　　　图 14-121

> **提示**
> 切换"调和步长"图标 与"调和间距"图标 必须在曲线调和的状态下进行。在直线调和状态下可以直接调整步长数，"调和间距"只运用于曲线路径。

③调和方向 ：在后面的输入框中输入数值可以设置已调和对象的旋转角度，"调和方向" 只能在直线调和状态下激活，效果如图 14-122 所示。

④环绕调和 ：激活该图标可将环绕效果添加应用到调和中，"环绕调和" 只能在"调和方向" 后面输入数值后激活，效果如图 14-123 所示。

图 14-122　　　　　　　　图 14-123

⑤路径属性 ：用于将调和好的对象添加到新路径、显示路径和从路径分离等操作，如图 14-124 所示。"显示路径"和"从路径分离"两个选项在曲线调和状态下才会激活，直线调和则无法使用。

⑥直接调和 ：激活该图标设置颜色调和序列为直接颜色渐变，如图 14-125 所示。

图 14-124　　　　　　　　图 14-125

⑦顺时针调和 ：激活该图标设置颜色调和序列为按色谱顺时针方向颜色渐变，如图 14-126 所示。

⑧逆时针调和 ：激活该图标设置颜色调和序列为按色谱逆时针方向颜色渐变，如图 14-127 所示。

图 14-126　　　　　　　　图 14-127

⑨对象和颜色加速 ：单击该按钮，在弹出的对话框中通过拖动"对象" 、"颜色" 后面的滑块，可以调整形状和颜色的加速效果，如图 14-128 所示。滑块越向左，调和效果则越向左聚拢，如图 14-129 所示；滑块越向右，调和效果则越向右聚拢，如图 14-130 所示。

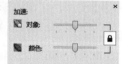

图 14-128

图 14-129　　　　　　　　图 14-130

> **提示**
> 激活"锁头"图标 后可以同时调整"对象" 、"颜色" 后面的滑块；解锁后可以分别调整"对象" 、"颜色" 后面的滑块。

⑩调整加速大小：激活该对象可以调整调和对象的大小更改变化速率。

⑪更多调和选项：单击该图标，在弹出的下拉选项中进行"映射节点""拆分""熔合始端""熔合末端""沿全路径调和""旋转全部对象"操作，如图 14-131 所示。

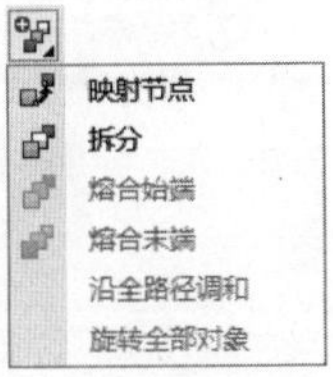

图 14-131

⑫起始和结束属性：用于重置调和效果的起始点和终止点。单击该图标，在弹出的下拉选项中进行显示和重置操作，如图 14-132 所示。

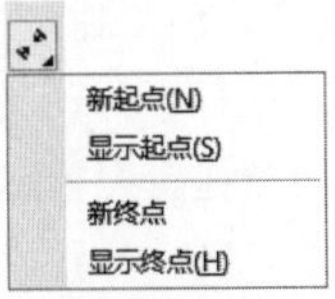

图 14-132

⑬复制调和属性：单击该按钮可以将其他调和属性应用到所选调和中。选中直线调和对象，然后在属性栏中单击"复制调和属性"图标，当光标变为箭头后移动到需要复制的调和对象上，如图 14-133 所示，单击鼠标左键完成属性的复制，效果如图 14-134 所示。

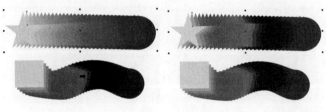

图 14-133　　　　　　　图 14-134

⑭清除调和：单击该按钮可以清除所选对象的调和效果。

技术专题　　直线调和转曲线调和

使用"钢笔工具"绘制一条平滑曲线，如图14-135所示。然后将已经进行直线调和的对象选中，在属性栏上单击"路径属性"图标，在下拉选项中选择"新路径"命令，如图14-136所示。

图 14-135　　　　　　　图 14-136

此时光标变为弯曲箭头形状，如图14-137所示。将箭头对准曲线然后单击鼠标左键即可，效果如图14-138所示。

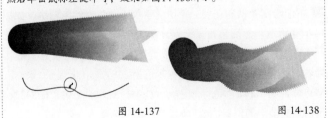

图 14-137　　　　　　　图 14-138

操作步骤

01 新建空白文档，然后在"创建新文档"对话框中设置"名称"为"绘制荷花"、"大小"为A4、页面方向为"横向"，接着单击"确定"按钮，如图 14-139 所示。

图 14-139

02 首先绘制荷叶。使用"椭圆形工具"绘制椭圆形，然后填充颜色为（C:40，M:0，Y:20，K:60），再去掉轮廓线，如图 14-140 所示。接着使用"手绘工具"绘制荷叶轮廓，填充颜色为（C:20，M:0，Y:60，K:20），最后去掉轮廓线，如图 14-141 所示。

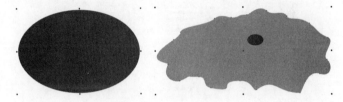

图 14-140　　　　　　　图 14-141

03 单击"调和工具"添加调和效果，将光标移动到椭圆上，然后按住鼠标左键向终止对象进行拖动，会出现一列对象的虚框进行预览，如图 14-142 所示。接着松开鼠标左键完成调和，效果如图 14-143 所示。最后用鼠标右键单击对象，将对象群组，如图 14-144 所示。

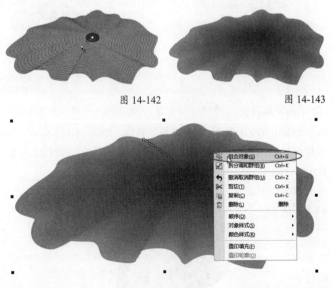

图 14-142　　　　　　　图 14-143

图 14-144

04 绘制另一片荷叶。使用"椭圆形工具"绘制椭圆形，然后填充颜色为（C:27，M:0，Y:45，K:35），再去掉轮廓线，接着

使用"手绘工具" 绘制荷叶
边缘，填充颜色为（C:0，M:20，
Y:40，K:0），最后去掉轮廓线，
如图 14-145 所示。

图 14-145

05 使用同样的方法为对象添加调和效果，并群组调和后的对象，
效果如图 14-146~ 图 14-148 所示。

图 14-146　　　　　　　　　图 14-147

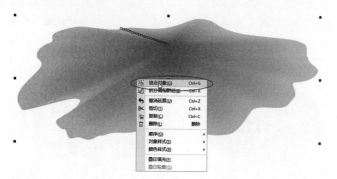

图 14-148

06 将群组后的荷叶复制几份，然后分别将其镜像和缩放，接着
拖曳到页面中适当的位置，最后调整对象的前后顺序，效果如
图 14-149 所示。

图 14-149

07 下面绘制荷花。使用"手绘工具" 绘制图形，填充颜色为（C:
0，M:100，Y:40，K:0），再去掉轮廓线，如图 14-150 所示。接
着使用"手绘工具" 绘制花瓣形状，填充颜色为（C: 0，M:10，Y:2,
K:0），最后去
掉轮廓线，如图
14-151 所示。

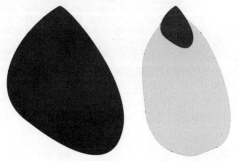

图 14-150　　　　　　　图 14-151

08 使用同样的方法为对象添加调和效果，并群组调和后的对象，
效果如图 14-152~ 图 14-154 所示。

图 14-152　　　　图 14-153　　　　图 14-154

09 下面绘制花苞。将群组后的花瓣复制并缩放一份，然后单击
属性栏中的"水平镜像"按钮 ，再将对象适当旋转，将复制
对象拖曳到花瓣左下方，如图 14-155 所示。接着使用同样的方
法复制一片花瓣，并将复制的花瓣移动到对象后面，适当调整
位置和旋转角度，最后选中所有花瓣，将对象群组，荷花花苞
效果如图 14-156 所示。

10 下面绘制盛开的荷花。使用同样的方法绘制盛开的荷花，效
果如图 14-157 和图 14-158 所示。然后将绘制好的荷花拖曳到荷
叶上方，如图 14-159 所示。

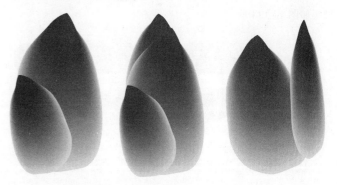

图 14-155　　　　图 14-156　　　　图 14-157

图 14-158　　　　　　　　　图 14-159

11 下面绘制叶柄和花梗。使用"手绘工具" 绘制轮廓，如图
14-160 所示。然后单击"交互式填充工具" ，在属性栏上选
择填充方式为"渐变填充"，再设置"类型"为"线性渐变填充"。
接着设置节点位置为 0% 的色标颜色为（C:47，M:0，Y:63，K:0），
节点位置为 100% 的色标颜色为（C:95，M:67，Y:91，K:54），
最后调整节点的位置，效果如图 14-161 所示。

12 选中对象，然后单击"透明度工具" 拖曳透明效果，如图 14-162 所示。接着将对象复制排放在页面中，再适当调整对象的大小和位置。最后将对象移动到荷叶和荷花的后面，效果如图 14-163 所示。

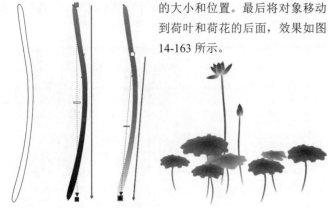

图 14-160　图 14-161　图 14-162　　　　　　　　图 14-163

13 使用"手绘工具" 绘制对象，然后填充颜色为（C:100，M:62，Y:90，K:44），再去掉轮廓线，如图 14-164 所示。接着将对象复制多个并拖曳到叶柄和花梗上，注意对象排列的疏密关系，如图 14-165 所示。

图 14-164　　　　　　　　　　图 14-165

14 导入"素材文件 >CH14>05.jpg"文件，然后将背景移动到荷花后面，如图 14-166 所示。接着使用"文本工具" 输入文本，再选择合适的字体和大小，填充颜色为（C:0，M:0，Y:0，K:80），最后适当调整文本的位置，最终效果如图 14-167 所示。

图 14-166

图 14-167

实战 178　调和操作

实例位置	实例文件>CH14>实战178.cdr
素材位置	无
实用指数	★★★★★
技术掌握	调和操作的使用方法

☞ **操作步骤**

01 使用"矩形工具" 绘制一个矩形，然后填充颜色为红色，再去掉轮廓线，接着使用"椭圆形工具" 绘制圆形，填充颜色为黄色，最后去掉轮廓线，如图 14-168 所示。

图 14-168

02 变更调和顺序。使用"调和工具" ，在方形到圆形中间添加调和，如图 14-169 所示。然后选中调和对象执行"对象 > 顺序 > 逆序"菜单命令，此时前后顺序进行了颠倒，如图 14-170 所示。

图 14-169　　　　　　　　　　图 14-170

03 变更起始和终止对象。在终止对象卜面绘制另一个图形，然后单击"调和工具" ，再选中调和的对象，接着单击泊坞窗"末端对象"图标 下拉选项中的"新终点"选项，当光标变为箭头时单击新图形，如图 14-171 所示，此时调和的终止对象变为下面的图形，如图 14-172 所示。

图 14-171　　　　　　　　　　图 14-172

04 在起始对象下面绘制另一个图形，然后选中调和的对象，接着单击泊坞窗"始端对象"图标 ⬚ 下拉选项中的"新起点"选项，当光标变为箭头时单击新图形，如图 14-173 所示，此时调和的起始对象变为下面的图形，如图 14-174 所示。

图 14-173　　　　　　　图 14-174

疑难问答 ?

问：怎么同时将两个起始对象进行调和?

答：将两个起始对象组合为一个对象，如图14-175所示。然后使用"调和工具" ⬚ 进行拖动调和，此时调和的起始节点在两个起始对象中间，如图14-176所示，调和后的效果如图14-177所示。

图 14-175　　　　图 14-176　　　　图 14-177

05 修改调和路径。选中调和对象，如图 14-178 所示。然后单击"形状工具" ⬚ 选中调和路径进行调整，如图 14-179 所示。

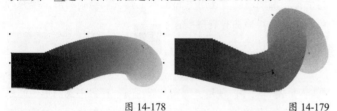

图 14-178　　　　　　　图 14-179

06 调和的拆分与熔合。使用"调和工具" ⬚ 选中调和对象，然后单击"拆分"按钮 ⬚ ，当光标变为弯曲箭头时单击中间任意形状，完成拆分，如图 14-180 所示。

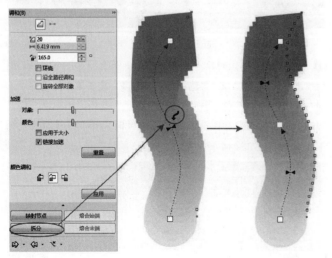

图 14-180

07 单击"调和工具" ⬚ ，按住 Ctrl 键单击上半段路径，然后单击"熔合始端"按钮 ⬚ 完成熔合，如图 14-181 所示；按住 Ctrl 键单击下半段路径，然后单击"熔合末端"按钮 ⬚ 完成熔合，如图 14-182 所示。

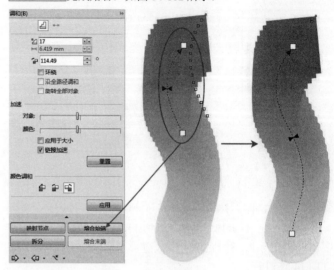

图 14-181

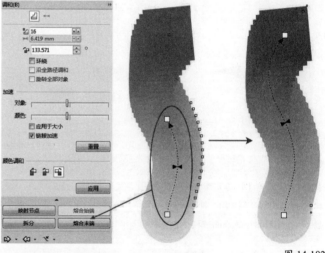

图 14-182

08 拆分调和对象。选中曲线调和对象，然后单击鼠标右键，在弹出的快捷菜单中执行"拆分调和群组"命令，如图 14-183 所示。接着单击鼠标右键，在弹出的快捷菜单中执行"取消组合所有对象"命令，如图 14-184 所示。取消组合对象后中间进行调和的渐变对象可以分别进行移动，如图 14-185 所示。

图 14-183

图 14-184　　　　　　　　　　图 14-185

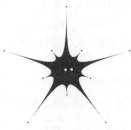

图 14-188　　　　　　　　　　图 14-189

实战 179 利用推拉变形制作节日贺卡

实例位置	实例文件>CH14>实战179.cdr
素材位置	无
实用指数	★★★★☆
技术掌握	推拉变形的使用方法

节日贺卡效果如图 14-186 所示。

图 14-186

☞ 基础回顾

"推拉变形"效果可以通过手动拖曳的方式，将对象边缘进行推进或拉出操作。

● 创建推拉变形

绘制一个正星形，如图 14-187 所示。然后单击"变形工具" 🖾，再单击属性栏中的"推拉变形"按钮 🖾将变形样式转换为推拉变形，接着将光标移动到星形中间位置，按住鼠标左键进行水平方向拖动，向左边拖动可以使轮廓边缘向内推进，如图 14-188 所示；向右边拖动可以使轮廓边缘从中心向外拉出，如图 14-189 所示。水平方向移动的距离决定推进和拉出的距离和程度，在属性栏中也可以进行设置。

图 14-187

● 参数介绍

单击"变形工具" 🖾，再单击属性栏上的"推拉变形"按钮 🖾，属性栏变为推拉变形的相关设置，如图 14-190 所示。

图 14-190

①居中变形 🖾：单击该按钮可以将变形效果居中放置，如图 14-191 所示。

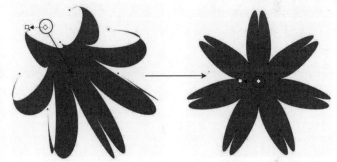

图 14-191

②推拉振幅 〰：在后面的文本框中输入数值，可以设置对象推进拉出的程度。输入数值为正数则向外拉出，最大为 200；输入数值为负数则向内推进，最小为 -200。

③添加新的变形 🖾：单击该按钮可以将当前变形的对象转为新对象，然后进行再次变形。

☞ 操作步骤

01 新建空白文档，然后在"创建新文档"对话框中设置"名称"为"绘制节日贺卡"、"宽度"为 200.0mm、"高度"为 200.0mm，接着单击"确定"按钮 [确定]，如图 14-192 所示。

图 14-192

02 使用"矩形工具" □绘制一个矩形，然后填充颜色为（C:2,

M:21，Y:20，K:0），再去掉轮廓线，如图 14-193 所示。接着执行"编辑 > 步长和重复"菜单命令，在"步长和重复"泊坞窗中设置"水平设置"为"对象之间的间距"、"距离"为 4.0mm、"方向"为"右"、"份数"为 24，如图 14-194 所示，效果如图 14-195 所示。

图 14-193　　　　　图 14-194　　　　　图 14-195

03 下面绘制外层花瓣。使用"多边形工具"◎绘制正多边形，然后在属性栏中设置"点数或边数"为 10，如图 14-196 所示。接着单击"变形工具"◎，再单击属性栏中的"推拉变形"按钮◎拖曳对象，最后在属性栏中设置"推拉振幅"为 -21，如图 14-197 所示。

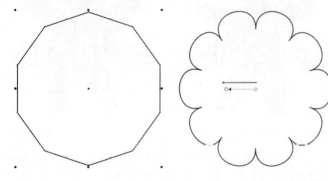

图 14-196　　　　　　　　　　图 14-197

04 选中对象，然后填充颜色为（C:0，M:0，Y:0，K:80），再去掉轮廓线，作为阴影效果，接着将对象向右上复制一份，最后填充颜色为（C:0，M:41，Y:22，K:0），如图 14-198 所示。

图 14-198

05 使用"多边形工具"◎绘制正多边形，然后在属性栏中设置"点数或边数"为 30，如图 14-199 所示。接着单击"变形工具"◎，再单击属性栏中的"推拉变形"按钮◎拖曳对象，最后在属性栏中设置"推拉振幅"为 -10，如图 14-200 所示。

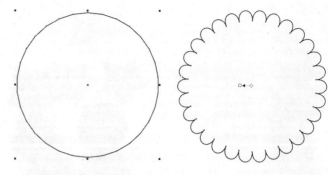

图 14-199　　　　　　　　　　图 14-200

06 选中对象，然后填充颜色为白色，去掉轮廓线，再将对象拖曳到外层花瓣中，如图 14-201 所示。接着使用"椭圆形工具"◎在花瓣中绘制一个正圆，最后填充颜色为（C:2，M:21，Y:20，K:0），去掉轮廓线，如图 14-202 所示。

图 14-201　　　　　　　　　　图 14-202

07 使用"文本工具"字输入文本，然后分别选中文本，在属性栏中设置合适的字体和大小，如图 14-203 所示。接着填充文本颜色为（C:0，M:0，Y:0，K:80），再选中文本，将文本向右上复制一份，并填充颜色为（C:0，M:41，Y:22，K:0），如图 14-204 所示。最后将绘制的对象拖曳到页面中合适的位置，如图 14-205 所示。

图 14-203

图 14-204　　　　　　　　　　图 14-205

08 下面绘制贺卡下方的花边。使用"矩形工具"□绘制一个矩形，然后使用"椭圆形工具"◯在矩形上边缘绘制多个对象，如图14-206 所示。接着选中所有对象，在属性栏中单击"合并"按钮◻，再填充颜色为（C:7，M:29，Y:16，K:0），最后去掉轮廓线，如图 14-207 所示。

图 14-206　　　　　　　　　　图 14-207

09 使用"椭圆形工具"◯在弧形边缘绘制多个对象，然后选中对象，接着填充颜色为白色，再去掉轮廓线，如图 14-208 所示。最后使用同样的方法在其他弧形边缘绘制对象，如图 14-209 所示。

图 14-208　　　　　　　　　　图 14-209

10 使用"矩形工具"□在对象中绘制一个矩形，然后填充颜色为（C:11，M:47，Y:25，K:0），再去掉轮廓线，如图 14-210 所示。接着绘制一个矩形，如图 14-211 所示。最后按 F12 键打开"轮廓笔"对话框，设置颜色为（C:0，M:0，Y:20，K:0）、"宽度"为 0.5mm、"线条端头"为"圆形端头"，如图 14-212 所示，效果如图 14-213 所示。

图 14-210　　　　　　　　　　图 14-211

图 14-212　　　　　　　　　　图 14-213

11 使用"多边形工具"◯绘制正多边形，然后在属性栏中设置"点数或边数"为 6，如图 14-214 所示。接着单击"变形工具"◇，再单击属性栏中的"推拉变形"按钮◻拖曳对象，在属性栏中设置"推拉振幅"为 -45，如图 14-215 所示。最后将对象复制缩放一份，在属性栏中设置"推拉振幅"为 -62，如图 14-216 所示。

图 14-214

图 14-215　　　　　　　　　　图 14-216

12 选中外层对象，然后将对象复制缩放一份，在属性栏中设置"推拉振幅"为 90，如图 14-217 所示。接着从内向外依次填充对象颜色为（C:4，M:63，Y:49，K:0）、（C:4，M:16，Y:37，K:0）和白色，最后去掉对象轮廓线，如图 14-218 所示。

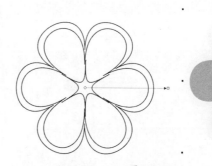

图 14-217　　　　　　　　　　图 14-218

13 选中最外层对象，然后拖曳复制一份，填充颜色为（C:0，M:0，Y:0，K:80），接着将复制的对象移动到对象后面作为阴影，如图 14-219 所示。再选中全部对象，将对象复制一份，最后将对象拖曳到花边中合适的位置，如图 14-220 所示。

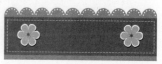

图 14-219　　　　　　　　　　图 14-220

14 使用"文本工具"字输入文本，然后选中文本，在属性栏中设置合适的字体和大小，接着使用"钢笔工具"◊绘制桃心，再填充文本和桃心的颜色为（C:0，M:0，Y:0，K:80），如图 14-221 所示。最后将对象向右上复制一份，填充颜色为（C:4，M:16，Y:37，K:0），如图 14-222 所示。

图 14-221　　　　　　　　　　图 14-222

15 将对象拖曳到花边中，如图
14-223 所示。然后选中花边中
的所有对象，将对象拖曳到页
面下方，最终效果如图 14-224
所示。

图 14-223　　　　图 14-224

实战 180　利用拉链变形制作雪花

实例位置	实例文件>CH14>实战180.cdr
素材位置	素材文件>CH14>06.cdr
实用指数	★★★★☆
技术掌握	拉链变形的使用方法

雪花效果如图 14-225 所示。

图 14-225

基础回顾

"拉链变形"效果可以通过手动拖曳的方式，将对象边缘
调整为尖锐锯齿效果，可以通过移动拖曳线上的滑块来增加锯
齿的个数。

● 创建拉链变形

绘制一个正方形，如图 14-226 所示。然后单击"变形工具"
，再单击属性栏中的"拉链变形"按钮将变形样式转换为
拉链变形，接着将光标移动到正方形中间位置，按住鼠标左键
向外进行拖动，
出现蓝色实线进
行预览变形效果，
最后松开鼠标左
键完成变形，如图
14-227 所示。

图 14-226　　　　图 14-227

变形后移动调节线中间的
滑块可以添加尖角锯齿的数量，
如图 14-228 所示；可以在不同
的位置创建变形，如图 14-229
所示；也可以增加拉链变形的
调节线，如图 14-230 所示。

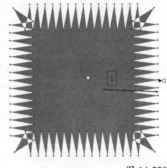

图 14-228

 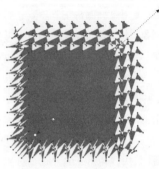

图 14-229　　　　　　　图 14-230

● 参数介绍

单击"变形工具"，再单击属性栏上的"拉链变形"按钮，
属性栏变为拉链变形的相关设置，如图 14-231 所示。

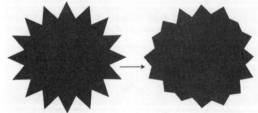

图 14-231

①拉链振幅：用于调节拉链变形中锯齿的高度。

②拉链频率：用于调节拉链变形中锯齿的数量。

③随机变形：激活该图标，可以将对象按系统默认方式
随机设置变形效果，如图 14-232 所示。

图 14-232

④平滑变形：激活该图标，可以将变形对象的节点平滑
处理，如图 14-233 所示。

图 14-233

⑤局限变形🔲: 激活该图标，可以随着变形的进行，降低变形的效果，如图 14-234 所示。

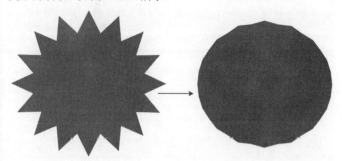

图 14-234

技术专题 🔧 拉链效果的混用

"随机变形" 🔲、"平滑变形" 🔲 和 "局限变形" 🔲 效果可以同时激活使用，也可以分别搭配使用，我们可以利用这些特殊效果制作自然的墨迹滴溅效果。

绘制一个正圆，然后创建拉链变形，如图 14-235 所示。接着在属性栏中设置 "拉链频率" 为 28，激活 "随机变形" 图标和 "平滑变形" 图标改变拉链效果，如图 14-236 和图 14-237 所示。

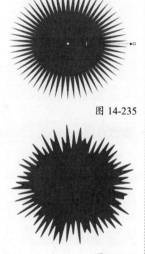

图 14-235

图 14-236   图 14-237

🖝 操作步骤

01 新建空白文档，然后在 "创建新文档" 对话框中设置 "名称" 为 "制作雪花"、"大小" 为 A4、页面方向为 "横向"，接着单击 "确定" 按钮 ，如图 14-238 所示。

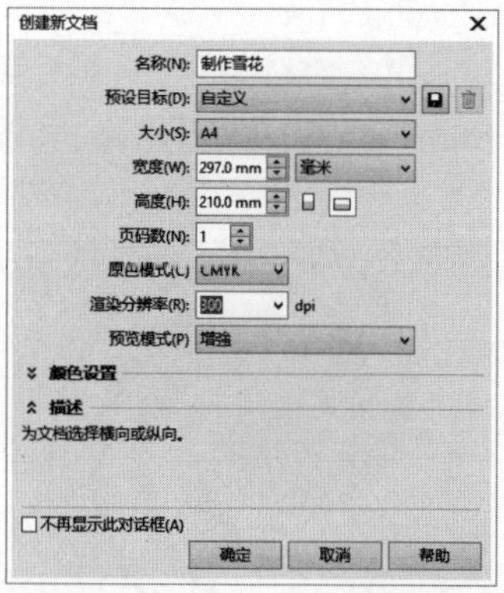

图 14-238

02 使用 "多边形工具" 🔾 绘制正六边形，如图 14-239 所示。然后使用 "形状工具" 🔖 双击去掉节点，如图 14-240 所示。接着填充颜色为（C:40，M:0，Y:0，K:0），再去掉轮廓线，效果如图 14-241 所示。

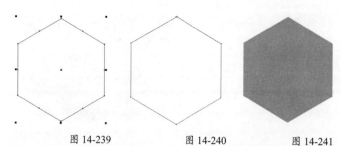

图 14-239   图 14-240   图 14-241

03 单击 "变形工具" 🔲，然后单击属性栏中的 "拉链变形" 按钮 🔘 为对象拖曳拉链效果，接着在属性栏中设置 "拉链振幅" 为 100、"拉链频率" 为 1，如图 14-242 所示。再为对象拖曳拉链效果，最后在属性栏中设置 "拉链振幅" 为 100、"拉链频率" 为 5，效果如图 14-243 所示。

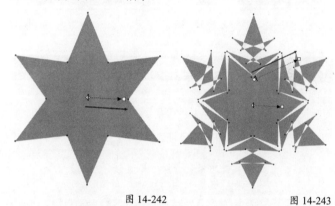

图 14-242   图 14-243

04 将前面绘制的对象复制一份，单击 "变形工具" 🔲，然后单击属性栏中的 "拉链变形" 按钮 🔘，接着在属性栏中设置 "拉链振幅" 为 100、"拉链频率" 为 8，如图 14-244 所示。再将对象复制一份，最后在属性栏中设置 "拉链振幅" 为 100、"拉链频率" 为 12，效果如图 14-245 所示。

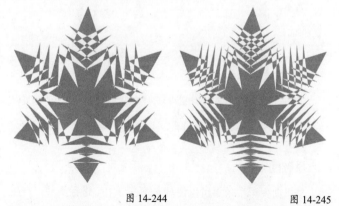

图 14-244   图 14-245

05 导入 "素材文件 >CH14>06.cdr" 文件，然后按 P 键将对象移动到页面中心，如图 14-246 所示。接着将前面绘制的雪花复制排放到页面中，如图 14-247 所示。再选中所有雪花对象，最后使用 "透明度工具" 🔲 添加透明效果，"透明度" 为 50，最终效果如图 14-248 所示。

图 14-246

图 14-247

图 14-248

实战 181 利用扭曲变形制作卡通信纸

实例位置	实例文件>CH14>实战181.cdr
素材位置	素材文件>CH14>07.cdr
实用指数	★★★★☆
技术掌握	扭曲变形的使用方法

卡通信纸效果如图 14-249 所示。

图 14-249

☞ 基础回顾

"扭曲变形"效果可以使对象绕变形中心进行旋转，产生螺旋状的效果，可以用来制作墨迹效果。

● 创建扭曲变形

绘制一个正星形，然后单击"变形工具" ，再单击属性栏中的"扭曲变形"按钮 ，将光标移动到星形中间位置，按住鼠标左键向外进行拖动确定旋转角度的固定边，如图 14-250

所示。按住鼠标左键直接拖动旋转角度，再根据蓝色预览线确定扭曲的形状，接着松开鼠标左键完成扭曲，如图 14-251 所示。在扭曲变形后还可以添加扭曲变形，使扭曲效果更加丰富。可以利用这种方法绘制旋转的墨迹，如图 14-252 所示。

图 14-250

图 14-251

图 14-252

● 参数介绍

单击"变形工具" ，再单击属性栏上的"扭曲变形"按钮 ，属性栏变为扭曲变形的相关设置，如图 14-253 所示。

图 14-253

①顺时针旋转 ：激活该图标，可以使对象按顺时针方向进行旋转扭曲。

②逆时针旋转 ：激活该图标，可以使对象按逆时针方向进行旋转扭曲。

③完整旋转 ：在后面的输入框中输入数值，可以设置扭曲变形的完整旋转次数，如图 14-254 所示。

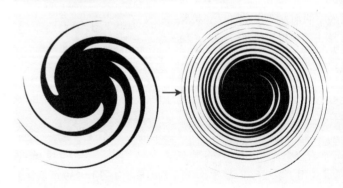

图 14-254

④附加度数 ：在后面的输入框中输入数值，可以设置超出完整旋转的度数。

☞ 操作步骤

01 新建空白文档，然后在"创建新文档"对话框中设置"名称"为"绘制卡通信纸"、"大小"为A4、页面方向为"纵向"，接着单击"确定"按钮 ，如图 14-255 所示。

02 双击"矩形工具" 创建与页面大小相同的矩形，然后填充颜色为（C:18，M:5，Y:59，K:0），接着去掉轮廓线，如图 14-256 所示。

图 14-255　　　　　　　　　　图 14-256

03 使用"星形工具" 绘制星形，然后在属性栏中设置"点数或边数"为5、"锐度"为53，填充颜色为（C:3，M:9，Y:58，K:0），并去掉轮廓线，如图 14-257 所示。接着单击"变形工具" ，再单击属性栏中的"扭曲变形"按钮 拖曳对象，最后在属性栏中设置"完整旋转"为2、"附加度数"为184，如图 14-258 所示。

图 14-257　　　　　　　　　　图 14-258

04 选中对象，然后将对象复制缩放多份，拖曳到页面中合适的位置，如图 14-259 所示。接着选中所有扭曲变形对象，执行"对象 > 图框精确裁剪 > 置于图文框内部"菜单命令，将对象置入矩形中，如图 14-260 所示。

05 使用"钢笔工具" 绘制对象，然后填充颜色为（C:0，M:0，Y:50，K:70），再去掉轮廓线，如图 14-261 所示。接着将对象拖曳复制一份，填充颜色为（C:0，M:0，Y:40，K:0），最后选中阴影对象，使用"透明度工具" 添加透明效果，"透明度"为50，效果如图 14-262 所示。

图 14-259　　　　　　　　　　图 14-260

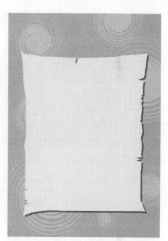

图 14-261　　　　　　　　　　图 14-262

06 使用"复杂星形" 绘制对象，然后在属性栏中设置"点数或边数"为12、"锐度"为4，填充颜色为（C:18，M:5，Y:59，K:0），并去掉轮廓线，如图 14-263 所示。接着单击"变形工具" ，再单击属性栏中的"扭曲变形"按钮 拖曳对象，最后在属性栏中设置"完整旋转"为0、"附加度数"为352，如图 14-264 所示。

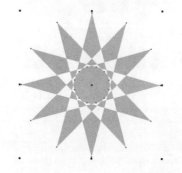

图 14-263　　　　　　　　　　图 14-264

07 选中对象，然后将对象复制缩放多份，拖曳到页面中合适的位置，如图 14-265 所示。接着选中所有扭曲变形对象，执行"对象 > 图框精确裁剪 > 置于图文框内部"菜单命令，将对象置于中

心对象中，如图 14-266 所示。最后
导入 "素材文件 >CH14>07.cdr"
文件，将对象拖曳到页面中合
适的位置，如图 14-267 所示。

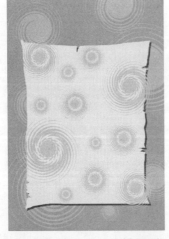

图 14-265

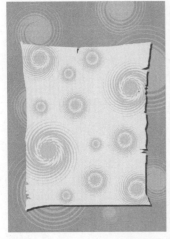

图 14-266

图 14-267

08 使用 "文本工具" 🔳输入文本，然后选中文本，在属性栏
中设置合适的字体和大小，并填充文本颜色为（C:15，M:30，
Y:69，K:0）。接着使用 "形状工具" 🔳选中单个字符，调整
文本的大小和旋转角度，如图
14-268 所示。再选中文本向左
下复制一份，填充颜色为（C:0，
M:0，Y:0，K:80），并将其移
动到原文本下方，最后将文本
拖曳到页面中合适的位置，如
图 14-269 所示。

图 14-268

图 14-269

09 使用"钢笔工具"🔳在页面中绘制多条线段，如图 14-270 所示。
然后在属性栏中设置 "轮廓宽度" 为 1.0mm，接着选择合适的
"线条样式"，再填充轮廓颜色为（C:56，M:91，Y:85，K:40），
最终效果如图 14-271 所示。

图 14-270

图 14-271

实战 182 预设封套

实例位置	实例文件>CH14>实战182.cdr
素材位置	无
实用指数	★★★★☆
技术掌握	预设封套的方法

☞ **操作步骤**

01 使用 "文本工具" 🔳输入文本，然后选择合适的字体和字号，
接着单击 "交互式填充工具" 🔳，在属性栏上选择填充方式为 "双
色图样填充"，选择合适的图样，再设置前景颜色为（C:15，M:0，
Y:98，K:0）、背景颜色为（C:0，
M:80，Y:40，K:0），最后调整
节点颜色，如图 14-272 所示。

图 14-272

02 选中对象，然后单击 "封套工具" 🔳，接着在属性栏中单击
"预设列表" 预设...▾ ，弹出封套预设选项，如图 14-273 所示。
最后在 "预设列表" 中选择 "圆形"，效果如图 14-274 所示。

图 14-273   图 14-274

03 选中对象，然后单击 "封套工具" 🔳，接着在属性栏中单击
"预设列表" 预设...▾ ，弹出封套预设选项，最后在 "预设列表"
中选择 "直线型"，效果如图 14-275 所示。

04 选中对象，然后单击"封套工具" ，接着在属性栏中单击"预设列表" 预设... ，弹出封套预设选项，最后在"预设列表"中选择"直线倾斜"，效果如图 14-276 所示。

图 14-275

图 14-276

05 选中对象，然后单击"封套工具" ，接着在属性栏中单击"预设列表" 预设... ，弹出封套预设选项，最后在"预设列表"中选择"挤远"，效果如图 14-277 所示。

06 选中对象，然后单击"封套工具" ，接着在属性栏中单击"预设列表" 预设... ，弹出封套预设选项，最后在"预设列表"中选择"下推"，效果如图 14-278 所示。

图 14-277

图 14-278

07 选中对象，然后单击"封套工具" ，接着在属性栏中单击"预设列表" 预设... ，弹出封套预设选项，最后在"预设列表"中选择"上推"，效果如图 14-279 示。

图 14-279

实战 183 立体化预设

实例位置	实例文件>CH14>实战183.cdr
素材位置	无
实用指数	★★★★★
技术掌握	立体化预设的方法

☞ 操作步骤

01 使用"文本工具" 输入文本，然后选择合适的字体和字号，接着填充颜色为（R:255，G: 0，B:102），如图 14-280 所示。再单击"立体化工具" ，最后在属性栏中单击"预设列表" 预设... ，弹出立体化预设选项，如图 14-281 所示。

图 14-280　　　图 14-281

02 选中对象，然后单击"立体化工具" ，接着在属性栏中单击"预设列表" 预设... ，弹出立体化预设选项。最后在"预设列表"中选择"立体左上"，效果如图 14-282 所示。

03 选中对象，然后单击"立体化工具" ，接着在属性栏中单击"预设列表" 预设... ，弹出立体化预设选项，最后在"预设列表"中选择"立体上"，效果如图 14-283 所示。

图 14-282　　　　　图 14-283

04 选中对象，然后单击"立体化工具" ，接着在属性栏中单击"预设列表" 预设... ，弹出立体化预设选项，最后在"预设列表"中选择"立体右上"，效果如图 14-284 所示。

05 选中对象，然后单击"立体化工具" ，接着在属性栏中单击"预设列表" 预设... ，弹出立体化预设选项，最后在"预设列表"中选择"立体右下"，效果如图 14-285 所示。

图 14-284　　　　　图 14-285

06 选中对象，然后单击"立体化工具" ，接着在属性栏中单击"预设列表" 预设... ，弹出立体化预设选项，最后在"预设列表"中选择"立体下"，效果如图 14-286 所示。

07 选中对象，然后单击"立体化工具" ，接着在属性栏中单击"预设列表" 预设... ，弹出立体化预设选项，最后在"预设列表"中选择"立体左下"，效果如图 14-287 所示。

图 14-286　　　　　图 14-287

实战 184 通过立体化操作绘制立体字

实例位置	实例文件>CH14>实战184.cdr
素材位置	素材文件>CH14>08.cdr、09.cdr
实用指数	★★★★★
技术掌握	立体化操作的方法

立体字效果如图 14-288 所示。

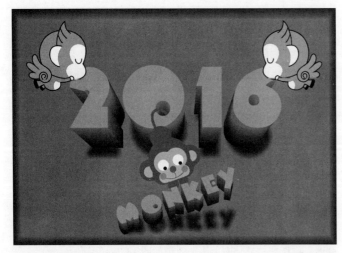

图 14-288

☞ **基础回顾**

利用属性栏和泊坞窗的相关参数选项来进行立体化的操作。

● **更改灭点位置和深度**

更改灭点和进深的方法有两种。

第 1 种：选中立体化对象，如图 14-289 所示。然后在泊坞窗中单击"立体化相机"按钮 📷 激活面板选项，再单击"编辑"按钮 编辑 出现立体化对象的虚线预览图，如图 14-290 所示。接着在面板上输入数值进行设置，虚线会以设置的数值显示，如图 14-291 所示，最后单击"应用"按钮 应用 应用设置。

图 14-289   图 14-290

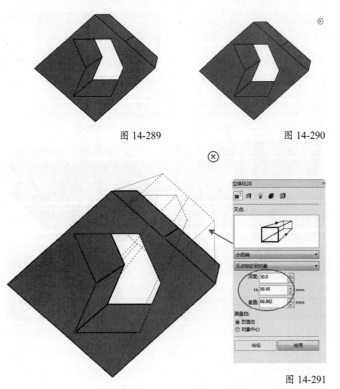

图 14-291

第 2 种：选中立体化对象，然后在属性栏上"深度" 📦 后面的输入框中更改进深数值，在"灭点坐标"后相应的 x 轴和 y 轴上输入数值可以更改立体化对象的灭点位置，如图 14-292 所示。

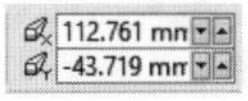

| 🔲 112.761 mm |
| 🔲 -43.719 mm |

图 14-292

提示 📝
　属性栏更改灭点和进深不会出现虚线预览，可以直接在对象上进行修改。

● **旋转立体化效果**

选中立体化对象，然后在"立体化"泊坞窗上单击"立体化旋转" 🔄 ，激活旋转面板，然后用鼠标左键拖动立体化效果，出现虚线预览图，如图 14-293 所示。再单击"应用"按钮 应用 应用设置，在旋转后效果不合心意，需要重新旋转时，可以单击 ↻ 按钮去掉旋转效果，如图 14-294 所示。

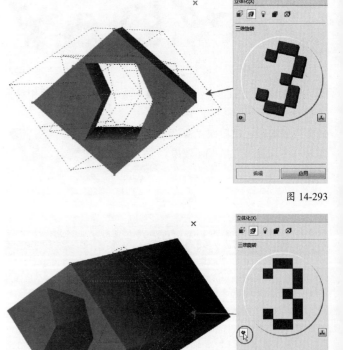

图 14-293

图 14-294

● **设置斜边**

选中立体化对象，然后在"立体化"泊坞窗上单击"立体化倾斜" 🔷 ，激活倾斜面板，再使用鼠标左键拖动斜边效果，接着单击"应用"按钮 应用 应用设置，如图 14-295 所示。

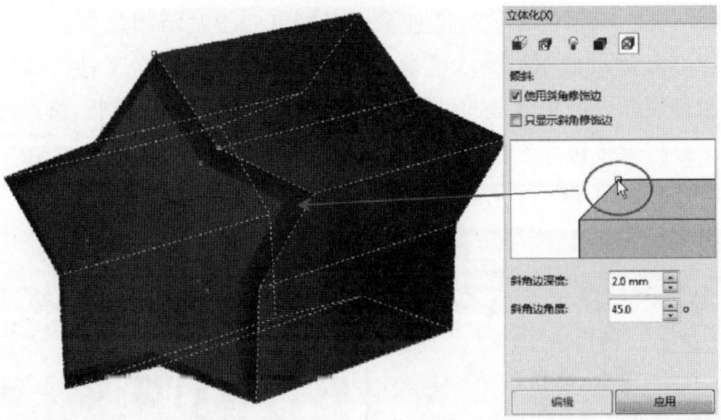

图 14-295

在创建斜边后可以勾选“只显示斜角修饰边”选项隐藏立体化进深效果，保留斜角和对象，如图 14-296 所示。利用这种方法可以制作镶嵌或浮雕的效果。

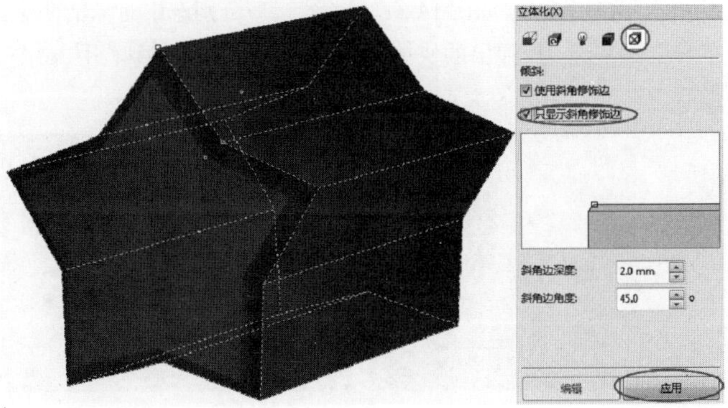

图 14-296

- **添加光源**

选中立体化对象，然后在“立体化”泊坞窗上单击“立体化倾斜”，激活倾斜面板，接着单击添加光源，在下面调整光源的强度，如图 14-297 所示。最后单击“应用”按钮应用设置，如图 14-298 所示。

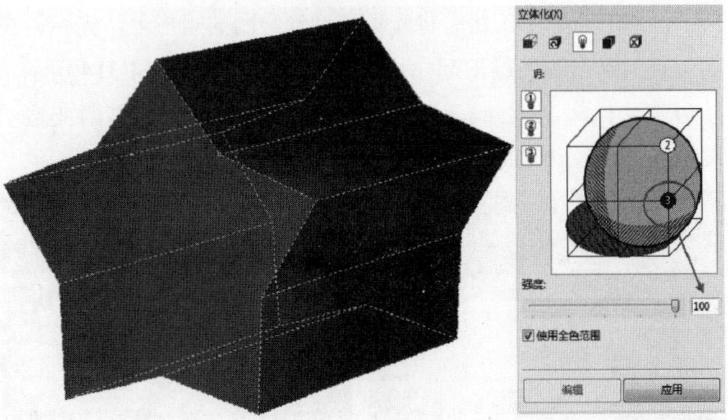

图 14-297

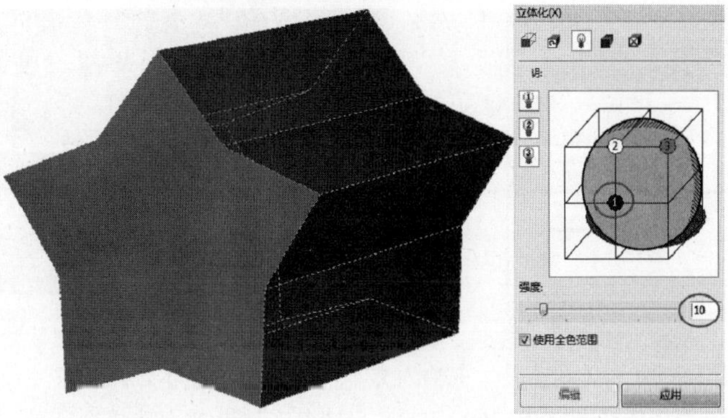

图 14-298

☞ 操作步骤

01 新建空白文档，然后在“创建新文档”对话框中设置“名称”为“绘制立体字”、“大小”为 A4、页面方向为“横向”，接着单击“确定”按钮，如图 14-299 所示。

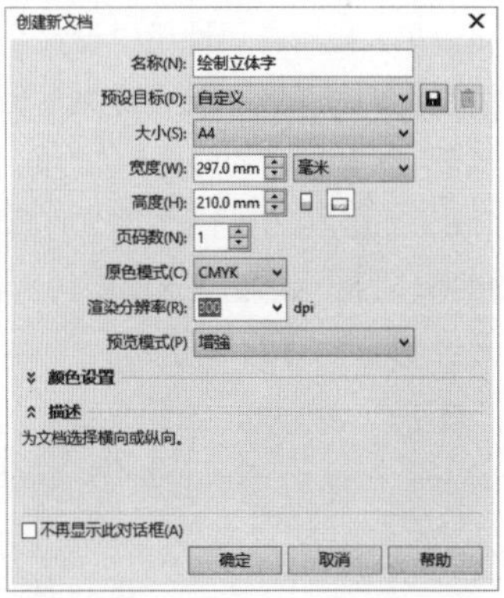

图 14-299

02 双击“矩形工具”创建与页面大小相同的矩形，如图 14-300 所示，然后选中对象，接着单击“立体化工具”，在属性栏中单击“立体化颜色”按钮，再单击“使用递减的颜色”按钮，最后设置“从”的颜色为（C:60，M:0，Y:20，K:0）、“到”的颜色为（C:95，M:60，Y:56，K:9），如图 14-301 所示。

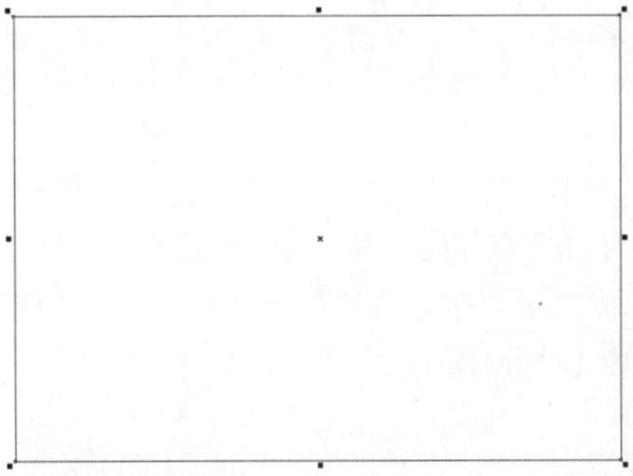

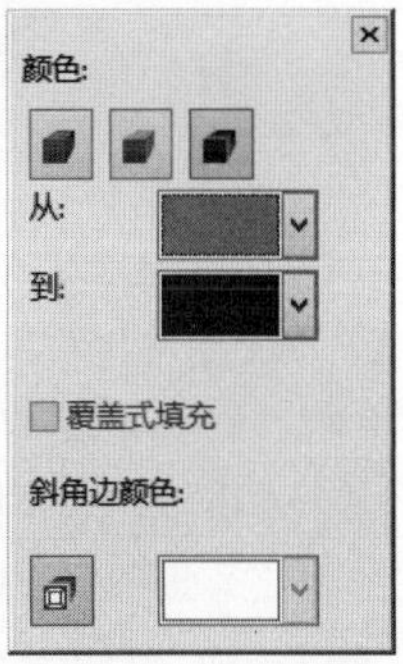

图 14-300　图 14-301

03 在属性栏中单击“立体化倾斜”按钮，然后勾选“使用斜角修饰边”和“只显示斜角修饰边”复选框，再调整倾斜的“深度”和“角度”，如图 14-302 所示，效果如图 14-303 所示。

图 14-302

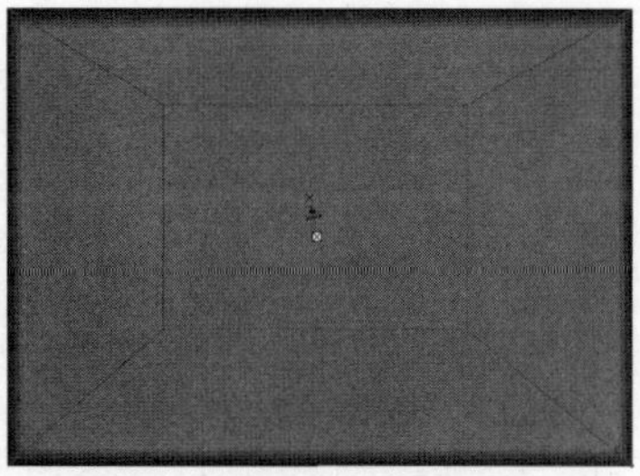

图 14-303

04 使用"文本工具" 🔄 输入文本，然后选中文本，填充文本颜色为（C:40，M:0，Y:0，K:0），接着在属性栏中选择合适的字体和大小，如图 14-304 所示。

05 选中文本对象，然后使用"立体化工具" 🔄 为对象拖曳立体化效果，接着在属性栏中设置"深度"为 20，单击"立体化颜色"按钮 🔄，再单击"使用递减的颜色"按钮 🔄，最后单击"立体化颜色"设置"从"的颜色为（C:40，M:0，Y:0，K:0）、"到"的颜色为（C:98，M:75，Y:54，K:19），效果如图 14-305 所示。

图 14-304

图 14-305

06 使用"文本工具" 🔄 输入文本，然后选中文本，填充文本颜色为（C:40，M:0，Y:0，K:0），接着在属性栏中选择合适的字体和字号，如图 14-306 所示。再将前面绘制的立体效果复制到对象中，最后适当调整立体效果，如图 14-307 所示。

图 14-306

图 14-307

07 选中立体化对象，单击"立体化工具" 🔄，然后单击属性栏中的"立体化旋转"按钮 🔄，再适当调整立体化效果，如图 14-308 所示，效果如图 14-309 所示。

图 14-308

图 14-309

08 将绘制完成的立体化对象拖曳到页面中合适的位置，如图 14-310 所示。然后导入"素材文件 >CH14>08.cdr"文件，将对象拖曳到页面中合适的位置，接着将对象向右拖曳复制一份，再单击"水平镜像"按钮 🔄，最后导入"素材文件 >CH14>09.cdr"文件，如图 14-311 所示。

图 14-310

图 14-311

09 分别选中对象，使用"阴影工具" 🔄 拖曳阴影效果，然后在属性栏中设置"阴影的不透明度"为 60、"阴影羽化"为 12、"阴影颜色"为"黑色"，如图 14-312 所示。接着分别选中对象的阴影，单击鼠标右键，在弹出的快捷菜单中选择"拆分阴影群组"命令，最后适当调整阴影的大小和位置，如图 14-313 所示。

图 14-312

图 14-313

实战 185 透明效果创建

实例位置	实例文件>CH14>实战185.cdr
素材位置	无
实用指数	★★★★★
技术掌握	透明效果创建的方法

☞ 操作步骤

01 创建渐变透明度。单击"透明度工具" 🔄，光标后面会出现一个高脚杯形状 🍸，然后将光标移动到绘制的矩形上，光标所在的位置为渐变透明度的起始点，透明度为 0，如图 14-314 所示。接着按住鼠标左键向左边拖动渐变范围，黑色方块是渐变透明度的结束点，该点的透明度为 100，如图 14-315 所示。

图 14-314

图 14-315

02 松开鼠标左键，对象会显示渐变效果，然后拖动中间的"透明度中心点"滑块可以调整渐变效果，如图 14-316 所示，调整完成后效果如图 14-317 所示。

图 14-316　　　　　　　　　　图 14-317

提示 ✎

在添加渐变透明度时，透明度范围线的方向决定透明度效果的方向，如图 14-318 所示。如果需要添加水平或垂直的透明效果，需要按住 Shift 键水平或垂直拖动，如图 14-319 所示。

图 14-318　　　　　　　　　　图 14-319

03 创建均匀透明度。选中添加透明度的对象，如图 14-320 所示。然后单击"透明度工具" 🖫 ，接着在属性栏中选择"均匀透明度"方式，再设置"透明度"为 30，调整后效果如图 14-321 所示。

图 14-320　　　　　　　　　　图 14-321

提示 ✎

创建均匀透明度不需要拖动透明度范围线，直接在属性栏中进行调节就可以。

04 创建图样透明度。选中添加透明度的对象，然后单击"透明度工具" 🖫 ，在属性栏中选择"向量图样透明度"，再选取合适的图样，接着通过调整"前景透明度"和"背景透明度"来设置透明度大小，调整后的效果如图 14-322 所示。

05 调整图样透明度矩形范围线上的透明节点，可以调整添加的图样大小，矩形范围线越小图样越小，如图 14-323 所示；范围越大图样越大，如图 14-324 所示。调整图样透明度矩形范围线上的控制柄，可以编辑图样的倾斜旋转效果，如图 14-325 所示。

图 14-322　　　　　　　　　　图 14-323

图 14-324　　　　　　　　　　图 14-325

提示 ✎

创建图样透明度，可以进行美化图片或为文本添加特殊样式的底图等操作，利用属性栏中的设置来达到丰富的效果。图样透明度包括"向量图样透明度""位图图样透明度""双色图样透明度"3 种方式，可在属性栏中进行切换，绘制方式相同。

06 创建底纹透明度。选中添加透明度的对象，然后单击"透明度工具" 🖫 ，在属性栏中选择"位图图样透明度"，再选取合适的图样，接着通过调整"前景透明度"和"背景透明度"来设置透明度大小，调整后的效果如图 14-326 所示。

图 14-326

实战 186　利用均匀透明度制作油漆广告

实例位置	实例文件>CH14>实战186.cdr
素材位置	素材文件>CH14>10.cdr、11.cdr
实用指数	★★★★★
技术掌握	均匀透明度的使用方法

油漆广告效果如图 14-327 所示。

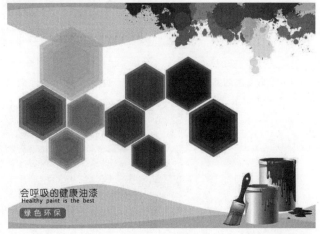

图 14-327

● 创建均匀透明度

选中添加透明度的对象，如图 14-328 所示。然后单击"透明度工具" 🎨，在属性栏中选择"均匀透明度"，再通过调整"透明度"来设置透明度大小，效果如图 14-329 所示。

图 14-328　　　　　　　　　　　　图 14-329

● 参数介绍

在"透明度类型"的选项中选择"均匀透明度"切换到均匀透明度的属性栏，如图 14-330 所示。

图 14-330

①透明度类型：在属性栏中选择透明图样进行应用。包括"无透明度""均匀透明度""线性渐变透明度""椭圆形渐变透明度""圆锥形渐变透明度""矩形渐变透明度""向量图样透明度""位图图样透明度""双色图样透明度"和"底纹透明度"，如图 14-331 所示。

②合并模式：在属性栏中的"合并模式"下拉选项中选择透明颜色与下层对象颜色的调和方式，如图 14-332 所示。

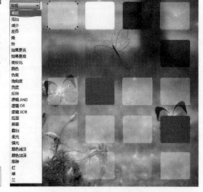

图 14-331　　　　　　　　　　图 14-332

③透明度挑选器：可以在下拉选项中选取填充的图样类型，如图 14-333 所示。

图 14-333

④透明度：在后面的输入框内输入数值可以改变透明度的

程度，如图 14-334 所示。数值越大对象越透明，反之越不透明，如图 14-335 所示。

图 14-334　　　　　　　　　　图 14-335

⑤全部 🎨：将透明度应用对象填充和对象轮廓。

⑥填充 🎨：仅将透明度应用到对象填充。

⑦轮廓 🎨：仅将透明度应用到对象轮廓。

⑧冻结透明度 ❄：激活该按钮，可以冻结当前对象的透明度叠加效果，在移动对象时透明度叠加效果不变，如图 14-336 所示。

图 14-336

⑨复制透明度属性 🎨：单击该图标可以将文档中目标对象的透明度属性应用到所选对象上。

⑩编辑透明度 🎨：单击该按钮，可以在打开的"编辑透明度"对话框中调整对象的透明效果。

☞ 操作步骤

01 新建空白文档，然后在"创建新文档"对话框中设置"名称"为"绘制油漆广告"、"大小"为 A4、页面方向为"横向"，接着单击"确定"按钮 确定 ，如图 14-337 所示。

图 14-337

02 使用"多边形工具" 🔷，然后按住 Ctrl 键绘制 9 个正六边形，再调整对象的位置，如图 14-338 所示。接着从左到右依次填充颜色为（C:80, M:58, Y:0, K:0）、（C:97, M:100, Y:27, K:0）、（C:59, M:98, Y:24, K:0）、（C:4, M:99, Y:13, K:0）、（C:6, M:100, Y:100, K:0）、（C:0, M:60, Y:100, K:0）、（C:0, M:20, Y:100, K:0）、（C:52, M:3, Y:100, K:0）、（C:100, M:0, Y:100, K:0），最后全选对象去掉轮廓线，效果如图 14-339 所示。

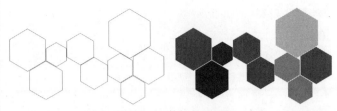

图 14-338　　　　　　　　　　　　　图 14-339

03 全选正六边形，然后单击"透明度工具" 🔲，在属性栏中设置"透明度类型"为"均匀透明度"、"合并模式"为"常规"、"透明度"为 50，透明效果如图 14-340 所示。

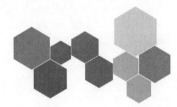

图 14-340

04 分别将透明对象向中心多次复制，如图 14-341 所示。然后分别选中最前面的对象，单击"透明度工具" 🔲，再单击属性栏中的"无透明度"按钮 🔲 去掉对象的透明效果，效果如图 14-342 所示。

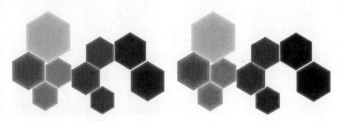

图 14-341　　　　　　　　　　　　　图 14-342

05 使用"钢笔工具" 🔲 在页面下方绘制两个对象，如图 14-343 所示。然后填充颜色为（C:0，M:0，Y:0，K:30），再去掉轮廓线，接着使用"透明度工具" 🔲 添加透明效果，"透明度"为 50。最后将对象向上复制一份，单击属性栏中的"水平镜像"按钮 🔲，效果如图 14-344 所示。

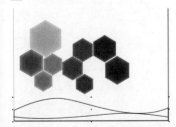

图 14-343　　　　　　　　　　　　　图 14-344

06 导入"素材文件 >CH14>10.cdr"文件，将对象拖曳到页面中合适的位置，如图 14-345 所示。然后分别选中对象，单击"透明度工具" 🔲，接着在属性栏中设置"透明度类型"为"均匀透明度"、"透明度"为 50，透明效果如图 14-346 所示。

图 14-345

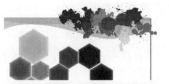

图 14-346

07 双击"矩形工具" 🔲 创建与页面大小相同的矩形，填充颜色为无，"轮廓宽度"为无，然后选中喷溅对象，将对象置于矩形中，再将对象移动到页面前面，最后导入"素材文件 >CH14>11.cdr"文件，将对象拖曳到页面右下角，效果如图 14-347 所示。

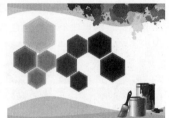

图 14-347

08 使用"矩形工具" 🔲 绘制矩形，然后设置矩形的圆角，再填充颜色为（C:80，M:58，Y:0，K:0），单击"透明度工具" 🔲，接着在属性栏中设置"透明度类型"为"均匀透明度"、"透明度"为 50，如图 14-348 所示。最后使用"文本工具" 🔲 输入文本，填充文本颜色为黑色和白色，将白色文本拖曳到矩形中，最终效果如图 14-349 所示。

图 14-348

图 14-349

实战 187　利用渐变透明度制作 APP 图标

实例位置	实例文件>CH14>实战187.cdr
素材位置	无
实用指数	★★★★★
技术掌握	渐变透明度的使用方法

　　APP 图标效果如图 14-350 所示。

图 14-350

在"透明度类型"中选择"渐变透明度"切换到渐变透明度的属性栏，如图 14-351 所示。

图 14-351

①线性渐变透明度▦：选择该选项，应用沿线性路径逐渐更改不透明的透明度，如图 14-352 所示。

②椭圆形渐变透明度▦：选择该选项，应用从同心椭圆形中心向外逐渐更改不透明度的透明度，如图 14-353 所示。

图 14-352　　　　　　　　　　　图 14-353

③圆锥形渐变透明度▦：选择该选项，应用以锥形逐渐更改不透明度的透明度，如图 14-354 所示。

④矩形渐变透明度▦：选择该选项，应用从同心矩形的中心向外逐渐更改不透明度的透明度，如图 14-355 所示。

图 14-354　　　　　　　　　　　图 14-355

⑤节点透明度▯：在后面的输入框中输入数值可以移动透明效果的中心点。最小值为 0、最大值为 100，如图 14-356 所示。

⑥节点位置▯：在后面的输入框中输入数值设置不同的节点位置以丰富渐变透明效果，如图 14-357 所示。

图 14-356　　　　　　　　　　　图 14-357

⑦旋转：在旋转后面的输入框内输入数值可以旋转渐变透明效果，如图14-358 所示。

图 14-358

01 新建空白文档，然后在"创建新文档"对话框中设置"名称"为"绘制 APP 图标"、"大小"为 A4、页面方向为"横向"，接着单击"确定"按钮 **确定** ，如图 14-359 所示。

图 14-359

02 使用"矩形工具" ▢绘制正方形，如图 14-360 所示。然后在属性栏中设置"圆角" ▯为 10.0mm，接着单击"交互式填充工具" ▱，在属性栏上选择填充方式为"渐变填充"，再设置"类型"为"线性渐变填充"。最后设置节点位置为 0% 的色标颜色为（C:74，M:3，Y:25，K:0）、节点位置为 6% 的色标颜色为（C:65，M:0，Y:21，K:0）、节点位置为 100% 的色标颜色为（C:23，M:0，Y:8，K:0），效果如图 14-361 所示。

图 14-360　　　　　　　　　　　图 14-361

03 选中对象，然后向中心复制缩放一份，接着选中复制对象，单击属性栏中的"水平镜像"按钮▯，再单击"垂直镜像"按钮▯，如图 14-362 所示。最后选中外层对象，向中心复制缩放一份，如图 14-363 所示。

图 14-362　　　　　　　　　　　图 14-363

04 使用"钢笔工具" ▯绘制一个对象，然后填充颜色为白色，去掉轮廓线，如图 14-364 所示。接着单击"透明度工具" ▱，在属性栏中设置透明方式为"渐变透明度"，再设置"透明度类型"为"线性渐变透明度"、"合并模式"为"常规"，最后为对象拖曳渐变透明效果，如图 14-365 所示。

图 14-364

图 14-365

05 使用"钢笔工具" 🖋绘制一个对象，然后填充颜色为白色，去掉轮廓线，如图 14-366 所示。接着单击"透明度工具" 🐾，在属性栏中设置透明方式为"渐变透明度"，再设置"透明度类型"为"线性渐变透明度"、"合并模式"为"常规"，最后为对象拖曳渐变透明效果，如图14-367 所示。

图 14-366

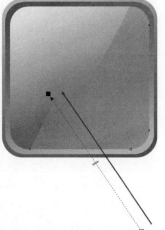
图 14-367

06 使用"钢笔工具" 🖋绘制一个对象，然后填充颜色为白色，去掉轮廓线，如图 14-368 所示。接着单击"透明度工具" 🐾，在属性栏中设置透明方式为"渐变透明度"，再设置"透明度类型"为"线性渐变透明度"、"合并模式"为"常规"，最后为对象拖曳渐变透明效果，如图 14-369 所示，图标效果如图14-370 所示。

图 14-368

图 14-369

图 14-370

07 使用"钢笔工具" 🖋绘制一个对象，然后填充颜色为（C:0，M:0，Y:100，K:0），再去掉轮廓线，如图 14-371 所示。接着将对象向右下复制缩放一份，如图 14-372 所示，最后将对象拖曳到图标中。

图 14-371   图 14-372

08 选中图标外层对象，然后将对象缩放复制一份，再将对象移动到标志后面，如图 14-373 所示。接着选中复制对象，执行"位图 > 转换为位图"菜单命令将对象转为位图，最后执行"位图 > 模糊 > 高斯式模糊"菜单命令对位图添加高斯模糊效果，如图 14-374 所示。

图 14-373

图 14-374

09 将图标对象向下复制一份，然后单击"垂直镜像"按钮 🖼，如图 14-375 所示。接着选中复制对象，再将对象向上拖曳进行缩放，如图 14-376 所示。最后使用"透明度工具" 🐾为对象拖曳渐变透明效果，效果如图14-377 所示。

图 14-375

图 14-376　　　　　　　　　　　　图 14-377

图 14-383　　　　　　　　　　　　图 14-384

10 将图标复制一份，然后选中外层对象，接着单击"交互式填充工具" ，在属性栏上选择填充方式为"渐变填充"，再设置"类型"为"线性渐变填充"。最后设置节点位置为 0% 的色标颜色为（C:23，M:37，Y:97，K:0）、节点位置为 6% 的色标颜色为（C:17，M:32，Y:88，K:0）、节点位置为 100% 的色标颜色为（C:4，M:0，Y44，K:0），效果如图 14-378 所示。

11 选中最外层对象，然后按住鼠标右键将其分别拖曳到前两层矩形中，接着在弹出的菜单中选择"复制所有属性"，如图 14-379 所示。将最外层对象的颜色属性复制到前两层矩形中，效果如图 14-380 所示。

13 将绘制的对象拖曳到黄色图标中，然后将对象移动到透明对象后面，如图 14-385 所示。接着为黄色图标添加光影和倒影，如图 14-386 所示。最后将绘制好的黄色图标缩放拖曳到蓝色图标旁，如图 14-387 所示。

图 14-385　　　　　　　　　　　　图 14-386

图 14-378　　　图 14-379　　　图 14-380

12 使用"椭圆形工具" 绘制多个圆形，如图 14-381 所示。然后选中对象，单击属性栏中的"合并"按钮 ，再填充颜色为（C:0，M:52，Y:85，K:0），去掉轮廓线，如图 14-382 所示。接着使用"钢笔工具" 绘制对象，如图 14-383 所示。最后填充颜色为（C:0，M:20，Y:40，K:60），去掉轮廓线，如图 14-384 所示。

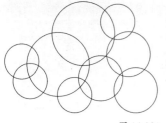

图 14-381　　　　　　　　图 14-382

图 14-387

14 将图标复制一份，然后选中外层对象，接着单击"交互式填充工具" ，在属性栏上选择填充方式为"渐变填充"，再设置"类型"为"线性渐变填充"。最后设置节点位置为 0% 的色标颜色为（C:59，M:0，Y:100，K:0）、节点位置为 6% 的色标颜色为（C:56，

M:0，Y:92，K:0）、节点位置为100%的色标颜色为（C:13，M:0，Y44，K:0），效果如图14-388所示。

15 选中最外层对象，然后按住鼠标右键将其分别拖曳到前两层矩形中，接着在弹出的菜单中选择"复制所有属性"，如图14-389所示。将最外层对象的颜色属性复制到前两层矩形中，效果如图14-390所示。

图14-388　　图14-389　　　　　　　图14-390

16 使用"椭圆形工具" 绘制椭圆，如图14-391所示。然后在属性栏中单击"饼图"按钮 ，再设置"起始角度"为0.0°、"结束角度"为180.0°，接着填充颜色为（C:0，M:53，Y:59，K:0），如图14-392所示。

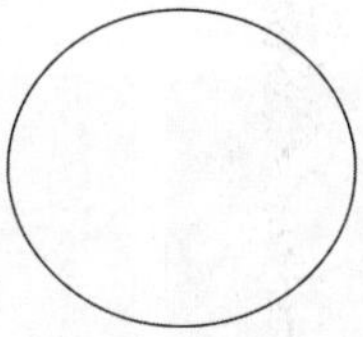

图14-391　　　　　　图14-392

17 使用"椭圆形工具" 绘制多个对象，如图14-393所示。接着填充头上对象为（C:60，M:0，Y:20，K:0）、（C:0，M:80，Y:40，K:0）和（C:0，M:20，Y:100，K:0），填充眼睛颜色为白色和黑色，再去掉对象轮廓线，如图14-394所示。最后将绘制的对象拖曳到绿色图标中，如图14-395所示。

图14-393 　　　图14-394　　　图14-395

18 为绿色图标添加光影和倒影，如图14-396所示。接着将绿色图标缩放拖曳到蓝色图标右方，如图14-397所示。

图14-396

图14-397

19 双击"矩形工具" 创建与页面大小相同的矩形，然后填充颜色为黑色，并去掉轮廓线，如图14-398所示。接着选中对象向下复制缩放一份，最后填充颜色为（C:0，M:0，Y:0，K:80），如图14-399所示。

图14-398　　　　　　图14-399

20 使用"透明度工具" ，然后为下方对象拖曳透明效果，如图14-400所示。接着将图标拖曳到页面中合适的位置，效果如图14-401所示。

图14-400　　　　　　图14-401

实战 188　图样透明度

实例位置	实例文件>CH14>实战188.cdr
素材位置	素材文件>CH14>12.jpg
实用指数	★★★★☆
技术掌握	图样透明度的使用方法

基础回顾

在"透明度类型"中选择"向量图样透明度"或者双色图样透明度切换到图样透明度的属性栏，如图14-402所示。

图14-402

①前景透明度 ：在后面的输入框内输入数值可以改变填充图案浅色部分的透明度。数值越大对象越不透明，反之越透明，如图14-403所示。

②反转 ■：翻转前景和背景透明度。

③背景透明度 ■：在后面的输入框内输入数值可以改变填充图案深色部分的透明度。数值越大对象越透明，反之越不透明，如图 14-404 所示。

图 14-403   图 14-404

④水平镜像平铺 ■：单击该图标，可以将所选的排列图块相互镜像，达成在水平方向相互反射对称的效果，如图 14-405 所示。

⑤垂直镜像平铺 ■：单击该图标，可以将所选的排列图块相互镜像，达成在垂直方向相互反射对称的效果，如图 14-406 所示。

图 14-405   图 14-406

☞ **操作步骤**

01 导入"素材文件 >CH14>12.jpg"文件，然后按 P 键将对象置于页面中心，如图 14-407 所示。接着使用"矩形工具" □ 绘制矩形，再填充颜色为白色，最后去掉轮廓线，如图 14-408 所示。

图 14-407   图 14-408

02 选中白色矩形，然后单击"透明度工具" ■，接着在属性栏中选择"向量图样透明度" ■，再设置"前景透明度"为 80、"背景透明度"为 20，单击 Enter 键完成设置，最后适当调整节点位置，效果如图 14-409 所示。

03 选中白色矩形，然后单击"透明度工具" ■，接着在属性栏中选择"位图图样透明度" ■，再设置"前景透明度"为 100、"背景透明度"为 0，单击 Enter 键完成设置，最后适当调整节点位置，

效果如图 14-410 所示。

图 14-409   图 14-410

04 选中白色矩形，然后单击"透明度工具" ■，接着在属性栏中选择"双色图样透明度" ■，再设置"前景透明度"为 90、"背景透明度"为 20，单击 Enter 键完成设置，最后适当调整节点位置，效果如图 14-411 所示。

05 选中白色矩形，然后单击"透明度工具" ■，接着在属性栏中选择"双色图样透明度" ■，设置"前景透明度"为 90、"背景透明度"为 50，再单击"水平镜像平铺"按钮 ■ 和"垂直镜像平铺"按钮 ■，单击 Enter 键完成设置，最后适当调整节点位置，效果如图 14-412 所示。

图 14-411   图 14-412

实战 189 利用斜角绘制巧克力

实例位置	实例文件>CH14>实战189.cdr
素材位置	素材文件>CH14>13.cdr~15.cdr、16.jpg
实用指数	★★★★☆
技术掌握	斜角的使用方法

巧克力效果如图 14-413 所示。

图 14-413

☞ 基础回顾

在菜单栏执行"效果 > 斜角"命令打开"斜角"泊坞窗，然后在泊坞窗中设置数值添加斜角效果，如图 14-414 所示。在"样式"选项中可以选择为对象添加"柔和边缘"效果或"浮雕"效果。

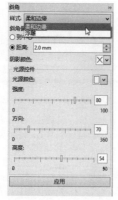

图 14-414

● 创建柔和边缘效果

选中要添加斜角的对象，如图 14-415 所示。然后在"斜角"泊坞窗内设置"样式"为"柔和边缘"、"斜角偏移"为"到中心"、"阴影颜色"为（C:70，M:95，Y:0，K:0）、"光源颜色"为白色、"强度"为 100、"方向"为 118、"高度"为 27，接着单击"应用"按钮 应用 完成斜角的添加，如图 14-416 所示。

图 14-415   图 14-416

选中对象，然后在"斜角"泊坞窗内设置"样式"为"柔和边缘"、"斜角偏移"的"距离"值为 2.24mm、"阴影颜色"为（C:70，M:95，Y:0，K:0）、"光源颜色"为白色、"强度"为 100、"方向"为 118、"高度"为 27，接着单击"应用"按钮 应用 完成斜角的添加，如图 14-417 所示。

图 14-417

● 创建浮雕效果

选中对象，然后在"斜角"泊坞窗内设置"样式"为"浮雕"、"距离"值为 2.0mm、"阴影颜色"为（C:95，M:73，Y:0，K:0）、"光源颜色"为白色、"强度"为 60、"方向"为 200，接着单击"应用"按钮 应用 完成斜角的添加，如图 14-418 所示。

图 14-418

提示 📝

斜角效果只能运用在矢量对象和文本对象上，不能对位图对象进行操作。

☞ 操作步骤

01 新建空白文档，然后在"创建新文档"对话框中设置"名称"为"绘制巧克力"、"宽度"为 200.0mm、"高度"为 200.0mm，接着单击"确定"按钮 确定 ，如图 14-419 所示。

图 14-419

02 使用"矩形工具" 🔲 绘制一个正方形，然后填充颜色为（R:146，G:95，B:66），再去掉轮廓线，如图 14-420 所示。接着执行"效果 > 斜角"菜单命令，在"斜角"泊坞窗中设置参数，如图 14-421 所示。最后单击"应用"按钮 应用 ，效果如图 14-422 所示。

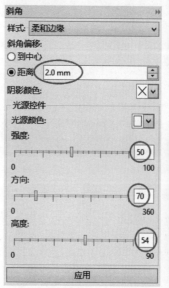

图 14-421

图 14-420

图 14-422

03 导入"素材文件 >CH14>13.cdr"文件，然后将其拖曳到页面中调整大小，放在巧克力的上方，如图 14-423 所示。接着导入"素材文件 >CH14>14.cdr"文件，选中文本，单击鼠标右键，在弹出的快捷菜单中选择"转换为曲线"，如图 14-424 所示。

图 14-423

图 14-428

图 14-429

图 14-424

04 选中对象，然后填充颜色为（R:148，G:94，B:67），如图 14-425 所示。再去掉轮廓线，接着在"斜角"泊坞窗中设置参数，如图 14-426 所示。最后单击"应用"按钮 应用 完成操作，效果如图 14-427 所示。

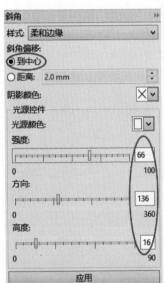

图 14-426

图 14-425

图 14-427

图 14-430

图 14-431

图 14-432

图 14-433

05 全选对象，然后执行"编辑 > 步长和重复"菜单命令，接着在弹出的泊坞窗中设置参数，如图 14-428 所示。再单击"应用"按钮 应用 完成操作，最后再一次全选对象执行"编辑 > 步长和重复"菜单命令，设置参数如图 14-429 所示，效果如图 14-430 所示。

06 将交错的文本删除，如图 14-431 所示。然后导入"素材文件 >CH14>15.cdr"文件，再拖曳到页面中调整大小，如图 14-432 所示。

07 选中所有对象，然后将对象旋转至合适的角度，接着导入"素材文件 >CH14>16.jpg"文件，再将背景调整至合适的大小，最后将背景移动到对象后面，如图 14-433 所示。

实战 190 利用透视制作 Logo 展示图

实例位置	实例文件>CH14>实战190.cdr
素材位置	素材文件>CH14>17.jpg
实用指数	★★★★☆
技术掌握	添加透视的方法

Logo 展示图效果如图 14-434 所示。

图 14-434

操作步骤

01 新建空白文档，然后在"创建新文档"对话框中设置"名称"为"透视绘制Logo展示图"、"大小"为A4、页面方向为"横向"，接着单击"确定"按钮，如图 14-435 所示。

图 14-435

02 使用"矩形工具"绘制矩形，然后使用"文本工具"输入文本，再选择合适的字体和大小，如图 14-436 所示。接着单击属性栏中的"移除前面对象"按钮，填充颜色为黑色，最后去掉轮廓线，如图 14-437 所示。

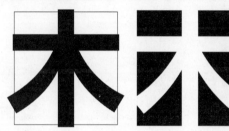

图 14-436   图 14-437

03 选中对象，单击属性栏中的"拆分"按钮，然后选中部分对象，按 Delete 键将对象删除，如图 14-438 所示。

04 使用"矩形工具"绘制矩形，填充颜色为黑色，去掉轮廓线，然后使用"文本工具"输入文本，再选择合适的字体和大小，接着单击属性栏中的"移除前面对象"按钮，如图 14-439 所示。最后使用"裁剪工具"将对象进行裁剪，效果如图 14-440 所示。

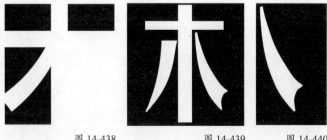

图 14-438   图 14-439   图 14-440

05 将裁剪完成的对象拖曳到前面绘制的对象中，然后填充颜色为（C:56，M:0，Y:15，K:0），如图 14-441 所示。接着使用"文本工具"输入文本，再选择合适的字体和大小，最后填充颜色为（C:56，M:0，Y:15，K:0），如图 14-442 所示。

图 14-441   图 14-442

06 导入"素材文件 >CH14>17.jpg"文件，然后按 P 键将对象置于页面中心，如图 14-443 所示。再将 Logo 复制一份，将复制对象进行群组，并拖曳到页面中调整大小，接着执行"效果 > 添加透视"菜单命令，在对象上生成透视网格，如图 14-444 所示。最后移动网格的节点调整透视效果，如图 14-445 所示。调整完成后的效果如图 14-446 所示。

图 14-443   图 14-444

图 14-445   图 14-446

07 将 Logo 复制一份，然后将复制对象进行群组，并拖曳到页面中调整大小，接着为对象添加透视效果，如图 14-447 所示。

图 14-447

08 使用"钢笔工具"绘制对象，然后填充颜色为（C:56，M:0，Y:15，K:0），再去掉轮廓线，并将 Logo 复制一份，接着将复制对象进行群组，拖曳到页面中调整大小，最后为对象添加透视效果，效果如图 14-448 所示。

09 将 Logo 复制一份，然后将复制对象进行群组，拖曳到页面中调整大小，接着为对象添加透视效果，如图 14-449 所示，完成后的整体效果如图 14-450 所示。

图 14-448　　　　　　　　　图 14-449

图 14-450

10 使用"矩形工具" 回在页面右下角绘制矩形，然后填充颜色为白色，再去掉轮廓线，接着使用"透明度工具" 为对象添加透明效果，设置"透明度"为 50，最后将 Logo 对象拖曳到矩形中，调整各个对象的大小，最终效果如图 14-451 所示。

图 14-451

实战 191　绘制高脚杯

实例位置	实例文件>CH14>实战191.cdr
素材位置	素材文件>CH14>18.jpg、19.cdr、20.cdr
实用指数	★★★★★
技术掌握	透明度工具的使用

高脚杯效果如图 14-452 所示。

图 14-452

☞ **操作步骤**

01 新建空白文档，然后在"创建新文档"对话框中设置"名称"为"绘制高脚杯"、"宽度"为 420.0mm、"高度"为 270.0mm，接着单击"确定"按钮 确定，如图 14-453 所示。

图 14-453

02 下面绘制杯口。使用"椭圆形工具" 回绘制两个椭圆，然后选中两个对象，单击属性栏中的"移除前面对象"按钮 ，如图 14-454 所示。接着单击"交互式填充工具" ，在属性栏上选择填充方式为"渐变填充"，再设置"类型"为"线性渐变填充"，设置节点位置为 0% 的色标颜色为黑色、节点位置为 100% 的色标颜色为白色，最后调整节点的位置，如图 14-455 所示。

 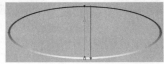

图 14-454　　　　　　　　　图 14-455

03 下面绘制杯身。使用"钢笔工具" 绘制对象，如图 14-456 所示。接着单击"交互式填充工具" ，在属性栏上选择填充方式为"渐变填充",再设置"类型"为"线性渐变填充",设置节点位置为 0% 的色标颜色为黑色、节点位置为 100% 的色标颜色为白色,最后调整节点的位置,如图 14-457 所示。

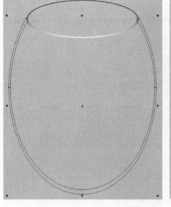 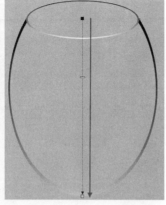

图 14-456　　　　　　　　　　图 14-457

04 下面绘制红酒。使用"钢笔工具" 绘制对象,如图 14-458 所示。接着单击"交互式填充工具" ,在属性栏上选择填充方式为"渐变填充",再设置"类型"为"线性渐变填充",设置节点位置为 0% 的色标颜色为(C:0,M:100,Y:50,K:50)、节点位置为 100% 的色标颜色为黑色,最后调整节点的位置,如图 14-459 所示。

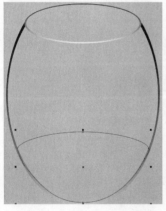 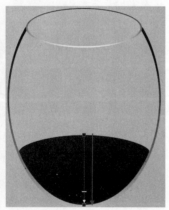

图 14-458　　　　　　　　　　图 14-459

05 使用"钢笔工具" 绘制对象,如图 14-460 所示。接着单击"交互式填充工具" ,在属性栏上选择填充方式为"渐变填充",再设置"类型"为"线性渐变填充",设置节点位置为 0% 的色标颜色为(C:0,M:100,Y:50,K:50)、节点位置为 100% 的色标颜色为黑色,最后调整节点的位置,如图 14-461 所示。

图 14-460　　　　　　　　　　图 14-461

06 使用"钢笔工具" 绘制对象,然后填充颜色为红色,再去掉轮廓线,如图 14-462 所示。接着使用"透明度工具" 为对象拖曳透明效果,如图 14-463 所示。

图 14-462　　　　　　　　　　图 14-463

07 使用"椭圆形工具" 绘制椭圆,然后填充颜色为红色,再去掉轮廓线,如图 14-464 所示。接着使用"透明度工具" 为对象拖曳透明效果,如图 14-465 所示。

图 14-464　　　　　　　　　　图 14-465

08 下面绘制红酒的反光。使用"钢笔工具" 绘制对象,然后填充颜色为白色,再去掉轮廓线,如图 14-466 所示。接着使用"透明度工具" 为对象拖曳透明效果,如图 14-467 所示。

图 14-466　　　　　　　　　　图 14-467

09 使用"钢笔工具" 绘制对象,然后填充颜色为白色,再去掉轮廓线,如图 14-468 所示。接着使用"透明度工具" 为对象拖曳透明效果,如图 14-469 所示。

图 14-468　　　　　　　　　　图 14-469

10 使用"椭圆形工具" ▣绘制椭圆形，然后填充颜色为黑色，再去掉轮廓线，如图 14-470 所示。接着使用"透明度工具" ▣为对象拖曳透明效果，如图 14-471 所示。

图 14-470　　　　　　　　　　图 14-471

11 下面绘制杯身高光。使用"钢笔工具" ▣绘制对象，然后填充颜色为白色，再去掉轮廓线，如图 14-472 所示。接着使用"透明度工具" ▣为对象拖曳透明效果，如图 14-473 所示。

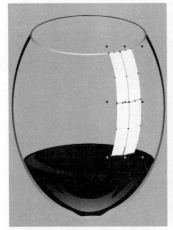 

图 14-472　　　　　　　　　　图 14-473

12 下面绘制杯身反光。使用"钢笔工具" ▣绘制对象，然后填充颜色为白色，去掉轮廓线，接着将对象向右复制一份，再单击属性栏中的"水平镜像"按钮 ▣，如图 14-474 所示。最后使用"透明度工具" ▣分别为对象拖曳透明效果，如图 14-475 所示。

图 14-474　　　　　　　　　　图 14-475

13 使用"钢笔工具" ▣绘制对象，然后填充颜色为白色，再去掉轮廓线，如图 14-476 所示。接着使用"透明度工具" ▣为对象拖曳透明效果，如图 14-477 所示。

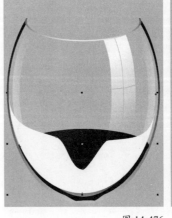 

图 14-476　　　　　　　　　　图 14-477

14 下面绘制杯脚。使用"钢笔工具" ▣绘制对象，然后填充颜色为白色，再去掉轮廓线，如图 14-478 所示。接着使用"透明度工具" ▣为对象拖曳透明效果，如图 14-479 所示。

 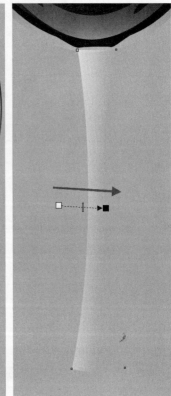

图 14-478　　　　　　　　　　图 14-479

15 使用"椭圆形工具" ▣绘制椭圆，然后填充颜色为白色，再去掉轮廓线，如图 14-480 所示。接着使用"透明度工具" ▣为对象拖曳透明效果，如图 14-481 所示。

图 14-480　　　　　　　　　　图 14-481

16 使用"钢笔工具" 🖊 绘制对象，然后填充颜色为（C:0，M:0，Y:0，K:10），去掉轮廓线，再将对象向后移动几层，如图 14-482 所示。接着使用"透明度工具" 🖻 为对象拖曳透明效果，如图 14-483 所示。

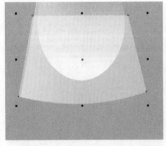
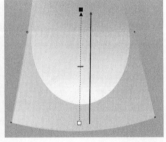

图 14-482　　　　　　　　　　图 14-483

17 下面绘制杯脚暗部。使用"钢笔工具" 🖊 绘制对象，如图 14-484 所示。然后单击"交互式填充工具" 🖻，接着在属性栏上选择填充方式为"渐变填充"，再设置"类型"为"线性渐变填充"，设置节点位置为 0% 的色标颜色为白色、节点位置为 100% 的色标颜色为黑色，最后调整节点的位置，去掉轮廓线，如图 14-485 所示。

18 使用"钢笔工具" 🖊 绘制对象，如图 14-486 所示。然后单击"交互式填充工具" 🖻，接着在属性栏上选择填充方式为"渐变填充"，再设置"类型"为"线性渐变填充"，设置节点位置为 0% 的色标颜色为（C:100，M:100，Y:100，K:100）、节点位置为 100%

的色标颜色为（C:0，M:0，Y:0，K:40），最后调整节点的位置，去掉轮廓线，如图 14-487 所示。

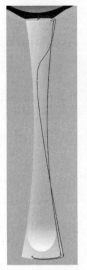
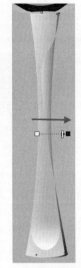
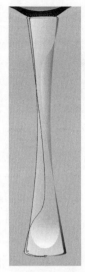

图 14-484　　　图 14-485　　　图 14-486　　　图 14-487

19 下面绘制杯底。使用"钢笔工具" 🖊 绘制对象，如图 14-488 所示。然后单击"交互式填充工具" 🖻，在属性栏上选择填充方式为"渐变填充"，再设置"类型"为"线性渐变填充"，设置节点位置为 0% 的色标颜色为（C:100，M:100，Y:100，K:100）、节点位置为 100% 的色标颜色为（C:0，M:0，Y:0，K:15），最后调整节点的位置，去掉轮廓线，如图 14-489 所示。

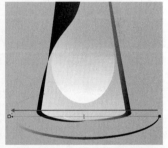

图 14-488　　　　　　　　　　图 14-489

20 使用"钢笔工具" 🖊 绘制对象，然后填充颜色为（C:0，M:0，Y:0，K:40），去掉轮廓线，如图 14-490 所示。接着使用"椭圆形工具" ⭕ 绘制椭圆，填充颜色为（C:0，M:0，Y:0，K:60），再去掉轮廓线，如图 14-491 所示。最后使用"透明度工具" 🖻 为对象拖曳透明效果，如图 14-492 所示。

图 14-490

图 14-491   图 14-492

21 将前面绘制的对象复制一份，然后调整到适当大小，再单击"交互式填充工具" 調整节点位置，如图 14-493 所示。接着将对象向上略微拖曳复制一份，最后单击"交互式填充工具"調整节点位置，如图 14-494 所示。

图 14-493   图 14-494

22 将前面绘制的对象复制一份，然后调整到适当大小，如图 14-495 所示。接着将对象原位复制一份，再单击"透明度工具"，调整透明节点位置，如图 14-496 所示。

图 14-495   图 14-496

23 使用"钢笔工具" 绘制对象，然后填充颜色为（C:0，M:0，Y:0，K:40），去掉轮廓线，如图 14-497 所示。接着绘制对象，填充颜色为白色，再去掉轮廓线，如图 14-498 所示。最后使用"透明度工具" 为对象设置透明效果，"透明度"为 67，如图 14-499 所示。

图 14-497

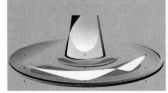

图 14-498   图 14-499

24 选中所有高脚杯对象，进行群组，如图 14-500 所示。然后选中群组对象，将对象复制一份，再进行适当的缩放，如图 14-501 所示。

图 14-500   图 14-501

25 导入"素材文件 >CH14>18.jpg"文件，将对象拖曳到页面上方，如图 14-502 所示。然后使用"矩形工具" 在页面下方绘制矩形，接着单击"交互式填充工具"，在属性栏上选择填充方式为"渐变填充"，设置"类型"为"线性渐变填充"，再设置节点位置为 0% 的色标颜色为（C:32，M:100，Y:100，K:2）、节点位置为 100% 的色标颜色为（C:58，M:100，Y:69，K:44），最后调整节点的位置，如图 14-503 所示。

图 14-502   图 14-503

26 双击"矩形工具" 创建与页面大小相同的矩形，然后将矩形移动到对象前面，填充颜色为（C:47，M:100，Y:98，K:25），再去掉轮廓线，如图 14-504 所示。接着使用"透明度工具" 为对象添加透明效果，"透明度"为 50，如图 14-505 所示。

图 14-504   图 14-505

27 使用"矩形工具" ▣ 在页面右上角绘制矩形,然后填充颜色为白色,再去掉轮廓线,接着使用"透明度工具" ▧ 为对象添加透明效果,"透明度"为50,如图 14-506 所示。最后导入"素材文件 >CH14>19.cdr"文件,将对象拖曳到矩形中,如图 14-507 所示。

图 14-506 　　　　　　　　　　　图 14-507

28 导入"素材文件 >CH14>20.cdr"文件,将对象拖曳到页面中,然后将对象复制一份并转换为位图,再将对象垂直翻转,如图 14-508 所示。最后使用"透明度工具" ▧ 为对象拖曳透明效果,如图 14-509 所示。

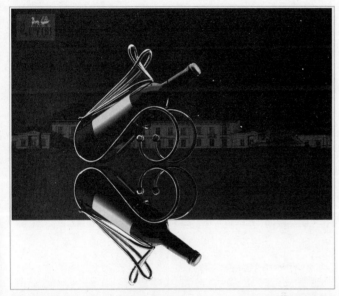

图 14-508

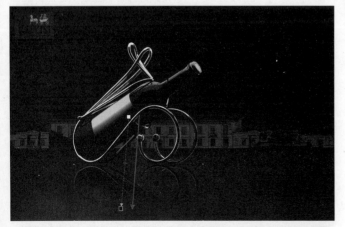

图 14-509

29 将前面绘制的高脚杯拖曳到页面中,然后将对象复制一份并转换为位图,再将对象垂直翻转,如图 14-510 所示。最后使用"透明度工具" ▧ 为对象拖曳透明效果,如图 14-511 所示。

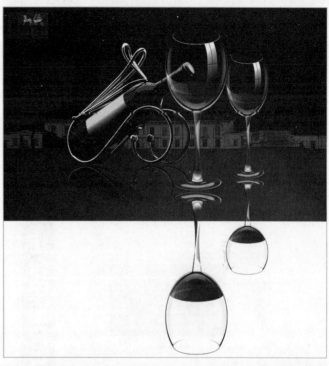

图 14-510

图 14-511

实战 192　使用平行与垂直度量工具绘制电器尺寸图

实例位置	实例文件>CH15>实战192.cdr
素材位置	素材文件>CH15>01.cdr~03.cdr
实用指数	★★★★★
技术掌握	平行与垂直度量工具的用法

电器尺寸图效果如图 15-1 所示。

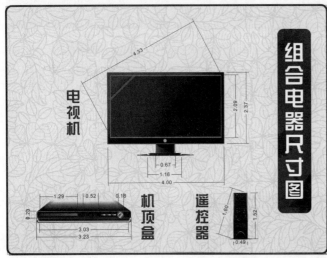

图 15-1

基础回顾

"平行度量工具" ✏ 和"水平或垂直度量工具" 🔟 的属性栏如图 15-2 所示。

图 15-2

①度量精度：在下拉选项中选择度量线的测量精度，方便用户得到精确的测量数值。

②尺寸单位：在下拉选项中选择度量线的测量单位。

③显示单位 🔢：激活该按钮，在度量线文本后显示测量单位。

④度量前缀：在后面的输入框中输入相应的前缀文字，在测量文本中显示前缀。

⑤度量后缀：在后面的输入框中输入相应的后缀文字，在测量文本中显示后缀。

⑥动态度量 🔳：在重新调整度量线时，激活该按钮可以自动更新测量数值；反之数值不变。

⑦文本位置 🔳：在该按钮的下拉选项中选择设定以度量线

为基准的文本位置，包括"尺度线上方的文本""尺度线中的文本""尺度线下方的文本""将延伸线间的文本居中""横向放置文本"和"在文本周围绘制文本框"6 种。

⑧延伸线选项 🔟：在下拉选项中可以自定义度量线上的延伸线。

📌 操作步骤

01 新建空白文档，然后在"创建新文档"对话框中设置"名称"为"绘制电器尺寸图"、"宽度"为 280.0mm、"高度"为 210.0mm，接着单击"确定"按钮 确定 ，如图 15-3 所示。

02 使用"矩形工具" 🔲 创建一个与页面大小相同的矩形，然后设置属性栏中的"圆角" 📐 为 5.0mm、"轮廓宽度"为 1.5mm，接着填充轮廓颜色为（C:80，M:40，Y:0，K:20），再导入"素材文件 >CH15>01.cdr"文件，将对象置入矩形中，如图 15-4 所示。最后导入素材文件 >CH15>02.cdr 文件，将对象分别拖曳到页面中合适的位置，如图 15-5 所示。

图 15-3

图 15-4

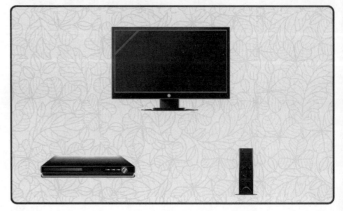

图 15-5

03 单击"平行度量工具" ，然后将光标移动到需要测量的对象边缘，接着按住鼠标左键向左下拖曳到对象另一边缘后松开鼠标，如图15-6所示。再向上移动光标，如图15-7所示。最后确定好添加测量文本的位置单击鼠标左键添加文本，如图15-8所示。

图 15-6

图 15-7

图 15-8

04 选中度量线，然后单击属性栏上的"显示单位" 将单位取消，如图15-9所示。接着设置"双箭头"为"箭头89"、"文本位置" 为"尺度线中的文本"和"将延伸线间的文本居中"，最后选中文本，在属性栏中设置"字体列表"为Arial、"字体大小"为12pt，如图15-10所示。

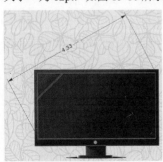

图 15-9

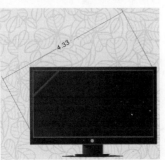

图 15-10

> 提示
>
> 使用"平行度量工具" 可以测量任何角度方向的节点间的距离；使用"平行度量工具" 确定测量距离时，除了单击选择节点间的距离外，也可以选择对象边缘之间的距离。

05 单击"平行或垂直度量工具" ，然后将光标移动到需要测量的对象边缘，接着按住鼠标左键向下拖曳到对象另一边缘后松开鼠标，再向右移动光标，如图15-11所示。最后确定好添加测量文本的位置单击鼠标左键添加文本，如图15-12所示。

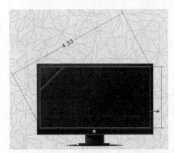

图 15-11

图 15-12

06 选中度量线，然后单击属性栏上的"显示单位" 将单位取消，再设置"双箭头"为"箭头89"，接着选中文本，在属性栏中设置"字体列表"为Arial、"字体大小"为12pt，如图15-13所示。最后使用同样的方法绘制所有的度量线，如图15-14所示。

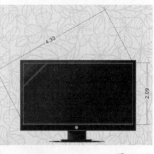

图 15-13

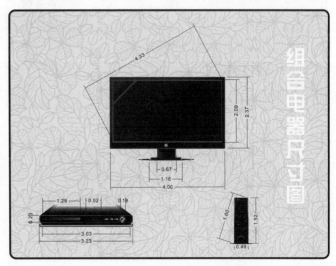

图 15-14

07 使用"矩形工具"□绘制一个矩形，然后选中对象，在属性栏中设置"圆角"□为5.0mm，再填充颜色为（C:80，M:40，Y:0，K:20）。接着导入"素材文件 >CH15>03.cdr"文件，将对象置入矩形中，如图15-15所示。最后将矩形拖曳到页面的右侧，如图15-16所示。

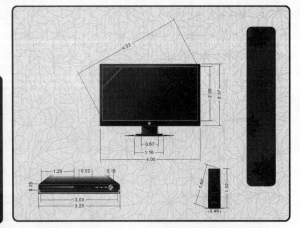

图 15-15   图 15-16

08 单击"文本工具"字，然后单击属性栏中的"将文本更改为垂直方向"按钮Ⅲ，再在矩形对象中输入文本，接着选中文本，在属性栏中选择"字体列表"为"经典综艺体简"、"字体大小"为50pt，最后填充文本颜色为白色，如图15-17所示。

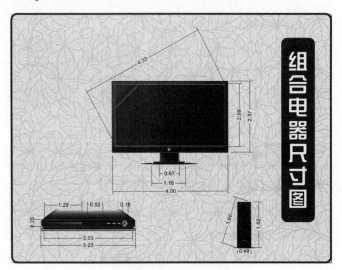

图 15-17

09 使用"文本工具"字分别在电器对象旁输入文本，然后选中文本，在属性栏中选择"字体列表"为"经典综艺体简"、"字体大小"为35pt，接着填充文本颜色为（C:80，M:40，Y:0，K:20），最终效果如图15-18所示。

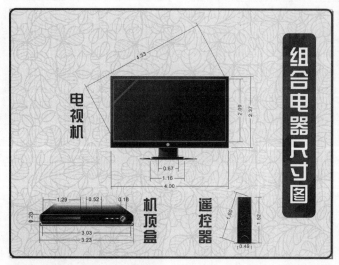

图 15-18

实战 193 角度度量

实例位置	实例文件>CH15>实战193.cdr
素材位置	无
实用指数	★★★★☆
技术掌握	角度度量的使用方法

☞ **操作步骤**

01 使用"钢笔工具"◎绘制一个对象，然后单击"角度量工具"◎，将光标移动到要测量角度的相交处，确定角的顶点，如图15-19所示。接着按住鼠标左键沿着所测角度的其中一条边线拖动，确定角的一条边，如图15-20所示。

图 15-19   图 15-20

02 确定了角的边后松开鼠标左键将光标移动到另一个角的边线位置，然后单击鼠标左键确定边线，如图15-21所示。接着向空白处移动文本的位置，单击鼠标左键确定，如图15-22和图15-23所示。

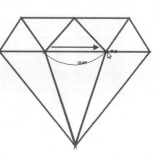

图 15-21

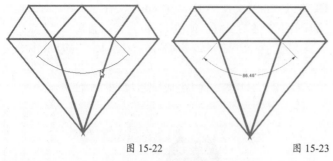

图 15-22　　　　　　　　　图 15-23

03 选中度量线，然后单击属性栏上的"显示单位" 💷将单位取消，如图 15-24 所示。接着设置"双箭头"为"箭头 89"，如图 15-25 所示。

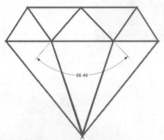

图 15-24 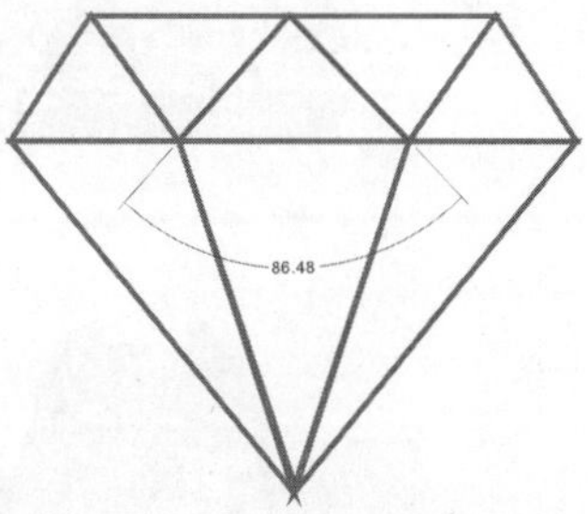　　　　　　　　　图 15-25

04 使用同样的方法，测量对象的多个角度，如图 15-26 所示。

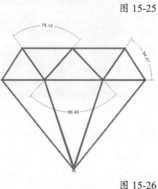

提示 🖋

在使用度量工具前，可以先在属性栏中设置角的单位，包括"度""。""弧度""粒度"。

图 15-26

实战 194　线段度量

实例位置	实例文件>CH15>实战194.cdr
素材位置	无
实用指数	★★★★☆
技术掌握	线段度量的使用方法

☞ **操作步骤**

01 单击"线段度量工具" 💷，然后将光标移动到要测量的线段上，单击鼠标左键自动捕捉当前线段，如图 15-27 所示。接着水平向上移动光标确定文本位置，如图 15-28 所示。最后单击鼠标左键完成度量，如图 15-29 所示。

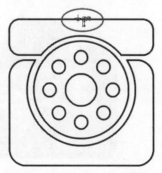

图 15-27

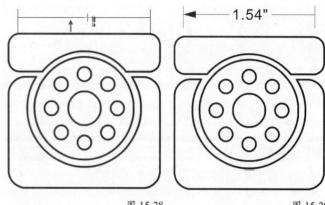

图 15-28　　　　　　　　　图 15-29

02 选中度量线，然后单击属性栏上的"显示单位" 💷将单位取消，如图 15-30 所示。再设置"双箭头"为"无箭头"、"文本位置" 💷为"尺度线中的文本"和"将延伸线间的文本居中"，如图 15-31 所示。

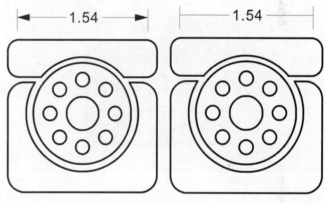

图 15-30　　　　　　　　　图 15-31

03 "线段度量工具" 💷也可以连续测量操作。使用"钢笔工具" 🖊绘制一个对象，如图 15-32 所示。接着填充颜色为（C:0，M:60，Y:80，K:0），最后填充轮廓颜色为（C:0，M:0，Y:100，K:0），如图 15-33 所示。

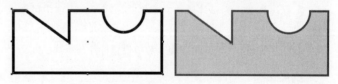

图 15-32　　　　　　　　　图 15-33

04 单击"线段度量工具" 💷，然后在属性栏中单击"自动连续度量"按钮 💷，接着按住鼠标左键拖曳范围将要连续测量的对象选中，如图 15-34 所示。再松开鼠标左键向空白处拖动文本的位置，如图 15-35 所示。最后单击鼠标左键完成测量，如图 15-36 所示。

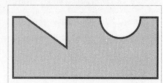

图 15-34

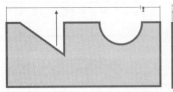

图 15-35

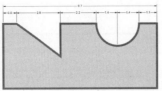

图 15-36

实战 195 使用 3 点标注工具制作相机按钮说明图

实例位置	实例文件>CH15>实战195.cdr
素材位置	素材文件>CH15>04.cdr、05.psd
实用指数	★★★★★
技术掌握	3点标注工具的用法

相机按钮说明图效果如图 15-37 所示。

图 15-37

基础回顾

"3 点标注工具" 的属性栏如图 15-38 所示。

图 15-38

①标注样式：为标注添加文本样式，在下拉选项中可以选择样式。

②标注间距：在输入框中输入数值设置标注与折线的间距。

操作步骤

01 新建空白文档，然后在 "创建新文档" 对话框中设置 "名称" 为 "制作相机按钮说明图"、"宽度" 为 270.0mm、"高度" 为 210.0mm，接着单击 "确定" 按钮 确定，如图 15-39 所示。

图 15-39

02 导入 "素材文件 >CH15>04.cdr" 文件，然后将对象拖曳到页面中合适的位置，如图 15-40 所示。再单击 "3 点标注工具" ，将光标移动到需要标注的对象上，并按住鼠标左键拖动，确定第二个点，如图 15-41 所示。接着松开鼠标左键，确定文本位置，最后输入文本完成标注，如图 15-42 所示。

图 15-40

图 15-41

图 15-42

03 选中标注，然后在属性栏中设置 "轮廓宽度" 为 0.5mm、"起始箭头" 为 "箭头 54"，再填充颜色为（C:100，M:20，Y:0，K:0），接着选中文本，在属性栏中设置 "字体列表" 为 "黑体"、"字体大小" 为 14pt，如图 15-43 所示。最后使用同样的方法绘制对象的标注说明，如图 15-44 所示。

图 15-43

图 15-44

04 单击"标注形状工具"🔲，然后在属性栏中的"完美形状"的下拉选项中选择"圆形标注形状"按钮🔲，接着在相机上方绘制一个对象，填充形状颜色为（C:78，M:12，Y:61，K:0），最后去掉轮廓线，如图 15-45 所示。

图 15-45

05 导入"素材文件 >CH15>05.psd"文件，然后将对象调整到合适的大小，接着将其拖曳到标注形状中，如图 15-46 所示。最后按照上面所述的方法使用"3 点标注工具"🔲绘制对象的标注，如图 15-47 所示。

图 15-46

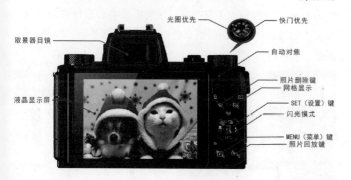

图 15-47

06 使用"矩形工具"🔲绘制一个矩形，然后在属性栏中设置"圆角"🔲为 35.0mm，再填充颜色为（C:22，M:3，Y:4，K:0），并去掉轮廓线，接着将对象向右上复制缩放一份，如图 15-48 所示。最后选中对象，将对象移动到相机后，如图 15-49 所示。

07 使用"矩形工具"🔲在页面上方绘制一个矩形，然后在属性栏中设置"圆角"🔲为 5.0mm，填充颜色为（C:100，M:0，Y:0，K:0），并去掉轮廓线。接着使用"文本工具"🔲在对象中输入文本，再在属性栏中选择合适的字体和字号，最后填充文本颜色为白色，如图 15-50 所示。

图 15-48

图 15-49

相机按钮介绍

图 15-50

08 使用"椭圆形工具"🔲按住 Ctrl 键在页面右下角绘制一个圆形，然后将对象向右水平复制 4 份，如图 15-51 所示。接着从左到右依次填充颜色为（C:79，M:73，Y:71，K:44）、（C:20，M:15，Y:15，K:0）、（C:78，M:12，Y:61，K:0）、（C:100，M:0，Y:0，K:0）、（C:100，M:20，Y:0，K:0），最后选中所有圆形，去掉轮廓线，最终效果如图 15-52 所示。

图 15-51

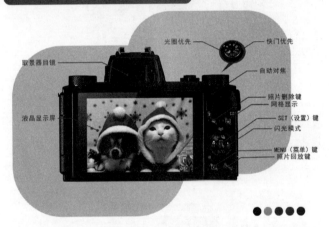

图 15-52

实战 196 使用编辑锚点工具修饰插图

实例位置	实例文件>CH15>实战196.cdr
素材位置	素材文件>CH15>06.cdr
实用指数	★★★★★
技术掌握	编辑锚点工具的用法

插图效果如图 15-53 所示。

图 15-53

☞ **基础回顾**

"编辑锚点工具" 💷的属性栏如图 15-54 所示。

图 15-54

①调整锚点方向 🔄：激活该按钮可以按指定度数调整锚点方向。

②锚点方向：在文本框内输入数值可以变更锚点方向，单击"调整锚点方向"图标 🔄激活输入框，输入数值为直角度数"0°""90°""180°""270°"，只能变更直角连接线的方向。

③自动锚点 ◆：激活该按钮可允许锚点成为连接线的贴齐点。

④删除锚点 💷：单击该图标可以删除对象中的锚点。

☞ **操作步骤**

01 新建空白文档，然后在"创建新文档"对话框中设置"名称"为"修饰插图"、"宽度"为 150.0mm、"高度"为 150.0mm，接着单击"确定"按钮 **确定**，如图 15-55 所示。

图 15-55

02 导入"素材文件>CH15>06.cdr"文件，如图 15-56 所示。然后单击"编辑锚点工具" 💷，接着在需要添加锚点的对象上双击添加锚点，新增加的锚点会以蓝色空心圆显示，如图 15-57 所示。

图 15-56

图 15-57

03 单击"圆直角连接符工具" 🔄，然后将光标分别移动到需要连接的对象的节点上，接着按住鼠标左键将其移动到新增的连接节点上，最后松开鼠标左键完成连接，如图 15-58 所示。

04 选中所有新增连接线，然后在属性栏中设置"轮廓宽度"为 1.5mm，接着分别选中新增的连接线，从左到右依次填充轮廓颜色为（C:58，M:54，Y:0，K:0）、（C:44，M:16，Y:3，K:0）、（C:40，M:2，Y:99，K:0）、（C:9，M:49，Y:0，K:0），如图 15-59 所示。

图 15-58　　　　　　　　图 15-59

05 单击"编辑锚点工具" ，然后选中连接线上需要移动的锚点，如图 15-60 所示。接着按住鼠标左键将锚点拖曳到对象上的其他锚点上，如图 15-61 所示。

图 15-60　　　　　　　　图 15-61

06 单击"编辑锚点工具" ，然后选中对象上需要删除的锚点，如图 15-62 所示。接着在属性栏上单击"删除锚点"按钮 ，将多余的锚点删除，如图 15-63 所示，最终的效果如图 15-64 所示。

图 15-62

图 15-63　　　　　　　　图 15-64

实战 197　绘制 Logo 制作图

实例位置	实例文件>CH15>实战197.cdr
素材位置	无
实用指数	★★★★★
技术掌握	平行度量工具的使用

　　Logo 制作图效果如图 15-65 所示。

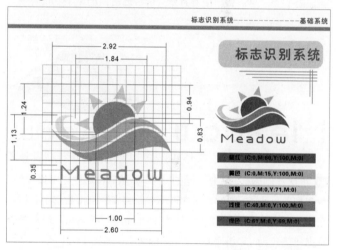

图 15-65

操作步骤

01 新建空白文档，然后在"创建新文档"对话框中设置"名称"为"绘制 Logo 制作图"、"大小"为 A5、页面方向为"横向"，接着单击"确定"按钮 ，如图 15-66 所示。

图 15-66

02 下面开始绘制标志。使用"钢笔工具" 绘制对象，然后使用"形状工具" 调整对象的形状，如图 15-67 所示。接着分别选中对象，从上到下依次填充颜色为（C:0，M:15，Y:100，K:0）、（C:0，M:60，Y:100，K:0）、（C:7，M:0，Y:71，K:0）、（C:40，M:0，Y:100，K:0）、（C:61，M:0，Y:69，K:0），最后选中所有对象，将轮廓线去掉，如图 15-68 所示。

示。然后选中度量线，单击属性栏上的"显示单位" 将单位取消，再设置"双箭头"为"无箭头"，接着选中文本，最后在属性栏中设置"字体列表"为 Arial、"字体大小"为 12pt，如图 15-74 所示。

图 15-67　　　　　　　　　　图 15-68

03 使用"文本工具" 输入文本，然后选中文本，在属性栏中设置"字体列表"为 Abtechia、"字体大小"为 18.5pt，接着在"文本属性"泊坞窗中设置"字符间距"为 50.0%，如图 15-69 所示。再填充文本颜色为（C:0，M:60，Y:100，K:0），并将文本拖曳到标志下方，最后选中所有对象，进行群组，如图 15-70 所示。

图 15-69　　　　　　　　　图 15-70

04 下面绘制表格。单击"图纸工具" ，然后在属性栏中设置"行数和列数"为 15 和 15，再在页面上绘制表格，接着选中表格，在属性栏中设置"对象大小"为 90.0mm 和 90.0mm，最后填充轮廓线颜色为（C:0，M:0，Y:0，K:30），如图 15-71 所示。

05 选中标志对象，将对象复制一份，然后将复制的对象转换为位图，接着为位图添加透明效果，"透明度"为 50，最后将标志缩放在表格上，调整标志与表格的位置，如图 15-72 所示。

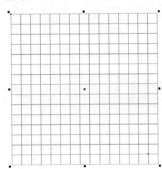

图 15-71　　　　　　　　　图 15-72

06 使用"水平或垂直度量工具" 绘制度量线，如图 15-73 所

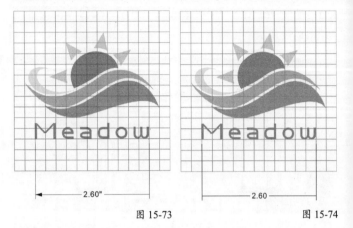

图 15-73　　　　　　　　　图 15-74

07 使用上述方法绘制所有度量线，然后分别选中度量线，单击"延伸线选项"按钮 ，设置合适的"到对象的距离"，让度量线不要盖在文本上，接着选中所有对象进行群组，如图 15-75 所示。

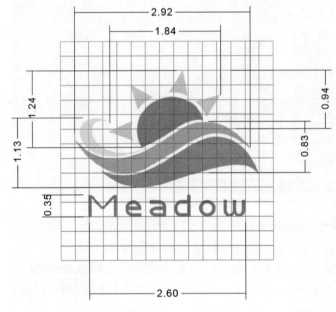

图 15-75

08 使用"矩形工具" 绘制一个矩形，然后选中对象，垂直向下复制 4 份，接着分别选中对象，从上到下依次填充颜色为（C:0，M:60，Y:100，K:0）、（C:0，M:15，Y:100，K:0）、（C:7，M:0，Y:71，K:0）、（C:40，M:0，Y:100，K:0）、（C:61，M:0，Y:69，K:0），最后选中所有矩形，去掉轮廓线，如图 15-76 所示。

09 使用"文本工具" 分别在矩形中输入文本，然后选中所有文本，在属性栏中设置合适的字体和字号，再选中对象进行群组，如图 15-77 所示。接着将标志对象拖曳到页面右侧，最后将群组对象拖曳到标志对象下方，如图 15-78 所示。

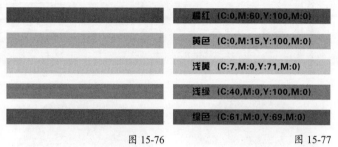

图 15-76　　　　　　　　图 15-77

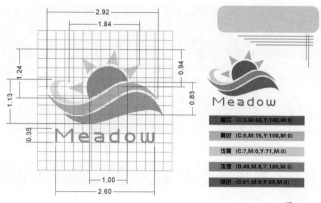

图 15-81

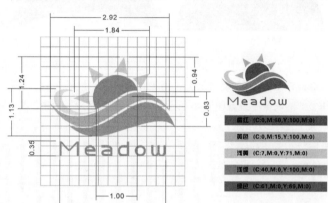

图 15-78

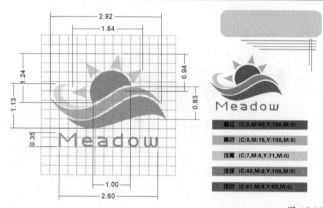

图 15-82

10 使用"矩形工具"□绘制 6个矩形，然后选中所有矩形，填充颜色为（C:40，M:0，Y:100，K:0），接着去掉轮廓线，如图 15-79 所示。最后将对象拖曳到标志上方，如图 15-80 所示。

12 使用"文本工具"字输入新文本，然后选中文本，填充文本颜色为（C:0，M:60，Y:100，K:0），接着分别选中文本，在属性栏上选择合适的字体和字号，如图 15-83 所示，最终效果如图 15-84 所示。

图 15-83

图 15-79　　　　　　　　图 15-80

11 使用"矩形工具"□在页面右上绘制一个矩形，然后在属性栏中设置"圆角"为 5.0mm，再填充颜色为（C:7，M:0，Y:71，K:0），并去掉轮廓线，如图 15-81 所示。接着使用"矩形工具"□在页面上方绘制一个矩形，填充颜色为（C:40，M:0，Y:100，K:0），最后去掉轮廓线，如图 15-82 所示。

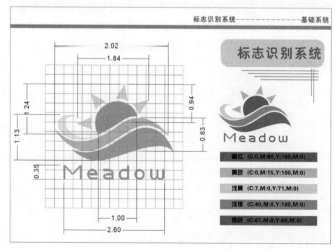

图 15-84

第 16 章 商业综合实例：Logo 与 VI 设计

实战　提示　疑难问答　技术专题　知识链接　商业实例

商业实例 1 蓝鲸通讯 Logo 设计

实例位置	实例文件>CH16>商业实例1 蓝鲸通讯Logo设计.cdr
素材位置	无
实用指数	★★★★★
技术掌握	Logo的绘制方法

Logo 效果如图 16-1 所示。

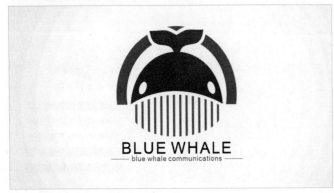

图 16-1

操作步骤

01 新建空白文档，然后在“创建新文档”对话框中设置“名称”为“蓝鲸通讯 Logo 设计”、“大小”为 A4、页面方向为“横向”，接着单击“确定”按钮 确定 ，如图 16-2 所示。

02 使用“椭圆形工具” 绘制椭圆，然后使用“矩形工具” 绘制矩形，如图 16-3 所示。接着选中两个对象，单击属性栏中的“移除前面对象”按钮 修剪对象，再为修剪后的对象填充颜色为(C:81，M:47，Y:16，K:0)，并去掉轮廓线，效果如图 16-4 所示。最后使用“形状工具” 调整对象的形状，效果如图 16-5 所示。

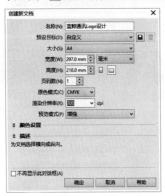

图 16-2

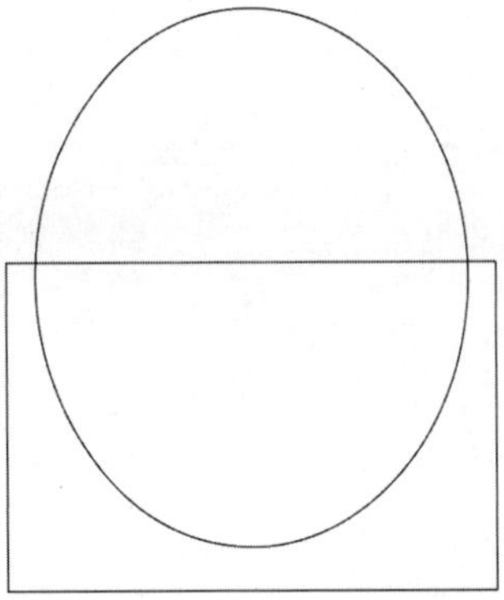

图 16-3

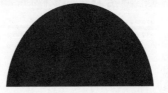

图 16-4

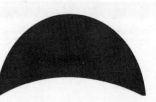

图 16-5

03 使用“矩形工具” 绘制一个长条矩形，然后填充颜色为（C:58，M:28，Y:18，K:0），再去掉轮廓线，接着在“步长和重复”泊坞窗中设置图 16-6 所示的参数，最后将所有矩形群组，效果如图 16-7 所示。

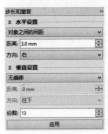

图 16-6

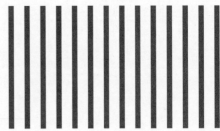

图 16-7

04 使用“钢笔工具” 绘制对象，如图 16-8 所示。然后选中前面绘制的矩形，接着执行“对象 > 图框精确裁剪 > 置于图文框内部”菜单命令，将群组后的矩形置于对象中，再去掉对象的轮廓线，效果如图 16-9 所示。最后将对象拖曳到前面绘制的对象下面，效果如图 16-10 所示。

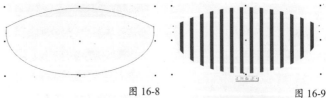

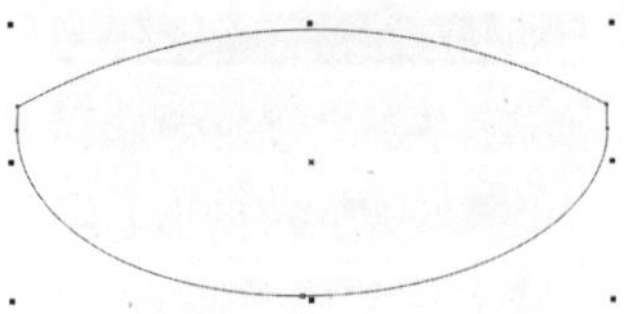

图 16-8

图 16-9

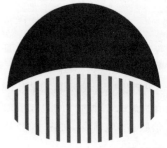

图 16-10

05 使用"椭圆形工具"○绘制椭圆，然后向内复制一份，如图 16-11 所示。接着选中两个椭圆，再单击属性栏中的"移除前面对象"按钮□修剪对象，最后使用"矩形工具"□在圆环下方绘制矩形，如图 16-12 所示。

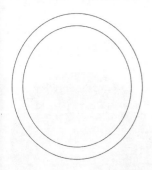
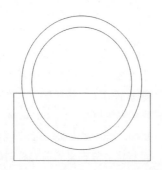

图 16-11　　　　　　　　图 16-12

06 选中圆环和矩形，然后使用相同的方法修剪对象，接着为对象填充颜色为（C:0，M:0，Y:0，K:60），再去掉轮廓线，如图 16-13 所示。最后将灰色对象拖曳到蓝色对象上面，效果如图 16-14 所示。

图 16-13　　　　　　　　图 16-14

07 使用"钢笔工具"◊绘制尾巴对象，然后填充颜色为（C:81，M:47，Y:16，K:0），再去掉轮廓线，如图 16-15 所示。接着单击"轮廓图工具"◙，在属性栏中单击"外部轮廓"□，设置"轮廓图步长"为1、"填充色"为白色，最后拖动对象的轮廓图，效果如图 16-16 所示。

图 16-15　　　　　　　　图 16-16

08 选中尾巴对象拖曳到合适的位置，然后调整对象之间的位置关系，效果如图 16-17 所示。再使用"椭圆形工具"○绘制椭圆，填充颜色为白色，设置"旋转角度"为20.0，接着将对象复制一份，单击"水平镜像"按钮◖将椭圆形翻转，最后将两个对象移动到合适的位置，效果如图 16-18 所示。

图 16-17　　　　　　　　图 16-18

09 使用"文本工具"字输入文本，然后在属性栏中设置"字体列表"为 Arial、"字体大小"为 32pt，字体颜色为黑色，如图 16-19 所示。接着在刚刚输入的文本下方输入文本，在属性栏中设置"字体列表"为 Arial、"字体大小"为 15pt，字体颜色为（C:0，M:0，Y:0，K:50），如图 16-20 所示。

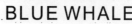

图 16-19　　　　　　　　图 16-20

10 使用"钢笔工具"◊在文本两边绘制两条水平的线段，然后在属性栏中设置"轮廓宽度"为 0.2mm、轮廓颜色为（C:0，M:0，Y:0，K:50），如图 16-21 所示。接着双击"矩形工具"□创建矩形，再填充椭圆形渐变填充，设置节点位置为0%的色标颜色为（C:0，M:0，Y:0，K:10）、节点位置为100%的色标颜色为白色，最后去掉轮廓线，最终效果如图 16-22 所示。

图 16-21　　　　　　　　　　　　图 16-22

商业实例 2　苏拉科技 Logo 设计

实例位置	实例文件>CH16>商业实例2 苏拉科技Logo设计.cdr
素材位置	无
实用指数	★★★★★
技术掌握	Logo的绘制方法

Logo 效果如图 16-23 所示。

图 16-23

👉 操作步骤

01 新建空白文档，然后在"创建新文档"对话框中设置"名称"为"苏拉科技 Logo 设计"、"大小"为 A4、页面方向为"横向"，接着单击"确定"按钮 确定，如图 16-24 所示。

图 16-24

02 使用"椭圆形工具" ◯绘制圆形，如图 16-25 所示，然后在"编辑填充"对话框中，选择"椭圆形渐变填充"方式，接着设置节点位置为 0% 的色标颜色为（C:53，M:7，Y:22，K:0）、节点位置为 20% 的色标颜色为（C:78，M:62，Y:100，K:38）、节点

位置为 50% 的色标颜色为（C:40，M:16，Y:100，K:0）、节点位置为 80% 的色标颜色为（C:9，M:4，Y:95，K:0）、节点位置为 100% 的色标颜色为（C:0，M:0，Y:40，K:0），再调整颜色节点的位置，最后去掉轮廓线，如图 16-26 所示。

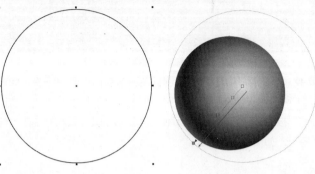

图 16-25　　　　　　　　　　　　图 16-26

03 选中对象，复制两份，如图 16-27 所示。然后选中复制的两个对象，单击属性栏中的"移除前面对象"按钮 ▣，再将剪切的对象填充颜色为（C:0，M:0，Y:40，K:0），如图 16-28 所示。接着将对象拖曳到前面绘制的圆上，使用"透明度工具" ▨为对象拖曳透明效果，最后将所有对象群组，效果如图 16-29 所示。

图 16-27

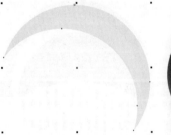

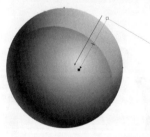

图 16-28　　　　　　　　　　　　图 16-29

04 使用"椭圆形工具" ◯和"矩形工具" ▢绘制对象，如图 16-30 所示。然后选中两个对象，复制一份备用，单击属性栏中的"合并"按钮 ▣，合并后的对象如图 16-31 所示。再将合并后的对象复制一份备用。

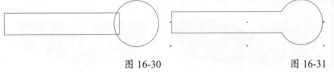

图 16-30　　　　　　　　　　　　图 16-31

05 选中对象，设置"旋转角度"为 45.0，然后将旋转后的对象复制一份，单击属性栏中的"水平镜像"按钮 ▣，设置"旋转角度"

为 225.0，再将对象复制一份，接着将 3 个对象拖曳到合适的位置，如图 16-32 所示。最后选中所有对象，单击属性栏中的"移除前面对象"按钮，效果如图 16-33 所示。

为 100% 的色标颜色为（C:0，M:0，Y:0，K:100），再调整颜色节点的位置，去掉轮廓线，如图 16-40 所示。

09 选中对象，设置"旋转角度"为 45.0，如图 16-41 所示。然后将旋转后的对象复制一份，单击属性栏中的"水平镜像"按钮，设置"旋转角度"为 225.0，再将对象复制一份，如图 16-42 所示。接着将 3 个对象拖曳到合适的位置，如图 16-43 所示。

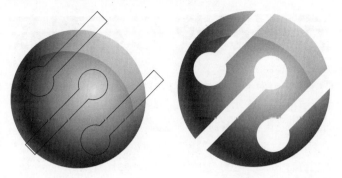

图 16-32　　　　　　　　图 16-33

06 使用"椭圆形工具"绘制圆形，然后在"编辑填充"对话框中，选择"椭圆形渐变填充"方式。接着设置节点位置为 0% 的色标颜色为（C:40，M:0，Y:0，K:0）、节点位置为 46% 的色标颜色为（C:94，M:66，Y:0，K:1）、节点位置为 100% 的色标颜色为（C:40，M:0，Y:0，K:0），再调整颜色节点的位置，去掉轮廓线，如图 16-34 所示。最后将对象拖曳到前面绘制的对象后面，如图 16-35 所示。

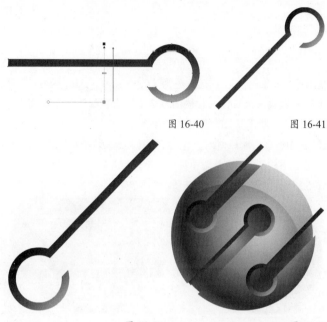

图 16-40　　　　　　　　图 16-41

图 16-42　　　　　　　　图 16-43

10 使用"形状工具"调整对象的形状，如图 16-44 所示。使对象边缘与其他对象一致，效果如图 16-45 所示。然后单击"透明度工具"，在属性栏中设置"透明度类型"为"均匀透明度"、"合并模式"为"强光"、"透明度"为 20，效果如图 16-46 所示。

图 16-44

图 16-34　　　　　　　　图 16-35

07 选中前面复制的对象，如图 16-36 所示。然后将圆形和矩形复制缩放至合适大小，如图 16-37 所示，接着分别选中对象进行合并，如图 16-38 所示。再选中合并后的两个对象，最后单击属性栏中的"移除前面对象"按钮，如图 16-39 所示。

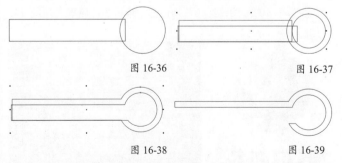

图 16-36　　　　　　　　图 16-37

图 16-38　　　　　　　　图 16-39

08 选中修剪后的对象，然后填充线性渐变颜色，接着设置节点位置为 0% 的色标颜色为（C:40，M:0，Y:0，K:0）、节点位置

图 16-45　　　　　　　　图 16-46

11 选中前面复制的对象，然后将对象向左下拖曳复制一份，

如图 16-47 所示。再将复制的对象进行适当的左右缩放，如图 16-48 所示。接着选中两个对象，单击属性栏中的"移除前面对象"按钮🔲修剪对象，效果如图 16-49 所示。

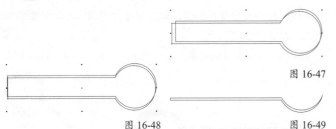

图 16-47

图 16-48　　　　　　　图 16-49

12 选中对象，然后填充颜色为（C:0，M:0，Y:40，K:0），再去掉轮廓线，接着使用相同的方法将对象复制排放在页面中，并使用"形状工具"🔧调整对象的形状，效果如图 16-50 所示。

13 选中对象，然后使用"透明度工具"🔧为对象拖曳透明效果，如图 16-51 所示。接着选中另一个对象，并拖曳透明效果，如图 16-52 所示，效果如图 16-53 所示。

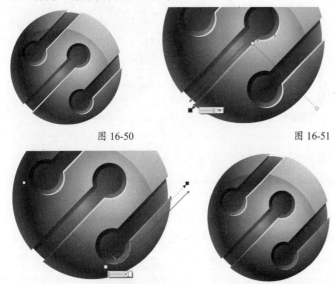

图 16-50　　　　　　　图 16-51

图 16-52　　　　　　　图 16-53

14 使用"文本工具"🅩输入标题文本，然后在属性栏中设置"字体列表"为"方正综艺 _GBK"、"字体大小"为46pt，如图 16-54 所示。接着用鼠标右键单击对象，在弹出的菜单中选择"转换为曲线"，再用鼠标右键单击对象，在弹出的菜单中选择"拆分曲线"，最后删除"苏"和"科"字的点，效果如图 16-55 所示。

苏拉科技 苏拉科技

图 16-54 　　　　　　　图 16-55

15 使用"椭圆形工具"⬭绘制圆形，如图 16-56 所示。然后分别对对象进行修剪，效果如图 16-57 所示。接着在文本中绘制圆形和矩形，如图 16-58 所示。将对象填充为黑色，去掉轮廓线，最后选中"科"字所有对象，单击"合并"按钮🔲，效果如图 16-59 所示。

苏拉科技 苏拉科技

图 16-56 　　　　　　　图 16-57

苏拉科技 苏拉科技

图 16-58 　　　　　　　图 16-59

16 选中所有对象进行群组，然后向左上适当拖曳复制一份，接着在"编辑填充"对话框中，选择"椭圆形渐变填充"方式。再设置节点位置为 0% 的色标颜色为（C:100，M:100，Y:0，K:0）、节点位置为 50% 的色标颜色为（C:95，M:67，Y:0，K:0）、节点位置为 100% 的色标颜色为（C:71，M:31，Y:0，K:0），最后调整颜色节点的位置，去掉轮廓线，如图 16-60 所示。

17 选中对象，按快捷键 Ctrl+C 复制，按快捷键 Ctrl+V 原位粘贴一份，然后使用"椭圆形工具"⬭绘制椭圆，如图 16-61 所示。接着选中文本和椭圆对象，单击属性栏中的"移除前面对象"按钮🔲，效果如图 16-62 所示。再填充颜色为（C:40，M:0，Y:0，K:0），最后单击"透明度工具"🔧，在属性栏中设置"渐变填充"方式、选择"椭圆形渐变透明度"，为对象拖曳透明效果，如图 16-63 所示。

苏拉科技

图 16-60

苏拉科技

图 16-61

苏拉科技

图 16-62 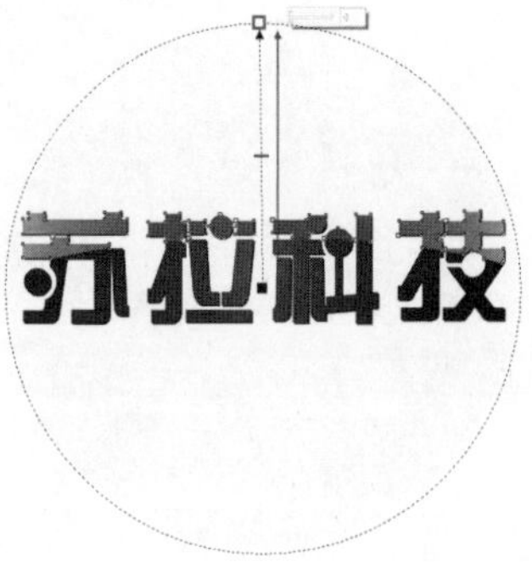　　　　　　　图 16-63

18 使用"文本工具"🅩输入文本，然后在属性栏中设置"字体列表"为 Arial、"字体大小"为 13pt，如图 16-64 所示。接着双击"矩形工具"⬛创建与页面大小相同的矩形，再填充椭圆形渐变填充，设置节点位置为 0% 的色标颜色为（C:60，M:40，Y:0，K:40）、节点位置为 100% 的色标颜色为白色，最后去掉轮廓线，最终效果如图 16-65 所示。

苏拉科技
SuLar science and technology co., LTD.

图 16-64

图 16-65

商业实例 3 楼盘 Logo 设计

实例位置	实例文件>CH16>商业实例3 楼盘Logo设计.cdr
素材位置	素材文件>CH16>01.cdr
实用指数	★★★★★
技术掌握	Logo的绘制方法

Logo 效果如图 16-66 所示。

图 16-66

👉 操作步骤

01 新建空白文档，然后在"创建新文档"对话框中设置"名称"为"楼盘 Logo 设计"、"大小"为 A4、页面方向为"横向"，接着单击"确定"按钮 确定 ，如图 16-67 所示。

02 使用"椭圆形工具" ○ 绘制 3 个同心圆，如图 16-68 所示。然后由外向内分别设置"轮廓宽度"为 0.5mm、8mm 和 0.75mm，设置轮廓颜色为（R:74，G:17，B:17），接着依次选中对象，执行"对象>将轮廓转换为对象"菜单命令，如图 16-69 所示。

图 16-67　　　　　图 16-68　　　　　图 16-69

03 使用"钢笔工具" 🖋 绘制对象，然后将对象复制一份，再单击属性栏中的"水平镜像"按钮 使对象翻转，如图 16-70 所示。接着选中所有对象，单击属性栏中的"移除前面对象"按钮 修剪对象，最后将所有对象进行群组，效果如图 16-71 所示。

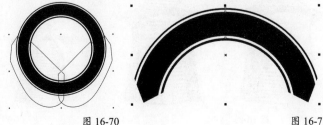

图 16-70　　　　　　　　　图 16-71

04 使用"钢笔工具" 🖋 绘制对象，如图 16-72 所示。然后将对象拖曳到合适的位置，如图 16-73 所示。接着填充颜色为（R:74，G:17，B:17），再去掉轮廓线，效果如图 16-74 所示。

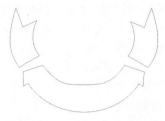

图 16-72

图 16-73　　　　　　　　　图 16-74

05 使用"钢笔工具" 🖋 绘制对象，如图 16-75 所示。然后为对象填充颜色为白色，接着调整对象之间的位置关系，效果如图 16-76 所示。再选中所有对象进行群组，最后将群组后的对象拖曳到前面绘制的对象下方，如图 16-77 所示。

图 16-75

图 16-76　　　　　　　　　图 16-77

06 使用"钢笔工具" 🖋 绘制对象，如图 16-78 所示。然后为对象填充颜色为（R:74，G:17，B:17），再去掉轮廓线，接着将所有对象向右复制一份，最后选中复制的对象，单击属性栏中的"水平镜像"按钮 使对象翻转，效果如图 16-79 所示。

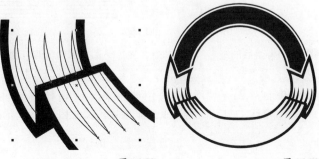

图 16-78　　　　　　　　　图 16-79

07 使用"矩形工具"▢绘制矩形，然后填充颜色为（R:74，G:17，B:17），再去掉轮廓线，如图16-80所示。接着将所有矩形进行群组，拖曳到合适的位置，最后将对象移动到后面，如图16-81所示。

图 16-80　　　　　　　　　图 16-81

08 使用"椭圆形工具"◯绘制椭圆，然后在属性栏中单击"饼图"按钮◔，设置"起始角度"为180.0、"结束角度"为0，再绘制两个椭圆，如图16-82所示。接着选中3个椭圆，单击属性栏中的"移除前面对象"按钮◻修剪对象，效果如图16-83所示。

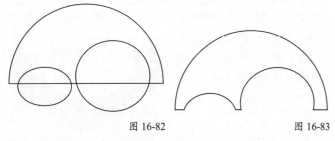

图 16-82　　　　　　　　　图 16-83

09 使用"矩形工具"▢绘制长条矩形，然后填充颜色为（R:74，G:17，B:17），再去掉轮廓线，接着单击"透明度工具"⬚，在属性栏中设置"类型"为"渐变透明度"、"渐变方式"为"椭圆形渐变透明度"，最后为对象拖曳透明效果，如图16-84所示。

10 选中对象，然后在"步长和重复"泊坞窗中设置"水平设置"为"无偏移"、"垂直设置"为"对象之间的间距"、"距离"为1.0mm、"方向"为"往下"、"份数"为14，再单击"应用"按钮▭，如图16-85所示。接着选中所有矩形进行群组，效果如图16-86所示。

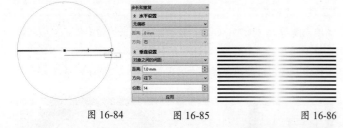

图 16-84　　　　图 16-85　　　　图 16-86

11 选中群组后的矩形，然后执行"对象＞图框精确裁剪＞置于图文框内部"菜单命令，当光标变为黑色箭头时➡，单击前面绘制的椭圆对象，将矩形对象置于椭圆对象内，如图16-87所示。再去掉轮廓线，最后将对象拖曳到合适的位置，如图16-88所示。

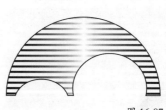

图 16-87　　　　　　　　　图 16-88

12 使用"钢笔工具"⬚绘制对象，然后填充颜色为白色，如图16-89所示。接着将对象复制一份，再使用"形状工具"⬚调整对象的形状，填充颜色为（R:74，G:17，B:17），最后去掉轮廓线，如图16-90所示。

图 16-89　　　　　　　　　图 16-90

13 使用"钢笔工具"⬚绘制对象，然后填充颜色为（R:74，G:17，B:17），如图16-91所示。接着使用"钢笔工具"⬚在下方绘制对象，填充颜色为白色，如图16-92所示。

图 16-91　　　　　　　　　图 16-92

14 将下方的对象原位复制一份，然后使用"形状工具"⬚调整对象，接着填充颜色为（R:74，G:17，B:17），去掉轮廓线，如图16-93所示。再将对象原位复制一份，使用"形状工具"⬚调整对象，填充颜色为（R:74，G:17，B:17），最后去掉轮廓线，如图16-94所示。

15 使用"钢笔工具"⬚绘制对象，然后填充颜色为白色，如图16-95所示。接着使用"椭圆形工具"◯绘制椭圆，填充颜色为（R:74，G:17，B:17），再去掉轮廓线，如图16-96所示。

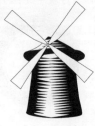

图 16-93　　　　图 16-94　　　　图 16-95

图 16-96

16 使用"钢笔工具" 绘制对象，然后填充颜色为（R:74，G:17，B:17），去掉轮廓线，如图 16-97 所示。接着使用"钢笔工具" 继续绘制对象，填充颜色为（R:74，G:17，B:17），再去掉轮廓线，最后选中所有对象，单击属性栏中的"合并"按钮 ，效果如图 16-98 所示。

图 16-97　　　　　　　　　　图 16-98

17 将合并后的对象拖曳到合适的位置，然后向右复制一份，单击属性栏中的"水平镜像"按钮 使对象翻转，再将对象适当缩放，如图 16-99 所示。接着使用同样的方法复制对象，如图 16-100 和图 16-101 所示。

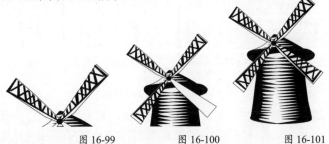

图 16-99　　　　图 16-100　　　　图 16-101

18 使用"钢笔工具" 绘制对象，如图 16-102 所示。然后依次为对象填充颜色为白色、白色、（R:74，G:17，B:17）、（R:74，G:17，B:17）、白色，如图 16-103 所示。

图 16-102　　　　　　　　　　图 16-103

19 选中所有风车对象进行群组，然后去掉轮廓线，效果如图 16-104 所示。接着将群组后的风车拖曳到页面中合适的位置，再复制两份，最后调整复制对象的大小，效果如图 16-105 所示。

图 16-104　　　　　　　　　　图 16-105

20 使用"椭圆形工具" 绘制圆形，如图 16-106 所示。然后使用"文本工具" 输入文本，在属性栏中设置"字体列表"为"汉仪长艺体简"、"字体大小"为 24pt，接着为文本填充颜色为（R:74，G:17，B:17），如图 16-107 所示。

图 16-106　　　　　　　　　　图 16-107

21 选中文本，然后执行"文本 > 使文本适合路径"菜单命令，将光标移动到沿路径文本的圆形上，如图 16-108 所示。待调整合适后单击鼠标左键，接着选中文本，单击属性栏中的"水平镜像文本"按钮 和"垂直镜像文本"按钮 ，如图 16-109 所示。

图 16-108　　　　　　　　　　图 16-109

22 双击选中文本，然后单击"选择工具" ，将文本向下拖曳到合适的位置，接着双击选中圆形，按 Delete 键删除，效果如图 16-110 所示。

图 16-110

23 使用"文本工具" 输入文本，然后在属性栏中设置"字体列表"为 Amazone BT、"字体大小"为 13pt，接着使用相同的方法将文本移动到适合路径，如图 16-111 所示。再删除圆形，最后将文本填充为白色，效果如图 16-112 所示。

图 16-111　　　　　　　　　图 16-112

图 16-116

24 使用"文本工具" 🔲 输入文本，然后在属性栏中设置"字体列表"为"汉仪长艺体简"、"字体大小"为24pt，再为文本填充颜色为（R:74，G:17，B:17），接着将文本拖曳到标志下方。最后导入"素材文件 >CH16>01.cdr"文件，将对象拖曳到文本两边，效果如图 16-113 所示。

图 16-113

25 使用"文本工具" 🔲 输入文本，在属性栏中设置"字体列表"为"汉仪长艺体简"、"字体大小"为34pt，填充颜色为（R:74，G:17，B:17），接着将文本拖曳到英文下方，如图 16-114 所示。再双击"矩形工具" 🔲 创建与页面大小相同的矩形，最后填充椭圆形渐变填充，设置节点位置为0%的色标颜色为（R:207，G:187，B:144）、节点位置为0%的色标颜色为白色，最终效果如图 16-115 所示。

图 16-114

图 16-115

商业实例 4　女装 Logo 设计

实例位置	实例文件>CH16>商业实例4 女装Logo设计.cdr
素材位置	无
实用指数	★★★★★
技术掌握	Logo的绘制方法

Logo 效果如图 16-116 所示。

🖙 操作步骤

01 新建空白文档，然后在"创建新文档"对话框中设置"名称"为"女装 Logo 设计"、"大小"为 A4、页面方向为"横向"，接着单击"确定"按钮 [确定]，如图 16-117 所示。

02 使用"钢笔工具" 🔲 绘制对象，如图 16-118 所示。然后按快捷键 Ctrl+C 复制，按快捷键 Ctrl+V 原位粘贴一份，接着单击属性栏中的"水平镜像"按钮 🔲，再适当向左水平移动，如图 16-119 所示。

图 16-117　　　　图 16-118　　　　　　图 16-119

03 选中两个对象，然后单击属性栏中的"合并"按钮 🔲，如图 16-120 所示。接着填充渐变颜色，设置节点位置为0%的色标颜色为（C:60，M:100，Y:11，K:0）、节点位置为100%的色标颜色为（C:0，M:100，Y:0，K:0），再调整颜色节点的位置，最后去掉轮廓线，如图 16-121 所示。

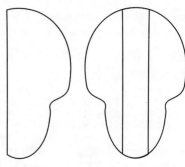

图 16-120　　　　　　图 16-121

04 使用"钢笔工具" 🔲 绘制对象，然后填充颜色为（C:60，M:100，Y:11，K:0），再去掉轮廓线，如图 16-122 所示。将对象拖曳到合适的位置，如图 16-123 所示。接着单击"轮廓图工具"📖，在属性栏中单击"外部轮廓"⚬，设置"轮廓图步长"为 1、"轮廓图角"为"圆角"⬡、"填充色"为黑色，最后拖动对象的轮廓图，效果如图 16-124 所示。

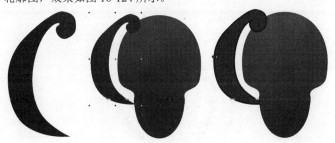

图 16-122　　　　　　图 16-123　　　　　　图 16-124

05 选中对象，用鼠标右键单击对象轮廓图，在弹出的菜单中选择"拆分轮廓图群组"，然后选中拆分后的轮廓图对象和前面绘制的对象，单击属性栏中的"移除前面对象"按钮⚏，效果如图 16-125 所示。

06 使用"钢笔工具"📖绘制对象，然后填充渐变颜色，设置节点位置为 0% 的色标颜色为（C:0，M:100，Y:0，K:0）、节点位置为 100% 的色标颜色为（C:60，M:100，Y:11，K:0），再调整颜色节点的位置，去掉轮廓线，如图 16-126 所示。接着添加轮廓图，如图 16-127 所示。最后修剪对象，效果如图 16-128 所示。

图 16-125　　　　　　　　　　　　　图 16-126

图 16-127　　　　　　　　　　　　　图 16-128

07 使用"钢笔工具"📖绘制对象，然后填充颜色为（C:60，M:100，Y:11，K:0），再去掉轮廓线，如图 16-129 所示。接着添加轮廓图，如图 16-130 所示。最后修剪对象，效果如图 16-131 所示。

08 使用"钢笔工具"📖绘制对象，然后填充渐变颜色，设置节点位置为 0% 的色标颜色为（C:0，M:100，Y:0，K:0）、节点位置为 100% 的色标颜色为（C:60，M:100，Y:11，K:0），再调整

颜色节点的位置，去掉轮廓线，如图 16-132 所示。接着添加轮廓图，如图 16-133 所示。最后修剪对象，效果如图 16-134 所示。

图 16-129　　　　　　图 16-130

图 16-131　　　　　　图 16-132

图 16-133　　　　　　图 16-134

09 选中左边所有对象进行群组，然后水平向右拖曳复制一份，再单击属性栏中的"水平镜像"按钮⬚，如图 16-135 所示。接着添加轮廓图，如图 16 136 所示。最后修剪对象，效果如图 16-137 所示。

图 16-135

图 16-136　　　　　　图 16-137

10 使用"文本工具"📝输入文本，然后在属性栏中设置"字体列表"为015-CAI978、"字体大小"为38pt，如图 16-138 所示。接着选中文本，单击鼠标右键，在弹出的快捷菜单中选择"转换为曲线"，再单击属性栏中的"拆分"按钮📄，如图 16-139 所示。

图 16-138 　　　　　　　　　　　图 16-139

11 选中字母"D"所有对象，单击属性栏中的"合并"按钮📄，效果如图 16-140 所示。然后选中后面 4 个字母进行群组，接着将前面两个字母缩放至合适的大小，如图 16-141 所示。再将"X"字母水平向右移动到与字母"D"重合的位置，最后选中所有文本进行群组，拖曳到标志的下方，如图 16-142 所示。

12 使用"文本工具"📝输入文本，在属性栏中设置"字体列表"为 Aramis、"字体大小"为 8pt，然后拖曳到合适的位置，如图 16-143 所示。接着双击"矩形工具"▭创建矩形，再填充椭圆形渐变填充，设置节点位置为 0% 的色标颜色为（C:0, M:0, Y:0, K:10）、节点位置为 100% 的色标颜色为白色，最后去掉轮廓线，最终效果如图 16-144 所示。

图 16-140 　　　　　　　　　　　图 16-141

图 16-142　　　　　　　　　　　图 16-143

图 16-144

商业实例 5　茶餐厅 Logo 设计

实例位置	实例文件>CH16>商业实例5 茶餐厅Logo设计.cdr
素材位置	无
实用指数	★★★★★
技术掌握	Logo的绘制方法

Logo 效果如图 16-145 所示。

图 16-145

👉 **操作步骤**

01 新建空白文档，然后在"创建新文档"对话框中设置"名称"为"茶餐厅 Logo 设计"、"大小"为 A2、页面方向为"横向"，接着单击"确定"按钮 ▭确定，如图 16-146 所示。

02 使用"椭圆形工具"◯绘制圆形，然后填充颜色为（C:84, M:73, Y:66, K:36），接着去掉轮廓线，如图 16-147 所示。

图 16-146　　　　　　　　　　　图 16-147

03 使用"椭圆形工具"◯在对象边缘绘制较小的圆形，然后将较小圆形的旋转中心拖曳到较大圆形的中心，如图 16-148 所示。接着在"变换"泊坞窗设置"旋转角度"为 9.0、"副本"为 39，如图 16-149 所示。最后选中所有对象，单击属性栏中的"合并"按钮📄，效果如图 16-150 所示。

图 16-148 　　　　　　图 16-149　　　　　　图 16-150

04 使用"椭圆形工具" ⊙ 绘制圆形，如图 16-151 所示。然后选中所有对象，单击属性栏中的"移除前面对象"按钮 ⬚，如图 16-152 所示。再绘制一个圆形，在属性栏中设置"轮廓宽度"为 3.0mm、轮廓颜色为（C:47，M:0，Y:49，K:0），接着选中对象，执行"对象 > 将轮廓转换为对象"菜单命令，最后将所有对象进行群组，如图 16-153 所示。

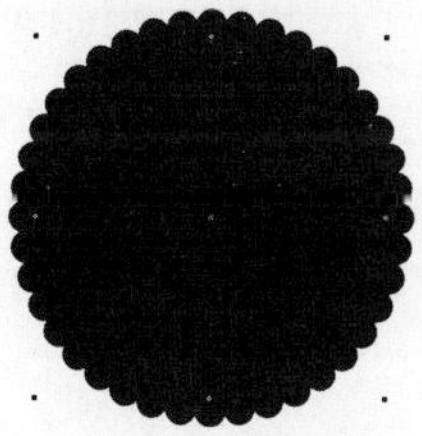

图 16-151   图 16-152 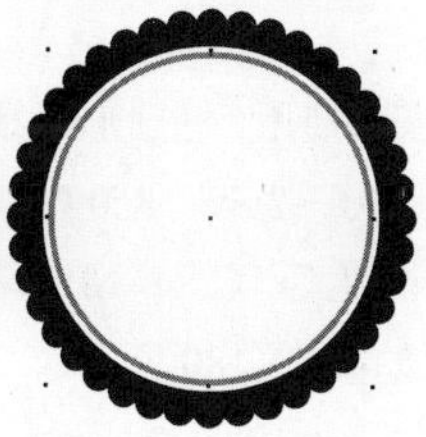   图 16-153

05 使用"矩形工具" ⬚ 绘制对象，然后在属性栏中设置"旋转角度"为 135，如图 16-154 所示。接着选中所有对象，单击属性栏中的"移除前面对象"按钮 ⬚，如图 16-155 所示。

图 16-154 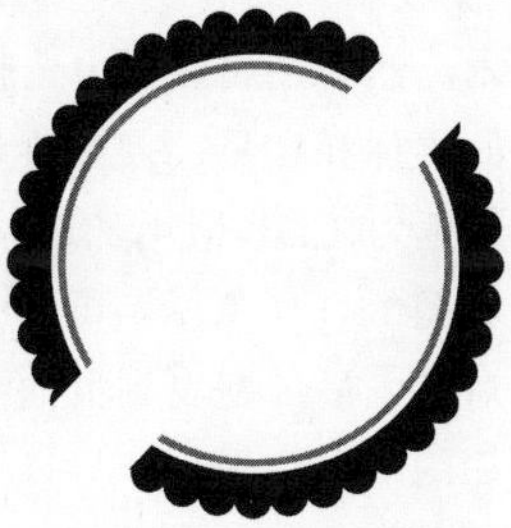   图 16-155

06 使用"椭圆形工具" ⊙ 绘制圆形，然后填充颜色为（C:6，M:0，Y:21，K:0），去掉轮廓线，如图 16-156 所示。再绘制一个圆形，接着在"轮廓笔"对话框中设置"宽度"为 2.0、"线条端头"为"圆形端头"、颜色为（C:47，M:0，Y:49，K:0），最后选择合适的"样式"，如图 16-157 所示，效果如图 16-158 所示。

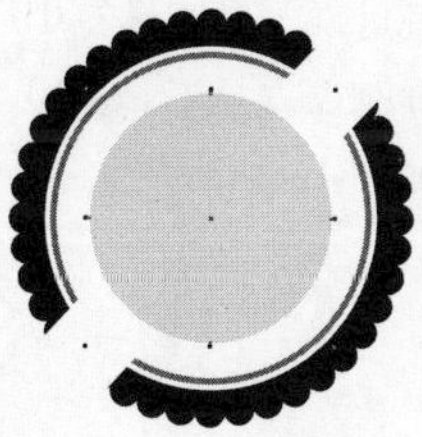

图 16-156 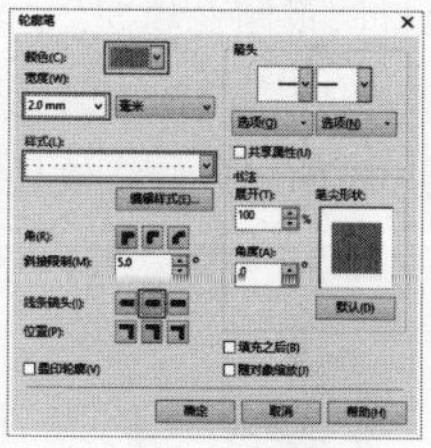   图 16-157 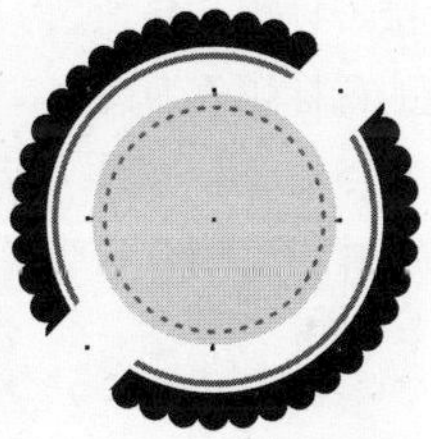   图 16-158

07 使用"文本工具" 📝 分别输入文本，如图 16-159 所示。然后在属性栏中选择合适的字体和字号，接着填充文本颜色为（C:51，M:4，Y:100，K:0），最后分别选中文本，执行"文本 > 使文本适合路径"菜单命令，如图 16-160 和图 16-161 所示。

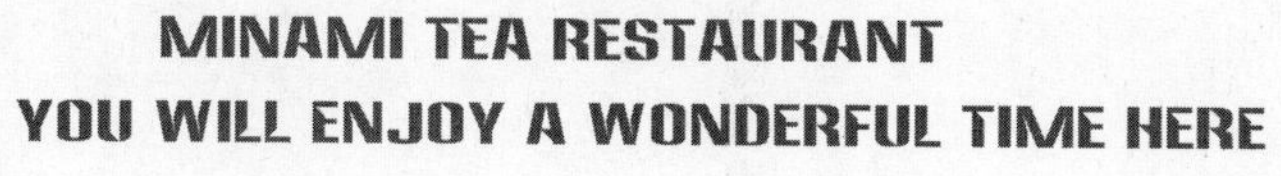

MINAMI TEA RESTAURANT
YOU WILL ENJOY A WONDERFUL TIME HERE

图 16-159

图 16-160   图 16-161

08 使用"钢笔工具" ✎ 绘制对象，如图 16-162 所示。然后填充颜色为（C:84，M:72，Y:64，K:31），去掉轮廓线，再将对象复制一份，在属性栏中设置"旋转角度"为 90.0，如图 16-163 所示。接着选中所有对象，将对象复制一份，单击属性栏中的"水平镜像" 🔁 和"垂直镜像"按钮 🔁，最后将对象拖曳到页面中，如图 16-164 所示。

图 16-162

图 16-163   图 16-164

09 使用"钢笔工具" ✎ 绘制对象，如图 16-165 所示。然后使用"椭圆形工具" ⊙ 绘制圆形，填充颜色为（C:84，M:72，Y:64，K:31），并去掉轮廓线，如图 16-166 所示。再选中两个对象，单击属性栏中的"移除前面对象"按钮 ⬚，如图 16-167 所示。接着将对象复制一份，最后拖曳到页面中合适的位置，如图 16-168 所示。

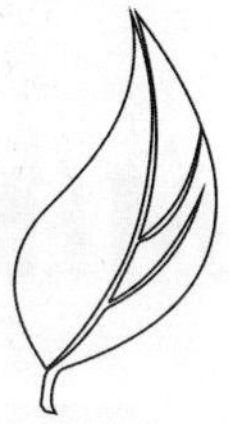

图 16-165

图 16-166

图 16-167   图 16-168

10 下面绘制图标。使用"钢笔工具" 📝 绘制对象，如图16-169所示。然后填充颜色为（C:84，M:72，Y:64，K:31），并去掉轮廓线，如图16-170所示。接着使用"钢笔工具" 📝 绘制对象，如图16-171所示。再填充颜色为（C:51，M:4，Y:100，K:0），去掉轮廓线，最后将对象拖曳到合适的位置，如图16-172所示。

13 使用"文本工具" 📝 输入文本，然后在属性栏中选择合适的字体和字号，再填充文本颜色为（C:51，M:4，Y:100，K:0），如图16-178所示。接着按快捷键Ctrl+Q将文本转曲，最后使用"形状工具" 📝 删除部分对象节点，如图16-179所示。

图 16-169　　　　　　　　　　图 16-170

图 16-171　　　　　　　　　　图 16-172

11 使用"文本工具" 📝 输入文本，如图16-173所示。然后选中文本，将文本转曲，单击属性栏中的"拆分"按钮 📝、"合并"按钮 📝，接着使用"钢笔工具" 📝 绘制对象，如图16-174所示。再填充颜色为（C:51，M:0，Y:100，K:0），去掉轮廓线，最后将对象拖曳到合适的位置，如图16-175所示。

图 16-173　　图 16-174　　　　　　　图 16-175

12 将文本拖曳到图标下方，如图16-176所示。然后选中所有对象，进行群组，接着将群组对象拖曳到合适的位置，效果如图16-177所示。

图 16-176

图 16-178 　　　　　　　　　　图 16-179

14 使用"椭圆形工具" 📝 绘制多个圆形，然后填充颜色为（C:47，M:0，Y:49，K:0），接着使用"钢笔工具" 📝 绘制对象，填充颜色为（C:84，M:72，Y:64，K:31），最后去掉绘制对象的轮廓线，如图16-180所示。

米 娜 米 茶 餐 厅

图 16-180

15 使用"文本工具" 📝 输入文本，然后在属性栏中选择合适的字体和字号，接着填充文本颜色为（C:51，M:4，Y:100，K:0），如图16-181所示。再选中所有对象，最后拖曳到页面下方，如图16-182所示。

图 16-181 　　　　　　　图 16-182

16 双击"矩形工具" 📝 创建与页面大小相同的矩形，然后单击"交互式填充工具" 📝，在属性栏上选择填充方式为"渐变填充"，接着设置"类型"为"椭圆形渐变填充"，再设置节点位置为0%的色标颜色为白色、节点位置为100%的色标颜色为（C:7，M:10，Y:15，K:0），最后去掉轮廓线，最终效果如图16-183所示。

图 16-177

图 16-183

商业实例 6 茶餐厅 VI 设计

实例位置	实例文件>CH16>商业实例6 茶餐厅VI设计.cdr
素材位置	素材文件>CH16>02.cdr~06.cdr
实用指数	★★★★★
技术掌握	VI的绘制方法

VI 效果如图 16-184~ 图 16-187 所示。

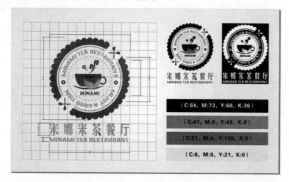

图 16-184

图 16-185

图 16-186

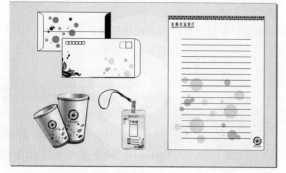

图 16-187

操作步骤

01 新建空白文档，然后在"创建新文档"对话框中设置"名称"为"茶餐厅VI设计"、"宽度"为 420.0mm、"高度"为 250.0mm、"页码数"为 4，接着单击"确定"按钮 [确定]，如图 16-188 所示。

图 16-188

02 导入"素材文件 >CH16>02.cdr"，然后将 Logo 对象复制多份备用，接着选中对象，将对象转为位图，最后使用"透明度工具" [图] 为对象添加透明效果，"透明度"为 50，如图 16-189 所示。

03 下面绘制表格。单击"图纸工具" [图]，然后在属性栏中设置"行数和列数"为 15 和 15，接着在位图上绘制表格，最后选中表格，填充轮廓线颜色为（C:0，M:0，Y:0，K:30），如图 16-190 所示。

图 16-189　　　　　　　　　　　　　　图 16-190

04 使用"水平或垂直度量工具" [图] 绘制对象度量线，然后选中度量线，单击属性栏上的"显示单位" [图] 将单位取消，接着设置"文本位置" [图] 为"尺度线中的文本"和"将延伸线间的文本居中"、"双箭头"为"无箭头"，如图 16-191 所示。

图 16-191

05 使用"矩形工具" [图] 绘制一个矩形，然后填充颜色为黑色，接着选中复制的 Logo 对象，拖曳到矩形中，并填充颜色为白色，如图 16-192 所示。再选中 Logo 中间的对象，单击属性栏上的"移除前面对象"按钮，效果如图 16-193 所示。

06 使用"矩形工具"□绘制 4 个矩形，然后从上到下依次填充颜色为（C:84，M:73，Y:66，K:36）、（C:47，M:0，Y:49，K:0）、（C:51，M:4，Y:100，K:0）和（C:6，M:0，Y:21，K:0），再去掉轮廓线，接着使用"文本工具"□分别在矩形中输入文本，最后在属性栏中设置合适的字体、字号和文本颜色，如图 16-194 所示。

图 16-192

图 16-193

图 16-194

07 选中绘制的对象，然后将对象分别拖曳到页面中合适的位置，如图 16-195 所示。

图 16-195

08 下面进行辅助图形的圆点对象绘制。在页面导航器中单击"页2"，然后使用"椭圆形工具"□绘制多个圆形，如图 16-196 所示。分别填充颜色为（C:84，M:73，Y:66，K:36）、（C:47，M:0，Y:49，K:0）和（C:51，M:4，Y:100，K:0），并去掉轮廓线，再将圆点对象复制多份备用，如图 16-197 所示。最后使用"矩形工具"□绘制一个矩形，将圆点对象置入矩形中，如图 16-198 所示。

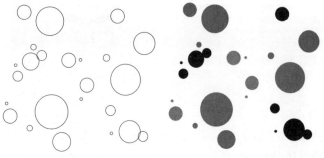
图 16-196　　　　　　　　　　　　　图 16-197

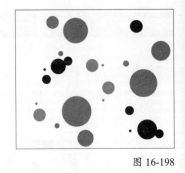
图 16-198

09 下面绘制花纹对象。选中 Logo 中的茶叶对象，然后将对象复制多份，并进行排放。接着依次填充颜色为（C:84，M:73，Y:66，K:36）、（C:47，M:0，Y:49，K:0）和（C:51，M:4，Y:100，K:0），去掉轮廓线，再将花纹对象复制多份备用，最后使用"矩形工具"□绘制一个矩形，将花纹对象置入矩形中，如图 16-199 所示。

图 16-199

10 下面绘制方形对象。使用"矩形工具"□绘制一个矩形，在属性栏中设置"旋转角度"为 45.0，再填充颜色为（C:51，M:4，Y:100，K:0），并去掉轮廓线，接着使用"椭圆形工具"□在矩形上绘制圆形，如图 16-200 所示。再将圆形复制多份排放在矩形四周，如图 16-201 所示。最后单击属性栏上的"合并"按钮□，如图 16-202 所示。

图 16-200　　　　　　图 16-201　　　　　　图 16-202

11 选中对象，然后将对象向右水平复制一份，填充颜色为（C:84，M:73，Y:66，K:36），如图 16-203 所示。再选中两个对象，将对象复制多份进行排放，接着将圆点对象复制多份备用，最后使用"矩形工具"□绘制一个矩形，将方形对象置入矩形中，如图 16-204 所示。

图 16-203

图 16-204

12 下面绘制横排 Logo。选中 Logo 文字部分，然后将对象进行缩放，拖曳到图标右方，如图 16-205 所示。最后将前面绘制的对象拖曳到页面中合适的位置，效果如图 16-206 所示。

图 16-205

图 16-206

13 下面绘制制服。在页面导航器中单击"页 3"，导入"素材文件 >CH16>03.cdr"，然后分别选中上衣、裙子和裤子，填充颜色为（C:84，M:73，Y:66，K:36），如图 16-207 所示。接着选中花纹对象，分别旋转适当角度再将对象进行缩放，最后置入上衣中，如图 16-208 所示。

图 16-207

图 16-208

14 选中圆点对象，将对象分别拖曳到女装领带上，然后使用"透明度工具" 为对象添加透明效果，"透明度"为 40，并将对象置入领带中，如图 16-209 所示。接着选中方块对象进行缩放，再将对象分别拖曳到男装领带上，最后置入领带中，如图 16-210 所示。

图 16-209　　　　　　　图 16-210

15 使用"钢笔工具" 在长袖服饰上绘制对象，如图 16-211 所示。然后分别填充颜色为（C:47，M:0，Y:49，K:0）和（C:51，M:4，Y:100，K:0），如图 16-212 所示。接着选中 Logo 对象，将对象分别拖曳到上衣胸口位置，如图 16-213 所示。

图 16-211

图 16-212

图 16-213

16 双击"矩形工具" 绘制一个与页面大小相同的矩形，然后单击"交互式填充工具" ，在属性栏上选择填充方式为"渐变填充"，接着设置"类型"为"椭圆形渐变填充"。最后设置节点位置为0%的色标颜色为（C:0，M:0，Y:0，K:10）、节点位置为100%的色标颜色为白色，效果如图16-214所示。

图 16-214

17 下面绘制信封。在页面导航器中单击"页4"，然后导入"素材文件 >CH16>04.cdr"，接着使用"矩形工具" ▢ 在对象下方绘制两个矩形，如图16-215所示。最后填充颜色为（C:84，M:73，Y:66，K:36）和（C:51，M:4，Y:100，K:0），如图16-216所示。

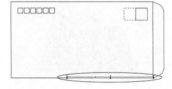

图 16-215　　　　　　　　图 16-216

18 选中圆点对象，然后使用"透明度工具" ▨ 为对象添加透明效果，"透明度"为80，接着将对象置入信封中，如图16-217所示。最后选中花纹对象，将对象置入信封左下角，如图16-218所示。

图 16-217　　　　　　　　图 16-218

19 下面绘制信封背面。选中信封右封口，然后填充颜色为（C:84，M:73，Y:66，K:36），如图16-219所示。接着选中圆点对象，使用"透明度工具" ▨ 为对象添加透明效果，"透明度"为50，再将对象置入信封背面中，如图16-220所示。最后将信封底拖曳到信封后，如图16-221所示。

图 16-219

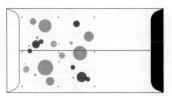

图 16-220　　　　　　　　图 16-221

20 下面绘制信签纸。使用"矩形工具" ▢ 绘制矩形，然后单击"表格工具" ▦，在属性栏上设置"行数和列数"为17和1，再在矩形中绘制出表格，如图16-222所示。接着单击属性栏上的"边框选择"按钮 ▦，在打开的列表中选择"左侧和右侧"，最后设置"轮廓宽度"为"无"，效果如图16-223所示。

图 16-222　　　　　　　　图 16-223

21 使用"矩形工具" ▢ 在信签纸上方绘制矩形，然后选中方块对象，将对象复制缩放几份，再置入矩形中，如图16-224所示。接着选中横排Logo对象，将文字拖曳到信签纸左上角，并将图标拖曳到对象右下角，如图16-225所示。再选中圆点对象，使用"透明度工具" ▨ 为对象添加透明效果，"透明度"为85，最后将对象置入信签纸中，如图16-226所示。

图 16-224　　　　图 16-225　　　　图 16-226

22 下面绘制纸杯。导入"素材文件 >CH16>05.cdr"，然后选中Logo对象，拖曳到纸杯上，如图16-227所示。接着选中方块对象，拖曳到纸杯下方，并使用"封套工具" ▨ 调整对象形状，如图16-228所示。再选中圆点对象拖曳到纸杯上，使用"透明度工具"█为对象添加透明效果，"透明度"为 50，最后使用"封套工具"█调整对象形状，如图 16-229 所示。

图 16-227　　　　图 16-228　　　　图 16-229

23 选中绘制的纸杯，然后将纸杯复制缩放一份，接着选中复制对象，在属性栏中设置"旋转角度"为 28.0，如图 16-230 所示。

24 下面绘制工作牌。使用"矩形工具"█绘制矩形，然后在属性栏中设置"圆角"为 5.0mm，再填充颜色为（C:6，M:0，Y:21，K:0），如图 16-231 所示。接着使用"矩形工具"█绘制矩形，在属性栏中设置左下角和右下角的"圆角"为 5.0mm，最后填充颜色为白色，如图 16-232 所示。

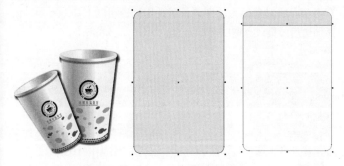

图 16-230　　　　图 16-231　　　　图 16-232

25 使用"矩形工具"█绘制一个矩形，然后使用"钢笔工具"█绘制多条线段，再在属性栏中设置"轮廓宽度"为 0.25mm，如图 16-233 所示。接着使用"文本工具"█在对象中输入文本，最后分别选中文本，在属性栏中选择合适的字体和字号，如图 16-234 所示。

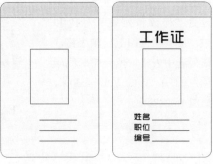

图 16-233　　　　图 16-234

26 选中花纹对象，然后在属性栏中设置合适的旋转角度，再使用"透明度工具"█为对象添加透明效果，"透明度"为 50，

接着分别将对象进行缩放，并置入工作牌中，如图 16-235 所示。最后选中横排 Logo，拖曳到工作牌上方，如图 16-236 所示。

图 16-235　　　　图 16-236

27 将工作牌进行群组，然后使用"阴影工具"█为对象拖动阴影效果，接着在属性栏中设置"阴影的不透明度"为 30、"阴影羽化"为 1、"羽化方向"为"平均"、"合并模式"为"乘"，如图 16-237 所示。最后导入"素材文件 >CH16>06.cdr"，将工作牌移动到对象下方，如图 16-238 所示。

图 16-237　　　　图 16-238

28 分别选中对象，然后调整合适的大小，接着将对象拖曳到页面中合适的位置，最终效果如图 16-239 所示。

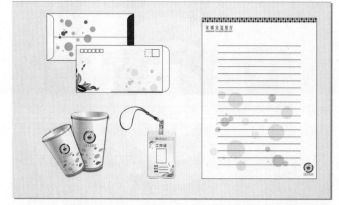

图 16-239

商业实例 7 蓝鲸通讯 VI 设计

实例位置	实例文件>CH16>商业实例7 蓝鲸通讯VI设计.cdr
素材位置	素材文件>CH16>07.cdr~14.cdr
实用指数	★★★★★
技术掌握	VI的绘制方法

VI 效果如图 16-240~ 图 16-244 所示。

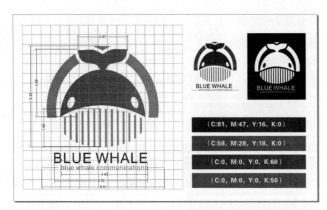

图 16-240

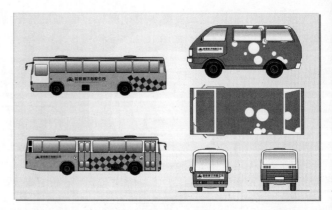

图 16-244

图 16-241

操作步骤

01 新建空白文档，然后在"创建新文档"对话框中设置"名称"为"蓝鲸通讯 VI 设计"、"宽度"为 250.0mm、"高度"为 420.0mm、"页码数"为 5，接着单击"确定"按钮 确定 ，如图 16-245 所示。

02 导入"素材文件 >CH16>07.cdr"，然后将 Logo 对象复制多份，接着使用"椭圆形工具" 在 Logo 对象上绘制圆形，再选中所有对象，将对象转为位图，最后使用"透明度工具" 为对象添加透明效果，"透明度"为 50，如图 16-246 所示。

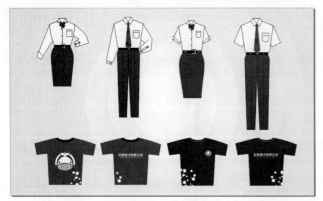

图 16-242

图 16-245

图 16-246

03 下面绘制表格。单击"图纸工具" ，然后在属性栏中设置"行数和列数"为 17 和 17，接着在位图上绘制表格，最后选中表格，填充轮廓线颜色为（C:0，M:0，Y:0，K:30），如图 16-247 所示。

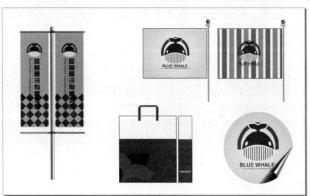

图 16-243

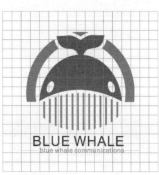

图 16-247

04 使用"水平或垂直度量工具" 绘制度量线，然后选中度量线，单击属性栏上的"显示单位" 将单位取消，接着设置"文本位置" 为"尺度线中的文本"和"将延伸线间的文本居中"、

"双箭头"为"无箭头"，如图 16-248 所示。

05 使用"矩形工具" ▢ 绘制一个矩形，然后填充颜色为黑色，接着选中复制的 Logo 对象，拖曳到矩形中，并填充颜色为白色，再选中 Logo 中的眼睛和牙齿，单击属性栏上的"移除前面对象"按钮 ▣，效果如图 16-249 所示。

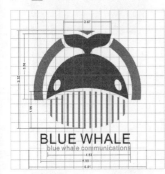 

图 16-248　　　　　　　　　　　图 16-249

06 使用"矩形工具" ▢ 绘制 4 个矩形，然后从上到下依次填充颜色为（C:81，M:47，Y:16，K:0）、（C:58，M:28，Y:18，K:0）、（C:0，M:0，Y:0，K:60）和（C:0，M:0，Y:0，K:50）。再去掉轮廓线，接着使用"文本工具" ▣ 分别在矩形中输入文本，在属性栏中设置合适的字体和字号，最后填充文本颜色为白色，如图 16-250 所示。

07 分别选中对象，然后调整合适的大小，接着将对象拖曳到页面中合适的位置，效果如图 16-251 所示。

图 16-250　　　　　　　　　　　图 16-251

08 下面绘制横排 Logo。在页面导航器中单击"页 2"，使用"文本工具" ▣ 分别输入文本，然后填充文本颜色为（C:81，M:47，Y:16，K:0），并选择合适的字体和字号。接着使用"矩形工具" ▢ 绘制一个矩形，填充颜色为（C:0，M:0，Y:0，K:50），去掉轮廓线，再选中 Logo 图标对象，拖曳到文本左方，如图 16-252 所示，最后将对象复制多份。

蓝鲸通讯有限公司
Blue Whale communications

图 16-252

09 下面绘制竖排 Logo。选中横排 Logo 对象，然后选中文本部分，单击属性栏上的"将文本更改为垂直方向"按钮 ▥，将文字变为竖向，接着将文本进行缩放，最后选中矩形对象，在属性栏

中设置"旋转角度"为 90.0，如图 16-253 所示。

10 下面进行辅助图形的圆点对象绘制。使用"椭圆形工具" ▢ 绘制多个圆形，然后依次填充颜色为（C:81，M:47，Y:16，K:0）、（C:58，M:28，Y:18，K:0）和（C:0，M:0，Y:0，K:60）。接着去掉轮廓线，再将圆点对象复制多份，最后使用"矩形工具" ▢ 绘制一个矩形，将圆点对象置入矩形中，如图 16-254 所示。

图 16-253　　　　　　　　　　　图 16-254

11 下面绘制方形对象。使用"矩形工具" ▢ 绘制一个矩形，在属性栏中设置"旋转角度"为 45.0，再填充颜色为（C:81，M:47，Y:16，K:0），并去掉轮廓线，接着使用"椭圆形工具" ▢ 在矩形上绘制圆形，再将圆形复制多份排放在矩形四周，如图 16-255 所示。最后单击属性栏上的"合并"按钮 ▣，效果如图 16-256 所示。

图 16-255　　　　　　　　　　　图 16-256

12 选中对象，然后将对象向右水平复制一份，填充颜色为（C:0，M:0，Y:0，K:60），如图 16-257 所示。接着选中两个对象，将对象复制多份进行排放，再将方形对象复制多份，最后使用"矩形工具" ▢ 绘制一个矩形，将方形对象置入矩形中，如图 16-258 所示。

图 16-257　　　　　　　　　　　图 16-258

13 下面绘制条形对象。使用"矩形工具" ▢ 绘制多个矩形，然后分别填充颜色为（C:81，M:47，Y:16，K:0）和（C:58，M:28，Y:18，

K:0），接着去掉轮廓线，将条形对象复制多份，如图 16-259 所示。最后使用"矩形工具"绘制一个矩形，将对象置入矩形中，如图 16-260 所示。

图 16-259

图 16-260

14 下面绘制花纹对象。选中 Logo 图标对象，然后将对象复制一份，在属性栏中设置"旋转角度"为 150.0，填充颜色为（C:58，M:28，Y:18，K:0），再将花纹对象复制一份，如图 16-261 所示。接着使用"矩形工具"绘制一个矩形，将对象置入矩形中，如图 16-262 所示。最后将绘制完成的对象进行排放，如图 16-263 所示。

图 16-261

图 16-262

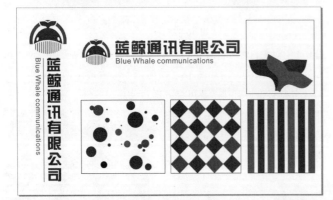

图 16-263

15 在页面导航器中单击"页 3"，导入"素材文件 >CH16>08.cdr"，然后选中服饰的下装，填充颜色为（C:0，M:0，Y:0，K:60），如图 16-264 所示。接着选中领带，填充颜色为（C:58，M:28，Y:18，K:0），如图 16-265 所示。再选中圆点对象，将对象分别置入领带中，如图 16-266 所示。最后选中横排 Logo，分别拖曳到服饰胸口位置，如图 16-267 所示。

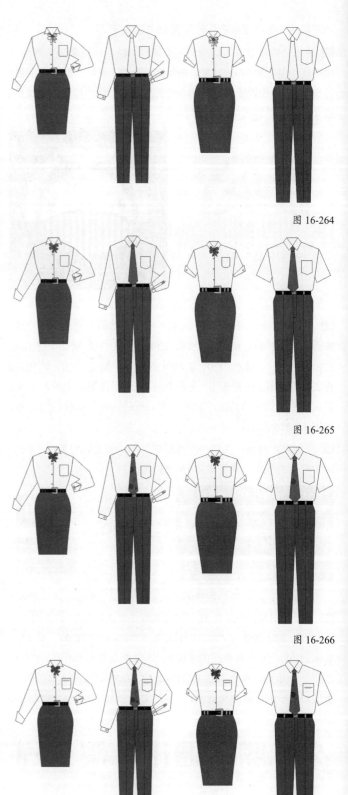

图 16-264

图 16-265

图 16-266

图 16-267

16 导入"素材文件 >CH16>09.cdr"，然后选中服饰，填充颜色为（C:0，M:0，Y:0，K:50）和（C:81，M:47，Y:16，K:0），再选中领口，填充颜色为（C:81，M:47，Y:16，K:0）和（C:0，M:0，Y:0，K:60），如图 16-268 所示。接着选中横排 Logo，填充颜色为白色，最后将 Logo 调整至合适大小，拖曳图标到服饰正面，拖曳文字到服饰背面，如图 16-269 所示。

图 16-268

图 16-269

17 选中圆点对象，然后填充颜色为白色，分别置入到服饰下方，如图 16-270 所示。接着双击"矩形工具" □绘制一个与页面大小相同的矩形，再单击"交互式填充工具" ，在属性栏上选择填充方式为"渐变填充"，接着设置"类型"为"椭圆形渐变填充"。最后设置节点位置为 0% 的色标颜色为（C:0，M:0，Y:0，K:10）、节点位置为 100% 的色标颜色为白色，效果如图 16-271 所示。

图 16-270

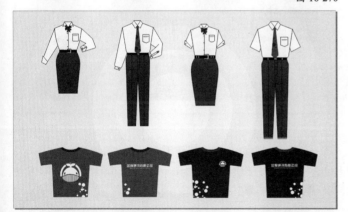

图 16-271

18 下面绘制贴纸。在页面导航器中单击"页 4"，使用"椭圆形工具" ○绘制圆形，然后单击"交互式填充工具" ，在属性栏上选择填充方式为"渐变填充"，接着设置"类型"为"椭圆形渐变填充"。再设置节点位置为 0% 的色标颜色为（C:0，M:0，Y:0，K:10）、节点位置为 100% 的色标颜色为白色，并去掉轮廓线，最后将 Logo 对象拖曳到圆形中，如图 16-272 所示。

图 16-272

19 选中贴纸对象，然后将对象转化为位图，再执行"位图 > 三维效果 > 卷页"菜单命令，在弹出的"卷页"对话框中设置"定向"为"垂直的"、"纸张"为"不透明"、"宽度 %"为 50、"高度 %"为 52，最后设置"卷曲"颜色为（C:0，M:0，Y:0，K:10）、"背景"颜色为白色，如图 16-273 所示，效果如图 16-274 所示。

图 16-273　　　　　　图 16-274

20 导入"素材文件 >CH16>10.cdr"，然后选中左边的旗帜，接着单击"交互式填充工具" ，在属性栏上选择填充方式为"渐变填充"，再设置"类型"为"椭圆形渐变填充"。最后设置节点位置为 0% 的色标颜色为（C:0，M:0，Y:0，K:10）、节点位置为 100% 的色标颜色为白色，如图 16-275 所示。

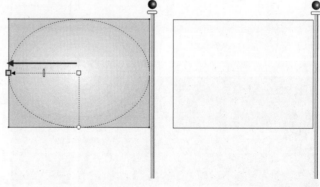

图 16-275

21 选中条形对象，然后使用"透明度工具" 为对象添加透明效果，"透明度"为 50，再置入右边的旗帜中，如图 16-276 所示。接着选中 Logo 对象，将对象调整至合适的大小，最后拖曳到旗帜中，如图 16-277 所示。

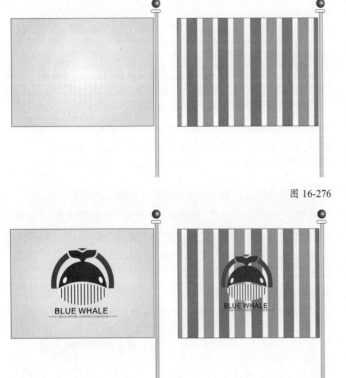

图 16-276

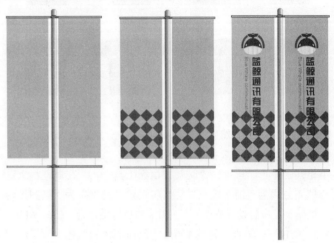

23 下面绘制广告牌。导入"素材文件 >CH16>12.cdr",然后填充广告牌颜色为(C:0,M:18,Y:94,K:0)和(C:40,M:0,Y:0,K:20),接着使用"透明度工具" 🔧 为填充对象添加透明效果,"透明度"为50,如图 16-279 所示。再选中方块对象,填充颜色为(C:0,M:0,Y:0,K:60),最后置入到广告牌中,如图 16-280 所示。

24 选中竖排 Logo,然后分别拖曳到广告牌中,如图 16-281 所示。分别选中绘制对象,接着调整至合适的大小,最后将对象拖曳到页面中合适的位置,效果如图 16-282 所示。

图 16-277

22 下面绘制手提袋。导入"素材文件 >CH16>11.cdr",然后选中花纹对象,将对象置入手提袋的左下角,接着选中横排 Logo 文本部分,填充颜色为白色,最后拖曳到手提袋的侧面,如图 16-278 所示。

图 16-279　　　　图 16-280　　　　图 16-281

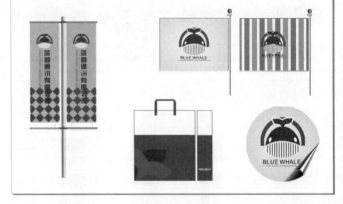

图 16-282

25 在页面导航器单击"页5",然后导入"素材文件 >CH16>13.cdr",填充车身颜色为(C:40,M:0,Y:0,K:20),接着使用"透明度工具" 🔧 为填充对象添加透明效果,"透明度"为50,如图 16-283 所示。

图 16-278

图 16-283

26 选中方块对象，然后在属性栏中分别设置"旋转角度"为 5.0 和 345.0，再将对象置入车身中，如图 16-284 所示。接着选中横排 Logo，将对象进行缩放，最后拖曳到车身上，如图 16-285 所示。

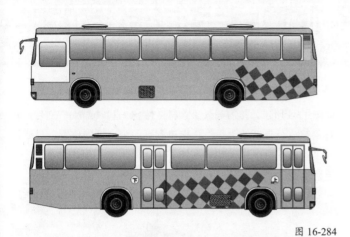

图 16-284

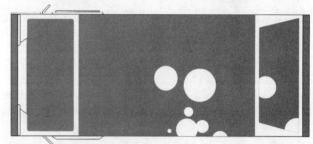

图 16-287

图 16-288

图 16-285

27 导入"素材文件 >CH16>14.cdr"，然后填充车身颜色为（C:40，M:0，Y:0，K:20），如图 16-286 所示。接着选中圆点对象，填充颜色为白色，分别置入到车身中，如图 16-287 所示。使用"矩形工具" □ 在车身上绘制两个矩形，填充颜色为白色，并去掉轮廓线，最后选中横排 Logo，拖曳到矩形中，如图 16-288 所示。

28 分别选中前面绘制的对象，然后调整合适的大小，接着将对象拖曳到页面中合适的位置，效果如图 16-289 所示。

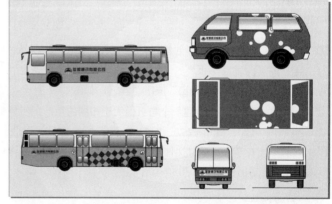

图 16-289

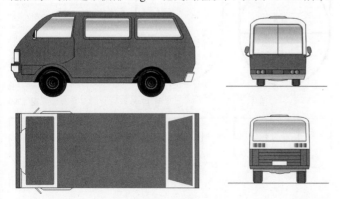

图 16-286

第 17 章 商业综合实例：广告海报设计

实战　提示　疑难问答　技术专题　知识链接　商业实例

商业实例 8 甜点海报

实例位置	实例文件>CH17>商业实例8 甜点海报.cdr
素材位置	素材文件>CH17>01.psd~04.psd、05.cdr~07.cdr、08.psd~10.psd、11.jpg
实用指数	★★★★★
技术掌握	甜点海报的绘制方法

甜点海报效果如图 17-1 所示。

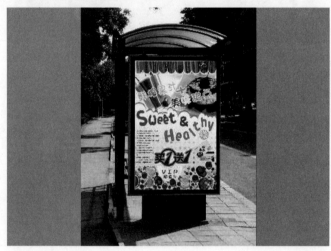

图 17-1

操作步骤

01 新建空白文档，然后在“创建新文档”对话框中设置“名称”为“商业实例：甜点海报”、“宽度”为 400.0mm、“高度”为 600.0mm，接着单击“确定”按钮[确定]，如图 17-2 所示。

02 双击“矩形工具”创建一个与页面大小相同的矩形，然后填充颜色为（C:0，M:0，Y:20，K:0），再去掉轮廓线，如图 17-3 所示。接着导入“素材文件 >CH17>01.psd”文件，最后将对象拖曳到合适的位置，如图 17-4 所示。

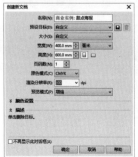

图 17-2

图 17-3

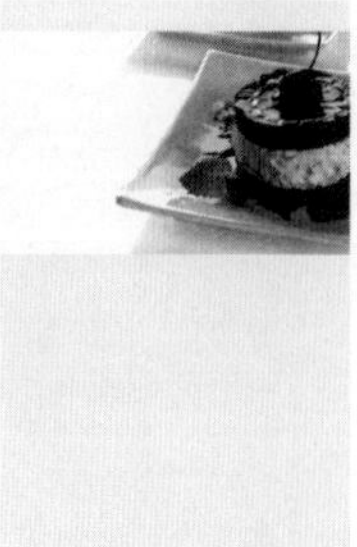

图 17-4

03 选中对象，然后使用“透明度工具”为对象拖曳透明效果，如图 17-5 所示。接着导入“素材文件 >CH17>02.psd”文件，将对象缩放至合适的大小，再拖曳到页面中合适的位置，最后执行“对象 > 图框精确裁剪 > 置于图文框内部”菜单命令，将对象置于矩形中，如图 17-6 所示。

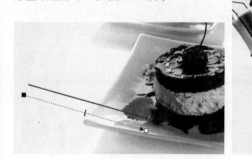

图 17-5

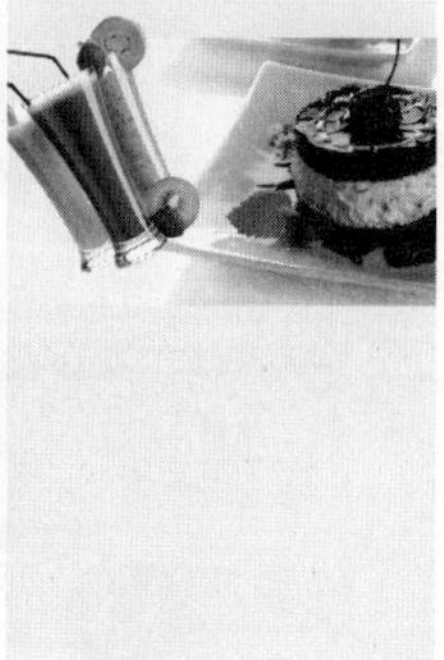

图 17-6

04 使用“矩形工具”绘制边长为 40.0mm 的正方形，然后使用“椭圆形工具”绘制与正方形等宽的椭圆，如图 17-7 所示。接着选中两个对象，单击属性栏中的“合并”按钮，效果如图 17-8 所示。

05 选中对象，然后在“步长和重复”泊坞窗中设置“水平设置”为“对象之间的间距”、“距离”为 0mm、“方向”为右、“份数”为 9，再单击“应用”按钮[应用]，如图 17-9 所示，效果如图 17-10 所示。

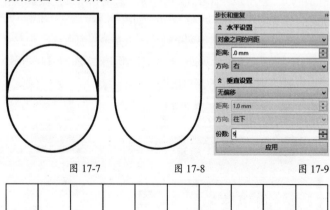

图 17-7

图 17-8

图 17-9

图 17-10

06 选中所有对象，然后单击属性栏中的“合并”按钮，如图

17-11 所示。接着将对象复制一份，再导入"素材文件 >CH17>03. psd"文件，将图案置于复制的对象内，最后去掉对象轮廓线，如图 17-12 所示。

图 17-11

图 17-12

07 将对象拖曳到页面上方，如图 17-13 所示。然后将前面合并的对象填充颜色为白色，接着将对象拖曳到页面中合适的位置，再移动到彩色对象后面，最后去掉轮廓线，效果如图 17-14 所示。

图 17-13　　　　　　　　　图 17-14

08 使用"矩形工具" ▢ 创建一个与页面等宽的矩形，然后填充颜色为（C: 0, M:0, Y: 0, K:50），再去掉轮廓线，如图 17-15 所示。接着按快捷键 Ctrl+Q 将对象转换为曲线，最后使用"形状工具" ⬙ 调整对象形状，效果如图 17-16 所示。

图 17-15　　　　　　　　　图 17-16

09 将对象复制一份，然后向下进行缩放，接着单击"交互式填充工具" ▨ ，在属性栏上选择填充方式为"渐变填充"，设置"类型"为"线性渐变填充"。再设置节点位置为 0% 的色标颜色为（C:3，M:0，Y:51，K:0）、节点位置为 100% 的色标颜色为白色，最后调整节点的位置，效果如图 17-17 所示。

10 使用"调和工具" ▨ 为对象拖曳调和效果，如图 17-18 所示。然后导入"素材文件 >CH17>04.psd"文件，接着将图案置入渐变对象中，如图 17-19 所示。

图 17-17　　　　　　图 17-18　　　　　　图 17-19

11 使用"文本工具" ▤ 分别输入美术文本，然后在属性栏中设置合适的字体和字号，如图 17-20 所示。接着分别选中文本，填充颜色为（C:0，M:80，Y:40，K:0）、（C:0，M:0，Y:60，K:0）、（C:0，M:40，Y:0，K:0）、（C:0，M:20，Y:100，K:0）、（C:0，M:60，Y:80，K:0）、（C:20，M:0，Y:60，K:0）和（C:40，M:0，Y:0，K:0），如图 17-21 所示。

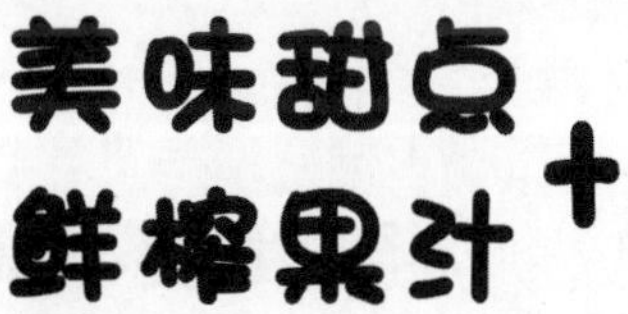

美味甜点　　　美味甜点
鲜榨果汁 ✛　鲜榨果汁 ✛

图 17-20 　　　　　　　　　　　图 17-21

12 分别将文本拖曳到页面中合适的位置，然后旋转适当的角度，接着选中所有文本对象，在属性栏中设置"轮廓宽度"为 1.5mm、轮廓颜色为白色，如图 17-22 所示。

图 17-22

13 使用"文本工具"⤳分别输入美术文本，然后在属性栏中设置合适的字体和字号，如图 17-23 所示。接着按快捷键 Ctrl+Q 将对象转换为曲线，再单击属性栏中的"拆分"按钮▣，如图 17-24 所示。

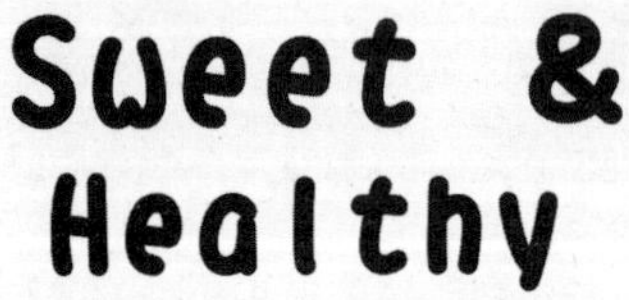

图 17-23　　　　　　　　　图 17-24

14 分别选中拆分后的英文字母对象，然后单击属性栏中的"合并"按钮▣，使部分字母中间镂空，如图 17-25 所示。接着分别选中对象，调整对象的位置，以及旋转角度，效果如图 17-26 所示。

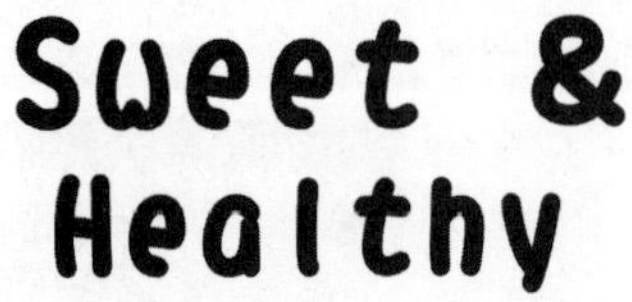

图 17-25　　　　　　　　　图 17-26

15 分别选中英文文本，填充颜色为（C:0，M:40，Y:60，K:20）、（C:20，M:40，Y:0，K:20）、（C:40，M:0，Y:100，K:0），然后将文本对象拖曳到页面中合适的位置，如图 17-27 所示。

16 使用"椭圆形工具"▢绘制圆形，然后使用"钢笔工具"▨在圆形内部绘制对象，如图 17-28 所示。接着选中所有对象，单击属性栏中的"移除前面对象"按钮▣，填充颜色为（C:0，M:24，Y:100，K:0），最后去掉轮廓线，如图 17-29 所示。

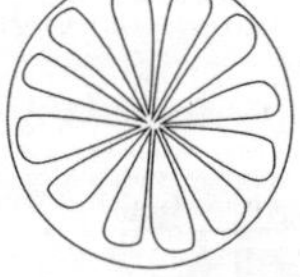

图 17-27　　　　图 17-28　　　　图 17-29

17 将绘制好的对象拖曳到页面中合适的位置，然后导入"素材文件 >CH17>05.cdr"文件，将对象拖曳到字母 E 上方，如图 17-30 所示。接着导入"素材文件 >CH17>06.cdr"文件，将对象拖曳到文本下方，如图 17-31 所示。

图 17-30　　　　　　　　　图 17-31

18 使用"钢笔工具"▨绘制对象，然后填充颜色为（C:0，M:0，Y:20，K:0），再去掉轮廓线，如图 17-32 所示。接着使用"文本工具"⤳输入文本，在属性栏中设置合适的字体和字号，最后分别为文本填充颜色为红色和洋红，如图 17-33 所示。

图 17-32　　　　　　　　　图 17-33

19 导入"素材文件 >CH17>07.cdr"文件，然后单击属性栏中的"锁定比率"按钮▣，接着设置"对象大小"宽度为 400.0mm，再将对象拖曳到页面下方，如图 17-34 所示。

20 下面绘制名片。使用"矩形工具"▢绘制一个矩形，然后设置合适的圆角角度，接着填充颜色为（C:6，M:5，Y:8，K:0），再将矩形复制一份，如图 17-35 所示，最后去掉轮廓线。

图 17-34　　　　　　　　　图 17-35

21 将两个矩形向右下拖曳复制一份，填充颜色为（C:20，M:16，Y:19，K:0），然后将复制的对象移动到对象后面，作为阴影效果，如图 17-36 所示。接着导入"素材文件 >CH17>08.psd"文件，将对象复制一份，分别置于两个矩形中。最后导入"素材文件 >CH17> 09.psd、10.psd"文件，将对象分别置于两个矩形中，效果如图 17-37 所示。

图 17-36　　　　　　　　　图 17-37

22 使用"文本工具" 字 分别输入文本，然后在属性栏中设置合适的字体和字号，如图 17-38 所示。接着使用"矩形工具" 回 绘制一个与名片等宽的矩形，填充颜色为黑色，再去掉轮廓线，如图 17-39 所示。

图 17-38　　　　　图 17-39

23 使用"文本工具" 字 输入段落文本，然后在"文本属性"泊坞窗中的"段落"面板中设置"行间距"为 100%、"段后间距"为 100%、"字符间距"为 20%，如图 17-40 所示，效果如图 17-41 所示。接着将名片分别进行群组，再拖曳到页面中合适的位置，最后适当进行旋转，如图 17-42 所示。

图 17-40　　　　图 17-41　　　　图 17-42

24 使用"文本工具" 字 输入段落文本，然后在"文本属性"泊坞窗中的"段落"面板中设置"行间距"为 150.0%、"段后间距"为 150.0%、"字符间距"为 20.0%，如图 17-43 所示，效果如图 17-44 所示。接着选中文本，按快捷键 Ctrl+Q 将对象转换为曲线，最后将对象拖曳到页面中合适的位置，如图 17-45 所示。

图 17-43　　　　图 17-44　　　　图 17-45

25 导入"素材文件 >CH17>11.jpg"文件，然后选中所有对象进行群组，接着将群组对象缩放至合适的大小放到广告灯箱中，最终效果如图 17-46 所示。

图 17-46

商业实例 9 公益广告

实例位置	实例文件>CH17>商业实例9 公益广告.cdr
素材位置	素材文件>CH17>12.jpg~14.jpg
实用指数	★★★★★
技术掌握	公益广告的绘制方法

公益广告效果如图 17-47 所示。

图 17-47

☞ **操作步骤**

01 新建空白文档，然后在"创建新文档"对话框中设置"名称"为"商业实例：公益广告"、"宽度"为 433.0mm、"高度"为 164.0mm，接着单击"确定"按钮 确定 ，如图 17-48 所示。

图 17-48

02 导入"素材文件 >CH17>12.jpg"文件，如图 17-49 所示。然后使用"裁剪工具" 🔲 将对象裁剪为一个"宽度"为 350.0mm、"高度"为 164.0mm 的对象，如图 17-50 所示。

图 17-49　　　　　　　　　　图 17-50

03 选中裁剪好的对象，然后执行"效果 > 调整 > 调和曲线"菜单命令，接着在"调和曲线"对话框中调整对象，如图 17-51 所示。调整完成后单击"确定"按钮 确定 ，效果如图 17-52 所示。

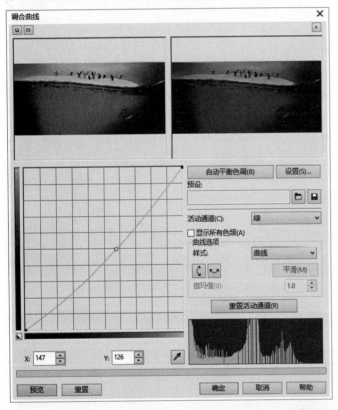

图 17-51

图 17-52

04 使用"钢笔工具" 🖊 在图片底端绘制对象，然后使用"形状工具" 🖊 调整节点，如图 17-53 所示。接着填充颜色为白色，再去掉轮廓线，如图 17-54 所示。

图 17-53　　　　　　　　　　图 17-54

05 使用"钢笔工具" 🖊 在白色对象上方绘制线条，然后在属性栏中设置"轮廓宽度"为 1.0mm，如图 17-55 所示。接着选中所有线条，将轮廓转换为对象，再选中白色对象和线条对象，最后单击属性栏中的"移除前面对象"按钮 🔲 ，效果如图 17-56 所示。

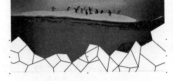

图 17-55　　　　　　　　　　图 17-56

06 选中修剪后的白色对象，然后单击属性栏中的"拆分"按钮 🔲 ，接着选中部分对象，再单击"透明度工具" 🔲 ，最后在属性栏中设置"类型"为"均匀透明度"、"合并模式"为"常规"、"透明度"为 50，效果如图 17-57 所示。

07 选中部分对象，然后单击"透明度工具" 🔲 ，接着在属性栏中设置"类型"为"均匀透明度"、"合并模式"为"常规"、"透明度"为 60，效果如图 17-58 所示。

图 17-57　　　　　　　　　　图 17-58

08 选中部分对象，然后单击"透明度工具" 🔲 ，接着在属性栏中设置"类型"为"均匀透明度"、"合并模式"为"常规"、"透明度"为 70，效果如图 17-59 所示。

09 选中部分对象，然后单击"透明度工具" 🔲 ，接着在属性栏中设置"类型"为"均匀透明度"、"合并模式"为"常规"、"透明度"为 80，效果如图 17-60 所示。

图 17-59　　　　　　　　　　图 17-60

10 选中部分对象，然后单击"透明度工具" ，接着在属性栏中设置"类型"为"均匀透明度"、"合并模式"为"常规"、"透明度"为 90，效果如图 17-61 所示。

图 17-61

11 使用"文本工具" 输入文本，然后在属性栏中设置合适的字体和字号，再填充颜色为白色，如图 17-62 所示。接着使用"文本工具" 输入问号，在属性栏中设置合适的字体和字号，最后填充颜色为白色，如图 17-63 所示。

图 17-62

图 17-63

12 使用"文本工具" 输入文本，然后在属性栏中设置合适的字体和字号，填充颜色为白色，接着选中字母"i"填充颜色为红色，再选中字母"ce"填充颜色为（R:65，G:223，B:246），如图 17-64 所示。最后使用"矩形工具" 绘制一个矩形，填充颜色为红色，如图 17-65 所示。

图 17-64

图 17-65

13 选中全部对象进行群组，然后执行"位图>转换为位图"菜单命令，将对象转换为位图，如图 17-66 所示。导入"素材文件>CH17>13.jpg"文件，接着将位图拖曳到页面中，再调整到合适的大小，如图 17-67 所示。

图 17-66

图 17-67

14 选中位图对象，然后执行"位图>三维效果>三维旋转"菜单命令，接着在"三维旋转"对话框中设置"垂直"为 0、"水平"为 5，如图 17-68 所示。再单击"确定"按钮 确定 ，效果如图 17-69 所示。

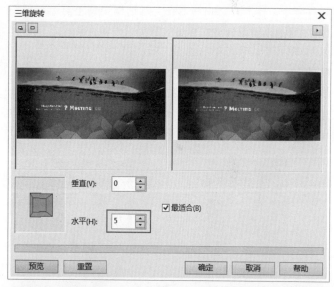

图 17-68

图 17-69

15 导入"素材文件>CH17>14.jpg"文件，如图17-70所示。然后使用"裁剪工具" 将对象裁剪为一个"宽度"为78.0mm、"高度"为164.0mm的对象，如图17-71所示。

图 17-70　　　　　　图 17-71

16 选中裁剪好的对象，然后执行"效果>调整>调和曲线"菜单命令，接着在"调和曲线"对话框中调整对象，如图17-72所示。调整完成后单击"确定"按钮 确定 ，效果如图17-73所示。

17 使用"矩形工具" 绘制矩形，然后填充颜色为（R:67, G:137, B:166），再去掉轮廓线，如图17-74所示。接着使用"透明度工具" 为矩形拖曳透明效果，如图17-75所示。

图 17-73　　　　　图 17-74　　　　　图 17-75

18 使用同样的方法绘制碎裂对象，然后使用"形状工具" 调整对象形状，如图17-76所示。

19 选中部分对象，然后单击"透明度工具" ，接着在属性栏中设置"类型"为"均匀透明度"、"合并模式"为"常规"、"透明度"为50，效果如图17-77所示。

20 选中部分对象，然后单击"透明度工具" ，接着在属性栏中设置"类型"为"均匀透明度"、"合并模式"为"常规"、"透明度"为60，效果如图17-78所示。

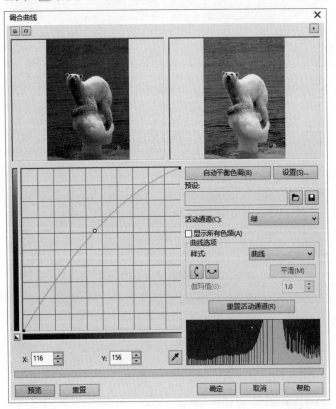

图 17-72

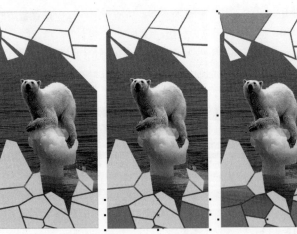

图 17-76　　　　　图 17-77　　　　　图 17-78

21 选中部分对象，然后单击"透明度工具" ，接着在属性栏中设置"类型"为"均匀透明度"、"合并模式"为"常规"、"透明度"为70，效果如图17-79所示。

22 选中部分对象，然后单击"透明度工具" ，接着在属性栏中设置"类型"为"均匀透明度"、"合并模式"为"常规"、"透明度"为80，效果如图17-80所示。

23 选中部分对象，然后单击"透明度工具" ，接着在属性栏中设置"类型"为"均匀透明度"、"合并模式"为"常规"、"透明度"为90，效果如图 17-81 所示。

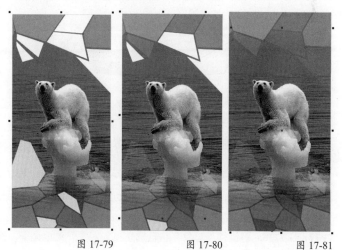

图 17-79　　　　　图 17-80　　　　　图 17-81

24 使用"文本工具" 字 输入文本，然后在属性栏中分别为文本设置合适的字体和字号，再填充颜色为白色，如图 17-82 所示。

25 选中字母"i"填充颜色为红色，然后选中字母"ce"填充颜色为（R:65，G:223，B:246），再将文本旋转合适的角度，如图 17-83 所示。接着使用"椭圆形工具" ○ 绘制一个椭圆，填充颜色为红色，如图 17-84 所示。最后选中所有对象，将对象转换为位图。

图 17-82　　　　　图 17-83　　　　　图 17-84

26 选中位图对象，然后执行"位图 > 三维效果 > 三维旋转"菜单命令，接着在"三维旋转"对话框中设置"垂直"为 0、"水平"为 2，如图 17-85 所示。再单击"确定"按钮 确定 ，最后将位图拖曳到合适的位置，最终效果如图 17-86 所示。

图 17-85

图 17-86

商业实例 10　手机广告

实例位置	实例文件>CH17>商业实例10 手机广告.cdr
素材位置	素材文件>CH17>15.jpg~17.jpg、18.cdr、19.psd、20.cdr、21.jpg
实用指数	★★★★★
技术掌握	手机广告的绘制方法

手机广告效果如图 17-87 所示。

图 17-87

操作步骤

01 新建空白文档，然后在"创建新文档"对话框中设置"名称"为"商业实例：手机广告"、"宽度"为405.0mm、"高度"为"200.0mm"，接着单击"确定"按钮 确定 ，如图17-88所示。

02 导入"素材文件>CH17>15.jpg"文件，然后按P键将对象置于页面中心，如图17-89所示。接着导入"素材文件>CH17>16.jpg"文件，将对象缩放至合适的大小，再拖曳到页面中合适的位置，如图17-90所示。最后使用"透明度工具" 拖曳透明效果，效果如图17-91所示。

图 17-88

图 17-89

图 17-90

图 17-91

03 使用"多边形工具" 和"星形工具" 绘制对象，如图17-92所示。然后使用"智能填充工具" 填充对象颜色为（R:77，G:77，B:77），如图17-93所示。

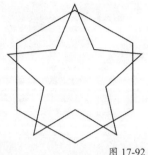

图 17-92 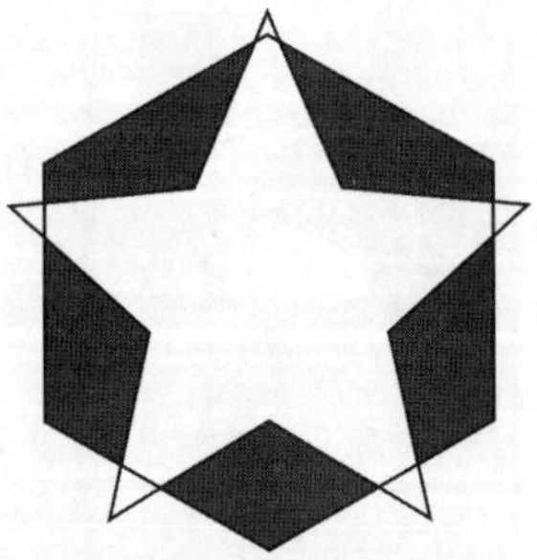   图 17-93

04 将星形对象删除，然后将六边形对象进行中心缩放，如图17-94所示。接着设置"轮廓宽度"为2.0mm、轮廓颜色为（R:77，G:77，B:77），再执行"对象>将轮廓转换为对象"菜单命令，最后将对象进行合并，如图17-95所示。

图 17-94    图 17-95

05 使用"文本工具" 输入文本，然后在属性栏中设置合适的字体和字号，如图17-96所示。接着按快捷键Ctrl+Q将对象转换为曲线，再单击属性栏中的"拆分"按钮 ，如图17-97所示。

STARSTAR

图 17-96    图 17-97

06 选中字母A，然后单击属性栏中的"合并"按钮 ，再选中字母R，单击属性栏中的"合并"按钮 ，如图17-98所示。接着使用"形状工具" 调整对象形状，如图17-99所示。

STARSTAR

图 17-98    图 17-99

07 使用"星形工具" 绘制星形，然后选中星形和字母A对象，单击属性栏中的"移除前面对象"按钮 ，如图17-100所示。接着使用"矩形工具" 绘制矩形，设置"轮廓宽度"为1.0mm，再设置矩形的圆角，最后将文本和矩形拖曳到标志右方，如图17-101所示。

图 17-100　　　　　　　　　　　　图 17-101

08 选中对象，单击"交互式填充工具" ，在属性栏上选择填充方式为"渐变填充"，设置"类型"为"线性渐变填充"。再设置节点位置为 0% 的色标颜色为（R:33，G:192，B:255）、节点位置为 100% 的色标颜色为（R:212，G:251，D:255），最后调整节点的位置，效果如图 17-102 所示。

09 将标志对象的渐变填充颜色属性复制到文本中，然后选中矩形，执行"对象 > 将轮廓转换为对象"菜单命令，接着将标志对象的渐变填充颜色属性复制到矩形对象中，如图 17-103 所示，

图 17-102　　　　　　　　　　　　图 17-103

10 将绘制完成的 Logo 对象拖曳到页面的左上角，如图 17-104 所示。然后使用"矩形工具" 绘制两个矩形，填充颜色为白色，再使用"透明度工具" 添加透明效果，接着设置"透明度"为 50，最后将透明矩形移动到 Logo 对象后面，效果如图 17-105 所示。

图 17-104

图 17-105

11 使用"文本工具" 输入中文文本，然后在属性栏中设置合适的字体和字号，如图 17-106 所示。接着使用"文本工具" 输入英文文本，在属性栏中设置合适的字体和字号，再将英文文本拖曳到中文文本对象下面，如图 17-107 所示。

图 17-106

图 17-107

12 使用"文本工具" 输入段落文本，然后在"文本属性"泊坞窗中的"段落"面板中设置"行间距"为 120%、"段后间距"为 200%、"字符间距"为 20%，如图 17-108 所示，效果如图 17-109 所示。

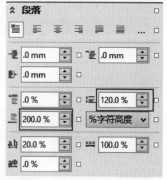

图 17-108

图 17-109

13 下面绘制第1个手机页面。导入"素材文件 >CH17>17.jpg"文件,然后将图片缩放至合适的大小,如图 17-110 所示。接着使用"文本工具"字在图片上方输入文本,再在属性栏中设置合适的字体和字号,最后填充文本颜色为白色,如图 17-111 所示。

图 17-110

图 17-111

14 使用"钢笔工具"🖊绘制"信号"图标,然后在属性栏中设置"轮廓宽度"为 0.1mm、轮廓颜色为白色,如图 17-112 所示。再绘制 WLAN 图标,扇形对象填充颜色为白色,并去掉轮廓线,最后设置线形对象"轮廓宽度"为 0.1mm、轮廓颜色为白色,如图 17-113 所示。

图 17-112 图 17-113

15 使用"矩形工具"囗绘制两个矩形,然后调整矩形的圆角,再将两个矩形进行合并,填充颜色为白色,如图 17-114 所示。接着绘制一个矩形并设置圆角,填充颜色为(R:95, G:167, B:118),如图 17-115 所示。最后将电池图标拖曳到合适的位置,如图 17-116 所示。

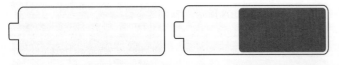

图 17-114 图 17-115

图 17-116

16 使用"文本工具"字输入文本,然后在属性栏中分别设置文本的大小和字体,填充颜色为白色,如图 17-117 所示。接着使用"钢笔工具"🖊绘制天气图标和直线,再设置轮廓颜色为白色、"轮廓宽度"分别为 0.2mm 和 0.5mm,如图 17-118 所示。

图 17-117 图 17-118

17 使用"矩形工具"囗绘制矩形,如图 17-119 所示。然后使用"形状工具"⬚调整矩形圆角,如图 17-120 所示。接着将对象复制一份备用。

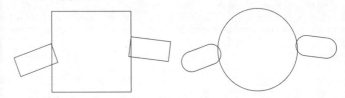

图 17-119 图 17-120

18 选中复制的对象,然后单击属性栏中的"合并"按钮⬚,接着导入"素材文件 >CH17>17.jpg"文件,再将图片置入对象中,如图 17-121 所示。再使用"文本工具"字输入文本,最后选择合适的大小和字号,填充颜色为(R:160, G:217, B:246),如图 17-122 所示。

图 17-121 图 17-122

19 使用"钢笔工具"🖊绘制对象,然后填充颜色为(R:160, G:217, B:246),再去掉轮廓线,如图 17-123 所示。接着使用"椭圆形工具"◯绘制圆形,设置"轮廓宽度"为 0.5mm,轮廓颜色为(R:160, G:217, B:246),如图 17-124 所示。

图 17-123 图 17-124

20 使用"钢笔工具"🖊绘制折线,然后设置"轮廓宽度"为 0.5mm,轮廓颜色为(R:160, G:217, B:246),再将对象向右复制一份,接着单击属性栏中的"水平镜像"按钮⬚,如图 17-125 所示。最后将对象拖曳到合适的位置,如图 17-126 所示。

图 17-125 图 17-126

21 使用"钢笔工具"🖊绘制线条,然后设置"轮廓宽度"为 0.5mm,轮廓颜色为(R:160, G:217, B:246),如图 17-127 所示。接着将前面绘制的 Logo 对象复制一份,填充颜色为白色,再拖曳到合适的位置,如图 17-128 所示。最后将页面中所有的轮廓转换为对象。

图 17-127   图 17-128

22 导入"素材文件 >CH17>18.cdr"文件，然后将对象拖曳到合适的位置，如图 17-129 所示。接着使用"椭圆形工具" ⊚绘制 3 个椭圆，填充颜色为白色，再去掉轮廓线，如图 17-130 所示。

图 17-129   图 17-130

23 下面绘制第 2 个手机页面。使用"矩形工具" □绘制一个矩形，然后使用"刻刀工具" ✐将矩形拆分为两个对象，如图 17-131 所示。接着填充颜色为（R:243，G:246，B:231）和（R:235，G:240，B:215），再去掉轮廓线，如图 17-132 所示。

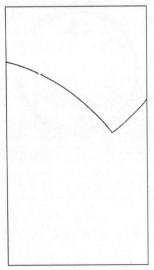

图 17-131   图 17-132

24 使用"椭圆形工具" ⊚绘制 3 个圆形，然后填充颜色为（R:110，G:140，B:3）、（R:188，G:199，B:16）和（R:102，G:51，B:51），再去掉轮廓线，如图 17-133 所示。接着将 3 个圆形对象置于后面对象中，如图 17-134 所示。

图 17-133   图 17-134

25 使用"矩形工具" □在页面中绘制多个矩形，然后填充颜色为（R:102，G:51，B:51），再去掉轮廓线，如图 17-135 所示。接着将第 1 个手机页面的所有对象拖曳复制到第 2 个手机页面中，效果如图 17-136 所示。

图 17-135   图 17-136

26 分别选中页面中的对象，从上到下填充颜色为（R:51，G:44，B:43）、（R:182，G:182，B:183）和（R:95，G:93，B:93），如图 17-137 所示。

图 17-137

27 选中前面绘制的对象，然后填充颜色为（R:193，G:255，B:139）和（R:130，G:166，B:0），再去掉轮廓线，如图 17-138 所示。接着使用"钢笔工具" 绘制对象，如图 17-139 所示。填充颜色为（R:0，G:162，B:233）和（R:240，G:133，B:25），最后去掉轮廓线，如图 17-140 所示。

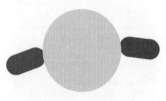

图 17-138

图 17-139　　　　　　　图 17-140

28 选中蓝色对象，然后单击"透明度工具" ，接着在属性栏中设置"类型"为"均匀透明度"、"合并模式"为"常规"、"透明度"为 60，如图 17-141 所示。将对象拖曳到第 2 个手机页面内替换内容，效果如图 17-142 所示。

图 17-141　　　　　　　图 17-142

29 导入"素材文件 >CH17>19. psd"文件，然后分别将手机页面中的对象进行群组，再将群组后的对象拖曳到手机中，效果如图 17-143 所示。

图 17-143

30 下面绘制 HOME 键。使用"椭圆形工具" 绘制圆形，然后单击"交互式填充工具" ，在属性栏上选择填充方式为"渐变填充"，再设置"类型"为"线性渐变填充"、"排列"为"重复和镜像"。接着设置节点位置为 0% 的色标颜色为（R:51，G:44，B:43）、节点位置为 100% 的色标颜色为（R:254，G:254，B:254），最后调整节点的位置，如图 17-144 所示。

31 将圆形向内复制缩放 份，然后选中两个圆形对象，单击属性栏中的"移除前面对象"按钮 ，如图 17-145 所示。再将修剪后的对象向内复制一份，接着将复制的对象旋转 180°，如图 17-146 所示。最后将前面绘制的 Logo 拖曳复制一份，填充颜色为（R:182，G:182，B:183），如图 17-147 所示。

图 17-144　　　　　　　图 17-145

图 17-146

图 17-147

32 将前面绘制的圆环复制到黑色手机中，然后单击"交互式填充工具" ，在属性栏上选择填充方式为"渐变填充"，再设置"类型"为"线性渐变填充"、"排列"为"重复和镜像"。接着设置节点位置为 0% 的色标颜色为（R:51，G:44，B:43）、节点位置为 100% 的色标颜色为（R:36，G:36，B:36），最后调整节点的位置，如图 17-148 所示。

33 将对象向内复制一份，然后将复制的对象旋转 180°，如图 17-149 所示。接着使用"椭圆形工具"◯绘制圆形，填充颜色为（R:23，G:23，B:23），再去掉轮廓线，如图 17-150 所示。最后将前面绘制的 Logo 拖曳复制一份，填充颜色为（R:95，G:93，B:93），如图 17-151 所示。

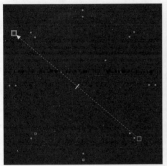

图 17-148

图 17-149

图 17-150

图 17-151

34 绘制完成的手机效果如图 17-152 所示。然后将对象拖曳到页面中合适的位置，如图 17-153 所示。

图 17-152

图 17-153

35 选中所有手机对象，将对象复制一份，然后将复制的对象转换为位图，再将位图进行裁剪，接着单击"垂直镜像"按钮🖼，如图 17-154 所示。最后使用"透明度工具"🖌为对象拖曳透明效果，作为手机的倒影，效果如图 17-155 所示。

图 17-154

图 17-155

36 导入"素材文件 >CH17>20.cdr"文件，然后将对象拖曳到页面右下角，如图 17-156 所示。接着导入"素材文件 >CH17>21 .jpg"文件，再将对象调整到合适的大小，最后将对象移动到页面后面，最终效果如图 17-157 所示。

图 17-156

图 17-157

商业实例 11 零食包装设计

实例位置	实例文件>CH18>商业实例11 零食包装设计.cdr
素材位置	素材文件>CH18>01.psd、02.jpg~06.jpg、07.psd~13.psd
实用指数	★★★★★
技术掌握	包装的制作方法

包装效果如图18-1所示。

图 18-1

☞ 操作步骤

01 新建空白文档，然后在"创建新文档"对话框中设置"名称"为"商业实例：零食包装设计"、"大小"为A4、页面方向为"横向"，接着单击"确定"按钮 **确定** ，如图18-2所示。

02 导入"素材文件>CH18>01.psd"文件，如图18-3所示。然后使用"钢笔工具" 🖊 绘制对象，接着填充颜色为（C:0，M:0，Y:0，K:90），再去掉轮廓线，如图18-4所示。

图 18-2 　　图 18-3 　　图 18-4

03 使用"钢笔工具" 🖊 绘制对象，然后填充颜色为白色，再去

掉轮廓线，如图18-5所示。接着单击"透明度工具" 🖋 ，在属性栏中设置"透明度"为50，效果如图18-6所示。

图 18-5 　　　　　　　　　图 18-6

04 使用"椭圆形工具" ◯ 绘制两个同心圆，然后填充颜色为（C:0，M:0，Y:0，K:20）和（C:0，M:100，Y:100，K:0），再去掉轮廓线，如图18-7所示。接着使用"手绘工具" ✏ 绘制对象，填充颜色为白色，最后去掉轮廓线，如图18-8所示。

05 使用"椭圆形工具" ◯ 绘制椭圆，然后填充颜色为白色，再去掉轮廓线，接着将椭圆复制排放在页面中，最后将各个对象进行适当的旋转，如图18-9所示，

图 18-7 　　　　图 18-8 　　　　图 18-9

06 使用"文本工具" 🅰 输入文本，然后在属性栏中设置合适的字体和字号，接着将对象适当旋转，如图18-10所示。再选中所有对象，拖曳到页面中合适的位置，最后选中文本，填充颜色为白色，效果如图18-11所示。

图 18-10 　　　　　　　　　图 18-11

07 使用"钢笔工具" 🖊 绘制对象，无填充色，如图18-12所示。然后选中所有对象，将对象复制两份，如图18-13所示。

图 18-12　　　　　　　　　　　　　　　图 18-13

图 18-17

08 导入"素材文件 >CH18>02.jpg~06.jpg"文件，然后分别将图片置于对象内，再单击"编辑 PowerClip"按钮编辑对象，编辑完成之后单击"停止编辑内容"按钮，如图 18-14~ 图 18-16 所示，最后去掉对象的轮廓线，效果如图 18-17 所示。

09 使用"钢笔工具"绘制对象，无填充色，如图 18-18 所示。然后导入"素材文件 >CH18>07.psd~10.psd"文件，接着分别将图片置于对象内，再去掉对象轮廓线，效果如图 18-19 所示。

图 18-14

图 18-18

图 18-15

图 18-19

10 使用"钢笔工具"绘制对象，然后将对象复制两份拖曳到合适的位置，接着填充颜色为（C:0，M:0，Y:60，K:0）、（C:0，M:20，Y:60，K:0）和（C:51，M:5，Y:77，K:0），再去掉轮廓线，如图 18-20 所示。最后单击"透明度工具"，在属性栏中设置"合并模式"为"减少"，效果如图 18-21 所示。

11 使用"文本工具"输入文本，然后在属性栏中设置合适的字体和字号，再填充颜色为白色，如图 18-22 所示。接着使用"封套工具"为对象添加效果，如图 18-23 所示，效果如图 18-24

图 18-16

所示。最后将文本复制两份拖曳到合适的位置，如图 18-25 所示。

图 18-20

图 18-26

图 18-21

图 18-27

图 18-22

图 18-24

图 18-23

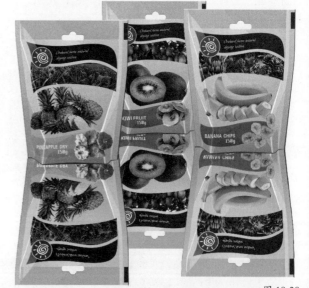

图 18-25

图 18-28

12 导入"素材文件 >CH18>11.psd~13.psd"文件，分别将对象拖曳到页面中合适的位置，如图 18-26 所示。然后分别选中每个包装袋的所有对象，单击属性栏中的"组合对象"按钮 將对象群组，接着将群组后的对象拖曳到合适的位置，如图 18-27 所示。

13 分别选中对象进行复制，然后执行"位图 > 转换为位图"菜单命令，将复制的对象转换为位图，再单击属性栏中的"垂直镜像"按钮 使对象翻转，如图 18-28 所示。接着将对象进行上下缩放，效果如图 18-29 所示。

图 18-29

14 选中对象，然后使用"透明度工具" 拖曳透明效果，如图 18-30 所示。接着使用"钢笔工具" 绘制对象，填充颜色为黑色，再将对象移动到后面，如图 18-31 所示。最后使用"透明度工具" 拖曳透明效果，效果如图 18-32 所示。

设置节点位置为 0% 的色标颜色为（C:41，M:30，Y:28，K:0）、节点位置为 100% 的色标颜色为白色，再调整节点位置，最后去掉轮廓线，效果如图 18-33 所示。

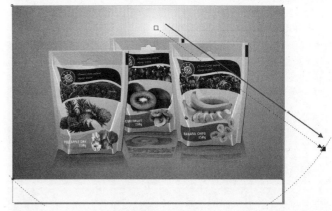

图 18-33

16 选中背景，然后使用"透明度工具" 为对象拖曳透明效果，接着将透明度的中点向上拖曳，如图 18-34 所示，效果如图 18-35 所示。

图 18-30

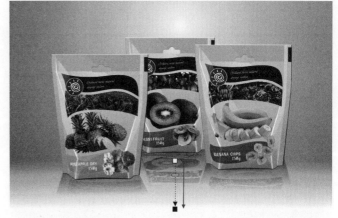

图 18-34

图 18-31

图 18-32

15 双击"矩形工具" 绘制与页面大小相同的矩形，向上进行缩放，然后双击"填充工具" ，在"编辑填充"对话框中选择"渐变填充"方式，接着设置"类型"为"椭圆形渐变填充"。

图 18-35

商业实例 12 啤酒包装设计

实例位置	实例文件>CH18>商业实例12 啤酒包装设计.cdr
素材位置	素材文件>CH18>14.cdr~16.cdr
实用指数	★★★★★
技术掌握	包装的制作方法

啤酒包装效果如图 18-36 所示。

图 18-36

☞ 操作步骤

01 新建空白文档，然后在"创建新文档"对话框中设置"名称"为"商业实例：啤酒包装设计"、"大小"为A4、页面方向为"横向"，接着单击"确定"按钮 确定 ，如图 18-37 所示。

02 下面绘制瓶子。使用"钢笔工具" 绘制对象，如图 18-38 所示。然后填充渐变颜色，接着设置节点位置为 0% 的色标颜色为（R:38，G:7，B:4）、节点位置为 30% 的色标颜色为（R:107，G:25，B:15）、节点位置为 50% 的色标颜色为（R:113，G:16，B:9）、节点位置为 100% 的色标颜色为（R:38，G:7，B:4），再去掉轮廓线，效果如图 18-39 所示，最后将对象拖曳复制一份备用。

03 下面绘制瓶子的暗部。使用"钢笔工具" 绘制对象，填充颜色为黑色，然后去掉轮廓线，如图 18-40 所示。接着选中对象，执行"位图>转换为位图"菜单命令将对象转换为位图，再执行"位图 > 模糊 > 高斯式模糊"菜单命令，在"高斯式模糊"对话框中调整适当的半径像素，效果如图 18-41 所示。

04 选中模糊后的对象，然后单击"透明度工具" ，为对象拖曳透明效果，如图 18-42 所示。接着将对象向右复制一份，再单击属性栏中的"水平镜像"按钮 使对象翻转，如图 18-43 所示。

图 18-40   图 18-41   图 18-42   图 18-43

05 使用"钢笔工具" 绘制对象，然后填充颜色为黑色，去掉轮廓线，接着执行"位图 > 转换为位图"菜单命令将对象转换为位图，再执行"位图 > 模糊 > 高斯式模糊"菜单命令，在"高斯式模糊"对话框中调整适当的半径像素，如图 18-44 所示。最后使用"透明度工具" 为对象拖曳透明效果，如图 18-45 所示。

06 使用"椭圆形工具" 绘制椭圆，然后填充颜色为黑色，去掉轮廓线，如图 18-46 所示。接着执行"位图 > 转换为位图"菜单命令将对象转换为位图，再执行"位图 > 模糊 > 高斯式模糊"菜单命令，在"高斯式模糊"对话框中调整适当的半径像素，效果如图 18-47 所示。

图 18-44   图 18-45   图 18-46   图 18-47

图 18-37   图 18-38   图 18-39

07 使用"钢笔工具" 🖊 绘制对象，然后填充颜色为黑色，去掉轮廓线，如图 18-48 所示。接着执行"位图 > 转换为位图"菜单命令将对象转换为位图，再执行"位图 > 模糊 > 高斯式模糊"菜单命令，在"高斯式模糊"对话框中调整适当的半径像素，效果如图 18-49 所示。

08 使用"钢笔工具" 🖊 绘制对象，然后填充颜色为黑色，去掉轮廓线，如图 18-50 所示。接着执行"位图 > 转换为位图"菜单命令将对象转换为位图，再执行"位图 > 模糊 > 高斯式模糊"菜单命令，在"高斯式模糊"对话框中调整适当的半径像素，最后使用"透明度工具" 🖊 为对象拖曳透明效果，如图 18-51 所示。

图 18-48　　　　图 18-49　　　　图 18-50　　　图 18-51

09 使用"钢笔工具" 🖊 绘制对象，然后填充颜色为黑色，去掉轮廓线，如图 18-52 所示。接着执行"位图 > 转换为位图"菜单命令将对象转换为位图，再执行"位图 > 模糊 > 高斯式模糊"菜单命令，在"高斯式模糊"对话框中调整适当的半径像素，效果如图 18-53 所示。

图 18-52　　　　　　　　　　图 18-53

10 下面绘制瓶子的亮部，使用"椭圆形工具" ⭕ 绘制对象，然后填充颜色为（R:184，G:53，B:50），去掉轮廓线，如图 18-54 所示。接着将对象转换为位图，再添加模糊效果，如图 18-55 所示。最后单击"透明度工具" 🖊，在属性栏中设置"透明度"为 60，效果如图 18-56 所示。

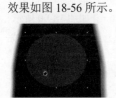  

图 18-54　　　　　图 18-55　　　　图 18-56

11 使用"钢笔工具" 🖊 绘制对象，然后填充颜色为（R:184，G:53，B:50），去掉轮廓线，如图 18-57 所示。接着将对象转换为位图，再添加模糊效果，如图 18-58 所示。最后使用"透明度工具" 🖊 为对象拖曳透明效果，效果如图 18-59 所示。

图 18-57　　　　　图 18-58　　　　图 18-59

12 使用"椭圆形工具" ⭕ 绘制对象，然后填充颜色为（R:184，G:53，B:50），如图 18-60 所示，接着去掉轮廓线，将对象转换为位图，并添加模糊效果，再单击"透明度工具" 🖊 为对象拖曳透明效果，如图 18-61 所示。最后按快捷键 Ctrl+PgDn 向后移动一层，效果如图 18-62 所示。

图 18-60　　　　图 18-61　　　　图 18-62

13 使用"钢笔工具" 🖊 绘制对象，然后填充颜色为（R:184，G:53，B:50），去掉轮廓线，如图 18-63 所示。接着将对象转换为位图，再添加模糊效果，如图 18-64 所示。最后使用"透明度工具" 🖊 为对象拖曳透明效果，效果如图 18-65 所示。

图 18-63　　　　图 18-64　　　　图 18-65

14 使用"钢笔工具" 🖊 绘制对象，然后填充颜色为（R:184，G:53，B:50），去掉轮廓线，如图 18-66 所示。接着将对象转换为位图，再添加模糊效果，如图 18-67 所示。最后使用"透明度工具" 🖊 为对象拖曳透明效果，效果如图 18-68 所示。

图 18-66　　　　图 18-67　　　　图 18-68

15 使用"椭圆形工具" ⭕ 绘制多个圆形，然后填充颜色为（R:61，G:28，B:25）和（R:92，G:49，B:46），再去掉轮廓线，如图 18-69 所示。

16 下面绘制瓶子的高光和反光。使用"钢笔工具" 🖊 绘制 3 条线段，然后在属性栏中分别设置对象的"轮廓宽度"为 0.25mm、0.5mm 和 0.25mm，轮廓颜色为白色，如图 18-70 所示。接着执行"位图 > 转换为位图"菜单命令将对象转换为位图，再执行"位图 > 模糊 > 高斯式模糊"菜单命令，在"高斯式模糊"对话框中调整适当的半径像素，效果如图 18-71 所示。

图 18-69　　　　图 18-70　　　　图 18-71

17 选中上下两个对象，然后使用"透明度工具" 🔳为对象拖曳透明效果，如图 18-72 所示。接着选中中间的对象，使用"透明度工具" 🔳为对象拖曳透明效果，再添加多个节点，设置节点位置为 0% 的"透明度"为 0、节点位置为 23% 的"透明度"为 91、节点位置为 35% 的"透明度"为 91、节点位置为 53% 的"透明度"为 0、节点位置为 68% 的"透明度"为 91、节点位置为 79% 的"透明度"为 91、节点位置为 100% 的"透明度"为 0，如图 18-73 所示。

图 18-72　　　　　　　　图 18-73

18 使用"钢笔工具" 🖊绘制对象，然后填充颜色为白色，去掉轮廓线，如图 18-74 所示。接着使用"透明度工具" 🔳为对象拖曳透明效果，再添加多个节点，设置节点位置为 0% 的"透明度"为 70、节点位置为 25% 的"透明度"为 85、节点位置为 50% 的"透明度"为 71、节点位置为 100% 的"透明度"为 100，如图 18-75 所示。

19 使用"钢笔工具" 🖊绘制对象，然后填充颜色为白色，再去掉轮廓线，如图 18-76 所示。接着使用"透明度工具" 🔳为对象拖曳透明效果，如图 18-77 所示。

图 18-74　　　　图 18-75　　　　图 18-76　　　　图 18-77

20 使用"钢笔工具" 🖊绘制对象，然后填充颜色为白色，去掉轮廓线，如图 18-78 所示。接着执行"位图>转换为位图"菜单命令将对象转换为位图，再执行"位图>模糊>高斯式模糊"菜单命令，在"高斯式模糊"对话框中调整适当的半径像素，如图 18-79 所示。最后将对象向右复制一份，单击"水平镜像"按钮🔲使对象翻转，效果如图 18-80 所示。

图 18-78　　　　图 18-79　　　　图 18-80

21 选中所有对象，将对象进行群组，然后选中群组后的对象，执行"对象>图框精确裁剪>置于图文框内部"菜单命令，当光标变为黑色箭头时，单击前面复制的瓶子对象置入对象中，如图 18-81 所示，效果如图 18-82 所示。

22 下面绘制瓶盖，使用"钢笔工具" 🖊绘制对象，如图 18-83 所示。然后填充渐变颜色，接着设置节点位置为 0% 的色标颜色为（R:59，G:43，B:20）、节点位置为 100% 的色标颜色为（R:190，G:154，B:32），再调整节点位置，最后去掉轮廓线，效果如图 18-84 所示。

23 下面绘制瓶盖上的锯齿，使用"钢笔工具" 🖊绘制对象，如图 18-85 所示。然后填充渐变颜色，接着设置节点位置为 0% 的色标颜色为（R:110，G:86，B:240）、节点位置为 100% 的色标颜色为（R:255，G:230，B:153），再调整节点位置，最后去掉轮廓线，效果如图 18-86 所示。

图 18-81　　　　图 18-82　　　　图 18-83

图 18-84

图 18-85

图 18-86

24 分别选中右边的几个对象，使用"透明度工具" 🔳为对象拖曳透明效果，然后在属性栏中设置"合并模式"为"添加"，如图 18-87 所示。接着选中左边的几个对象，设置"合并模式"为"添加"、"透明度"为 60，效果如图 18-88 所示。再选中瓶盖的所有对象进行群组，最后将对象拖曳到瓶子的上方，效果如图 18-89 所示。

25 下面绘制商标，单击"多边形工具" 🔘，然后在属性栏中设置"点数或边数"为 6、"轮廓宽度"为 0.5mm，如图 18-90 所示。接着选中两个对象，单击属性栏中的"合并"按钮🔲，效果如图 18-91 所示。

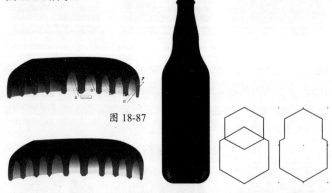

图 18-87

图 18-88　　　　图 18-89　　　　图 18-90　　　　图 18-91

26 单击"基本形状工具" 🔲，然后在属性栏中选择"完美形状"

为 △，在对象的下方绘制一个梯形，如图 18-92 所示。接着按快捷键 Ctrl+C 将对象复制一份备用，再选中两个对象，单击属性栏中的"合并"按钮 🖫，效果如图 18-93 所示。

27 将合并后的对象向内进行缩放，然后按快捷键 Ctrl+V 进行原位粘贴，如图 18-94 所示。接着选中梯形和较小的对象，单击属性栏中的"移除前面对象"按钮 🖫，效果如图 18-95 所示。

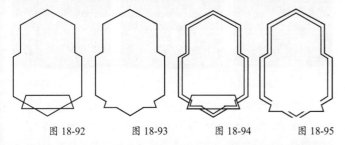

图 18-92　　　图 18-93　　　图 18-94　　　图 18-95

28 使用"矩形工具" 🔲 绘制两个矩形，如图 18-96 所示。然后选中两个矩形和较小的对象，单击属性栏中的"移除前面对象"按钮 🖫，效果如图 18-97 所示。

29 导入"素材文件 >CH18>14.cdr"文件，然后将对象拖曳到合适的位置，如图 18-98 所示。接着使用"文本工具" 🖹 在对象下方分别输入文本，再在属性栏中设置合适的字体和字号，最后选中所有对象，执行"对象 > 对齐和分布 > 垂直居中对齐"菜单命令将对象居中对齐，效果如图 18-99 所示。

图 18-96　　　图 18-97　　　图 18-98　　　图 18-99

30 单击"基本形状工具" 🔯，然后在属性栏中选择"完美形状"为 △，在对象的下方绘制一个梯形，接着使用"文本工具" 🖹 在梯形中输入文本，再在属性栏中设置合适的字体和字号，最后将前面导入的对象拖曳到文本两边，如图 18-100 所示。

图 18-100

31 选中所有对象复制一份，然后将最外面对象填充为黑色，接着将里面对象的轮廓颜色或填充颜色填充为白色，最后调整梯形中文本两边的样式，如图 18-101 所示，再分别选中对象进行群组。

32 下面绘制标签，使用"椭圆形工具" 🔘 绘制椭圆，然后使用"文本工具" 🖹 输入文本，再在属性栏中设置合适的字体和字号，接着选中文本，执行"文本 > 选择文本适合路径"菜单命令，最后将光标移动到椭圆上方，确定好位置之后单击鼠标左键确

定选择，如图 18-102 所示。

图 18-101　　　　　　　　图 18-102

33 选中文本，然后在属性栏中选择合适的"文本方向"，如图 18-103 所示。接着使用"形状工具" 🖎 调整对象，如图 18-104 所示。再双击选中椭圆对象，最后按 Delete 键删除椭圆，效果如图 18-105 所示。

图 18-103　　　图 18-104　　　图 18-105

34 将前面绘制的对象复制一份拖曳到文本下方，然后导入"素材文件 >CH18>15.cdr"文件，将对象拖曳到合适的位置，如图 18-106 所示。

35 使用"钢笔工具" 🖉 在对象下方绘制线段，然后在属性栏中设置"轮廓宽度"为 0.2mm，再选择合适的"线条样式"，接着使用"文本工具" 🖹 输入文本，在属性栏中设置合适的字体和字号，最后分别选中文本填充颜色为黑色和红色，如图 18-107 所示。

图 18-106　　　　　　　　图 18-107

36 使用"钢笔工具" 🖉 在对象下方绘制线段，然后在属性栏中设置"轮廓宽度"为 0.2mm，再选择合适的"线条样式"，接着单击"流程图形状工具" 🖎，在属性栏中选择完美形状为 ▽，填充颜色为黑色，最后使用"文本工具" 🖹 输入文本，在属性栏中设置合适的字体和字号，填充颜色为红色，如图 18-108 所示。

KNIGHT OF BEER
WILLIAM
Alcohol content of 12%

图 18-108

37 导入"素材文件 >CH18>16.cdr"文件，将对象拖曳到合适的位置，然后使用"椭圆形工具" ⊘绘制圆形，在属性栏中设置"轮廓宽度"为0.5mm、轮廓颜色为红色，接着使用"文本工具" 字在圆形内核、圆形下方输入文本，在属性栏中设置合适的字体和字号，效果如图18-109所示。

图 18-109

38 使用"文本工具" 字输入文本，然后在属性栏中设置合适的字体和字号，填充颜色为红色，如图18-110所示。接着选中所有对象，执行"对象>对齐和分布>垂直居中对齐"菜单命令对齐所有对象，效果如图18-111所示。

图 18-110

图 18-111

39 双击"矩形工具" □绘制矩形，然后在矩形上方使用"椭圆形工具" ⊘绘制圆形，如图18-112所示。接着选中两个对象，再单击属性栏中的"合并"按钮 ⬚合并对象，如图18-113所示。最后使用"形状工具" ⬚调整对象下方的两个节点，如图18-114所示。

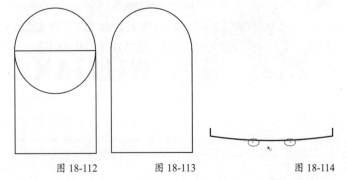

图 18-112 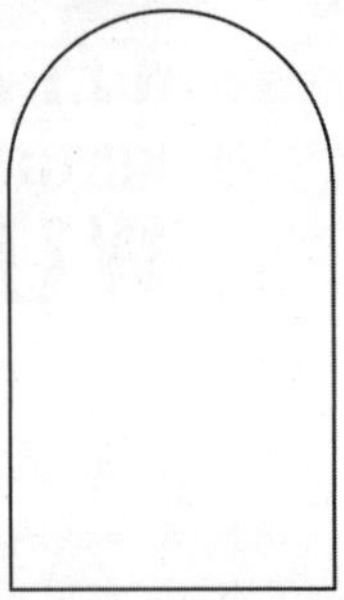   图 18-113   图 18-114

40 选中对象，然后填充颜色为黑色，如图18-115所示。接着选中前面绘制的对象拖曳到合适的位置，再将黑色的对象填充为白色，如图18-116所示。最后将最外面的对象向内复制一份，填充色为无，设置"轮廓宽度"为1.0mm、轮廓颜色为（R:95，G:93，B:93），如图18-117所示。

图 18-115   图 18-116    图 18-117

41 将前面绘制的商标对象拖曳到瓶颈处，填充为白色，如图18-118所示。然后将对象转换为位图，接着单击"透明度工具" ⬚为对象拖曳透明效果。再添加多个节点，设置节点位置为0%的"透明度"为91、节点位置为43%的"透明度"为0、节点位置为57%的"透明度"为0、节点位置为100%的"透明度"为91，如图18-119所示。

42 选中全部对象，调整到合适的位置，如图18-120所示，然后选中所有对象进行群组。

图 18-118   图 18-119   图 18-120

43 将前面绘制的商标对象拖曳到瓶颈处，然后将对象转换为位图，接着单击"透明度工具" ⬚为对象拖曳透明效果。再添加多个节点，设置节点位置为0%的"透明度"为22、节点位置为31%的"透明度"为0、节点位置为57%的"透明度"为20、节点位置为100%的"透明度"为100，如图18-121所示。

图 18-121

44 选中前面绘制的标签，按住鼠标右键拖曳到合适的位置，确定好位置后松开鼠标，然后在弹出的菜单中选择"图框精确裁剪内部"命令，再单击"编辑 PowerClip"按钮，将标签向后移动几层，编辑完成之后单击"停止编辑内容"按钮，效果如图 18-122 所示。

45 分别选中对象将对象群组，然后将对象分别复制一份，再拖曳到合适的位置，如图 18-123 所示。接着使用"阴影工具"分别为对象拖曳阴影效果，在属性栏中设置"阴影淡出"为 50、"阴影的不透明度"为 40、"阴影羽化"为 15，效果如图 18-124 所示。

图 18-122

图 18-123

图 18-124

46 双击"矩形工具"绘制与页面大小相同的矩，然后双击"填充工具"，在"编辑填充"对话框中选择"渐变填充"方式，接着设置"类型"为"椭圆形渐变填充"。设置节点位置为 0% 的色标颜色为（R:129，G:140，B:136）、节点位置为 100% 的色标颜色为（R:240，G:255，B:245），最后去掉轮廓线，效果如图 18-125 所示。

47 选中矩形，向下进行缩放复制一份，然后单击"透明度工具"为对象拖曳透明效果，再添加多个节点。接着设置节点位置为 0% 的"透明度"为 91、节点位置为 34% 的"透明度"为 0、节点位置为 72% 的"透明度"为 0、节点位置为 100% 的"透明度"为 91，如图 18-126 所示，最后将矩形移动到瓶子后面。

图 18-125　　　　　　　　　　　图 18-126

48 将前面绘制的商标复制一份拖曳到页面的右上角，然后进行适当的缩放，接着单击"透明度工具"，在属性栏中选择"类型"为"均匀透明度"、"合并模式"为"添加"、"透明度"为 76，效果如图 18-127 所示。

图 18-127

商业实例13 场景插画

实例位置	实例文件>CH19>商业实例13 场景插画.cdr
素材位置	素材文件>CH19>01.cdr、02.cdr
实用指数	★★★★★
技术掌握	插画的绘制方法

场景插画效果如图19-1所示。

图19-1

☞ 操作步骤

01 新建空白文档，然后在"创建新文档"对话框中设置"名称"为"商业实例：场景插画"、"大小"为A4、页面方向为"横向"，接着单击"确定"按钮 确定 ，如图19-2所示。

图19-2

02 首先绘制蘑菇房子。使用"钢笔工具" 🖊 绘制菌盖，如图19-3所示。然后填充渐变颜色，设置节点位置为0%的色标颜色为（R:171,G:16，B:11）、节点位置为100%的色标颜色为（R:204,G:46，B:38），接着单击"交互式填充工具" 🎨 ，再调整两个节点的位置，最后去掉轮廓线，如图19-4所示。

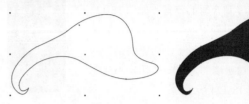

图19-3　　　　　　　　　　　　　　　　　图19-4

03 使用"钢笔工具" 🖊 绘制菌褶，如图19-5所示。然后填充颜色为（R:137，G:71，B:23），再去掉轮廓线，接着将对象移动到菌盖后面，如图19-6所示。

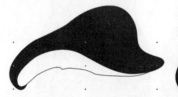

图19-5　　　　　　　　　　　　　　　　　图19-6

04 使用"钢笔工具" 🖊 绘制菌褶暗部，如图19-7所示。然后填充颜色为（R:73，G:26，B:8），接着去掉轮廓线，并移动到菌盖后面，如图19-8所示。

图19-7　　　　　　　　　　　　　　　　　图19-8

05 使用上述方法绘制菌盖的灰部和亮部，然后设置灰部节点位置为0%的色标颜色为（R:227，G:84，B:67）、节点位置为100%的色标颜色为（R:200，G:40，B:33），设置亮部节点位置为0%的色标颜色为（R:227，G:84，B:67）、节点位置为100%的色标颜色为（R:226，G:168，B:105），如图19-9和图19-10所示。

图19-9　　　　　　　　　　　　　　　　　图19-10

06 使用"钢笔工具" 绘制菌盖高光，然后填充颜色为（R:225，G:218，B:178），并去掉轮廓线，如图 19-11 所示。接着使用"透明度工具" ，拖曳对象的透明效果，如图 19-12 所示。

图 19-11　　　　　　　　　　图 19-12

07 使用"钢笔工具" 绘制菌褶亮部，然后填充颜色为（R:202，G:153，B:50），去掉轮廓线，如图 19-13 所示。接着绘制菌褶阴影，再填充颜色为（R:63，G:26，B:18），去掉轮廓线，如图 19-14 所示，最后单击"透明度工具" ，设置"透明度"为 50，效果如图 19-15 所示。

图 19-13

图 19-14　　　　　　　　　　图 19-15

08 下面绘制菌柄。使用"钢笔工具" 绘制菌柄轮廓，如图 19-16 所示，然后填充渐变颜色，设置节点位置为 0% 的色标颜色为（R:202，G:153，B:50）、节点位置为 100% 的色标颜色为（R:227，G:167，B:157）；接着调整节点位置，最后去掉轮廓线，如图 19-17 所示。

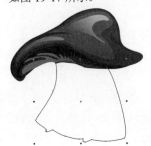

图 19-16　　　　　　　　　　图 19-17

09 使用"钢笔工具" 绘制菌柄灰部，然后填充渐变颜色，再设置节点位置为 0% 的色标颜色为（R:137，G:71，B:23）、节点位置为 100% 的色标颜色为（R:191，G:129，B:118），接着调整节点位置，并去掉轮廓线，如图 19-18 所示。最后单击"透明度工具" 拖曳对象的透明效果，效果如图 19-19 所示。

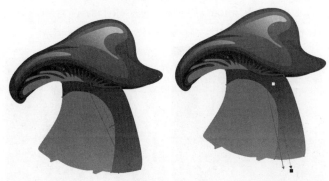

图 19-18　　　　　　　　　　图 19-19

10 使用"钢笔工具" 绘制菌柄暗部，然后填充渐变颜色，再设置节点位置为 0% 的色标颜色为（R:73，G:26，B:8）、节点位置为 100% 的色标颜色为（R:133，G:71，B:76），接着调整节点位置，并去掉轮廓线，如图 19-20 所示。最后单击"透明度工具" 拖曳对象的透明效果，效果如图 19-21 所示。

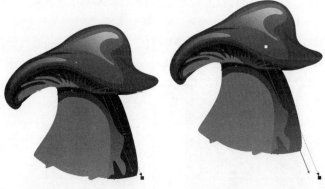

图 19-20　　　　　　　　　　图 19-21

11 使用"钢笔工具" 绘制门框，如图 19-22 所示。然后双击"填充工具" ，在"编辑填充"对话框中选择"渐变填充"方式，接着设置"类型"为"椭圆形渐变填充"、节点位置为 0% 的色标颜色为（R:73，G:26，B:8）、节点位置为 100% 的色标颜色为（R:214，G:149，B:47），再调整节点位置，最后去掉轮廓线，效果如图 19-23 所示。

图 19-22　　　　　　　　　　图 19-23

12 使用"钢笔工具" 📐 绘制内门框，如图 19-24 所示。然后填充渐变颜色，接着设置节点位置为0%的色标颜色为（R:73,G:26,B:8）、节点位置为 100% 的色标颜色为（R:143，G:72，B:30），再调整节点位置，最后去掉轮廓线，效果如图 19-25 所示。

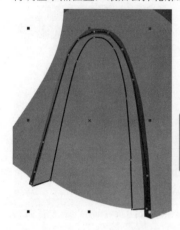

图 19-24　　　　　　　　　　图 19-25

13 使用"钢笔工具" 📐绘制外门框，如图 19-26 所示。然后双击"填充工具" 🖍，在"编辑填充"对话框中选择"渐变填充"方式，接着设置"类型"为"椭圆形渐变填充"。接着设置节点位置为0%的色标颜色为（R:73，G:26，B:8）、节点位置为 100% 的色标颜色为（R:214，G:149，B:47），再调整节点位置，最后去掉轮廓线，效果如图 19-27 所示。

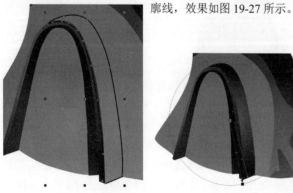

图 19-26　　　　　　　　　　图 19-27

14 使用"钢笔工具" 📐绘制门板，如图 19-28 所示。然后填充渐变颜色，接着设置节点位置为 0% 的色标颜色为（R:55，G:26，B:12）、节点位置为 24% 的色标颜色为（R:146，G:77，B:35）、节点位置为 42% 的色标颜色为（R:214，G:160，B:84）、节点位置为 70% 的色标颜色为（R:186，G:126，B:64），节点位置为 100% 的色标颜色为（R:55，G:26，B:12），再调整节点位置，最后去掉轮廓线，效果如图 19-29 所示。

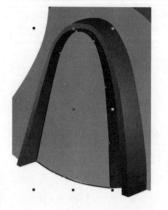

图 19-28　　　　　　　　　　图 19-29

15 使用"钢笔工具" 📐绘制图形，然后填充颜色为（R:55，G:26，B:12），并去掉轮廓线，如图 19-30 所示。接着绘制另一个图形，填充颜色为（R:145，G:95，B:62），最后去掉轮廓线，如图 19-31 所示。

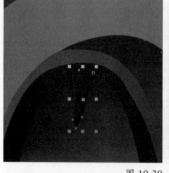

图 19-30　　　　　　　　　　图 19-31

16 使用"钢笔工具" 📐绘制图形，然后填充渐变颜色，接着设置节点位置为 0% 的色标颜色为（R:117，G:73，B:48）、节点位置为 100% 的色标颜色为（R:186，G:128，B:68），再调整节点位置，并去掉轮廓线，如图 19-32 所示。最后使用"透明度工具" 📐拖曳透明效果，效果如图 19-33 所示。

17 使用"钢笔工具" 📐绘制木板，然后填充渐变颜色，接着设置节点位置为 0% 的色标颜色为（R:182，G:142，B:80）、节点位置为 100% 的色标颜色为（R:242，G:209，B:140），再分别调整对象的节点位置，并去掉轮廓线，如图 19-34 所示。最后使用"透明度工具" 📐分别拖曳对象的透明效果，透明效果如图19-35 所示。

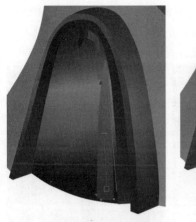

19 绘制窗户轮廓，然后填充渐变颜色，设置节点位置为 0% 的色标颜色为（R:64，G:18，B:3）、节点位置为 100% 的色标颜色为（R:162，G:103，B:71），再调整节点位置，并去掉轮廓线，如图 19-38 所示。接着绘制窗沿，复制窗户的颜色属性，最后调整节点位置，如图 19-39 所示。

图 19-38　　　　　　　　　　图 19-39

20 使用"钢笔工具"绘制窗户亮部，然后填充渐变颜色，接着设置节点位置为 0% 的色标颜色为（R:255，G:208，B:111）、节点位置为 34% 的色标颜色为（R:183，G:141，B:61）、节点位置为 100% 的色标颜色为（R:63，G:26，B:18），再调整节点位置，并去掉轮廓线，如图 19-40 所示。最后使用"透明度工具"拖曳透明效果，效果如图 19-41 所示。

图 19-32　　　　　　　　　　图 19-33

图 19-40　　　　　　　　　　图 19-41

21 使用"钢笔工具"绘制窗户框，然后填充渐变颜色，接着设置节点位置为 0% 的色标颜色为（R:186，G:144，B:62）、节点位置为 100% 的色标颜色为（R:63，G:26，B:18），再调整节点位置，并去掉轮廓线，如图 19-42 所示。最后使用"透明度工具"拖曳透明效果，效果如图 19-43 所示。

图 19-34　　　　　　　　　　图 19-35

18 使用"钢笔工具"绘制木板暗部，如图 19-36 所示。然后填充渐变颜色，接着设置节点位置为 0% 的色标颜色为（R:55，G:26，B:12）、节点位置为 24% 的色标颜色为（R:146，G:77，B:35）、节点位置为 63% 的色标颜色为（R:186，G:126，B:64），节点位置为 100% 的色标颜色为（R:55，G:26，B:12），再调整节点位置，最后去掉轮廓线，效果如图 19-37 所示。

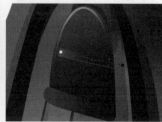

图 19-42　　　　　　　　　　图 19-43

22 使用"钢笔工具"绘制下面的窗户框，然后填充渐变颜色，接着设置节点位置为 0% 的色标颜色为（R:255，G:208，B:111）、节点位置为 34% 的色标颜色为（R:183，G:141，B:61）、节点位置为 100% 的色标颜色为（R:63，G:26，B:18），再调整节点位置，并去掉轮廓线，如图 19-44 所示。最后使用"透明度工具"

图 19-36　　　　　　　　　　图 19-37

拖曳透明效果，效果如图 19-45 所示。

图 19-44　　　　　　　　　　图 19-45

23 使用"钢笔工具" 绘制上面的窗户框，然后填充渐变颜色，接着设置节点位置为 0% 的色标颜色为（R:255，G:208，B:111）、节点位置为 100% 的色标颜色为（R:182，G:130，B:73），再调整节点位置，并去掉轮廓线，如图 19-46 所示。最后使用"透明度工具" 拖曳透明效果，效果如图 19-47 所示。

图 19-46　　　　　　　　　　图 19-47

24 使用"钢笔工具" 绘制窗户框的亮部，然后填充渐变颜色，接着设置节点位置为 0% 的色标颜色为（R:255，G:208，B:111）、节点位置为 34% 的色标颜色为（R:183，G:141，B:61）、节点位置为 100% 的色标颜色为（R:63，G:26，B:18），再调整节点位置，并去掉轮廓线，如图 19-48 所示。最后使用"透明度工具" 拖曳中间对象的透明效果，效果如图 19-49 所示。

 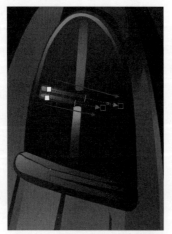

图 19-48　　　　　　　　　　图 19-49

25 使用"钢笔工具" 绘制窗户暗部，然后填充颜色为（R:63，G:26，B:18），并去掉轮廓线，如图 19-50 所示。接着绘制玻璃，填充渐变颜色，再设置节点位置为 0% 的色标颜色为（R:174，

G:189，B:194）、节点位置为 100% 的色标颜色为（R:236，G:240，B:179），最后调整节点位置，并去掉轮廓线，如图 19-51 所示。

 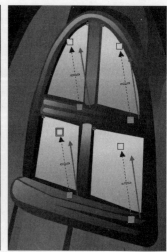

图 19-50　　　　　　　　　　图 19-51

26 选择所有窗户对象进行群组，然后向右复制一份，接着单击属性栏中的"水平镜像" 按钮，使对象翻转，再将对象适当缩放，最后在属性栏中设置"旋转角度"为 11.0，如图 19-52 所示。

图 19-52

27 下面绘制把手。使用"椭圆形工具" 绘制一个椭圆，然后填充颜色为（R:55，G:26，B:12），去掉轮廓线，如图 19-53 所示。接着向左复制一份，并填充颜色为（R:146，G:77，B:35），最后去掉轮廓线，如图 19-54 所示。

图 19-53　　　　　　　　　　图 19-54

28 使用"钢笔工具" 绘制图形，如图 19-55 所示。然后填充渐变颜色，接着设置节点位置为 0% 的色标颜色为（R:55，G:26，B:12）、节点位置为 49% 的色标颜色为（R:192，G:133，B:69）、节点位置为 100% 的色标颜色为（R:123，G:78，B:49），再调整节点位置，最后去掉轮廓线，如图 19-56 所示。

29 使用"椭圆形工具" 绘制一个椭圆，如图 19-57 所示。然后双击"填充工具" ，在"编辑填充"对话框中选择"渐变填充"方式, 接着设置"类型"为"椭圆形渐变填充", 再设置节点位置为 0% 的色标颜色为 (R:55, G:26, B:12)、节点位置为 49% 的色标颜色为 (R:192, G:133, B:69)、节点位置为 100% 的色标颜色为 (R:123, G:78, B:49), 最后调整节点位置, 去掉轮廓线, 如图 19-58 所示。

图 19-63 图 19-64

33 下面绘制蘑菇菌柄的斑点。使用"椭圆形工具" ◎ 绘制椭圆, 然后填充颜色为 (R:63, G:26, B:18), 再去掉轮廓线, 如图 19-65 所示。接着使用"透明度工具" ◢ 为对象添加透明效果, 设置"透明度"为 50, 最后将所有蘑菇房子的对象进行群组, 如图 19-66 所示。

图 19-55 图 19-56

图 19-57 图 19-58

30 使用"椭圆形工具" ◎ 绘制门框的反光, 然后填充颜色为 (R:214, G:149, B:47), 并去掉轮廓线, 如图 19-59 所示。接着使用"透明度工具" ◢ 拖曳对象的透明效果, 如图 19-60 所示。

图 19-65 图 19-66

34 导入"素材文件 >CH19>01.cdr"文件, 然后按 P 键将对象置于页面中心, 接着将蘑菇房子拖曳到页面中靠右的位置, 如图 19-67 所示。

35 使用"钢笔工具" ◢ 绘制灌木, 然后填充颜色为 (R:5, G:52, B:59), 并去掉轮廓线, 接着继续绘制灌木, 如图 19-68 所示。再填充颜色为 (R:20, G:82, B:92), 去掉轮廓线, 如图 19-69 所示。最后将对象移动到蘑菇房子后面, 如图 19-70 所示。

图 19-59 图 19-60

31 下面绘制蘑菇菌盖的斑点。使用"椭圆形工具" ◎ 绘制椭圆, 然后填充颜色为 (R:255, G:208, B:111), 并去掉轮廓线, 如图 19-61 所示。继续绘制斑点, 填充颜色为 (R:236, G:240, B:179), 再去掉轮廓线, 如图 19-62 所示。

图 19-67 图 19-68

图 19-61 图 19-62

32 下面绘制青苔。使用"钢笔工具" ◢ 绘制青苔, 然后填充颜色为 (R:48, G:84, B:23), 并去掉轮廓线, 如图 19-63 所示。接着绘制青苔的亮部, 填充颜色为 (R:77, G:130, B:12), 再去掉轮廓线, 如图 19-64 所示。

图 19-69 图 19-70

36 下面绘制另一个蘑菇。使用"钢笔工具" ☑ 绘制蘑菇的菌盖，然后填充颜色为（R:0，G:29，B:96），去掉轮廓线，如图 19-71 所示。接着绘制菌褶的暗部，填充渐变颜色，设置节点位置为 0% 的色标颜色为（R:63，G:26，B:18）、节点位置为 100% 的色标颜色为（R:127，G:72，B:18），再调整节点位置，并去掉轮廓线，如图 19-72 所示。最后将对象移动到菌盖下面，如图 19-73 所示。

图 19-71

图 19-72　　　　　　图 19-73

37 使用"钢笔工具" ☑ 绘制菌盖的暗部，然后填充颜色为（R:240，G:133，B:25），如图 19-74 所示。接着使用"透明度工具" ☑，分别拖曳对象的透明效果，如图 19-75 所示。

图 19-74　　　　　　图 19-75

38 使用"钢笔工具" ☑ 绘制菌盖的亮部，然后填充颜色为（R:236，G:240，B:179），如图 19-76 所示。接着使用"透明度工具" ☑，拖曳对象的透明效果，如图 19-77 所示。

图 19-76　　　　　　图 19-77

39 使用"钢笔工具" ☑ 绘制菌柄，然后填充颜色为（R:224，G:173，B:92），并去掉轮廓线，如图 19-78 所示。接着使用"手绘工具" ☑ 绘制菌褶，再在属性栏中设置"轮廓宽度"为 0.75mm、轮廓颜色为（R:186，G:144，B:62），如图 19-79 所示。最后将对象分为 4 组，分别拖曳透明效果，如图 19-80 所示。

图 19-78

40 使用"钢笔工具" ☑ 绘制菌柄的暗部，然后填充颜色为（R:73，G:26，B:8），并去掉轮廓线，如图 19-81 所示。接着使用"透明度工具" ☑ 拖曳对象的透明效果，如图 19-82 所示。

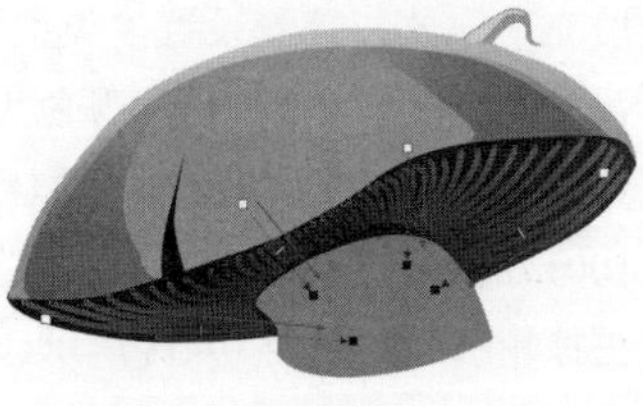

图 19-79　　　　　　图 19-80

图 19-81 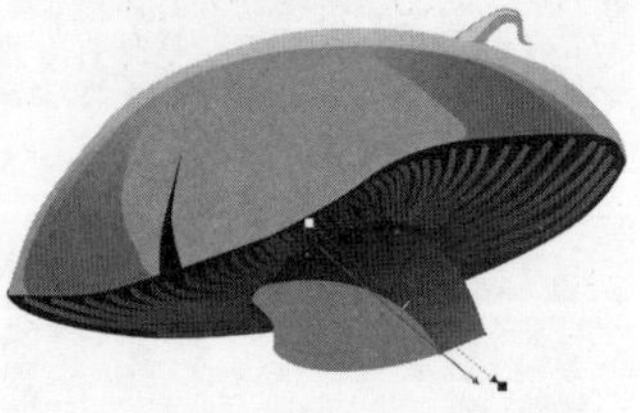　　　　　　图 19-82

41 下面绘制菌环。使用"钢笔工具" ☑ 绘制对象，然后填充渐变颜色，设置节点位置为 0% 的色标颜色为（R:127，G:72，B:18）、节点位置为 100% 的色标颜色为（R:73，G:26，B:8），去掉轮廓线，再将对象移动到菌柄后面，如图 19-83 所示。接着绘制暗部，填充颜色为（R:36，G:26，B:18），最后去掉轮廓线，如图 19-84 所示。

 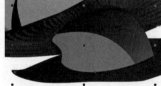

图 19-83　　　　　　图 19-84

42 使用"钢笔工具" ☑ 绘制菌环的灰部，然后填充颜色为（R:192，G:133，B:69），并去掉轮廓线，如图 19-85 所示。接着使用"透明度工具" ☑ 拖曳对象的透明效果，如图 19-86 所示。

图 19-85　　　　　　图 19-86

43 使用"钢笔工具" ☑ 绘制下面的菌柄，然后填充颜色为（R:224，G:173，B:92），如图 19-87 所示。再绘制暗部，填充颜色为（R:63，G:26，B:18），接着绘制另一块暗部，填充颜色为（R:143，G:72，B:30），最后使用"透明度工具" ☑ 分别为暗部的对象拖曳透明效果，并去掉轮廓线，如图 19-88 和图 19-89 所示。

图 19-87

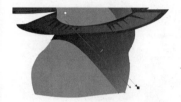

图 19-88

图 19-89

44 使用"钢笔工具" 绘制菌盖的裂缝，然后填充颜色为（R:63，G:26，B:18），再去掉轮廓线，如图 19-90 所示。接着使用"透明度工具" ，拖曳第一个对象的透明效果，如图 19-91 所示。

图 19-90

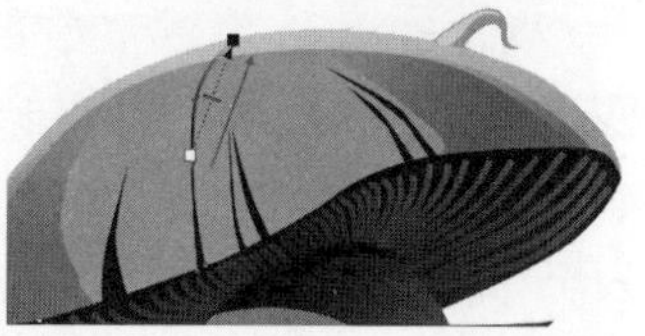

图 19-91

45 使用"钢笔工具" 绘制菌环亮部，然后填充颜色为（R:255，G:208，B:111），再去掉轮廓线，如图 19-92 所示。接着使用"透明度工具" 分别拖曳透明效果，如图 19-93 所示。

图 19-92

图 19-93

46 使用"钢笔工具" 绘制菌柄的反光，然后填充颜色为（R:242，G:209，B:140），再去掉轮廓线，如图 19-94 所示。接着使用"透明度工具" 分别拖曳透明效果，如图 19-95 所示。

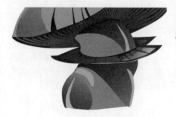

图 19-94

图 19-95

47 使用"钢笔工具" 绘制菌柄和菌盖的亮部，然后填充颜色为（R:236，G:240，B:179），再去掉轮廓线，接着将对象移动到裂缝后面，如图 19-96 所示。最后使用"透明度工具" 分别拖曳透明效果，如图 19-97 所示。

图 19-96

图 19-97

48 使用"椭圆形工具" 绘制椭圆，然后填充颜色为（R:236，G:240，B:179），如图 19-98 所示。接着绘制椭圆，填充颜色为（R:63，G:26，B:18），再选中最上面的对象，将对象转曲后调整对象形状，最后使用"透明度工具" 拖曳透明效果，去掉所有对象的轮廓线，如图 19-99 所示。

图 19-98

图 19-99

49 使用"椭圆形工具" 绘制椭圆，然后设置"轮廓宽度"为 0.2mm，颜色为（R:51，G:44，B:43），填充颜色为无，如图 19-100 所示。接着将所有对象群组，再将群组后的对象拖曳到页面的左边，如图 19-101 所示。

图 19-100

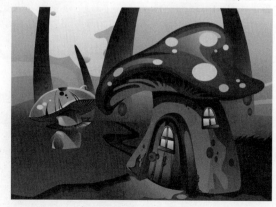

图 19-101

50 使用"钢笔工具" ☑ 绘制小草，然后依次填充颜色为（R:20，G:82，B:92）、（R:77，G:130，B:12）、（R:5，G:52，B:59）、（R:48，G:84，B:23），接着去掉轮廓线，如图 19-102~ 图 19-105 所示。

图 19-102

图 19-103

图 19-104

图 19-105

51 导入"素材文件 >CH19>02.cdr"文件，将一个大蘑菇和 3 个小蘑菇拖曳到页面的右下方，如图 19-106 所示。然后将 3 小蘑菇向左复制一份，接着选中大蘑菇向左复制，单击"水平镜像" ☑ 按钮翻转对象，再适当缩放对象，最后将草堆拖曳到页面的左边，如图 19-107 所示。

图 19-106

图 19-107

52 使用"钢笔工具" ☑ 绘制雾，然后填充颜色为（R:198，G:228，B:230），再去掉轮廓线，接着将上面的对象移动到蘑菇的后面，如图 19-108 所示。最后单击"透明度工具" ☑，设置"透明度"为 50，如图 19-109 所示。

图 19-108

图 19-109

商业实例 14　儿童插画

实例位置	实例文件>CH19>商业实例14 儿童插画.cdr
素材位置	素材文件>CH19>03.cdr
实用指数	★★★★★
技术掌握	插画的绘制方法

儿童插画效果如图 19-110 所示。

图 19-110

☞ **操作步骤**

01 新建空白文档，然后在"创建新文档"对话框中设置"名称"为"商业实例：儿童插画"、"大小"为 A4、页面方向为"横向"，接着单击"确定"按钮 确定 ，如图 19-111 所示。

图 19-111

02 导入"素材文件 >CH19>03.cdr"文件，然后将对象至于页面中心，接着使用"钢笔工具" ☑ 绘制怪物轮廓，如图 19-112 所示。再填充颜色为（C:65，M:62，Y:33，K:0），最后去掉轮廓线，如图 19-113 所示。

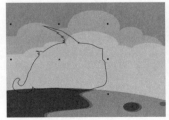
图 19-112

图 19-113

03 使用"钢笔工具" ☑ 绘制翅膀，然后填充颜色为（C:36，M:60，

Y:45，K:0），如图 19-114 所示。接着绘制对象，再填充颜色为（C:25，M:55，Y:38，K:0），最后去掉轮廓线，如图 19-115 所示。

图 19-114　　　　　　　　　　　　图 19-115

04 使用"钢笔工具" 绘制怪物亮部，然后填充颜色为（C:40，M:40，Y:0，K:20），再去掉轮廓线，如图 19-116 所示。接着绘制怪物暗部，填充颜色为（C:40，M:40，Y:0，K:60），最后去掉轮廓线，如图 19-117 所示。

图 19-116　　　　　　　　　　　　图 19-117

05 使用"钢笔工具" 绘制怪物的角、眼睛、肚子和嘴，然后填充颜色为（C:7，M:7，Y:26，K:0），再去掉轮廓线，如图 19-118 所示。接着绘制嘴的部分，填充颜色为（C:0，M:40，Y:20，K:0），最后去掉轮廓线，如图 19-119 所示。

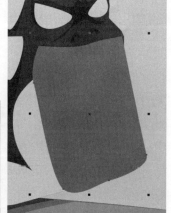

图 19-118　　　　　　　　　　　　图 19-119

06 使用"钢笔工具" 绘制嘴的内部，然后填充渐变颜色，设置节点位置为 0% 的色标颜色为（C:0，M:40，Y:0，K:60）、节点位置为 100% 的色标颜色为（C:64，M:100，Y:91，K:61），再调整两个节点的位置，如图 19-120 所示。接着绘制舌头，填充颜色为（C:0，M:80，Y:40，K:0），最后去掉轮廓线，如图 19-121 所示。

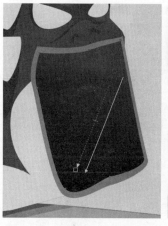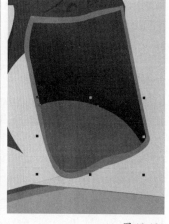

图 19-120　　　　　　　　　　　　图 19-121

07 使用"钢笔工具" 绘制怪物的牙齿，然后填充颜色为白色，再去掉轮廓线，如图 19-122 所示。接着绘怪物的肚子、牙齿和角的暗部，填充颜色为（C:23，M:20，Y:42，K:0），最后去掉轮廓线，如图 19-123 所示。

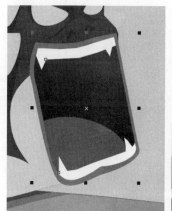

图 19-122　　　　　　　　　　　　图 19-123

08 下面绘制脚。使用"钢笔工具" 绘制脚的轮廓，如图 19-124 所示。然后填充颜色为（C:65，M:62，Y:33，K:0），如图 19-125 所示。接着绘制脚的暗部，填充颜色为（C:40，M:40，Y:0，K:60），如图 19-126 所示。再绘制脚的亮部，填充颜色为（C:40，M:40，Y:0，K:20），最后去掉轮廓线，如图 19-127 所示。

图 19-124　　　　　　　　　　　　图 19-125

图 19-126　　　　　　　　　　　　图 19-127

09 使用"椭圆形工具" 绘制眼睛，然后填充颜色为（C:60，M:40，Y:0，K:0），再去掉轮廓线，如图 19-128 所示。接着绘制瞳孔，填充颜色为黑色，最后去掉轮廓线，如图 19-129 所示。

图 19-128　　　　　　　　图 19-129

10 下面绘制汗滴。单击"基本形状工具"，然后在属性栏中设置"完美形状"为，绘制汗滴的形状，再填充颜色为（C:44，M:24，Y:0，K:0），如图 19-130 所示。接着绘制暗部，填充颜色为（C:60，M:40，Y:0，K:0），如图 19-131 所示。最后绘制亮部，填充颜色为（C:19，M:0，Y:21，K:0），并去掉轮廓线，如图 19-132 所示。

图 19-130　　　　图 19-131　　　　图 19-132

11 下面绘制小树。使用"矩形工具"绘制树干，然后填充颜色为（C:60，M:62，Y:100，K:18），如图 19-133 所示。再使用"椭圆形工具"绘制树叶，填充颜色为（C:44，M:0，Y:95，K:0），如图 19-134 所示。

图 19-133　　　　　　图 19-134

12 将树叶原位复制一份，填充颜色为（C:62，M:27，Y:100，K:0），然后向右下方复制一份，接着选中两个对象，如图 19-135 所示，单击"移除前面对象"按钮修剪椭圆形，再去掉轮廓线，最后将所有对象进行群组，效果如图 19-136 所示。

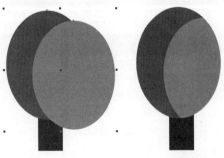

图 19-135　　　　　　图 19-136

13 将绘制完成的小树多次复制并缩放，排放在页面中，然后分别对对象进行翻转、旋转等操作，效果如图 19-137 所示。

图 19-137

14 下面绘制巨人。使用"钢笔工具"绘制巨人的轮廓，然后填充颜色为（C:74，M:47，Y:100，K:8），如图 19-138 所示。接着绘制头发，填充颜色为黑色，如图 19-139 所示。再使用"钢笔工具"和"椭圆形工具"绘制问号，填充颜色为黑色，最后去掉轮廓线，如图 19-140 所示。

图 19-138

图 19-139　　　　　　图 19-140

15 下面绘制裤子。使用"钢笔工具"绘制裤子轮廓，然后填充颜色为（C:75，M:82，Y:33，K:0），如图 19-141 所示。接着绘制裤子的亮部，填充颜色为（C:65，M:62，Y:33，K:0），如图 19-142 所示。

图 19-141　　　　　　图 19-142

16 使用"钢笔工具" 📷绘制巨人的亮部，如图 19-143 所示。然后填充颜色为（C:62，M:27，Y:100，K:0），如图 19-144 所示。接着绘制巨人的暗部，如图 19-145 所示。填充颜色为（C:80，M:56，Y:100，K:27），如图 19-146 所示。再绘制脚指甲，填充颜色为（C:32，M:0，Y:73，K:0），最后去掉轮廓线，如图 19-147 所示，效果如图 19-148 所示。

图 19-143

图 19-144

图 19-145

图 19-146

图 19-147

图 19-147

图 19-148

17 使用"钢笔工具" 📷绘制面部轮廓，如图 19-149 所示。然后填充颜色为（C:74，M:47，Y:100，K:8），如图 19-150 所示。接着绘制面部的暗部，填充颜色为（C:80，M:56，Y:100，K:27），如图 19-151 所示。再绘制眼睛，填充颜色为白色，最后去掉轮廓线，如图 19-152 所示。

图 19-149　图 19-150

图 19-151　图 19-152

18 使用"椭圆形工具" ⬭绘制眼睛，然后填充颜色为（C:80，M:56，Y:100，K:27），再去掉轮廓线，如图 19-153 所示。接着绘制瞳孔，填充颜色为黑色，最后去掉轮廓线，如图 19-154 所示。

图 19-153

图 19-154

19 下面绘制胸部，使用"椭圆形工具" ⬭绘制椭圆，然后填充颜色为（C:74，M:47，Y:100，K:8），如图 19-155 所示。接着使用"钢笔工具" 📷绘制对象，填充颜色为（C:80，M:56，Y:100，K:27），再将两个对象群组，并去掉轮廓线，如图 19-156 所示。最后将对象向左复制一份，进行适当缩放和旋转，效果如图 19-157 所示。

图 19-155

图 19-156

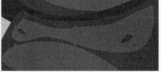
图 19-157

20 下面绘制萝卜。使用"钢笔工具" 📷绘制萝卜轮廓，然后填充颜色为白色，如图 19-158 所示。接着绘制叶经，填充颜色为（C:79，M:38，Y:82，K:0），如图 19-159 所示。再绘制叶子，填充颜色为（C:79，M:38，Y:82，K:1），如图 19-160 所示。最后绘制叶子的亮部，填充颜色为（C:71，M:22，Y:72，K:0），并去掉轮廓线，如图 19-161 所示。

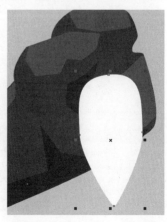
图 19-158

图 19-159　　　　　　图 19-160　　　　　　图 19-161

21 使用"钢笔工具" 绘制萝卜的暗部,然后填充颜色为(C:29,
M:0,Y:30,K:0),如图 19-162
所示。接着使用"椭圆形工具"
绘制圆,再填充颜色为(C:60,
M:40,Y:0,K:0),最后将对
象移动到巨人的手的后面,如
图 19-163 所示。

图 19-162　　　　　　　　　　图 19-163

22 使用"椭圆形工具" 绘制阴影,然后填充颜色为黑色,
移动到怪物、巨人和小树的后面,如图 19-164 所示。接着单
击"透明度工具" ,在属性栏上设置"合并模式"为"差异",
"透明度"为16,再选中页面中
所有的对象进行群组,按 P 键
置于页面中心,最后双击"矩
形工具" ,填充颜色为黑色,
按快捷键 Ctrl+End 移动到页面
背面,最终效果如图 19-165 所示。

图 19-164

图 19-165

商业实例 15　Q 版人物设计

实例位置	实例文件>CH19>商业实例15 Q版人物设计.cdr
素材位置	素材文件>CH19>04.jpg
实用指数	★★★★★
技术掌握	插画的绘制方法

　　Q 版人物效果如图 19-166 所示。

图 19-166

操作步骤

01 新建空白文档,然后在"创
建新文档"对话框中设置"名称"
为"商业实例:Q 版人物设计"、
"宽度"为 380.0mm、"高度"
为 270.0mm,接着单击"确定"
按钮 ,如图 19-167 所示。

图 19-167

02 使用"钢笔工具" 绘制人物面部,然后填充颜色为(R:255,
G:241,B:186),接着设置"轮廓宽度"为 1.0mm,如图 19-168 所示。
03 使用"钢笔工具" 绘制头发与眉毛区域,然后填充颜色
为(R:115,G:176,B:162),接着设置头发的"轮廓宽度"为
1.0mm,再设置眉毛的"轮廓宽度"为 0.5mm,如图 19-169 所示。

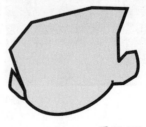 

图 19-168　　　　　　　　　　图 19-169

04 使用"钢笔工具" 🖊 绘制面部五官，然后填充颜色为黑色，再去掉轮廓线，如图 19-170 所示。接着绘制额头高光区域，填充颜色为白色，最后去掉轮廓线，如图 19-171 所示。

图 19-170　　　　　　　　　图 19-171

05 使用"钢笔工具" 🖊 绘制头发浅色区域，然后填充颜色为（R:159，G:201，B:191），再设置"轮廓宽度"为 1mm，如图 19-172 所示。接着绘制眼睛区域，最后填充颜色为（R:43，G:11，B:12），如图 19-173 所示。

图 19-172　　　　　　　　　图 19-173

06 使用"钢笔工具" 🖊 绘制瞳仁区域，然后填充颜色为（R:138，G:38，B:38），接着绘制瞳孔，再填充颜色为黄色，最后去掉轮廓线，如图 19-174 和图 19-175 所示。

图 19-174　　　　　　　　　图 19-175

07 使用"钢笔工具" 🖊 绘制瞳仁暗部区域，然后填充颜色为（C:0，M:29，Y:96，K:0），接着绘制高光，再填充颜色为白色，最后去掉轮廓线，如图 19-176 和图 19-177 所示。

图 19-176　　　　　　　　　图 19-177

08 使用"钢笔工具" 🖊 绘制头骨，然后填充颜色为（R:255，G:241，

B:186），接着设置"轮廓宽度"为 1.5mm，如图 19-178 所示。

图 19-178

09 使用"钢笔工具" 🖊 绘制眼眶，然后填充颜色为黑色，再去掉轮廓线，接着向内进行复制，最后更改颜色为（R:138，G:38，B:38），如图 19-179 和图 19-180 所示。

图 19-179　　　　　　　　　图 19-180

10 使用"钢笔工具" 🖊 绘制头骨结构，然后填充颜色为黑色，如图 19-181 所示。接着绘制头骨的牙齿和犄角，再填充颜色为（R:255，G:250，B:228），最后设置"轮廓宽度"为 1.5mm，如图 19-182 所示。

图 19-181　　　　　　　　　图 19-182

11 使用"钢笔工具" 🖊 绘制头骨暗部结构，然后填充颜色为（R:141，G:130，B:85），接着绘制头骨的暗部，再填充颜色为（R:78，G:72，B:48），最后去掉轮廓线，如图 19-183 和图 19-184 所示。

图 19-183　　　　　　　　　图 19-184

12 使用"钢笔工具" 绘制犄角纹理，然后填充颜色为黑色，如图 19-185 所示。接着使用"透明度工具" 分别为头骨暗部添加透明效果，如图 19-186~ 图 19-188 所示。

图 19-185

图 19-186

图 19-187

图 19-188

13 使用"钢笔工具" 绘制眼眶暗部，然后填充颜色为（R:43，G:11，B:12），接着绘制转折区域，再填充颜色为（R:76，G:22，B:22），最后去掉轮廓线，如图 19-189 和图 19-190 所示。

图 19-189

图 19-190

14 使用"椭圆形工具" 绘制椭圆，然后填充渐变颜色，接着设置节点位置为 0% 的色标颜色为（R:76，G:22，B:22）、节点位置为 100% 的色标颜色为（R:43，G:11，B:12）、"旋转角度"为 90.0，再去掉轮廓线，如图 19-191 所示。

图 19-191

15 选中椭圆向内复制，然后更换颜色为黄色，如图 19-192 所示。接着使用"透明度工具" 拖曳透明度效果，如图 19-193 所示。

图 19-192   图 19-193

16 使用"钢笔工具" 绘制头骨高光区域，然后填充颜色为白色，接着绘制高光区域，再填充颜色为（R:255，G:250，B:228），最后去掉轮廓线，如图 19-194 和图 19-195 所示。

图 19-194

图 19-195

17 使用"钢笔工具" 绘制头骨暗部区域，然后填充颜色为（R:140，G:137，B:118），再去掉轮廓线，如图 19-196 所示。接着使用"透明度工具" 拖曳透明度效果，如图 19-197 所示。

图 19-196

图 19-197

18 下面绘制身体部分。使用"钢笔工具" 绘制上衣部分，然后填充颜色为（R:171，G:119，B:147），接着设置"轮廓宽度"为 1.0mm，如图 19-198 所示。

19 使用"钢笔工具" 绘制脖子部分，然后填充颜色为（R:222，G:192，B:138），接着设置"轮廓宽度"为 0.75mm，如图 19-199 所示。

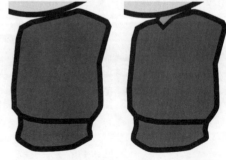

图 19-198   图 19-199

20 使用"钢笔工具" 绘制衣襟部分，然后填充颜色为（R:241，G:221，B:232），接着设置衣襟"轮廓宽度"为0.5mm，如图19-200 所示。

21 使用"钢笔工具" 绘制衣领部分，然后填充颜色为（R:222，G:192，B:138），接着绘制暗部，再填充颜色为（R:99，G:65，B:89），最后去掉轮廓线，如图19-201 和图19-202 所示。

图 19-200　　　　图 19-201　　　　图 19-202

22 使用"钢笔工具" 绘制衣领部分，然后填充颜色为（R:57，G:45，B:49），接着绘制阴影，再填充颜色为黑色，最后去掉轮廓线，如图19-203 和图19-204 所示。

图 19-203　　　　　　　　　　图 19-204

23 使用"钢笔工具" 绘制手臂，然后填充颜色为（R:255，G:241，B:186），再设置"轮廓宽度"为1.0mm，如图19-205 所示，接着绘制高光，最后去掉轮廓线，填充颜色为（R:255，G:249，B:227），如图19-206 所示。

图 19-205　　　　　　　　　　图 19-206

24 使用"钢笔工具" 绘制腕部，然后填充颜色为（R:99，G:65，B:89），接着绘制层次，再填充颜色为（R:95，G:40，B:46），最后设置"轮廓宽度"为1.0mm，如图19-207 和图19-208 所示。

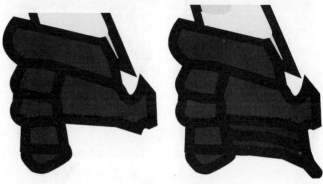

图 19-207　　　　　　　　　　图 19-208

25 使用"钢笔工具" 绘制手指，然后填充颜色为（R:235，G:218，B:224），接着绘制形状，再填充颜色为（R:128，G:100，B:112），最后设置"轮廓宽度"为1.0mm，如图19-209 和图19-210 所示。

图 19-209　　　　　　　　　　图 19-210

26 使用"钢笔工具" 绘制形状，然后填充颜色为（R:51，G:45，B:49），接着绘制形状，设置"轮廓宽度"为1.0mm，再绘制形状，最后去掉轮廓线，填充颜色为（R:57，G:45，B:49），如图19-211 和图19-212 所示。

图 19-211　　　　　　　　　　图 19-212

27 使用"钢笔工具" 绘制形状，然后填充颜色为（R:84，G:71，B:80），接着绘制高光，再填充颜色为（R:181，G:168，B:177），最后去掉轮廓线，如图19-213 和图19-214 所示。

图 19-213　　　　　　　　　图 19-214

28 使用"钢笔工具"绘制形状，然后填充渐变颜色，接着设置节点位置为 0% 的色标颜色为（R:241，G:210，B:225）、节点位置为 100% 的色标颜色为白色，再调整两个节点的位置，最后去掉轮廓线，如图 19-215 所示。

29 使用"钢笔工具"绘制形状，然后填充渐变颜色，接着设置节点位置为 0% 的色标颜色为（R:242，G:232，B:231）、节点位置为 100% 的色标颜色为（R:241，G:210，B:225），再调整两个节点的位置，最后设置"轮廓宽度"为 1.0mm，如图 19-216 所示。

30 使用"钢笔工具"绘制形状，然后填充颜色为（R:99，G:65，B:89），接着绘制阴影，再填充颜色为（R:158，G:144，B:149），最后去掉轮廓线，如图 19-217 和图 19-218 所示。

图 19-215

图 19-216　　　　　　图 19-217　　　　　图 19-218

31 使用"钢笔工具"绘制暗部形状，然后填充颜色为（R:130，G:109，B:112），接着绘制阴影，再填充颜色为（R:214，G:188，B:197），最后去掉轮廓线，如图 19-219 和图 19-220 所示。

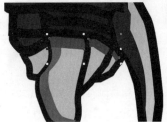

图 19-219　　　　　　　　　图 19-220

32 使用"透明度工具"为暗部拖曳透明度效果，如图 19-221 所示。接着绘制亮部，再填充颜色为（R:148，G:103，B:123），最后去掉轮廓线，如图 19-222 所示。

33 使用"钢笔工具"绘制高光形状，然后填充颜色为（R:241，G:210，B:225），接着去掉轮廓线，如图 19-223 所示。

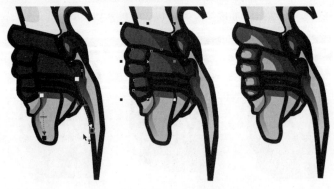

图 19-221　　　　　图 19-222　　　　　图 19-223

34 使用"钢笔工具"绘制衣服下摆，然后填充颜色为（R:171，G:119，B:147），接着绘制后摆，再填充颜色为（R:16，G:17，B:18），最后设置"轮廓宽度"为 1.0mm，如图 19-224 和图 19-225 所示。

图 19-224　　　　　　　　　图 19-225

35 使用"钢笔工具"绘制后摆亮部，然后填充颜色为（R:36，G:26，B:28），接着绘制下摆暗部，再填充颜色为（R:102，G:71，B:89），最后去掉轮廓线，如图 19-226 和图 19-227 所示。

图 19-226　　　　　　　　　图 19-227

36 使用"钢笔工具"绘制下摆暗部，然后填充颜色为（R:54，G:42，B:46），再去掉轮廓线，接着使用"透明度工具"拖曳透明度效果，如图 19-228 和图 19-229 所示。

图 19-228　　　　　　　　　　　图 19-229

37 使用"钢笔工具" 绘制下摆暗部，然后填充颜色为（R:99，G:65，B:89），接着绘制亮部区域，再填充颜色为（R:191，G:147，B:170），最后去掉轮廓线，如图 19-230 和图 19-231 所示。

图 19-230　　　　　　　　　　　图 19-231

38 使用"钢笔工具" 绘制结构线，然后填充线段颜色为黑色，再设置"轮廓宽度"为 0.75mm，接着绘制右边高光区域，最后去掉轮廓线填充颜色为（R:191，G:147，B:170），如图 19-232 和图 19-233 所示。

图 19-232　　　　　　　　　　　图 19-233

39 使用"钢笔工具" 绘制花纹线，然后填充线段颜色为黑色，再设置"轮廓宽度"为 0.75mm，接着绘制图案区域，最后去掉轮廓线填充颜色为（R:59，G:43，B:46），如图 19-234 和图 19-235 所示。

图 19-234　　　　　　　　　　　图 19-235

40 使用"钢笔工具" 绘制花纹线，然后填充线段颜色为白色，再设置"轮廓宽度"为 0.75mm，接着使用"透明度工具" 拖曳透明度效果，如图 19-236 和图 19-237 所示。

图 19-236　　　　　　　　　　　图 19-237

41 使用"钢笔工具" 绘制飘带，然后填充颜色为（R:159，G:201，B:191），接着绘制腰部挂饰，再填充颜色为白色，最后设置"轮廓宽度"为 1.0mm，如图 19-238 和图 19-239 所示。

图 19-238　　　　　　　　　　　图 19-239

42 使用"钢笔工具" 绘制连接线，然后设置"轮廓宽度"为 0.75mm，接着绘制裤子，再填充颜色为（R:92，G:37，B:42），最后设置"轮廓宽度"为 1.0mm，如图 19-240 和图 19-241 所示。

图 19-240　　　　　　　　　　　图 19-241

43 使用"钢笔工具" 绘制裤子亮部区域，然后填充颜色为（R:211，G.63，B:49），接着绘制裤子暗部区域，再填充颜色为（R:43，G:11，B:12），最后去掉轮廓线，如图 19-242 和图 19-243 所示。

图 19-242　　　　　　　　　　　图 19-243

44 使用"钢笔工具" 绘制飘带褶皱，然后填充颜色为（R:151，

G:131，B:156），再去掉轮廓线，接着使用"透明度工具" 拖曳透明度效果，如图 19-244 和图 19-245 所示。

图 19-244 　　　　　　　　　　图 19-245

45 使用"钢笔工具" 绘制飘带图案，然后填充颜色为（R:228，G:232，B:233），接着绘制鞋子，再填充颜色为（R:27，G:31，B:34），最后设置"轮廓宽度"为 1.0mm，如图 19-246 和图 19-247 所示。

图 19-246 　　　　　　　　　　图 19-247

46 使用"钢笔工具"绘制鞋子结构，然后填充颜色为（R:53，G:47，B:49），接着绘制图案，再填充颜色为（R:27，G:31，B:34），最后去掉轮廓线，如图 19-248 和图 19-249 所示。

图 19-248 　　　　　　　　　　图 19-249

47 使用"透明度工具"为鞋面图案添加透明度效果，如图 19-250 所示。然后绘制亮部区域，再填充颜色为（R:191，G:147，B:170），接着绘制高光区域，最后填充颜色为（R:233，G:228，B:234），如图 19-251 和图 19-252 所示。

图 19-250

图 19-251 　　　　　　　　　　图 19-252

48 使用"钢笔工具"绘制鞋面亮部，然后填充颜色为（R:94，G:74，B:85），接着绘制鞋子厚度，再填充颜色为（R:131，G:118，B:125），最后去掉轮廓线，如图 19-253 和图 19-254 所示。

图 19-253 　　　　　　　　　　图 19-254

49 选中鞋底的亮部区域，然后使用"透明度工具"添加透明度效果，接着绘制鞋面暗部，再填充颜色为黑色，如图 19-255 和图 19-256 所示，最后全选人物进行群组。

图 19-255 　　　　　　　　　　图 19-256

50 使用"椭圆形工具"绘制椭圆，然后填充颜色为黑色，如图 19-257 所示。接着单击"透明度工具"，设置"透明度"为 50，效果如图 19-258 所示。

图 19-257 　　　　　　　　　　图 19-258

51 导入"素材文件 >CH19>04. jpg"文件，然后拖曳到页面中调整大小和位置，接着将绘制的人物拖曳到页面中调整大小和位置，如图 19-259 所示。

图 19-259

52 双击"矩形工具" 创建与页面相同大小的矩形，然后填充颜色为（R:102，G:46，B:57），再去掉轮廓线，接着按快捷键 Ctrl+End 将对象移动到页面背面，最终效果如图 19-260 所示。

图 19-260

商业实例 16 T 恤图案设计

实例位置	实例文件>CH19>商业实例16 T恤图案设计.cdr
素材位置	素材文件>CH19>05.cdr~07.cdr
实用指数	★★★★★
技术掌握	插画的绘制方法

T 恤图案效果如图 19-261 所示。

图 19-261

☞ **操作步骤**

01 新建空白文档，然后在"创建新文档"对话框中设置"名称"为"商业实例：T恤图案设计"、"宽度"为 297.0mm、"高度"为 198.0mm，接着单击"确定"按钮 确定 ，如图 19-262 所示。

图 19-262

02 使用"钢笔工具" 绘制 T 恤外形，然后填充颜色为白色，再设置"轮廓宽度"为 0.6mm、轮廓线颜色为（C:0，M:0，Y:0，K:50），如图 19-263 所示。接着绘制 T 恤的领口，填充颜色为（C:0，M:0，Y:0，K:50），最后去掉轮廓线，如图 19-264 所示。

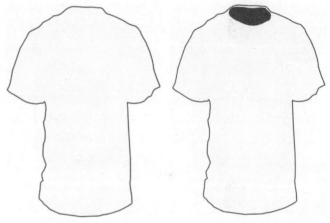

图 19-263　　　　　　　图 19-264

03 下面绘制肩的部位。使用"钢笔工具" 绘制 T 恤领口修饰线，然后设置"轮廓宽度"为 0.6mm、轮廓线颜色为（C:0，M:0，Y:0，K:30），如图 19-265 所示。接着绘制肩部修饰线，再设置"轮廓宽度"为 0.6mm、轮廓线颜色为（C:0，M:0，Y:0，K:20）、"线条样式"为虚线，如图 19-266 所示。

图 19-265　　　　　　　图 19-266

04 下面绘制 T 恤褶皱。使用"钢笔工具" 绘制 T 恤第 1 层褶皱阴影，如图 19-267 所示。然后填充颜色为（C:11，M:9，Y:14，K:0），接着去掉轮廓线，效果如图 19-268 所示。

05 使用"钢笔工具" 绘制 T 恤第 2 层褶皱阴影，如图 19-269 所示。然后填充颜色为（C:26，M:20，Y:20，K:0），接着去掉轮廓线，效果如图 19-270 所示。

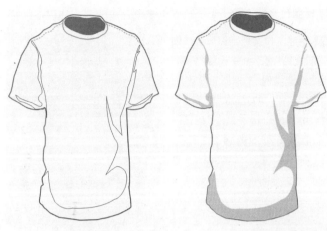

图 19-267　　　　　　　　　　　图 19-268

图 19-269　　　　　　　　　　　图 19-270

06 使用"钢笔工具" 绘制 T
恤第 3 层褶皱阴影，然后填充
颜色为（C:0，M:0，Y:0，K:60），
接着设置"轮廓宽度"为 0.65mm、
轮廓线颜色为（C:0，M:0，Y:0，
K:60），如图 19-271 所示，最
后全选进行组合。

图 19-271

07 下面绘制 T 恤的图案。使用"钢笔工具" 绘制头部轮廓，
然后使用"形状工具" 进行调整形状，如图 19-272 所示。接
着填充颜色为（C:100，M:100，Y:100，K:100），再去掉轮廓线，
如图 19-273 所示。

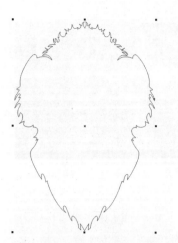

图 19-272　　　　　　　　　　　图 19-273

08 使用"钢笔工具" 绘制头部的灰部轮廓，然后使用"形状
工具" 调整形状，如图 19-274 所示。接着填充颜色为（C:55，
M:78，Y:100，K:31），再去掉轮廓线，如图 19-275 所示。

图 19-274　　　　　　　　　　　图 19-275

09 使用"钢笔工具" 绘制头部的亮部轮廓，然后使用"形状
工具" 调整形状，如图 19-276 所示。接着填充颜色为（C:36，
M:59，Y:91，K:0），再去掉轮廓线，如图 19-277 所示。

图 19-276　　　　　　　　　　　图 19-277

10 使用"钢笔工具" 🖊 绘制眼睛暗部，然后填充颜色为（C:59，M:100，Y:100，K:54），如图 19-278 所示。再绘制眼睛灰部，填充颜色为（C:0，M:100，Y:100，K:0），如图 19-279 所示。接着绘制眼睛亮部，填充颜色为白色，如图 19-280 所示，最后去掉轮廓线。

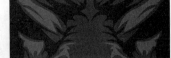

图 19-278

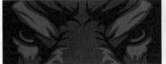

图 19-279   图 19-280

11 下面绘制牛角，使用"钢笔工具" 🖊 绘制牛角的轮廓，然后填充颜色为（C:59，M:100，Y:100，K:54），再去掉轮廓线，如图 19-281 所示。

图 19-281

12 选中牛角对象，然后单击"轮廓图工具" ▣，在属性栏中设置"轮廓样式"为"外部轮廓"、"轮廓图步长"为 1、"轮廓图偏移"为 1.5mm、"填充色"为（C:100，M:100，Y:100，K:100），如图 19-282 所示。接着单击鼠标右键，在弹出的快捷菜单中选择"拆分轮廓图群组"选项将轮廓图转换为对象，再将对象向左复制一份，最后单击"水平镜像" ▣ 按钮使对象翻转，如图 19-283 所示。

图 19-282   图 19-283

13 使用"钢笔工具" 🖊 绘制牛角亮部，如图 19-284 所示。然后填充颜色为（C:0，M:100，Y:100，K:0），再去掉轮廓线，如图 19-285 所示。接着将牛角对象群组，并向下复制一份，最后将其缩放至合适的大小，如图 19-286 所示。

图 19-284

图 19-285   图 19-286

14 导入"素材文件 >CH19>05.cdr"文件，将对象复制一份，然后旋转适当的角度，接着将两个对象进行群组，如图 19-287 所示。再将复制的对象向左复制一份，单击"水平镜像" ▣ 按钮使其翻转，如图 19-288 所示。最后将所有对象群组移动到牛头后面，如图 19-289 所示。

15 使用"文本工具" 字 输入文本，然后在属性栏中设置"字体列表"为 Abite、"字体大小"为 39pt，再填充颜色为（C:45，M:100，Y:100，K:18），接着选中文本单击鼠标右键，在弹出的快捷菜单中选择"转换为曲线"，最后将所有对象进行群组，效果如图 19-290 所示。

图 19-287   图 19-288

图 19-289   图 19-290

16 导入"素材文件 >CH19>06.cdr"文件，如图 19-291 所示。然后使用"矩形工具" 🔲 在页面右方绘制一个矩形，填充颜色为白色，再适当调整圆角，接着单击"透明度工具" 🅰️ ，设置"透明度"为 38，最后去掉轮廓线，效果如图 19-292 所示。

图 19-291　　　　　　　　　　图 19-292

17 将群组后的对象拖曳到矩形中，然后使用"文本工具" 🔤 输入文本，接着在属性栏中设置"字体列表"为"方正特雅宋_GBK"、"字体大小"为 18pt，填充颜色为黑色，再将文本转换为曲线，最后将对象拖曳到矩形底部，如图 19-293 所示。

18 将群组后的对象适当缩放，然后拖曳到前面绘制的 T 恤中，接着群组对象，再设置"旋转角度"为 10.0，如图 19-294 所示。最后将群组后的对象拖曳到页面左边，如图 19-295 所示。

图 19-293　　　　　　　　　　图 19-294

图 19-295

19 导入"素材文件 >CH19>07.cdr"文件，然后拖曳到页面右下角，如图 19-296 所示。接着将前面群组的图案复制并缩放，拖曳到各个 T 恤中，调整前后的位置关系，最终效果如图 19-297 所示。

图 19-296

图 19-297